蜜蜂授粉和绿色防控技术集成理论与实践

MIFENG SHOUFEN HE LüSE FANGKONG JISHU JICHENG LILUN Yü SHIJIAN

农业部种植业管理司
全国农业技术推广服务中心 组编

赵中华 黄家兴 张礼生 主编

中国农业出版社

本书编委会

主　　编　赵中华　黄家兴　张礼生

编写人员　李建伟　王建强　常雪艳（农业部种植业管理司植保处）

黄家兴（中国农业科学院蜜蜂研究所）

赵中华　杨普云　周　阳　秦　萌（全国农业技术推广服务中心）

张礼生　陈红印　邹亚飞　何伟志　刘晨曦　王孟卿（中国农业科学院植物保护研究所）

高　清　杨劲松　赵　炜　王　伟（黑龙江省蚕蜂技术指导总站）

宋显东　李　鹏　乔广辉　宫香余（黑龙江省植检植保站）

高北林（黑龙江省哈尔滨市农业技术推广中心）

刘振林（黑龙江省牡丹江市蚕蜂技术指导站）

韩成新（黑龙江省齐齐哈尔市农业技术推广中心）

孙为民（黑龙江省甘南县向日葵研究所）

国亚忱（黑龙江省宾县蚕蜂技术指导站）

陆秀娟（黑龙江省五常市产业化办公室）

刘炳辉　李　晶　余　浪　伊力亚尔·达吾提江（新疆维吾尔自治区植物保护站）

陈宝新　刘世东　何云中（新疆维吾尔自治区蜂业技术管理总站）

孔德芳　陈　志（新疆维吾尔自治区博乐市农业技术推广中心）

祝青凤（新疆维吾尔自治区福海县农业技术推广中心）

买买提吐尔逊·阿布拉（新疆维吾尔自治区伽师县农业技术推广中心）

李　静　郑兆阳（安徽省植物保护总站）

夏必文　杭德龙　杨学文（安徽省巢湖市植物保护站）

田　卉　张　梅　罗怀海（四川省农业厅植物保护站）

杨洁淼（四川省金堂县植保植检站）

杨立国　刘家骧　融晓君（内蒙古自治区植保植检站）

尹成怀（内蒙古自治区农业多种经营站）

刘晨光　刘宝玉　柴玉鑫（内蒙古自治区巴彦淖尔市植保植检站）

刘茂荣（内蒙古自治区鄂尔多斯市植保植检站）

吕荣亮（内蒙古自治区乌审旗农业技术推广中心）

魏玉海　王永军（内蒙古自治区杭锦后旗农业技术推广中心）

米志恒　闫素珍（内蒙古自治区临河区农业技术推广中心）

靳存旺　庄　明（内蒙古自治区五原县农业技术推广中心）

舒　拉（内蒙古自治区呼伦贝尔市植保植检站）

平翠枝　徐德武（内蒙古自治区阿荣旗农业技术推广中心）

肖云丽（山东省植物保护总站）
刘建军　高坤金（山东省招远市农业技术推广中心）
温吉华（山东省招远市果业总站）
刘　进（山东省沂源县果树中心）
李丽莉（山东省农业科学院植物保护研究所）
王亚红　陈　宏（陕西省植物保护工作总站）
惠隽雄（陕西省铜川市植保植检站）
杜建林（陕西省宜川县农业技术推广中心）
张东霞（山西省植物保护植物检疫总站）
吕继康（山西省盐湖区植物保护检疫站）
贺春娟（山西省万荣县植物保护检疫站）
周国珍（湖北省植物保护总站）
丁朝国（湖北省黄陂区农业委员会）
邱先斌　李　莉　赵　琼（湖北省黄陂区植保站）
胡光灿　黄传宏（湖北省宜昌市植保站）
郑　军　易继平　李双华（湖北省秭归县植保站）
朱祚亮（湖北省宜都市植保站）
黄向阳（江西省植保植检站）
范劲松　熊贻义（江西省瑞昌市植保植检站）
刘初生　杨庭广（江西省都昌县植保植检站）
梁章登（江西省吉安市青原区植保站）
赵文新　崔荧钧（河南省植物保护植物检疫站）
闫克峰（河南省三门峡市植保植检站）
孔令华（河南省灵宝市大王乡政府）
吕　波（河南省宁陵县农业局）
赫振华（河南省宁陵县植保植检站）
王晓青　孙　海（北京市植物保护站）
胡学军　王俊侠（北京市昌平区植保植检站）
王　静　范婧芳　赵国芳（河北省植保植检站）
吴春柳　赵跃锋（河北省衡水市植物保护检疫站）
宫运玺　赵春年（河北省衡水市饶阳县农林局）
董立新　许州达（河北省秦皇岛市植物保护站）
王志文（河北省秦皇岛市山海关区农牧局）
周天云　刘祥贵（重庆市种子管理站）
庞泽兴　罗国全　武可明　高元媛（重庆市璧山区农业技术推广中心）
张曼丽（海南省植物保护总站）
高景林（中国热带农业科学院环境与植物保护研究所）

前言 FOREWORD

养蜂业是农业的重要组成部分，被誉为“农业腾飞之翼”、农业“月下红娘”。保护利用蜜蜂授粉，对提高农作物产量和质量、促进农民增收、维护生态平衡具有重要意义。绿色防控是保证农业生产安全，保障农产品质量安全，保护蜜蜂授粉安全的重要植保措施。近年来，党和政府十分重视蜜蜂授粉与绿色防控增产技术，习近平总书记曾对蜜蜂授粉工作做出重要批示，农业部高度重视蜜蜂授粉促增产与绿色防控保安全工作，先后印发文件强调蜜蜂授粉工作的重要性，设立专项资金支持蜜蜂授粉增产技术研究，开展蜜蜂授粉与绿色防控增产技术集成应用示范，全面推进蜜蜂授粉与绿色防控技术的推广应用。

为进一步促进蜜蜂授粉与绿色防控技术集成应用与示范推广，受农业部种植业管理司委托，全国农业技术推广服务中心组织有关养蜂业、植保研究与推广方面的专家，在2014—2015年2年试验示范的基础上，认真总结成功经验，系统吸收国际、国内相关先进技术，结合蜜蜂授粉与绿色防控的理论与实践，编写了《蜜蜂授粉和绿色防控技术集成理论与实践》一书。全书分为理论篇和实践篇两部分，共26章。理论篇共12章，系统介绍了蜜蜂授粉国内外进展，蜜蜂授粉的生物学基础，以及蜜蜂授粉的技术要点，绿色防控的理论基础，技术体系和应用进展，蜜蜂保护技术，保护蜜蜂的植保和技术授粉区农药使用指导等，分别由中国农业科学院蜜蜂研究所、全国农业技术推广服务中心和中国农业科学院植物保护所相关人员编写。实践篇按粮、棉、油、果、菜的作物顺序编排，共14章，分别介绍了14种不同作物蜜蜂授粉与绿色防控技术的集成模式，示范取得的主要成效和探索建立的推广机制。分别由承担试验示范的15个省（自治区、直辖市）植保站（局）有关人员组织试验示范所在市、县有关人员共同编写。

本书理论与实践相结合，注重实用性，配有大量图片，便于广大基层农技人员和农民朋友查阅使用；也可为农业院校养蜂专业和植保专业学生了解蜜蜂授粉与绿色防控技术进展提供参考。

在本书编写过程中，得到了全国植保系统有关人员、农业部种植业管理司、全国农业技术推广服务中心、中国农业科学院蜜蜂研究所和植物保护所领导和相关同志的大力支持与鼓励，在此一并致谢！

由于水平有限，书中错误在所难免，请读者、同行批评指正。

编　者

2015年12月

目录 CONTENTS

DIYIBUFEN

LILUNPIAN

1 第一部分

理 论 篇

第一章 蜜蜂授粉的意义

蜜蜂是自然界众多植物得以健康延续的重要使者。已知开花植物中约65%为虫媒花，其繁殖和种群延续依赖于媒介昆虫的传粉作用。蜜蜂授粉能够帮助植物顺利繁育，增加种子数量和活力，对于保护植物多样性、改善生态环境、维护生态平衡具有重要作用。2006年，*Nature*公布了蜜蜂基因组序列测序，同时指出“如果没有蜜蜂及其授粉行为，整个生态系统将会崩溃”。蜜蜂在自然界中的地位和作用具有不可替代性，没有蜜蜂授粉，大量植物无法繁殖和生存，这将导致动物食物来源不足，生态平衡受到严重的破坏。

蜜蜂授粉在人类的食物生产中也占据着举足轻重的地位，人类食物的1/3归功于昆虫授粉，特别是一些富含微量元素等的食物几乎全部源于需要动物授粉的作物，这些授粉者的功劳80%以上归于蜜蜂。正如Gate（1917）所述“种植者可以施肥、耕作土壤、修剪、蔬果、施药，总之，他们可以做现代农业实践所提倡的所有事情。但是，如果没有授粉媒介，这当中主要是蜜蜂，将花粉从花的雄蕊传送到柱头，作物可能没有产量”。2015年5月19日，美国政府宣布了促进蜜蜂和传粉昆虫健康的国家战略。该战略概述了通过跨多个行政部门的共同努力，加大研究力度，应对和减少影响蜜蜂和传粉者健康的多重压力，主要包括病虫害、栖息地丧失、营养资源缺乏和暴露于杀虫剂。由此可见，蜜蜂授粉已经被提到国家战略高度，其对整个生态系统平衡发挥着重要作用。蜜蜂是人类食物的重要保障者，保护和利用蜜蜂授粉对保障人类的生存和发展具有重要意义。

第一节 蜜蜂授粉技术的概念

蜜蜂与植物在长期的协同进化过程中，其形态学结构和生物学特性与植物花的颜色、香味、构造等形成了非常默契的相互适应关系。植物为蜜蜂提供食物花粉和花蜜，蜜蜂为植物传粉，使得植物繁衍，同时，蜜蜂形态学结构的变化如携粉足、花粉耙等特殊的形态学构造，使蜜蜂成为农作物的理想授粉者，具有不可替代的重要作用。授粉是植物结出果实必经的过程，蜜蜂授粉是指依靠蜜蜂把花粉从花药转移到柱头的移动过程，这个过程为被动过程，而采集花蜜和花粉是主动过程。蜜蜂授粉省工、省时、效率高、效果好，能有效提高作物的异花授粉作用，增强子代的生活力。由于蜜蜂授粉更及时、更完全和更充分，因此，对于提高作物的坐果率、结实率的效果更加突出，在提高作物产量和改善果实品质方面效果更加显著。因此，蜜蜂授粉在现代农业生产中已成为一项不可或缺的生产技术。

蜜蜂授粉是农业增产提质的重要措施。目前，全世界100种作物，为人类提供90%的食物，超过70种作物授粉是由蜜蜂授粉完成的。国内外大量研究文献证明，蜜蜂授粉可显著提高农作物产量，如油菜授粉可增产20%；向日葵增产10% ~ 40%；大豆增产10% ~ 40%；草莓增产10% ~ 40%。蜜蜂授粉可显著改善果实品质，如降低草莓畸形果率60%，增加甜度；甜瓜边糖提高18.42%，固酸比提高24.5%。由此可见，蜜蜂授粉是农作物最理想的授粉者，其对于保障食粮的增产提质具有重要的作用，已成为我国粮食绿色增产的重要技术措施之一。

第二节　蜜蜂授粉的意义

随着现代农业的发展，蜜蜂授粉的依赖性逐步加大。首先，农业种植结构改变、规模化发展和大量使用农药，许多授粉昆虫数量显著减少，造成了植物授粉的不足；其次，生态环境破坏，野生传粉昆虫栖息地受到破坏，在很大程度上降低了野生传粉昆虫种群数量；最后，劳动力成本增加，依靠人力辅助授粉的时代已经过去，人们对有机食品的需求量加大，这无疑使蜜蜂授粉需要量逐步扩大。

一、农业种植结构改变

我国是农业大国，农业是国民经济的基础，种植业结构调整对农业生产发展具有重要意义。种植业结构调整主要包括两个方面：一是种植作物种类的调整，主要包括粮经结构调整和粮草比例调整；二是作物种内品种结构的调整，目的是使种植的品种多样化、优质化、专用化、特色化、无害化和地方优势化。新中国成立以来，我国种植业结构调整大致经历了三个不同的阶段，分别是1949—1978年以粮为纲阶段，1979—1999年粮蔬发展阶段和2000年至今的质量提高阶段。纵观我国农业种植结构转变，可以看出，我国由传统农业向产业化、市场化、现代化农业的转变，实现农业从数量型向质量型、从粗放型向集约型的转变，由主粮生产转变到以粮为主兼顾其他作物的生产方式。农业种植结构的改变，增加了种植作物的多样性，依赖蜜蜂授粉的作物也随之增加。

二、规模化、集约化农业发展

我国规模化、集约化农业的发展，形成单一作物大面积种植，这极大地破坏了传粉昆虫自然栖息地环境及生存条件，造成一定区域内授粉昆虫数量相对不足，从而影响了作物的授粉。据统计，2009年，全国苹果种植面积达到212.7万hm^2，较2008年增加6.7%左右；2009年，全国西甜瓜播种面积达到212.68万hm^2，比2008年增加1.5%。随着果树种植面积的迅速增加，造成一定区域内授粉昆虫数量相对不足，从而不能满足授粉的需要，成为制约果树产业健康发展的重要因素。由于授粉昆虫数量不足，在一定程度上限制了果树产量和质量的提高。虽然，有些地方为了提高果树坐果率，采用人工授粉或采用生长调节剂的办法来增加果树的授粉概率，但是从效果上看都无法与昆虫授粉相比。因此，引入蜜蜂授粉是从根本上解决授粉昆虫数量不足的重要途径。

三、大面积农药使用

农药的大面积使用，造成蜜蜂大量死亡或无故丢失，已严重威胁蜜蜂的生存，使得这个理想的传粉者种群下降，严重影响作物产量及质量的提高。机械化耕作、土地大面积平整、原始森林破坏、原有生态环境改变，使得蜜蜂的生存空间越来越小。高浓度、大剂量使用农药造成了自然界授粉昆虫的大量死亡，致使蜜蜂等授粉昆虫数量急剧下降，需要授粉的虫媒花作物对人为引入授粉昆虫的依赖性更大，通过蜜蜂授粉可以弥补授粉昆虫的不足。研究人员将具有神经毒素的农药假设为昆虫神经系统传送电子讯号受到干扰的原因，如此一来，蜜蜂等昆虫之间便难以互相沟通，使得它们无法确定食物来源或难以在觅食回归之后找到巢穴。目前，该组研究人员已经提出警告，即使神经系统只有细微的变化，也能造成这些昆虫严重的脑部疾病。英国生态学家、计算机专家、分子生物学家和数学家等多领域研究人员，通过实验证实，充满各种农药的环境干扰了蜜蜂等授粉昆虫的大脑及神经系统，并且造成种群数量骤减。

四、传粉昆虫数量下降

三四十年代以来，地球上的地貌已经有了大幅的改变，从鸟类、植被到昆虫等生物族群身上，我们看到了证据充分的变化；现在更令人担忧的是，身为授粉者的蜜蜂、熊蜂、蝴蝶、食蚜蝇等昆虫种群的数量也正在递减。

目前全球有1/3 的粮食作物必须依靠这些授粉昆虫才得以稳定优质地生产，我们把每天尽情享受各种蔬菜、水果和花卉视作理所当然，但是造成这些大自然奇迹的某些授粉昆虫却面临严重的生存危机；了解地球上复杂的环境生态系统是当务之急，确保授粉昆虫的生存，就是帮助我们在未来能够继续享受美食。在生物多样性的保护中，蜜蜂授粉作用应该是被考虑的重要因素之一。蜜蜂是农业生态系统的重要组成部分，随着现代农业的发展，蜜蜂在农业生态系统中的地位和作用越来越重要。

五、劳动力成本增加

蔬菜制种和温室栽培黄瓜、西葫芦、番茄和果树，以前都是采用人工授粉提高坐果率、结籽率和产量。但是，近年来由于人员工资的提高，生产成本大幅上升，特别是十字花科蔬菜的制种，人工授粉费用昂贵。例如，大白菜自交不亲和系繁种，因花小、花粉量少，授粉难度大，费工费时，每亩地制种，每3天授粉一次，每次30个工，授粉8次，每个工以80元计，每亩*地需要人工授粉费约2万元。此外，采用人工授粉不均匀，授粉不适时，会造成结荚数少，籽粒数少，产量低。因此，蜜蜂授粉的应用不仅降低了制种成本，而且提高了产量和质量。据估算，一群蜜蜂用于制种地授粉，相当于2 000个授粉劳动力。

* 亩为非法定计量单位。1亩=1/15公顷。

第三节 蜜蜂授粉的重要性

蜜蜂是人类的朋友，没有蜜蜂，人类社会以及整个生物圈都将会面临崩溃。阿尔伯特•爱因斯坦（1879—1955）曾经说过“当蜜蜂从地球上消失的时候，人类将最多在地球上存活四年。没有蜜蜂，就没有授粉，没有植物，没有动物，没有人类……”。爱因斯坦的预言意义十分深远，非常明确指出，蜜蜂在大自然中的地位和作用。没有蜜蜂授粉，大量植物无法繁殖和生存，这将导致动物食物来源不足，造成动物数量下降，最终影响整个人类生存。这充分说明了蜜蜂授粉对保持生态平衡，维持人类的基本条件起着重要作用。

在各种授粉昆虫中（如苍蝇、蝴蝶等），蜜蜂的授粉率是最高的。一只蜜蜂每天可以完成3～10次采集飞行，访问3 000朵花，一箱蜜蜂每天可以访问数百万朵花。全世界68%的显花植物靠蜜蜂授粉，约有170 000种，其中，90%的果树靠蜜蜂授粉。如果没有蜜蜂的传粉，约有40 000种植物会繁育困难、濒临灭绝。而在人类所利用的1 300种植物中，有1 100种植物需要蜜蜂传粉。如果没有蜜蜂授粉，这些植物将无法繁衍生息。可见，蜜蜂授粉是生态系统（包括农田生态系统）维持稳定的关键环节之一。

实践证明，蜂业发展不仅维持了生态平衡，也有利于粮食增产。蜜蜂授粉可以显著地增加诸如油菜、棉花、显花牧草、咖啡、柑橘等农作物的产量和质量。此外，昆虫授粉的豆科植物能从空气中获取氮元素，肥沃土地。如果没有这些，再肥沃的土地肥力也终将耗尽。授粉还能降低作物灾害损失，使后代体现杂交优势。如果在农业生产中农户忽视了授粉（主要是蜜蜂授粉）投入，即使其他方面（如种子、化肥）投入非常充足，他的收入也可能降低。

在现代化农业发展中，由于环境因素的变迁、生物进化、新品种培育等因素的改变，打破了生态平衡，蜜蜂授粉就显得更为重要。蜜蜂授粉技术的应用产生一定的经济效益、生态效益和社会效益，在经济发达的国家已形成一项独具特色的产业，实现了商品化、规范化，并纳入农业增产的技术措施中。例如，在美国，蜜蜂授粉服务已经成为多种作物（杏、苜蓿等）生产的必需投入品。

第四节 蜜蜂是理想的授粉者

蜜蜂怎样成为理想的授粉者，这是由蜜蜂的形态学结构和生物学特性决定的，也是其他昆虫无法比拟的重要特性。蜜蜂成为理想的授粉者，具有以下重要特性。

一、特殊的形态学构造

蜜蜂为了生存，在长期的进化过程中，逐渐向有利于携带花粉的方向进化，因此形成了容易黏附花粉的绒毛和花粉筐等特殊器官。

蜜蜂的绒毛，尤其是头、胸部的绒毛，有的呈分支或羽状，容易黏附大量微小的、膨散的花粉粒，这对携带花粉和提高植物授粉结实具有特殊的意义。

蜜蜂三对足不仅是蜜蜂的运动器官，而且还有采集花粉和携带花粉的重要作用。前足刷集头部、眼部和口部的花粉粒；中足收集胸部的花粉粒；后足集中和携带花粉粒。在后足上有花粉刷、花粉栉、花粉耙和花粉筐等特殊构造。蜜蜂采集花粉的过程是当跗节的花粉刷充分装满时，以左右足相互摩擦的方式，用胫节端部的耙把对面跗节花粉刷上的花粉刮下一小团，刮下来的花粉小团落在耳状突朝外倾斜的上表面。因此，当跗节向胫节合起来时，耳形突上的花粉就被向上挤，并向外压在胫节外表面，这里又湿又黏，从而把花粉粘在花粉筐的底部。这个过程反复进行，直至花粉团形成。一只蜜蜂可携带500万粒花粉，就是在蜜蜂回巢将携带的花粉团卸下后，留在身上的还有1万～2.5万粒花粉。蜜蜂身上所带的花粉粒比任何其他多毛昆虫都多，因此当一只蜜蜂在植物花丛中飞来飞去采蜜采粉时，就达到传递花粉的目的。

二、食物为花蜜和花粉

蜜蜂蜂群常由蜂王、工蜂、雄蜂、蛹、幼虫和卵组成。蜂王吃蜂王浆，蜂王浆是工蜂分泌的，而工蜂必须吃花粉才能分泌王浆。工蜂一般吃花粉，花粉少的时候也吃蜂蜜。雄蜂吃花粉和花蜜，幼虫前三天吃蜂王浆，以后吃花粉和花蜜。由此可见，蜜蜂的整个蜂群都以植物的花粉和花蜜为食物。花粉是蜜蜂制造蜂粮的主要原料，是蜜蜂所需蛋白质的唯一来源。花粉对蜜蜂的正常生活，幼虫和幼蜂的生长发育，培育蜂王，蜂群繁殖，蜜蜂的体质，泌蜡造脾，蜂王浆的生产和蜂蜜的生产都有着十分密切的关系。

植物花的形态结构与蜜蜂的形态构造和生理上的适应，在遗传上形成了它们之间的内在联系。如果没有传粉昆虫，植物不能传播花粉，显花植物也不能传宗接代。

因此，蜜蜂在采集植物花粉、花蜜的过程中为植物传播花粉，两者相互适应，是长期自然选择不断进化、不断完善的结果；而植物依靠蜜蜂为其授粉达到繁衍后代的功能。

三、采集专一性

蜂群到一个新的场地后，或者每天清晨首先出巢的采集蜂，都会将采集到花粉的方位和离蜂箱的距离，用跳舞的方式告诉同伴，同伴一传十、十传百，以致全群采集蜂都到同一地点采集同一种植物的花粉和花蜜，直到将这一信息周围的全部花朵的花粉和花蜜都采完后，才会接受新的信息，转移到另一种作物上去。一般情况下，蜜蜂一次出巢不会在两种作物上采集。据席芳贵研究，西方蜜蜂喜欢在10～20m^2的小范围内采集，并较长时间集中固定采集特定的品种，同时，具有驱赶其他蜜蜂进入此区采集的特性，从而保证了同一种植物的授粉效果。

四、群居性

蜜蜂属于社会性昆虫，群体越大生命力越强，生产力也越强。在昆虫种类中，蜜蜂是群体最大、数量最多的一种昆虫。在繁殖高峰，一群蜂可达到5万～6万只，一个中等群体有3万只。一只蜜蜂一次出巢可采访50～100朵花，每天出巢6～8次，经过测定，一群蜂可采集5万～5.4万蜂次，授粉次数多于其他任何单一群体的授粉昆虫。

五、可运营性

人类饲养蜜蜂已有几千年历史，对蜜蜂生物学非常了解，蜜蜂经过一天的辛勤采集后，一到傍晚都要归巢休息或者酿蜜育子，这表明了蜜蜂的恋巢性。当要转移蜂群为第二种植物授粉时，只需要在前一天晚上关闭巢门，装上汽车，即可运到第二个授粉场地进行授粉。这一特点是其他授粉昆虫所无法相比的，从而保证了一群蜜蜂可以给不同地点、不同开花的一种植物或多种植物授粉。

六、饲料贮存性

蜜蜂为了生存，有贮存花粉和花蜜的习性。在植物开花季节，蜜蜂不辞辛苦，反复往返在花丛之间，不会像有些动物那样以胃内存物的多少来决定取食。蜜蜂将采到的花蜜或花粉暂存在蜜囊和花粉筐内，采满后，飞回巢房脱掉花粉团，吐出前胃（蜜囊）内的花蜜，然后再次出巢采集，保证了一只蜜蜂可无数次出巢为作物授粉。

七、可训练性

当第一只蜜蜂到外界采集到某种作物的花蜜回巢后，会用跳舞的方式将此种花蜜和花粉的位置及大概距离告诉同伴。通过这样的信息传递，从而在很短时间内使整群蜂都到这个地方访花授粉。利用这一特点，可人为地利用有某种花香的糖浆诱导训练蜜蜂为目标作物授粉。

第五节　蜜蜂授粉的好处

蜜蜂为农作物授粉不但可以显著提高产量，还能改善果实品质，保持农业生态系统平衡。利用蜜蜂授粉可以把握最佳授粉时间、充分授粉、高效利用植物花朵，因此，蜜蜂授粉具有以下优点。

一、最佳授粉时间

一般植物开花初期的一段时间内柱头的活力最强。蜜蜂授粉之所以比人工授粉或者自然授粉效果好的原因：首先，蜜蜂与植物长期的协同进化，使得其对成熟花粉的识别能力要远远高于人类；其次，蜜蜂不间断地在田间飞行活动，常从柱头上擦过，蜜蜂极易在花柱头生活力最强的时候将花粉传到上面，使花粉萌发，形成花粉管而达到受精的目的。而人工授粉每天只能进行一次，因为速度慢，造成上午开的花拖到下午或者第二天上午授粉，而错过花柱生活力最好的时间，这样势必造成受精不佳，从而影响果品的产量和质量。

二、授粉充分

蜜蜂特殊的形态构造使得其更易于收集花粉，当其进行授粉时落到柱头上的花粉数量要远远大于人工授粉，这就使得花粉的群体萌发效应表现出来，加速了植物受精。陈盛禄等人观察了经蜜蜂授粉和不经蜜蜂授粉柑橘花柱头上的花粉数量，发现经蜜蜂授粉过的柱头上有花粉4 000粒，未经蜜蜂授粉的柱头上只有250粒花粉，两者相差15倍。

三、提高产量

蜜蜂授粉可以显著提高产量。通过蜜蜂授粉与病虫害绿色防控技术集成示范项目实施，各示范点的试验数据表明，无论是油菜、向日葵等蜜粉源作物，还是草莓、番茄、苹果、梨等虫媒授粉作物，乃至大豆、水稻等自花授粉作物，均表现出良好的增产效果。与自然对照或人工授粉相比，油菜角果数、结实率明显提高，亩均增产36.70kg，增幅为21.7%；向日葵结实率、千粒重提高10%～11%，亩均增产48.7kg，增幅为26%；大豆平均株增加1.7粒，结实率提高4.3%，百粒重增加0.2g，亩均增产307.7～400kg，增幅为5.8%～8.5%；草莓、樱桃坐果率提高20%左右，亩均增产300～400kg和100～200kg，增幅分别为14.4%和12.3%，草莓高的如北京达39.8%；番茄、梨、苹果单果重增加20～40g，亩均分别增产830kg、400～500kg和200～400kg，增幅为18.4%、12.95%和7.86%；枣、蜜柚亩均增产分别为94kg、443kg，增幅分别为9%和28%。由此可见，蜜蜂授粉可以显著提高作物产量。

四、改善果实品质

蜜蜂授粉使花柱头上花粉不仅多而且授粉及时，为使子房中的胚珠都能得到精子创造了条件，这样就不会因为某一个子房的胚珠未受精而影响果实的发育，从而造成畸形果，为提高果实的商品质量创造了有利条件，提高了农产品的附加值。通过蜜蜂授粉与病虫害绿色防控技术集成示范项目实施，各示范点的试验数据表明，通过蜜蜂授粉，一是果形周正、着色均匀、果肉饱满、畸形果率显著下降。北京、河北番茄畸形果率低于1%，较激素处理降低约10个百分点；湖北、北京草莓畸形果率降低10～20个百分点；河北樱桃商品率达90%，比自然授粉提高7个百分点；山西苹果、梨畸形果率分别为1%和4.2%，比对照下降3.5和3.9个百分点。二是口感风味改善。蜜蜂授粉果实经过正常受精发育而成，有效提高果实可溶性固形物含量，降低酸度，提高糖度，从而改善果实口感风味。如河北示范区樱桃比自然授粉区可溶性固形物、总糖含量分别提高1.7和1.1个百分点；海南、新疆哈密瓜边糖含量提高10.6%～18.42%，固酸比提高24.5%，维生素C提高44.98%，芳香物提高30.5%；河南枣可溶性固形物和糖度均提高1.7个百分点，硬度提高5.9%。同时，通过推广绿色防控技术，有效降低了农产品农药残留污染风险，保障了农产品质量安全，各试验示范区农产品检测均未发现农药残留超标现象。

五、充分利用有效花

蜜蜂授粉可以充分利用植物的有效花，1993年河北省的一个梨园发生了百年不遇的冻害，经县林业局勘查认定其受害率为20%～85%，果农认为减产已成定局，由于人工无法识别哪些花未受冻，人工授粉根本无法进行。后来，在7 000m^2的梨园中摆放了24群蜜蜂，蜜蜂根据生活需要选择有蜜粉的花朵采集，无意中进行了选择，这些花虽然都程度不同地受了冻害，但花器官基本正常，经蜜蜂采集后达到了授粉目的。果园花受冻后，雌蕊柱头有活力的花相对减少，由于蜜蜂能使这些有效花充分受精，使未受冻的花坐果率提高1%，与其他果园对比坐果率明显提高，并且结果比较均匀，提高了品质，产品出口达标率为90%，也比往年出口达标率提高了60%；人工授粉时，低处授粉较好，结果多，而树梢不易操作，挂果少，因此形成树顶端徒长影响产量，仅此一项可增产25%。蜜蜂授粉是有选择性的，不是有花就采，而是选择那些健壮鲜艳的花朵。因此，在果树受冻时蜜蜂能帮助挽回部分经济损失。

第六节 我国蜜蜂授粉现状、存在问题及应对措施

一、我国蜜蜂授粉现状

根据农业部的调查，2012年中国蜂群数量达897.7万群、蜂蜜产量超过45万t，养蜂业总产值达45亿多元。从数量上来说中国是目前世界上第一养蜂大国，但养蜂的主要目的还是获取蜂产品，用于为农作物授粉的蜂群占养蜂收入的比例很低。尽管中国蜂群为大田作物授粉比例非常低，但蜜蜂授粉依然存在巨大的经济价值。据农业部估计，我国每年蜜蜂授粉促进农作物增产的产值超过660亿元。中国养蜂业以生产蜂蜜、蜂花粉、蜂蜡、蜂王浆等蜂产品为主，目前我国约500多万群蜜蜂蜂群跟着大宗蜜源植物的花期而在全国各地转移，所以蜂场在获得了很多蜂产品的同时，也为很多农作物进行了授粉。例如，蜜蜂为荞麦、油菜、向日葵、苹果、梨、柑橘、荔枝、龙眼、枇杷、紫苜蓿、紫云英、苕子和草木樨等授粉具有十分显著的经济效益。另外，中国还有300多万群蜜蜂为固定蜂场，在生产蜂产品的同时，这些固定蜂场也同样为当地的多种农作物授粉。近年来，我国设施农业得到了迅猛的发展，而人们也逐渐认识到设施作物利用蜜蜂授粉的重要性，特别是温室草莓、桃和杏等水果以及番茄大棚西甜瓜等瓜果蔬菜，利用蜜蜂授粉的比例逐年上升。

蜜蜂授粉对中国农业生产具有显著的促进作用，刘朋飞等采用蜜蜂依存度估价法，评估2006—2008年间中国36种主要农作物蜜蜂授粉的经济价值，并探讨农业生产对蜜蜂授粉的需求。结果表明，2006—2008年间36种主要作物蜜蜂授粉的年均价值高达3 042.20亿元，是中国蜂业总产值的76倍，相当于中国农业总产值的12.30%。农业生产对蜜蜂授粉的需求很大，2008年仅蔬菜、果树、棉花等作物需要授粉蜂群的数量就达6 000万～8 795万群。由此可见，蜜蜂授粉为我国农作物带来的经济价值是十分惊人的。

二、我国蜜蜂授粉存在的问题

虽然中国是世界第一养蜂大国，蜜蜂授粉也产生了较大的经济价值，但与其他农业发达国家相比，中国养蜂的目的主要还是以获得蜂产品为主。人们对在农业上应用蜜蜂授粉还没有充分的认识。中国蜜蜂授粉问题主要表现在以下几个方面：第一，我国利用蜜蜂授粉的蜂群很少。在一些农业发达国家如美国、英国、法国、德国、澳大利亚和韩国等，这些国家利用一半以上的蜂群进行专业授粉，而我国农作物利用蜜蜂授粉的蜂群少于蜂群总数的5%。由此可见，我国与其他农业发达的国家相比差距很大。虽然我国蜜蜂在生产蜂产品的同时，也为一些农作物起到了较好的授粉作用，但仍有部分的果树、瓜果、蔬菜、牧草等作物没有得到充分的授粉，严重影响了其产量。第二，我国没有充分认识到利用蜜蜂为农作物授粉的重要性，蜜蜂授粉为农作物增产提质意识不强。虽然目前已有大量的研究结果表明，蜜蜂授粉可以大大提高多种农作物的产量，改善果实品质。但在生产实践过程中，人们主要考虑的还是品种和水肥等管理措施，没有意识到蜜蜂授粉的作用。宣

传力度还远远不够，且养蜂为农作物授粉增产技术普及率不高。第三，我国农作物使用农药的现象比较普遍，也制约了蜜蜂授粉的利用。人们在过去几十年中，利用化学农药作为防治病虫害的主要手段，而在同时，也杀死了大量的授粉昆虫，从而严重影响了蜜蜂的授粉作用，破坏了农田生态平衡。蜜蜂对化学农药非常敏感，尤其是一些毒性较大的农药或缓释性农药，对蜜蜂的毒害非常大，从而阻碍了蜜蜂授粉的进程。

三、应对蜜蜂授粉问题的措施

我国蜜蜂授粉业目前还处于起步阶段，人们对蜜蜂授粉价值的认识程度还不够充分，科研人员关于蜜蜂授粉的研究有待进一步提高。因此，我们应该努力做好如下几方面的工作：

第一，加强对养蜂业的组织领导。近年来，国家对蜜蜂授粉高度重视，农业部相继出台了《农业部办公厅关于印发〈蜜蜂授粉技术规程（试行）〉的通知》和《农业部关于加快蜜蜂授粉技术推广促进养蜂业持续健康发展的意见》2个指导性文件。各级农牧部门应把加强蜜蜂授粉促进养蜂业健康发展列入重要的议事日程，加强指导和管理力度，加强组织领导，共同促进养蜂业持续健康发展。

第二，加强蜜蜂授粉相关的研究。调查我国各地作物蜜蜂授粉蜂群需求量，利用我国蜂群的流动性指导放蜂路线，确保不同区域的不同作物有足够数量的授粉蜂群，促进养蜂产业和授粉服务蓬勃发展。

第三，加快我国蜜蜂授粉增产技术体系建设。首先，在蜜蜂授粉示范基地方面，重点依托国家蜂产业技术体系综合试验站，在全国建立一批蜜蜂授粉示范基地，探索政府蜜蜂授粉补贴政策，加强宣传与普及蜜蜂为农作物授粉增产技术，带动蜜蜂授粉产业的发展；其次，建立蜜蜂授粉技术研究推广中心，支持有关单位开展蜜蜂为农作物授粉增产技术的研究推广；再次，加大宣传力度推广蜜蜂授粉增产技术，积极引导农民利用好蜜蜂授粉技术，使农民充分认识到蜜蜂授粉为农业所带来的经济效益；最后，鼓励和发展专业化授粉蜂场，逐步提高授粉收入在养蜂总收入的比例，促使蜜蜂为农作物授粉增产技术得到普及，形成一批专业化的授粉蜂场，逐步完善相关的法律、法规及配套措施，确保蜂群的授粉安全，初步实现蜜蜂授粉产业化和商业化。

执笔人：黄家兴

第二章
蜜蜂授粉生物学基础

蜜蜂是一种独特的社会性昆虫，既有一般昆虫所共有的形态特征，又有自身独特的形态结构，是一种高度特化的授粉昆虫。蜜蜂与虫媒植物长期协同进化过程中，形成了一系列有利于采集花粉、花蜜，并具有传花授粉的特殊生活习性和与之相适应的结构，与授粉植物形成了相互依赖的关系，使蜜蜂成为自然界最高效的授粉昆虫。

第一节　蜜蜂形态构造的特殊性

蜜蜂采集食物的活动基本局限于植物的花朵，长期进化适应使蜜蜂产出了一系列采集和携带粉蜜高度特化的形态构造，凸显了蜜蜂与授粉植物之间精巧的协同进化，为高效采集花粉奠定了基础。蜜蜂的外部形态结构包括头部的触角、口器、眼，胸部的翅、足，腹部的蜡腺、螫刺以及躯体外壳等（图1-2-1）。其中与授粉最为密切的是蜜蜂的体毛、口器、足以及蜜囊等与植物授粉相适应的特化形态构造和器官。

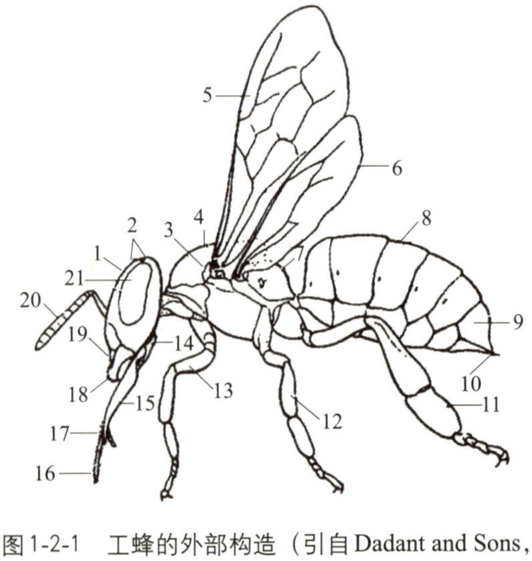

图1-2-1　工蜂的外部构造（引自Dadant and Sons，1975）
1.头部　2.单眼　3.翅基片　4.胸部　5.前翅　6.后翅　7.气门　8.腹部　9.气门　10.螫刺　11.后足　12.中足　13.前足　14.下唇　15.下颚　16.中唇舌　17.喙　18.上颚　19.上唇　20.触角　21.复眼

一、体毛

蜜蜂体表密生绒毛，大部分为羽状的实心毛，尤其是分布在头部和胸部的绒毛还具有分叉（图1-2-2），其中有些空心毛与神经系统相连，是感觉器官。这些绒毛不仅具有护体和保温的作用，而且还有利于蜜蜂收集花粉和为植物授粉。蜜蜂每次采粉可采访近百朵到数百朵花，尤其是工蜂访花时接触花朵雄蕊和雌蕊机会较多的头胸部（图1-2-3），其羽状分叉状的绒毛极易黏附大量的花粉粒。一只工蜂周身携带的花粉可达500万粒，即使是蜜蜂经过认真刷集之后，每只蜜蜂身体上所黏附的花粉粒仍有1万～2.5万粒，远远超过其他任何授粉昆虫。

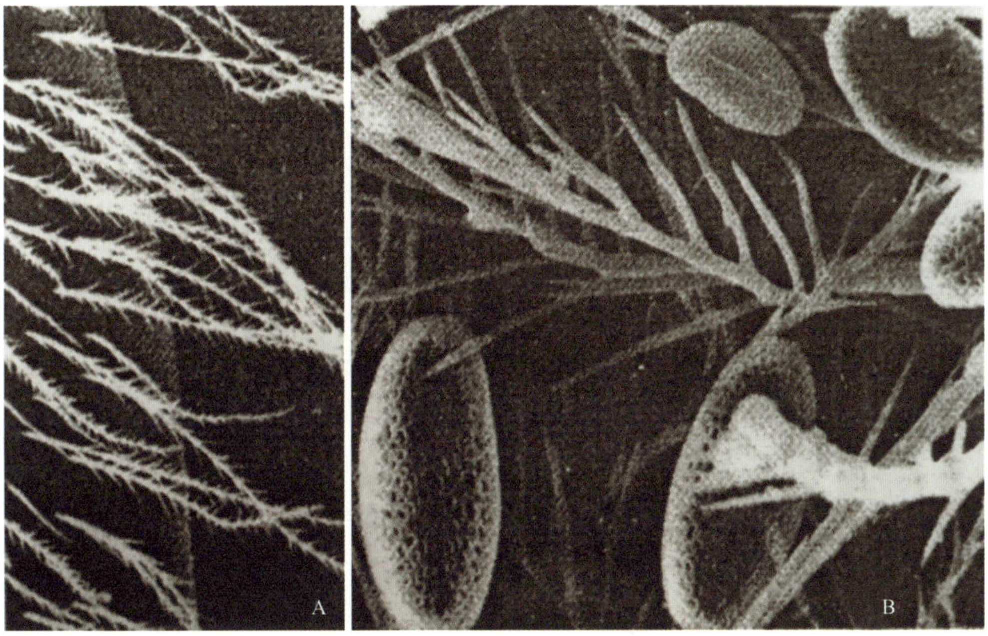

图1-2-2 蜜蜂头胸部绒毛（引自Sondgrass，1993）
A.呈羽状分叉的绒毛（放大85倍） B.黏附在绒毛间的花粉粒（放大750倍）

图1-2-3 头、胸部粘满花粉的蜜蜂

二、口器

蜜蜂的口器属于有长喙的嚼吸式口器，分为上部口器和下部口器。其特点是上颚发达，用以咀嚼固体食物，下颚和下唇特化延伸，组成吮吸构造，形成起吮吸作用的管状喙，可以吮吸液态食物。这种口器结构有利于吸取植物深花管内的花蜜。蜜蜂的口器由上唇、上颚、下颚、下唇等构成（图1-2-4）。

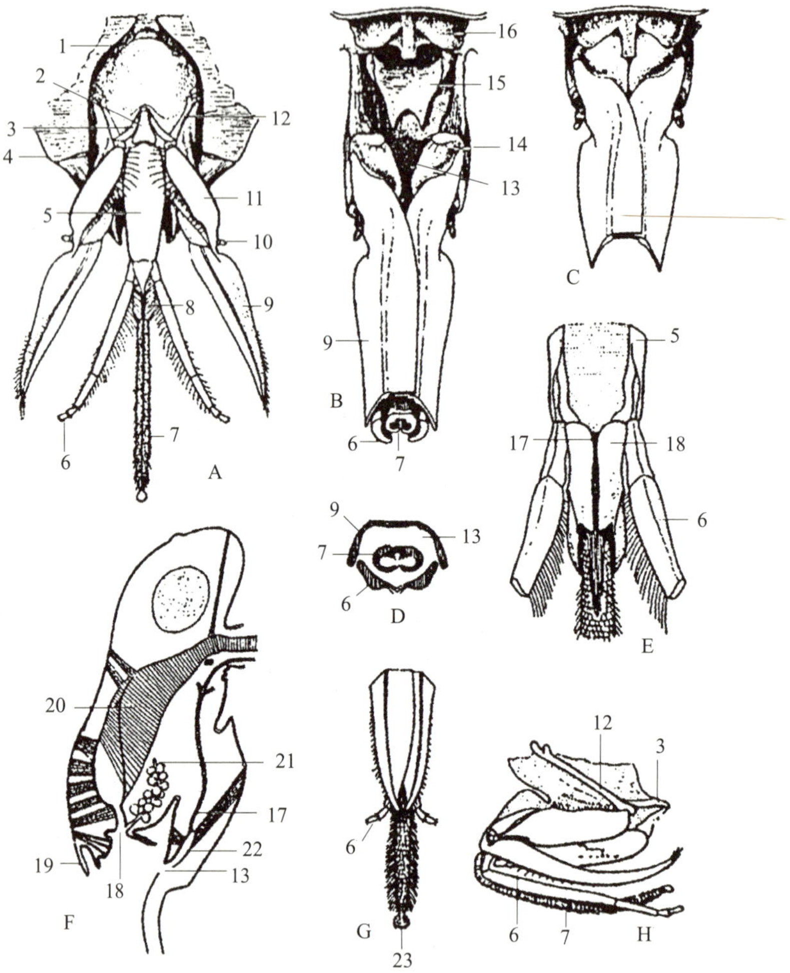

图1-2-4 口器（引自Sondgrass，1993）

A.口喙腹面观 B、C.喙基前面观 D.喙中部横切面 E.舌基部前面观 F.口喙端部 G.喙 H.折起的口喙侧面观

1.喙窝 2.后颏 3.喙基片 4.上颚 5.前颏 6.下唇须 7.中唇舌 8.侧唇舌 9.外颚叶 10.下颚须 11.下颚茎节 12.下颚轴节 13.食物道 14.内颚叶 15.舌 16.内唇 17.唾管 18.口 19.上唇 20.食窦 21.王浆腺 22.唾窦 23.中舌瓣

（1）**上唇**。上唇位于唇基下方，可前后活动，主要功能为从口器前方阻挡食物（图1-2-4F）。上唇内侧有一从唇基内壁突出延伸的内唇（图1-2-4B）。内唇为柔软膜片，其上富有味觉器。

（2）**上颚**。上颚是蜜蜂的咀嚼器官，主要功能为咀嚼花粉等固体食物、使用蜂蜡蜂胶、清房清巢、御敌等，并在吸食时支持喙基。每一上颚由前后两个关节点与头部相接，由开肌和闭肌两条肌肉控制其左右开合（图1-2-5A）。

三型蜂的上颚大小、形状均有差异。工蜂上颚的基部粗壮，中间缩窄，端部膨大变宽。在上颚内表面中央的上颚沟和上颚峡，始于上颚基部，与上颚腺的开口处相连（图1-2-5B），延伸至上颚的末端，贯穿上颚始终。蜂王上颚（图1-2-5D）比工蜂略大，基部更加粗壮，端部锐利，能够在羽化时自行咬开坚实的茧衣出台。根据该特性，在诱台时，只需在王台侧面实施保护，就可使王台免于被工蜂破坏。雄蜂上颚较小，基部略宽，端部狭小，近乎退化（图1-2-5C）。

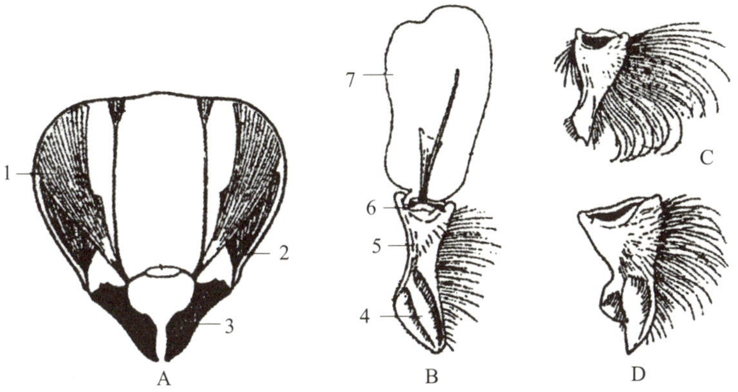

图1-2-5 上颚（引自Sondgrass，1993）
A.上颚及其肌肉 B.工蜂的上颚和上颚腺 C.雄蜂上颚 D.蜂王上颚
1.上颚闭肌 2.上颚开肌 3.上颚 4.上颚峡 5.上颚沟 6.上颚腺孔 7.上颚腺

（3）**口喙**。口喙是蜜蜂的吮吸器官，由下唇和下颚构成。其基部紧密相连，着生于头背部后头孔下方的喙窝膜质上。

一对下颚位于上颚后方，下唇两侧。下颚由轴节、茎节和盔节组成。轴节细长，呈棒状。在两轴节间有一对排列成“∧”形的喙基片，连接在轴节端部，由肌肉控制其活动。轴节基部固连在喙窝的膜质中，端部以小球突与下颚中部的茎节呈关节状连接。茎节宽而长，端部外侧着生已退化成两个小节的下颚须。与茎节端部相连的是呈刀片状的盔节外颚叶，外颚叶基部内侧，为褥状的内颚叶（图1-2-4A）。

下唇基部是一个三角形后颏，支接于喙基片上，与后颏相连的为前颏。前颏的前壁与舌后壁围成唾窦，唾管开口于唾窦底部（图1-2-4F）。前颏端部两侧着生一对细长扁平的下唇须，中央着生一根中唇舌。中唇舌端部有一圆形的中舌瓣（图1-2-4G）。每根下唇须由两个较长的基节和两个较短的端节组成，其端部着生众多的触觉和味觉感觉器。下唇须由一条肌肉与前颏相连，可单独活动。下唇前颏末端延伸的中唇舌细长呈管状，腹面内凹形成唾道。中唇舌的舌杆由多毛的硬环和狭窄光滑的膜质相间组成，因此中唇舌能伸长和缩短。中唇舌基部由一对短叶状的侧唇舌包围，可将唾窦中流出的唾液引向中唇舌腹面的唾道中（图1-2-4E）。

蜜蜂吮吸液体时，下颚轴节向下伸出，下颚和下唇各部分伸直，下颚叶节瓣紧贴在内唇下，与口前腔闭合，使口喙的食物道与口相连（图1-2-4C）。一对下颚盔节在前面，一对下唇须在后面，包围着中唇舌形成喙管（图1-2-4B）。喙管的外围通道为食物道，液体食物由此进入消化道（图1-2-4D）。口喙不使用时，下颚轴节向后摆动，盔节和中唇舌向后折回，紧靠在下颚茎节和下唇前颏（图1-2-4H）。

三、足

足为蜜蜂胸部附肢，分节，每个节间关节处的活动只限于一个平面上，不同关节点的活动水平面不同，使得蜜蜂足的活动有了一定的灵活性。蜜蜂三对足的大小和形状均有所不同，但均由基节、转节、股节、胫节、跗节和前跗节6节组成（图1-2-6）。

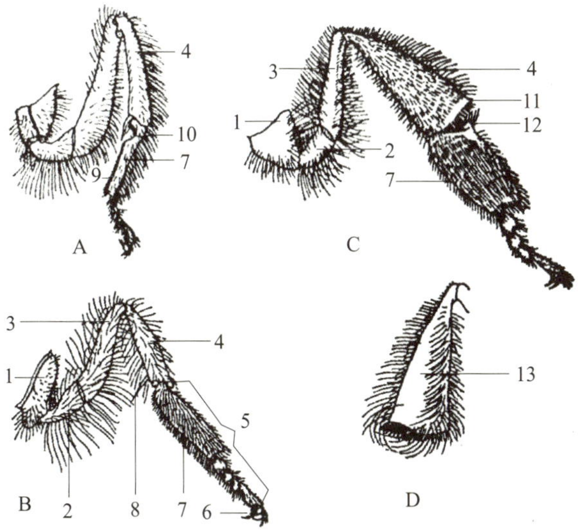

图1-2-6 工蜂足的构造（引自Sondgrass，1993）
A.前足 B.中足 C.后足 D.后足胫节外侧（花粉筐）
1.基节 2.转节 3.股节 4.胫节 5.跗节 6.前跗节 7.基跗节
8.胫距 9.跗距 10.净角器 11.花粉耙 12.耳状突 13.花粉筐

蜜蜂跗节共有5节，特别是与胫节相连的基跗节膨大延长，其上着生许多采集和携带花粉的特化构造。位于足末端的前跗节由两个坚硬锐利的爪和一个柔软的中垫组成，是蜜蜂攀附和行走时支撑的器官。行走和停留时，在粗糙表面用爪抓附，而在光滑表面则用中垫吸附。

工蜂足除了行走外，还有采集和携带花粉的重要功能。这些特化器官，均着生在三对足的基跗节和胫节上。由于蜂群社会化的分工，蜂王和雄蜂的这些特化构造已退化。

前足着生在前胸腹板两侧。在前足基跗节基部的内缘，有一半圆形的凹槽，槽内密生整齐排列的一列粗壮短毛；前足胫节的端部内缘，靠近基跗节的凹槽处，有一可上下开合的指状突。此凹槽和指状突共同组成了净角器。净角器是蜜蜂清理触角的器官，蜂王、工蜂和雄蜂均有。蜜蜂在清理触角时，先将触角柄节放入凹槽，在胫节和基跗节弯曲并靠近凹槽的同时，可活动的指状突压在已放入凹槽中的触角上，然后抽拉触角，使凹槽中短毛刷除触角上的花粉、灰尘等异物。

工蜂前足基跗节内缘边上，密生排列整齐的硬毛，类似刷子的结构，称为跗刷（图1-2-6A）。前足跗刷主要收集黏附在头部的花粉粒。

中足基跗节内缘边也有跗刷构造。中足跗刷主要收集黏附在胸部和腹部的花粉粒。中足的胫节近端部内缘，有一可活动的胫距，用以清理翅基和气门（图1-2-6B）。

后足基跗节内侧表面，横向整齐排列着十几列顺着基跗节轴线向下生长的硬刺，用以承接前足和中足跗刷收集来的花粉粒，此结构称为花粉栉。后足胫节端部后缘，着生一排硬齿，为花粉耙，可将相对一侧后足花粉栉上具黏性的花粉粒刮到花粉耙的齿根处，即花粉筐下部，再通过胫节和基跗节间的关节抽动，由耳状突将其推入花粉筐中。耳状突为一耳状突起，位于后足基跗节基部外缘。耳状突边缘横向扁平，表面整齐密集排列尖齿状突起。后足胫节外侧为花粉筐，是携带花粉团的器官。其表面略凹陷，光滑无毛，基部窄，端部宽，蜜蜂采集花粉时，花粉团在此处形成。花粉筐周边着生弯曲的长毛，可起到从四周固着花粉团的作用；靠近端部中心处，生长一根较长的硬刺，花粉团将其围绕其中，稳固花粉筐中的花粉团。

四、蜜囊

蜜蜂工蜂的前肠中的嗉囊特化为蜜囊，这是其他昆虫所不具备的。蜜囊为食管末端膨大的薄壁囊状体，不具通透性，囊壁内面有许多皱褶，使其具有伸缩性，可以很大程度地涨大，其主要功能为贮存和携带花蜜。意蜂蜜囊容积一般为14 ~ 18μL；充满蜜汁时，可扩大至55 ~ 60μL。中蜂蜜囊容积可扩大至40μL。

第二节　蜜蜂生物学特性

蜜蜂是高度社会化的昆虫，以群体为单位，在蜂群组织内部，各种类型的蜜蜂有着严密的社会分工，任何一只蜜蜂都不可能长时间地离开群体而独自生存。一般情况下，正常蜂群由一只蜂王、数千至数万只工蜂和数百至数千只雄蜂组成。其中，蜂王、工蜂和雄蜂总称为三型蜂。由于在蜂群中承担的职能不同，三型蜂生活规律也各有特点。蜂王和雄蜂共同完成生殖任务，除此之外，一切巢内外工作均由工蜂完成。因此，工蜂是为植物传花授粉的主力军。蜜蜂与授粉相适应的生活习性，使得蜜蜂成为自然界最理想的授粉者。

一、采集花蜜、花粉的本能

在长期进化过程中，蜜蜂相应地形成了与采集行为相适应的消化系统和生理机制。蜜蜂生命活动所需的营养与能量全部来源于植物的花朵，这一特性使蜜蜂采集食物的活动几乎全部限制在花上，使采集活动所消耗的能量最大限度地与授粉活动直接相关。

蜂群主要采集花蜜、花粉、水、树脂树胶等。采集蜂多为壮年蜂和老年蜂，在蜜粉源丰富的季节，较低日龄的工蜂会提前参加采集活动。花蜜采集的工蜂日龄段较长，最早参与采集可提前至5天，迟至死亡前。采集花粉的工蜂多为绒毛较多的壮年蜂，采集水和树脂树胶的工蜂多为老年蜂。在蜂群大量采集粉蜜前，均先由少数侦察蜂寻找蜜粉源，后在巢内用舞蹈形式将信息传递给同群的其他工蜂，并根据蜜粉源丰富度决定着动员采集蜂的数量。这种蜂群的采集特性，有利于提高蜂群的采集效率。

蜜蜂生长发育需要蛋白质、脂肪、碳水化合物、水、无机盐类、维生素等营养物质，一般情况下，这些营养物质都能从花粉和花蜜中获得；有时还需额外采集水、蜂胶和盐类等。在花朵上采集时，根据花朵提供的花蜜和花粉情况以及巢内的需要，蜜蜂在一次出勤中既可单独采集花蜜或花粉，也可同时采集。

(1) *花蜜的采集与贮存*。采蜜蜂回巢后，多将蜜囊中的花蜜传递给贮蜜蜂，然后再出巢继续采集。蜂群采蜜活动是由采蜜蜂和贮蜜蜂的比例调控的。采蜜蜂寻找贮蜜蜂的时间过长，就会影响花蜜的传递效率。如果蜂群中贮蜜蜂数量多，采集蜂在20秒内很快将花蜜传出，就会积极舞蹈，刺激更多的蜜蜂去采集；采蜜蜂的增加，致使贮蜜蜂相对不足时，采蜜蜂的花蜜转移速度减慢，如果归巢后50秒还未能将花蜜传递，采蜜蜂将不再舞蹈，而是背腹颤动，以吸引内勤蜂接收花蜜。

个体采蜜量受蜂种、天气状况、蜜源集散程度、采集的难易、花蜜含糖量、泌蜜量、飞行距离等因素影响，所以，蜜蜂个体采蜜量在不同地区、不同蜜源测定的结果差别很大。蜜源植物泌蜜量大，花朵集中，花蜜含糖量高，采集容易，蜂巢距离蜜源近，蜜蜂采集的花蜜量高。意蜂的蜜囊容量比中蜂大，在大流蜜期，意蜂的采蜜量往往比中蜂高得多。

蜜蜂采集后，在花朵上留下标记性气味，避免其他蜜蜂重复采集，以提高采集效率。蜜蜂采蜜所需要的时间不是由蜜囊中采集的花蜜量决定，而是取决于采集的难易程度，包括花朵的泌蜜量、飞行距离、蜜源的集中程度等。蜜蜂结束采集归巢，是由体内血淋巴中糖的消耗所决定的。

(2) *花粉的采集与贮存*。蜜蜂采集花粉主要依靠蜂体表面绒毛黏附花粉粒，然后用前足跗刷收集黏附在头部的花粉粒，并传递到中足。用中足跗刷收集黏附在胸部和腹部的花粉粒，承接前足跗刷花粉粒，并传递到后足基跗节内侧的花粉栉上。两后足花粉栉相对，相互与相对足胫节端部的花粉耙刮集，使花粉粒集中黏附在花粉筐的下方。通过同一后足基跗节基部外端的耳状突的推挤，将花粉粒推进花粉筐。此外，蜜蜂有时也用口喙在花的雄蕊上直接采集，并将口喙黏附的花粉传递到前足跗刷。蜜蜂在采集椰树花粉时，用口喙在花药表面黏附花粉，然后将口喙上的花粉传递到前足跗刷。

蜜蜂采集花粉时，访花数目、采集时间和花粉团重量等与蜂种、蜜源种类、气候条件、巢内需求量等因素有关。蜜蜂采集花粉，花粉粒黏附在蜂体上是关键，所以蜜蜂采粉多在早晨、阴天、雨后等相对湿度较大的天气中进行，干旱天气蜜蜂几乎采不到花粉。花粉在巢内主要供幼虫和哺育蜂食用，当巢内卵虫较少或断子时，采粉的蜜蜂明显减少。蜜蜂每次采访梨花84朵或蒲公英100朵；采粉一次所需的时间短则6分钟，长可达187分钟；每次采集花粉量为12 ~ 29mg；每日平均出巢采粉10次，最多可达47次。意蜂采粉量比中蜂多，在云南小叶桉花期测定，意蜂和中蜂平均载粉量分别为19.3mg和16.17mg。

中蜂在一天的采粉活动中采集多种植物的花粉，但在不同时间段内采粉具有相对的专一性，每次出巢采集具有单一性。利用此特性，在生产蜂花粉时，采取分时段分别采收以提高蜂花粉的纯度。

采粉蜂携花粉团归巢后，在卵虫房上方或两侧靠近子圈的区域，寻找一个适合贮粉的空巢房或未装满的花粉房，将腹部和后足伸入巢房，用中足基跗节将花粉团铲落在巢房中。卸落在巢房中的花粉团，由内勤蜂咬碎夯实，并吐蜜润湿。贮存在巢房中的花粉，在养蜂学中的术语称为“蜂粮”。蜂粮中自然存在的乳酸菌能将糖转化为乳酸，起到防止蜂粮腐败的作用。巢房中花粉贮存至70%时，蜜蜂常在花粉上再涂一层蜂蜜，然后封盖，以做长期保存。

总之，蜜蜂在适应于专取食花粉和花蜜的同时，也形成了无厌足采集粉蜜的本能，可以不停地为植物授粉。这个特性相对于只要在花上摄食足够就停止采集活动的不具食料贮存性的授粉昆虫，蜜蜂授粉的效率要高很多。

二、超强的飞行能力

飞行是蜜蜂巢外活动的主要形式，如采集、交配、分蜂、迁居、认巢、排泄等。蜜蜂的飞行能力在一定程度上能够反映其活动能力。在气温（29±1）℃、湿度（48±8）%的适宜条件下，工蜂和雄蜂飞行时所需要的能量为0.5w/g，蜂王飞行所需的能量相对较低，只有0.3w/g。

飞行能力与发育、日龄、负荷、气候等条件有关，壮年蜂飞行能力最强。意蜂工蜂在晴暖无风的天气，载重飞行的速度为20.9 ~ 25.7km/h，平均速度约为24km/h。因出巢采集时往往寻找蜜源而非直线飞行，故空载飞行时的速度往往比载重返巢飞行的速度慢。蜜蜂飞行最高速度可达40km/h，但在风速达24km/h时，蜜蜂不能持久飞行。在逆风飞行时，为减少阻力蜜蜂常贴近地面飞行。

工蜂出巢前，摄入蜜囊的蜂蜜大约2mg。工蜂飞行1km，耗蜜约0.5mg。工蜂出巢前所摄取的蜂蜜，大约能够维持飞行4 ~ 5km，这恰好是蜜蜂一般的飞行距离。蜜蜂的采集活动主要受外界蜜粉源、气候条件、巢内需要等因素影响。外界蜜粉源丰富、巢内粉蜜缺乏能够刺激蜜蜂积极出巢采集；天气寒冷、酷热或大风阴雨等将不利于蜜蜂出巢。工蜂采集飞行的最适温度为18 ~ 30℃，气温低于9.5℃意蜂停止巢外活动，低于6.5℃中蜂停止巢外活动。在14℃时中蜂出巢采集的数量是意蜂的3倍。

蜜蜂飞行活动的范围主要与蜜粉源有关，蜜粉源丰富，蜜蜂采集范围就小，常在500m以内；蜜粉源稀少，采集半径可扩展至3 ~ 4km以上，甚至能飞到13.7km的地方采集。一般情况下，蜜蜂飞行活动半径，意蜂为2 ~ 3km，中蜂为1.0 ~ 1.5km。飞行范围还与蜜蜂日龄有关，随着日龄增长，飞行范围逐渐扩大。蜜蜂飞行的高度约1 000m。

三、较强的信息获得能力

蜜蜂能分泌多种外激素，借空气或接触向同种其他个体传递信息，如蜜蜂在访花时会在花上留下特有的气味，并能保持一段时间，告知其他蜜蜂个体该花近期已被访过，以提高采集效率；另外，蜜蜂还能利用特殊的“舞蹈”语言表达信息，发现粉蜜源的工蜂回巢后，会以不同形式的舞蹈把信息传递给其他工蜂，以表达所发现蜜粉源的数量、质量、距离以及方位等。蜜蜂这种舞蹈是一种本能的表现，是在长期自然选择过程中所建立起来的适应性反应，同时也大大提高了传粉效率。

（1）*采集信息表达形式*。蜂群中并不是所有蜜蜂都去寻找蜜源。出巢寻找蜜源的蜜蜂只是蜂群中极少的一部分，称为侦察蜂。侦察蜂在野外发现有采集价值的蜜源后，飞回巢内在垂直的巢脾表面用舞蹈的方式，将蜜源信息告知同巢蜜蜂。接受采集信息的工蜂自行出巢采集粉蜜。蜜蜂传递信息的方式主要通过舞蹈语言，即蜂舞，是工蜂以一定方式摆动身体来表达某种信息的行为。最典型的蜂舞为圆舞、摆尾舞以及二者间过渡的新月舞，此外还有“呼呼”舞、报警舞、清洁舞、按摩舞等。

随着蜜源与蜂箱距离由近及远变化，蜂舞由圆舞经新月舞过渡到摆尾舞。在舞蹈过程中，有一部分蜜蜂跟随在舞蹈蜂后，用触角触摸舞蹈蜂。侦察蜂在舞蹈过程中有时会停下来，将蜜囊中采集回来的花蜜吐出，分给跟随其后的蜜蜂品尝，不久，这些跟随舞蹈蜂的蜜蜂，就各自独立地飞向侦察蜂所指示的蜜源场地。

①圆舞。舞蹈蜂在巢脾上用快而短的步伐，在范围狭小的圆圈跑步，并经常改变跑步方向，忽而转向左边绕圈，忽而转向右边绕圈。舞蹈时间持续数秒至1分钟，然后可能停下来或又在巢脾的其他地方开始舞蹈。跟随其后的蜜蜂随着该舞蹈蜂移动，并用触角伸向或接近它。

②摆尾舞。舞蹈蜂在一边爬行一狭小的半圆后，急转弯呈直线向开始点爬去，再转向另一边爬另一个半圆，直行时伴随着腹部向两边摆动。蜜蜂在摆动中以250Hz的低频率发出连续短音，其音量可能与蜜粉源距离有关。

③新月舞。新月舞是圆舞向摆尾舞的过渡形式。蜜源距离增加时，舞蹈蜂摆尾次数增多，同时，新月形两端逐渐向彼此方移近，直至转变为摆尾舞。卡尼鄂拉蜜蜂新月舞的变化与其他蜂种的蜜蜂略有不同。

（2）*蜂舞信息表达*。蜂舞能准确全面地表达蜜粉源的方向、距离、种类、质量和数量。蜜蜂在舞蹈时发出的声音信号，有助于其追随蜂的移动，从而提供与蜜源方向、距离等有关的关键信息。舞蹈蜂的追随者是根据着生在左右对称的触角上的江氏器来感觉舞蹈蜂的相对位置的。与此同时，追随者振动巢脾向舞蹈蜂索取花蜜样品。舞蹈蜂的追随者接受舞蹈蜂的采集信息后，就分别独自去采集。

①蜜粉源距离的表达。侦察蜂用不同的舞蹈形式来表达蜜粉源与蜂巢的距离。圆舞不表达方向和距离，只是表明蜜粉源在蜂巢附近；蜜粉源距离蜂巢稍远，侦察蜂就跳一种新月舞；如果蜜粉源距离蜂巢较远，侦察蜂的舞蹈就改为摆尾舞。

不同蜂种对蜜粉源距离的表达有所不同：西方蜜蜂10m内为圆舞，10 ～ 100m为新月舞，超过100m为摆尾舞；东方蜜蜂2m内为圆舞，2 ～ 5m为新月舞，超过5m为摆尾舞。

摆尾舞是通过单位时间内蜜蜂舞蹈调头摆腹前进的次数来表达蜜粉源距离的。距离蜜源越近，舞蹈蜂调头跑次数就越多。在15秒内，调头10次时指示的距离，西方蜜蜂为100m，东方蜜蜂为20m；调头8次时指示的距离，西方蜜蜂为200m，东方蜜蜂为80m。

②蜜粉源方向的表达。摆尾舞和新月舞能够表达蜜粉源的方向，而圆舞不表达方向。

摆尾舞指示的蜜粉源方向，由摆腹前进的方向来表达。舞蹈蜂摆腹前进的方向与垂直向上的方向所形成的角度，就是蜜粉源方向与太阳方向所形成的角度。

新月舞是由新月形弯曲部分的中点和新月形两端连线的中点所形成的一条想像直线来指示蜜粉源方位的。

③蜜源种类信息的表达。蜜源种类信息通过两种途径传递，即侦察蜂在采集过程中身体绒毛所吸附的花朵特有的气味和采集携带归巢的花蜜或花粉的气味。蜜粉源距离蜂巢较近时，侦察蜂身体吸附蜜粉源花朵气味所起的作用更大；而蜜粉源距离蜂巢较远时，由于蜜蜂在较长距离的飞行中空气的冲刷，使身体绒毛吸附的气味被冲淡，所以侦察蜂蜜囊中花蜜气味对蜜粉源种类信息的传递就显得更重要。

④蜜粉源可利用价值信息的表达。蜜粉源质量和数量信息是靠侦察蜂的舞蹈积极程度来表达的。如果蜜粉源的花蜜浓度高、丰富、适口或花粉易采集，侦察蜂回到蜂巢就会不停地舞蹈，鼓动更多的蜜蜂出巢采集。第一批被鼓动采集的蜜蜂回巢后，也会兴奋地舞蹈。这样，最终能使全巢的采集蜂都集中采集这种蜜粉源。若外界蜜源花蜜含水量高、数量少、适口性差或花粉采集难度大，侦察蜂回巢后就减少舞蹈，甚至完全停止。

综上所述，蜜蜂所具备的所有与传花授粉相适应的形态特征和生物学特性都是任何授粉昆虫所不能及的。因此，蜜蜂是人类唯一可以控制的最理想的天然授粉者，也是人类能够以较小的代价进行广泛应用的最理想的授粉者，其授粉所带来的经济价值也是相当可观的。

执笔人：黄家兴

第三章
蜜蜂授粉效果评价

在我国，蜜蜂授粉的经济效益、社会效益和生态效益，尚未引起足够的重视，对授粉效果的科学评价仍是一个薄弱的环节，国际上至今也未形成一个统一的评价体系。为了使蜜蜂授粉技术在现代农业发展中得到不断的发展、完善和规范，蜜蜂授粉效率和授粉经济效益的评价方法就十分重要。

第一节　蜜蜂授粉效果的评价指标

在昆虫授粉的研究和应用过程中，需要对各种昆虫的授粉效果进行比较与评价，以期选择对作物授粉最有利的昆虫。对授粉效果的评价涉及因素较多，既有植物方面的形态结构及泌蜜泌粉时间，又有昆虫方面的形态、数量、活动时间、行为方式以及与其他昆虫的相互作用等。单纯采用哪一个标准来衡量某种昆虫的授粉效果，都有明显的缺陷，因此，应用时应全面考虑，统筹兼顾。对于具体的授粉昆虫和对象作物，要从形态、生理和昆虫的数量、活动时间、访花速率、行为及其与其他昆虫的竞争或协同作用等方面做具体分析。结合植物和其他的授粉昆虫，综合考虑各方面因素，从一个系统的角度去考察昆虫的授粉效果，这样才能对授粉昆虫的授粉效果做出一个比较客观正确的评价。

目前，评价的标准主要有授粉昆虫的数量、采集活动的时间、访花速率、结实率和概率等指标。这几个指标在一定程度上能反映授粉效果的好坏。

一、授粉昆虫与植物

昆虫授粉效果的评价，应与对应的植物联系起来。某种昆虫的授粉效果应是一个具体的概念，不能离开对应的植物进行评价。授粉昆虫与开花植物之间，经过长期的协同进化，共生关系十分密切。有些授粉昆虫只采集少数几种甚至是一种植物的花，植物的花也具有相应的外部结构、生理状态和开花泌蜜时间。因此，授粉昆虫在采集适应于其形态、生理及活动的植物时，具有较高的授粉效果，而对于其他植物则不一定具有较好的授粉效果。

二、昆虫数量

授粉昆虫数量的多少，对授粉效果的好坏具有重要的作用。因此，常常以昆虫数量作为授粉效能的评价指标。授粉昆虫数量的多少直接影响授粉的效果。但是，绝不是授粉昆虫越多越好，过量授粉不仅浪费昆虫资源，而且会给实际生产带来麻烦，增加劳动负担。

三、活动时间

授粉昆虫飞行采集活动时间的长短，也是评价昆虫授粉效果常用的一个指标。一般认为，活动时间越长，授粉效果越大。实际上，这涉及植物的生理状态。植物开花泌蜜是体内外各种因素综合作用的结果，其授粉受精只有在一定的条件下才能完成。例如，南方的主要蜜源植物——荔枝，只有在经过一段2 ~ 10℃低温后，在18 ~ 25℃的气温条件下，于7 ~ 10时进行泌蜜泌粉活动，在此时间之外则不泌蜜泌粉；而在植物泌粉时间之外的采集活动则是无效的。所以，以采集活动时间的长短作为衡量授粉效果的指标时，应考虑到植物泌蜜泌粉活动的时间和气候因素对花粉活性的影响。

四、访花速率

以访花速率作为授粉效能的指标，能够体现授粉效果的好坏。昆虫在单位时间内访花数量的多少能体现其授粉能力。单位时间内采集次数过多或过少，授粉效果都不一定好。但昆虫在花上的行为对授粉效果影响很大。如果授粉昆虫落在花上时发现该朵花不适于采集而立即飞走，那么这样的一次访花对授粉没有效果，访花速度虽然很快，但是授粉效果不一定就好。在每朵花上的活动时间长，使得所访问的花都得到比较充分的授粉。从授粉的角度来说，其效率未必就比访花速率高的低。因此，以访花速率作为授粉效果的指标时，必须确定其访花行为是一次有效采集。

五、授粉昆虫的行为

在授粉过程中，授粉昆虫的行为对授粉的影响非常重要。由于异花授粉给植物带来遗传上的优势，植物在长期进化过程中形成了适于异花授粉的形态及生理机制，像雌雄异株、雌雄异花、雌雄蕊异长和雌雄蕊异熟等。因此，授粉昆虫是在不同植株之间往复采集还是在同一植株上连续采集，是连续采集同一性别的花还是在两性花之间进行采集，对授粉效果都有很大的影响。在研究蜜蜂采集行为时，人们发现有专门采粉的蜜蜂，而另一些则只采集花蜜，还有的两者都采集。采粉蜂的传粉授粉效能较高，而只采集花蜜的蜜蜂则传粉效能较低。因此，在研究昆虫授粉时，必须对授粉昆虫的行为进行仔细研究，只有这样才能对昆虫的授粉效果做出正确的评价。

六、结果率或结实率

室内授粉研究排除了其他昆虫的影响，以结果率或结实率来衡量授粉效果比较客观。但是，授粉研究的主要对象是大田植物授粉，也是授粉研究的主要目的。在大田这样的开放环境下，传粉授粉活动并不是单独一种授粉昆虫在起作用，不能排除其他昆虫的授粉或竞争作用。因此，野外授粉研究以结果率作为授粉效果的衡量指标，必须先了解授粉系统中所有昆虫之间的关系是竞争还是协同作用，两者的作用到底有多大。

七、传粉概率指标

访花专一性或者访花忠诚度，是指某一种授粉植物要求它的访花者具有单一种类或形态的倾向。物种的这种访花专一性能够促进异花授粉，对植物本身而言是有利的。也有人认为，访花专一性对蜂也是有利的，寻找蜜腺位置更有利，它能够使蜂的采集速度更快，而且也能够保证生产大批量的同种蜂蜜和花粉。为此，几十年来，人们通过各种方法，如野外采集行为观察、利用假花的选择性试验、理论模型和花粉分析等，来研究访花专一性。这些传统的花粉载量分析，只是计算昆虫采集的花粉载量中单一花粉的比率，或者是蜂所采回巢房的某一种花粉占总花粉的比率。但是，这些评价方法没有考虑到采集该花的蜂的比例，所以它不能准确反映访花专一性和授粉效果。直到1999年，拉尼曼等人提出了一个用花粉载量分析来测算访花专一性的新指标。既考虑到了蜂采集的某一花粉的比率，也考虑到了采集该花粉的蜂的比率。这个指标既能反映蜂的访花专一性，也可用来估算植物的授粉概率。下面以拉尼曼等人的试验为例，介绍传粉概率指标（PPI）的测算方法。

1.试验蜂种和蜜粉源植物　授粉昆虫是熊蜂。授粉植物是金丝桃、番樱桃、风箱树、蓝刺头和鼠尾草，这5种植物的蜜汁与花粉在当地均是熊蜂的主要食物来源。

2.花粉分析　在采集高峰期抓捕熊蜂，然后立即放入独立的小玻璃瓶内。先用无水乙醇对熊蜂身上的花粉冲洗3次，然后用丙酮醇溶化。通过测定花粉色谱就可知道花粉种类，同时要记下每一种类型的花粉粒数。对于抓自同一种植物上的熊蜂进行同样的处理。

3.数据分析　计算出在每一种树上抓捕熊蜂的个体花粉载量，通过平均值求误差。用单因素方差分析方法来检测蜂在植物上的采集效果和载量中花粉差异的辛普森指标。计算出在每一种花粉载量中该种花粉的百分比（PCP）和采该种花粉的蜂的百分比（PBP），即可计算出这种树的授粉概率（$PPI=PCP \times PBP$）。

PPI值的大小，表示熊蜂采集这种植物的访花专一性。PPI值越大，表明熊蜂对于这种植物的访花专一性越强，也就是说熊蜂对于这种植物的授粉概率越大。PPI值从0到1，PPI值为0说明熊蜂根本没有采集这种花粉；PPI值为1说明所有的熊蜂只采这种花粉。通过这种方法检查熊蜂采粉情况，能反映出某一特定植物的授粉概率。利用这种方法，不但可以比较同一种蜂对于不同植物的访花专一性，而且可以比较不同蜂种对于同一种植物的授粉概率。通过计算不同蜂种PPI值和差异变化指标，就可知道对于这种植物哪一种蜂的授粉概率高，哪一种蜂的授粉概率低。这一点在农作物和果树的授粉应用方面非常重要，人们应该根据不同的作物或果树来选择授粉蜂种。

第二节　蜜蜂授粉经济效果的评价

蜜蜂授粉后，其对作物的贡献有多少，即对蜜蜂授粉投入和产出的经济效益的大小进行计算和统计。目前几种常用的评价方法如下：

一、产值比较法

美国和加拿大等国目前采用这种方法进行评价。即将需昆虫传粉或由昆虫传粉而受益的各种作物的价值总和，与全国蜂产品价值总和形成一个比值，来评价蜜蜂授粉对国民生产总值的贡献。

例如，美国农业部1980年对蜜蜂授粉经济效益的评价，就是一个产品比值实例。1980年，靠昆虫传粉或由昆虫传粉而受益的129 种作物及其价值，所测算的农作物和商品总价值接近190亿美元。如果将一些像南瓜、荞麦一类的小作物也包括在内，其总值接近200亿美元。而1980年蜂蜜及蜂蜡产值为1.4亿美元。也就是说，蜜蜂授粉给社会的贡献是养蜂业本身的143倍，在养蜂业总收入中蜂产品收入仅占6.7%。

1982年，加拿大依靠蜜蜂授粉后直接和间接依赖蜜蜂授粉的农产品的价值为120亿加元，而当年收获的蜂蜜和蜂蜡的价值不足6 000万加元，蜜蜂授粉的收入是养蜂收入的200倍。

这种评价方法比较客观地评价了昆虫授粉在农业生产中的作用，是一个宏观的评价方法。它对强调昆虫授粉对社会的贡献有着积极的作用，从这里可以看出昆虫授粉在国民经济占有的地位，因此，全社会都应支持养蜂事业的发展。

二、公式计算法

美国WILLARDS.ROBINSO为准确计算蜜蜂授粉对农作物的效益，建议采取下列公式评估：

$$V_{hb}=V_xD_xP$$

式中：V_{hb}——每年蜜蜂为农作物授粉而产生的价值；

V_x——由农业统计数据而获得的农作物的价值；

D_x——农作物对昆虫授粉的依赖性；

P——农作物有效授粉昆虫中蜜蜂所占的比例。

而 $D_x=(Y_o-Y_c)/Y_o$

其中：Y_o——开放授粉区农作物的产量或罩网有蜂区农作物产量；

Y_c——无昆虫小区的产量。

那么，蜜蜂为农作物授粉的价值计算公式就转换成为 $V_{hb}=V_xP(Y_o-Y_c)/Y_o$

公式评价法比产值比较法前进了一步，它不仅考虑了某种作物对昆虫授粉的依赖性，还考虑到在授粉昆虫中蜜蜂所起的作用，这种方法更接近于蜜蜂授粉的实际贡献。

三、百分比法

以上两种评价方法，是供政府部门宏观评价蜜蜂授粉经济效果的方法。蜜蜂授粉对某一种作物或某一经济性状直接作用的大小，通常采用百分比法。其计算公式为：

$$S=\frac{P-P_o}{P_o}\times100\%$$

式中：S——蜜蜂授粉提高的百分数；

P——蜜蜂授粉（试验区）的数值；

P_o——不采用蜜蜂授粉（对照区）的数值。

这一计算公式不仅可用于评价产量、坐果率和结实率，也可评价某些质量指标，如畸形瓜率和优质瓜率等。

四、评价蜜蜂授粉效果的注意事项

蜜蜂授粉能提高农作物产量是肯定的，但是由于在研究增产效果时，在计算上每个人的具体做法不一样，因此会出现同一类作物在条件相差不大的情况下，有两种研究结果的现象，也就是评价蜜蜂授粉的效果差别较大。为了使研究结果更加切合实际，保证数据的准确性和可靠性，在具体实践中应注意以下几个问题：

1.蜜蜂授粉效果田间试验的基本要求 试验和对照的条件应该基本一致，不要人为造成误差，影响评价效果。如果设计方案不对称，将影响全部试验结果。在进行蜜蜂授粉田间试验和设计时应考虑：农业环境的一致性，农业管理的一致性，作物品种的一致性，蜂种、蜂群的强弱以及蜂群管理方法的一致性。尽量避免误差，具体试验设计和数据处理应遵照农业试验设计和数理统计进行。在实际应用中，应注意以下几种方式：

（1）*在保护地内进行授粉效果试验*。在一个棚内设置对照区和试验区，中间隔离材料应采用白色纱网，不能使用颜色较重的纱网或者不通气的塑膜类材料。

（2）*在大田进行小作物授粉试验*。最好在无蜜蜂的地区进行蜜蜂授粉增产试验。试验时，应在一块地里随机选六个区，其中三个为对照区，在顶部加纱网和试验区对应，其他昆虫可自由授粉；另三个区为试验区，顶部和四周全用纱网围住，里面放蜜蜂进行试验。试验研究结束后，就能比较出蜜蜂授粉的增产作用。

（3）*注意不同情况的差别*。较高大的植物如苹果树、梨树、柑橘树等，在进行授粉对比试验时，应注意阴阳面差别、网内外差别、树势差别和风向差别等因素。

2.数据应用

（1）*对比对象选择要适当*。如在没有蜜蜂的地区开展蜜蜂授粉增产试验，共设立A、B、C三个区。A区用纱网隔离，其他昆虫不能进入，只放进一箱蜜蜂，为蜜蜂授粉区；B区也用纱网隔离，为无蜜蜂也无昆虫授粉区；C区只在上部加盖纱网，四周不用纱网，其他昆虫可自由飞行，为自然昆虫授粉区。正确评价蜜蜂授粉的增产效果应该是A区和C区进行比较。但有些资料和研究报告常采用蜜蜂授粉区（A区）和无蜂、无昆虫授粉区（B区）相比较。一些对昆虫授粉依赖性很强的作物，蜜蜂授粉区增产效果竟然比无蜂无昆虫授粉区高出几十倍，这样就忽视了自然昆虫的授粉作用，将其他昆虫授粉效果也归功于蜜蜂，这就夸大了蜜蜂授粉的增产效果。

准确地说，A区和B区相比，可以说明这种作物对昆虫授粉的依赖性，两者差距越大说明这种作物对昆虫授粉的依赖性越大。

（2）*叠加效应扩大了蜜蜂授粉的效果*。例如，西瓜采用蜜蜂授粉后，因授粉好，受精早，果实提前开始生长，在结果后30天左右成熟。如果和未采用蜜蜂授粉的果实同时采摘，可能糖分差异显著。形成这种差异是因为蜜蜂授粉的瓜已经成熟了，糖分含量高；如果等到未采用蜜蜂授粉的瓜成熟后再采摘，两者糖分含量的差异就没有那么大。因此，既然采用了提前成熟这一标准，就不应再使用糖分含量指标。如果这样比较，会让人们误认为蜜蜂授粉既可提早成熟，又能提高产品的含糖量，这实际是夸大了蜜蜂授粉的效果。

执笔人：黄家兴

第四章
蜜蜂授粉技术

近年来，随着人们生活水平提高，对农产品生产质量要求越来越高，蜜蜂授粉技术作为一项增产提质的措施被应用于农业生产中。特别是设施作物栽培技术的发展，蜜蜂授粉已成为生产的必需环节。

第一节　授粉蜂群的组织

大田农作物授粉一般都与养蜂生产结合在一起，由养蜂人员根据实际需要进行操作。在一般情况下，越冬期过后，应该采取缩脾、保温、治螨、奖励饲喂和加脾等一系列措施，促使蜂群发展壮大。选择群势较强的蜂群作为授粉主群，同时从辅助蜂群中陆续抽取封盖子脾加入主群，组成6脾以上的授粉群，才能够保证足够的出勤率。研究表明，强群在外界温度为13℃时开始采集授粉，而弱群需要外界温度达到16℃以上时，才开始出巢采集。所以，在早春气温较低时，只有蜜蜂强群才能保证较好的授粉效果。在制种作物上，在蜂群进入温室之前，应先隔离蜂群2 ～ 3天，让蜜蜂清除体上的外来花粉，避免引起作物杂交。在设施作物授粉时，需要配备专用授粉箱、饲喂器等器具。

一、授粉专用工具

蜜蜂进行大田作物授粉时不需要专用设备，但为网栅制种作物授粉和温室作物授粉时，就需要配备专用蜂箱等工具。

1.专用蜂箱　近年来，我国保护地栽培果树和瓜菜面积越来越大，这些都需要采用蜜蜂授粉，但目前使用的蜂箱存在着体积大，从栅内搬进搬出不方便；蜂箱保温性能差，不利于蜂群繁殖；成本高费用大；也不适合农民管理等缺点。因此研制一种体积小，重量轻，蜂数量合适，保温性能好，防潮湿，造价低的蜂箱势在必行。根据山西省农业科学院园艺研究所1997—1999年研究，适于温室、大棚作物授粉的专用蜂箱，以下列规格和选材为好。

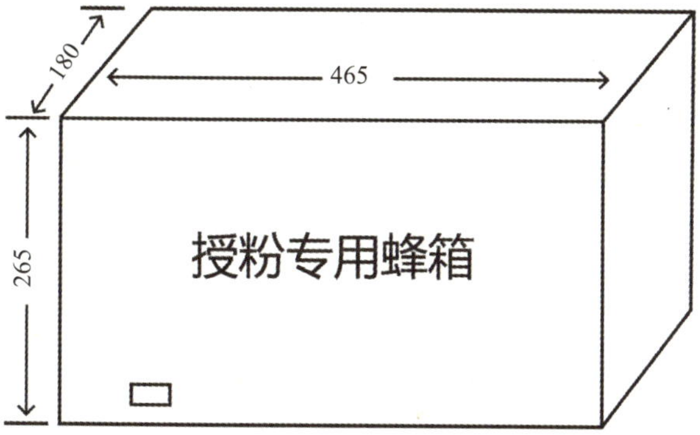

图1-4-1 设施作物授粉专用蜂箱（mm）

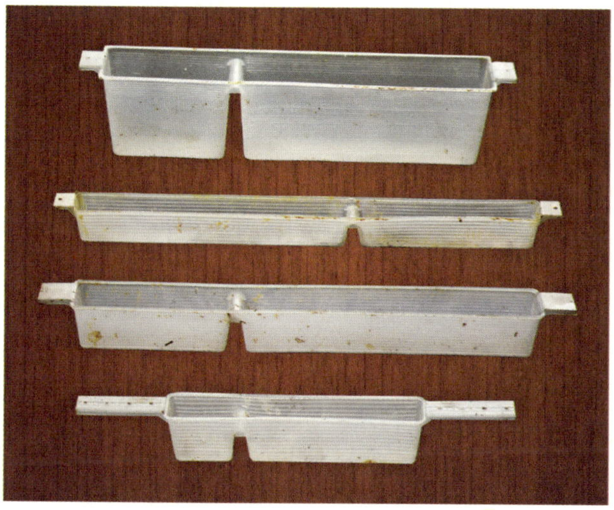
图1-4-2 蜜蜂饲喂器

（1）尺寸规格。温室或者大棚内实际面积一般为300m²，授粉时不需要太大的群势。如西葫芦一类植物花朵数量少有两脾蜂即可完成授粉，黄瓜一般4脾蜂就能完成授粉。建议蜂箱的内部尺寸为：长465mm、宽180mm、高265mm。可放4脾蜜蜂，巢框采用带框耳的。在常用的侧梁边上加0.5cm的距离耳，防止巢脾互动时上框梁间没有间隙，压伤蜜蜂；在蜂箱下部设两个锯齿形卡座，用于固定下框梁，以适于授粉时不断移动（图1-4-1）。

（2）选材。为了达到保温、防潮、重量轻的要求，采用纸箱内衬EPE夹发泡塑料保温片材，外覆聚乙烯膜的材料做蜂箱。这种蜂箱保温、防潮性能都优于现用常规木箱。

2.巢门饲喂器 试验证明，由辽宁省喀左县畜牧局设计的饲喂器，作为授粉蜂群的喂水、喂蜜饲喂器较为理想。一般情况下用来喂水，在缺蜜时可用来喂蜜（图1-4-2）。

二、授粉蜂群的繁殖

这里介绍一种专为冬季温室或大棚提供蜂群的繁殖方法以及蜂场的管理办法。中心任务是增加蜜蜂数量，每个蜂群在越冬时达到4 000 ～ 6 000只蜜蜂。一般情况下不摇蜜、不取蜂王浆和生产花粉，其目的是采用一切方法加速蜂群的繁殖，通过出售蜂群或出租蜂群服务于农业授粉，从而得到经济补偿。因此，繁殖蜂场的主要任务是培育蜂王和分蜂，获得小群，用于设施作物授粉。

1.培育蜂王 授粉蜂群在有新蜂王的情况下授粉积极性最高，蜂群繁殖能力也强。例如，黄瓜、西葫芦和草莓等需要3 ～ 5个月授粉时间，蜂王的繁殖力是作物能充分授粉的关键因素。当蜂场大部分蜂群达5脾足框蜂，就应着手组织育王群，培育新蜂王，准备授粉蜂王。

2.分蜂 分蜂是授粉蜂场的主要工作，当蜂群达6 ～ 8脾时就采用一分为二的办法分蜂。在蜜粉源条件差的地方，一年采取两次分蜂的办法。例如，在太原郊区5月上旬移虫养王，5月中旬第一次分蜂，让蜂群加快繁殖速度，经过40天繁殖蜂群达8脾。6月中旬第二次养王，6月底分蜂，到8月底蜂群达8框。在蜜粉源好的地区，也可采取三次分蜂，油菜花期结束时进行第一次分蜂，刺槐花结束后5月中旬进行第二次分蜂，7月1日前后进行第三次分蜂。采取两次分蜂的办法一群繁4群，三次分蜂的办法一群分8群。一年采取2次分蜂，还是3次分蜂，或者是4次分蜂，主要依蜜源和蜂群情况而定，但是最后一次分蜂必须在蜜源结束前一个月完成。当蜜源结束后，越冬前，全部蜂群调整到2 ～ 4脾足蜂。

第二节 授粉蜂群的配置

温室或大棚内植物授粉配置蜜蜂蜂群数量应根据作物种类、花期、花朵数量不同而进行改变，部分植物配备蜂群经验数据见表1-4-1。实践证明，草莓授粉蜂群一般每亩地3脾足蜂；300m^2的西葫芦、南瓜等少花的作物，温室中两脾足蜂即可；5亩左右的枸杞（5～8年树龄）需要10～12脾蜂的蜜蜂强群；6～10亩向日葵需要8脾以上的蜂群授粉；每5亩哈密瓜需要6脾蜂；每5～10亩大豆配置大于4脾以上工蜂的授粉蜂群；樱桃授粉蜂群配置为每亩放置一箱6脾的蜂；苹果授粉蜂群配置为每2～3亩配置一群群势为1kg的强群；枣树授粉蜂群的配置为每2～3亩配置一个群势大于4脾以上工蜂的授粉蜂群；梨树授粉蜂群的配置为每3亩配置一个群势大于4脾以上工蜂的西方蜜蜂蜂群；柑橘授粉蜂群的配置为每10亩配置一个群势大于4脾以上工蜂的西方蜜蜂蜂群；番茄授粉蜂群配置为每两亩放置熊蜂一箱。

表1-4-1 部分作物蜜蜂授粉蜂群配置标准

作物名称	蜂群配置
草莓	每亩地配置3脾足蜂
西葫芦、南瓜	每亩地配置4脾足蜂
枸杞	每5亩地配置10～12脾蜂
向日葵	6～10亩地配置8脾以上蜂群
哈密瓜	每5亩地配置6脾蜂
大豆	每5～10亩地配置4脾以上工蜂蜂群
番茄	每两亩配置一箱蜂群
樱桃	每亩地配置6脾蜂
苹果	每2～3亩地配置群势4脾的强群
枣树	每2～3亩配置4脾以上工蜂蜂群
梨树	每3亩地配置群势大于4脾以上工蜂的西方蜜蜂蜂群
柑橘	每10亩配置群势大于4脾以上工蜂的西方蜜蜂蜂群

第三节 授粉蜂群的入场及摆放

一、授粉蜂群的入场

1.蜜蜂进温室前应做好准备

第一，应对温室内作物的病虫害情况进行一次详细全面的检查，并针对性地进行一次综合防治，以免蜜蜂进入温室后发现病虫害再进行治疗，造成蜂群中毒。防治后第二天中午将防风口打开，让新鲜空气更换室内的有毒和有害气体，3天后或残效期过后才能将蜂群搬进温室；

第二，检查温室内工作房和缓冲间，将原来使用过的农药瓶和喷洒过农药的喷雾器放到大棚外面；

第三，为了防止授粉蜜蜂在室外温度较高时从放风口逃出而不能返回，造成蜂群的损失，应在放风口遮挡窗纱；

第四，在温室的中部，离后墙1.5m远的地方用砖或木材搭建一个放置蜂箱的架子，架高30cm，长55cm，宽45cm；

第五，采用蜜蜂授粉的作物不要打掉雄花，否则将影响蜜蜂授粉效果；

第六，将要进棚授粉的蜂群，在晴天搬进湿度较小的空大棚中进行飞行排泄2 ~ 3天，可以避免蜜蜂排泄到植物的叶子上，增加擦洗叶子的麻烦。

2.蜂群进温室时间　放蜂时间对授粉效果影响很大。例如，大棚或者温室种植果树一类作物花期短，开花期较集中，这时正值冬季蜂群处于蛰伏状态，因此应在开花前5天将蜂群搬进温室，让蜜蜂试飞、适应环境，同时补喂花粉，奖励糖浆，刺激蜂王很快产卵，待果树开花时蜂群已进入积极授粉状态。若给蔬菜授粉，由于授粉时间长，初花期较少，开花速度也慢，因此，在开始开花时，将蜂群搬进温室就可以保证授粉效果。蜂群进棚时间确定后，应该在第一天傍晚将蜂群搬进温室，30分钟后打开巢门，这时天已黑，蜜蜂不出巢，第二天随着天渐渐亮，温度慢慢升高，蜜蜂缓慢出巢、认巢，死亡损失最少。

二、授粉蜂群摆放

1.大田授粉蜂群摆放　对于执行授粉任务的蜂场而言，蜂群排放方式应考虑蜜蜂飞行半径、风向等因素。一般应采用小组（6群）散放，不宜整个蜂场放在一起，也不宜单群排放。采用全场集中放蜂的方式时，离蜂箱较远的作物授粉不充分，蜂箱附近则蜜蜂过剩。采用单箱摆放方式，一是管理不方便，二是蜜蜂飞行范围局限，不利于异花授粉。

在果园里，特别针对树体高大的果树，采用小组排放更有利于异花授粉。单箱排放蜂箱则蜜蜂访花局限在果园有限的面积里，甚至局限在一棵树，或者在附近的几棵树上。如果蜜蜂采用以小组形式摆放，在其建立起飞行路线时，蜂群与蜂群之间，小组与小组之间有授粉交叉区；一个蜂群内的蜜蜂，有的在主栽品种果树上采蜜采粉，有的在其他品种果树上采蜜采粉，它们归巢以后，在蜂箱里来回移动，将自身携带的花粉经过摩擦，传到另一只蜜蜂身上，后者在飞经它的采集路线时，同时也可能达到异花授粉的目的。

2.温室授粉蜂群摆放　如果一个温室内放置1群蜂，蜂箱应放置在温室中部；如果一个温室内放置2群或2群以上蜜蜂，则将蜂群均匀置于温室中；蜂箱应放在作物垄间的支架上，支架高度20cm，巢门朝南、朝北均可。

第四节　蜜蜂授粉蜂群管理

蜜蜂授粉蜂群的管理包括两类：一类是大田作物授粉蜂群的管理，另一类是温室作物授粉蜂群的管理。这两种授粉蜂群的管理有很大差异，下面分别介绍。

一、大田作物授粉蜂群的管理

1.早春蜂群应加强保温 因为早春蜂群弱，外界温度低，变化幅度大，如果不加强保温，大部分蜜蜂为了维持巢温而降低了出勤率，影响蜜蜂的授粉效果。为了达到这一目的，放蜂地点选择在避风向阳处更为理想。加强保温，可采用箱内和箱外双重保温的办法。

2.选择强群 在早春梨树、苹果树授粉，组织强群尤其重要。这个时期的蜂群刚经过越冬，春繁第一批刚出房蜂，数量少，群内子多蜂少，内勤负担重，能够出勤的蜜蜂数量少。只有选择强群（达6脾蜂以上），才能保证有足够的出勤率。研究表明，强群在外界气温13℃时开始采集，弱群在外界气温达16℃时才开始出巢采集。一般春季气温比较低，变化幅度也大。因此，只有强群才能保证春季作物的授粉效果。

3.采取蜂多于脾的管理方法 根据山西蜜蜂授粉的实践，在早春4月上中旬，杏花、梨花、苹果花、桃花均已开放，急需蜜蜂授粉，而此时旬平均气温较低，蜜蜂活动不多，所以选择强群更为重要。早春气温较低，应采用蜂多于脾的办法，保证蜂箱内的温度正常，提高蜜蜂的出勤率，增强授粉效果。

4.脱收花粉 对花粉多的植物可以采取脱收花粉的办法，提高蜜蜂采花授粉积极性。有些植物面积大或者花粉特别丰富，可以采取脱粉的办法。脱粉的强度首先保证蜂群内饲料不受影响，但是不能让蜂群内有过多的花粉，造成粉压子的现象。当蜂群处于积极繁殖状态，花粉仅仅能满足蜂群需要，没有剩余时，蜜蜂采集积极性最高。

5.喂水 将喂水器放在离蜂箱门不远处，喂水器内放置漂浮物，以防蜜蜂淹死。

6.防止中毒 首先加强蜜蜂授粉对农业好处的宣传，让农民提高认识；其次是在授粉前与果农或业主签订不打药的合同给予约束，同时还要注意，不要用打过农药的器具向蜂箱喷水，以免因药械的残留农药引起蜜蜂中毒。更重要的是，授粉范围内的水源不要被农药污染，否则也会引起大范围蜂群中毒。

7.调整临界点，提高授粉积极性 加拿大卡莫 · E.A等认为：当外界综合因素如温度、光强度和花蜜浓度达到临界点时，蜜蜂才开始采集授粉，如西方蜜蜂低温安全临界气温为14℃，愿意采集的最低花蜜含糖浓度为8%等。在接近临界点时，对蜂群采取一些调控措施，也可为那些原先没有吸引力的果树授粉，如梨树。常用的调控措施有蜂群幽闭法。经过幽闭1.5天后，搬到新场地，在气温较高的中午前后放开，蜜蜂急切出巢，出巢后立即在附近的花上采集，在短时间内不加辨别地采集，经采集的蜜蜂返回巢内，用跳舞的方式告诉同伴，又投入到采集植物区内采集，这样就完成了为目标作物授粉的目的。经过调控的蜂群到达新场地后，飞翔范围在100m之内。蜂群采取幽闭措施，应加强蜂群的通风，用纱盖代替覆布，同时给纱盖喷水，用“V”形铁纱堵塞巢门。

二、温室作物授粉蜂群的管理

大棚内栽培果树、瓜菜、草莓，网棚内制种作物采用蜜蜂授粉可减少人工，提高产量，改善品质，其增产增收效果更为突出。因为棚内根本没有或很少有其他昆虫，人为地引入蜜蜂是解决授粉问题最理想的办法。而棚内放蜂彻底改变了蜜蜂的生活习惯和生活空间，因此必须采取相应的蜂群管理办法，否则将达不到授粉的目的。

1.喂水 蜜蜂放进温室后一定要喂水，喂水的办法有两种：一是巢门喂水，采用前面介绍的巢门喂水器进行喂水；二是在棚内固定位置放一个浅盘子，每隔两天换一次水，在水面放一些漂浮物，供蜜蜂蹬踏，以防溺水死亡。

2.喂蜜 温室内的植物大都流蜜不好，即使是流蜜较好的作物，也因面积小，花的数量少，花蜜根本不能满足蜂群的生活需要，特别是蜜腺不发达的黄瓜、草莓更应该喂蜜。喂蜜应采用1 ∶ 3的蜜水比例，既喂了蜜又喂了水。

3.喂花粉 花粉是蜜蜂饲料中蛋白质、维生素和矿物质的主要来源，温室内的花粉根本不能满足蜂群的需要。如果不补喂花粉，群内幼虫不能孵化，蜜蜂就没有采集积极性，直接影响授粉效果。喂花粉宜采用喂花粉饼的办法。花粉饼的制法：选择无病、无污染、无霉变的蜂花粉，用粉碎机粉成细粉状。如果花粉来源不明应采用高压或者微波灭菌的办法，对蜂花粉原料进行消毒灭菌，以防病菌带入蜂群。蜜粉比例为3 ∶ 5，将蜂蜜加热至70℃趁热倒入盆内，搅匀浸泡12小时，充分搅拌，让花粉团散开。糅合均匀，其硬度以放在蜂箱框梁上流不到巢箱底下为原则，越软越有利于蜜蜂取食。饲喂量以10 ~ 15天喂一次最好，直至温室授粉结束为止。

4.调整蜂脾关系 温室特别是日光节能温室昼夜温差变化大，为了有利于蜂群的繁殖，应一直采取蜂多于脾或者蜂脾相等的比例。

5.加强保温措施，保证蜂群正常繁殖 目前，大部分日光节能温室主要靠白天的积温来维持温室内的温度，昼夜变化幅度较大，在寒冷地区最低时室内温度8℃左右，而中午太阳直照温室，室内温度直线上升，最高时可达40℃左右，变化幅度在30℃，若不加强蜂箱保温，对蜂群繁殖十分不利，10℃以下时，蜂群内蜜蜂紧缩，使外部的子脾无蜂保护，易造成凉子死亡。由于这种特殊变化的环境对蜂群消耗较大，因此加强蜂箱内外的保温措施，使蜂箱内的温度相对稳定，是保证蜂群正常繁殖的重要环节。

6.防止中毒 防止中毒在温室授粉中尤其重要，因温室空间小，空气流通慢，很小量的毒气都会给蜂群造成严重危害。冬季温室一般使用杀菌剂和熏烟剂较多。在准备用药的前一天时，堵塞巢门将蜂箱搬到温室外面避光处（温度应保持在15℃左右）再进行用药。在冬季熏烟后放风2 ~ 3天就可将蜂群搬进温室。在春季气温转暖，温室内空气交换较慢，药效时间长，应将蜂箱在温室外放3 ~ 5天，才能搬进温室。应提醒蜂农和菜农，未点燃的熏烟剂虽然对蜂群无害，但是放在温室内阳光直晒的地方，若遇天气晴朗，温度升高会自燃，使蜂群中毒。

7.及时调整棚内湿度 大棚内湿度大，容易使蜂具发生霉变引发病虫害。所以，蜂箱内多余的巢脾应全部取出来，放在温室外保存。

8.严防鼠害 冬季老鼠在外界找不到食物，很容易钻到温室内繁殖生活，老鼠对蜂群危害很大，咬巢脾、吃蜜蜂，扰乱蜂群秩序。据在晋南的调查，有80%温室发生不同程度的老鼠为害，这对温室蜜蜂授粉影响极大，因此必须严防。应采取放鼠夹、堵鼠洞、投放老鼠药等一切有效措施消灭老鼠，同时缩小巢门，两只蜜蜂能同时进出就可以，防止老鼠从巢门钻入蜂群。

9.非专业人员勿操作蜂群 在棚内授粉时，不要敲打蜂箱，非专业人员严禁打开箱盖，以免被蜇。搬移蜂箱需轻拿轻放，以免引起箱内蜂群躁动。

10. 隔离通风口 用宽约1.5m左右的尼龙纱网封住温室通风口，防止温室通风降温时蜜蜂飞出温室冻伤或丢失。

第五节 授粉蜂群的行为及其影响因素

一、授粉蜂群主要的影响因素

1. 棚内温度 蜜蜂是变温动物，保持和调节体温的能力不强，其生命活动须在一定的温度范围内才能正常进行。超过一定的温度范围，生命活动将受到抑制，甚至引起死亡。对蜜蜂而言，温、湿度是影响其授粉的主要因素，当棚内温度低于16℃和高于40℃时，蜜蜂的飞行次数显著减少，强群在13℃以下、弱群在16℃以下时几乎不授粉。多云天气，蜜蜂的飞行次数也显著减少。在温暖晴朗的天气下，授粉工作可以有效、迅速地进行。另外，温、湿度对花瓣的开启和花粉的萌发也有较大的影响。如果棚内温度过高、空气过于干燥，柱头容易干燥，落上的花粉萌发困难；相反，若湿度过大，花粉不易散开，不利于蜜蜂传粉。

2. 授粉蜜蜂的种群数量及幼蜂所占比例 蜂群授粉效果的好坏主要依据飞出蜂箱采集花粉和花蜜的外勤蜂的数量来决定。蜂群能够外出采集花粉、花蜜的幼蜂越多，授粉效果越好。

3. 作物对蜜蜂的吸引力 不同的作物花蜜分泌量有高低，对蜜蜂的吸引力不同；同一作物保护地比露地花香淡、花蜜少。例如梨树的花蜜含糖量一般为2%～3.7%，对蜜蜂的吸引力比其他果树小，刚开始放入时工作得较好，以后蜜蜂的采访次数明显减少。因此，对梨树应该在花开至25%～50%时再放入，并增加蜜蜂数量。而对蜜蜂吸引力较大的大樱桃、杏、油桃、李、草莓等，含糖量在10%～60%，一般在初花期或初花前将蜂群放入棚内，否则会严重影响产量。有些葡萄品种可自花结实，有些则完全不能结实，大部分介于中间，而且大多数品种的花蜜对蜜蜂没有吸引力，对这些品种需要用葡萄花糖浆诱导蜜蜂访花。

4. 农艺管理措施 棚内不同的农艺管理措施，也会影响蜜蜂的访花效果。例如有些果农在果树散粉时间喷药，使蜜蜂对农药的异味产生反感，不愿出巢，甚至造成死蜂，影响授粉效果。另外，肥水措施会影响果树花蜜的分泌量，从而影响蜜蜂授粉的积极性。

二、生产中应采取的措施

1. 蜂群的配置 因为蜜蜂顺行飞行采集，所以授粉树要分散栽植，不要成行栽植。每一蜂群（约1万只）可承担300～500m^2面积的果树授粉。为棚内果树授粉的蜂群，必须具备四个条件：一是蜂群要达到满箱；二是要求群内有大量的幼蜂，进棚前必须尽量脱掉老蜂；三要保证箱内有足够的蜂蜜，并在巢前设置喂水器，以利于正常繁殖幼蜂；四是蜂群在开始授粉前4～5天将蜂箱放入保护地内，让蜂群提前适应环境。蜂箱要放置在干燥处，且要始终保持良好的通风状态，以防高温闷热对蜂群造成的危害。同时蜂群进入棚内后，不要马上打开巢门，先进行短时间的幽闭，让蜂群有一种改变了环境的感觉，待5～6小时后，开一个刚好能让1只蜜蜂挤出去的小缝，这样凡挤出去的蜜蜂不会有立即飞到很远的愿望，而是重新认巢、熟悉新环境。

2. 训练蜜蜂授粉行为 人为地利用授粉作物的花瓣浸出的糖浆饲喂蜂群，使蜜蜂感觉好像在野外已发现了丰富的蜜源一样，从而建立起访问这种作物的条件反射。对蜜蜂不太喜欢采集的果树，如用梨树花瓣浸出的糖浆饲喂蜜蜂，可以强化蜜蜂采集梨树的专一性。即便是对蜜蜂吸引力较强的作物，利用此法也可显著提高产量。另外，蜜蜂访花次数越多，则果实内种子数量越多，畸形果越少，果实风味也就越好。花香糖浆的制作方法是，先在沸水中溶入同等重量的白砂糖，待糖浆冷却至20 ～ 25℃时，倒入预先放有花朵的容器里，密封浸渍4 ～ 5小时后进行饲喂。第一次饲喂最好在晚上进行，第二天早晨蜜蜂出巢前再饲喂一次，以后每日清晨进行饲喂，每群喂100 ～ 150g。

3.采取措施，提高蜜蜂访花的积极性　白天气温不能过高，一般不超过25℃。高温时，可以根据温度高低选用不同透光率的遮阳网或放风，达到降温的目的。放风时，要注意防止蜜蜂从放风口飞出，应在放风口处罩上纱网。另外，使用磷钾肥可明显增加花蜜的分泌量，增强蜜蜂访花的积极性。对于蜜腺不发达的果树，还可以在花期喷施稀释的蜜水或白糖水（每15kg水对50 ～ 100g蜂蜜或100 ～ 150g白糖），尽量喷到当天开放的花朵的柱头上，在喷洒过程中要不断晃动喷雾器，防止蜜或糖沉淀。喷洒时间掌握在花瓣展开后至开始散粉前。

执笔人：黄家兴

第五章 绿色防控的理论与技术

绿色防控，是采取生态治理、农业防治、生物控制、物理诱杀等综合防治措施的统称。绿色防控作为一种行为，是为实现农业可持续发展，生产“绿色产品”目标，确保环境安全和生态安全的防治活动的总称。绿色防控是在生态学理论指导下的农业有害生物综合防治技术的概括，经过多年的实践，建立了一套较为完善的技术体系，并在农业生产中形成了不同生态区域、不同作物为主线的技术模式。

第一节 绿色防控的概念

一、定义

绿色防控是指以确保农业生产、农产品质量和生态环境安全为目标，以减少化学农药使用为目的，优先采取生态控制、生物防治、物理防治和科学用药等环境友好型技术措施控制农作物病虫为害的行为（农办农〔2011〕54号）（图1-5-1）。

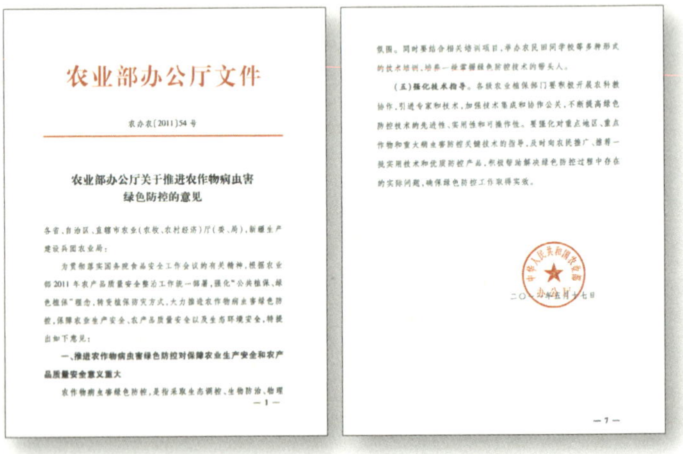
农业部办公厅文件

农办农〔2011〕54号

农业部办公厅关于推进农作物病虫害绿色防控的意见

各省、自治区、直辖市农业（农牧、农村经济）厅（委、局），新疆生产建设兵团农业局：

为贯彻落实国务院食品安全工作会议的有关精神，根据农业部2011年农产品质量安全整治工作统一部署，强化“公共植保、绿色植保”理念，转变植保防灾方式，大力推进农作物病虫害绿色防控，保障农业生产安全、农产品质量安全以及生态环境安全，特提出如下意见：

一、推进农作物病虫害绿色防控对保障农业生产安全和农产品质量安全意义重大

农作物病虫害绿色防控，是指采取生态调控、生物防治、物理

— 1 —

氛围。同时要结合相关培训项目，举办农民田间学校等多种形式的技术培训，培养一批掌握绿色防控技术的带头人。

（五）强化技术指导。各级农业植保部门要积极开展农科教协作，引进专家和技术，加强技术集成和协作公关，不断提高绿色防控技术的先进性、实用性和可操作性。要强化对重点地区、重点作物和重大病虫害防控关键技术的指导，及时向农民推广、推荐一批实用技术和优质防控产品，积极帮助解决绿色防控过程中存在的实际问题，确保绿色防控工作取得实效。

二〇一一年五月十七日

— 7 —

图1-5-1 农业部办公厅关于推进农作物病虫害绿色防控的意见

二、绿色防控与综合防治的关系

绿色防控，是在2006年全国植保工作会议上提出“公共植保、绿色植保”理念的基础上，根据“预防为主、综合防治”的植保方针，结合现阶段植物保护的现实需要和可采用的技术措施，形成的一个技术性概念。其内涵就是按照“绿色植保”理念，采用农业防治、物理防治、生物防治、生态调控以及科学、合理、安全使用农药的技术，达到有效控制农作物病虫害，确保农作物生产安全、农产品质量安全和农业生态环境安全，促进农业增产、农民增收的目的。

“预防为主、综合防治”，是1975年农林部在河南新乡召开的全国植保工作会议上提出的植保方针。这一方针具有思想性、科学性和群众性，是广大群众长期同农作物病虫害作斗争的经验总结，反映了植保工作的发展方向，对于克服植保工作依赖化学农药的倾向，有现实的指导意义。

绿色防控与综合防治的辨析：

首先提出都具有历史意义和现实意义。“预防为主、综合防治”的植保方针与“公共植保、绿色植保”的植保理念提出时间相隔30年，但都是在世界绿色发展趋势下，为了可持续发展而提出的指导植保工作的重要纲领。

其次，二者都是技术性概念。绿色防控和综合防治都强调多种措施综合运用，都是对防治有害生物的技术手段的总称。

但是，二者又有不同。绿色防控是由绿色植保理念中派生而来，强调优先采用生态、农业、物理、生物等非化学防治技术，对化学农药的使用增加了高效、低毒、低残留、环境友好的限制。

三、绿色防控与IPM的关系

IPM是Integrated Pest Management的缩写，中文一般译为有害生物综合治理。1972年，在美国联邦政府机构环境质量委员会（CEQ）《有害生物综合治理》一书中正式提出了IPM这一概念。到20世纪80年代以后，IPM作为一种经济有效且保护环境的有害生物防治技术，广泛应用于农业、林业和公共卫生等领域。IPM是对有害生物进行科学管理的体系，它从农业生态系统总体出发，根据有害生物和环境之间的相互关系，充分发挥自然控制因素的作用，因地制宜，协调应用必要的措施，将有害生物控制在经济受害允许水平之下，以获得最佳的经济效益、生态效益和社会效益。IPM的特点有以下三方面：

一是IPM以生态学的原则作为指导，病虫害的防治要从农业生态系统的总体出发，在防治措施的选择、运用和协调时，必须考虑生态系统的平衡和稳定。

二是防治措施的选择和运用要求各种措施取长补短，协调运用，特别重视自然控制因素的运用，所有人为防治措施应与自然控制相协调。

三是防治目的不要求将有害生物彻底消灭，而是要将有害生物的种群数量控制在经济受害允许水平之下。

从IPM的定义及其特点看，绿色防控与IPM的思想和方法是一致的，目标和要求是统一的。二者都要求人与自然和谐发展，在病虫害的行为中，保护环境，尽量减少化学农药对环境的影响。结合我国“预防为主、综合防治”的植保方针和“公共植保、绿色植保”的理念，自2007年以来逐步形成，2011年正式定义的绿色防控概念，是对IPM的补充和完善，使新时期的病虫害防治工作更具有时代特征，更体现了绿色发展的现实意义。

第二节　绿色防控的生态学基础

一、绿色理念的由来

绿色是生命的原色。从人类为了生存栽培植物开始，绿色就代表了生命、健康、活力和对美好未来的追求。哪里有绿色，哪里就有生命。现在，绿色是一个特定的形象用语，它不仅仅是指绿颜色或是有生命的植物，而是指一种自然万物和谐共存的生态环境及其保护、维护和改善。绿色代表着合乎科学性、规范性、规律性、可持续。

早在50多年前，绿色理念在农作物病虫害防治或有害生物综合治理中就已引起重视，并在实践中逐步形成明确的概念。

在有害生物的防治策略上，第二次世界大战之前基本上是自然防治和农业防治。20世纪40年代，DDT、六六六等杀虫剂出现以后，使人类对化学农药的信任和依赖程度达到了空前的高度。但随着时间的推移，杀虫剂带来的“3R”问题，使人类对有机农药的使用产生了怀疑。1962年，美国生物学家Rachel Carson发表了的《寂静的春天》，使人们受到了强烈的震惊，并开始寻找防治病虫新的出路。1967年联合国粮农组织（FAO）组织召开的“有害生物综合防治”专家组会议上明确了综合防治（Integrated pest control，IPC）的概念，随后发展为有害生物综合治理（Integrated pest management, IPM）。20世纪70年代初，发达国家首先开展了综合防治的理论和应用研究。1972年，美国由政府部门投资和组织实施了主要农作物病虫害的IPC或IPM项目。1992年，国际昆虫学会议在探讨21世纪植保科技前景中提出“Biointensive IPM”的新思想，即生物强化害虫综合治理，其研究内容包括作物抗性、天敌保护利用、栽培制度、生物农药的利用等建立在生态学基础上的针对作物生态系统中全部有害生物并广泛利用各种控制技术的有害生物管理方法。

在农业有害生物的防治策略和技术手段不断向着综合治理方向发展的同时，整个社会经济的发展也在思考和探索着可持续发展的途径。1972年，罗马俱乐部发表了《增长的极限》，对西方国家高消耗、高污染的增长模式的可持续性提出了严重质疑。1987年，世界环境和发展委员会发表《我们共同的未来》，提出通过新资源的开发和有效利用，提高现有资源的利用效率，同时降低污染排放。1989年，环境经济学家皮尔斯等人在《绿色经济蓝图》中首次提出了绿色经济的概念，强调通过对资源环境产品和服务进行适当的估价，实现经济发展和环境保护的统一，从而实现可持续发展。之后，世界各国逐步统一了认识，并积极推行绿色经济政策，促进可持续发展。

在我国，绿色发展是2002年联合国开发计划署在《2002年中国人类发展报告：让绿色发展成为一种选择》中首先提出来的。中国实现绿色发展的目标将会遇到极大的挑战，需要一整套政策和实践相配合，其规模之宏大、程度之复杂在人类历史上前所未有。2006年第二次全国植保工作会议上，正式提出“公共植保、绿色植保”理念，标志着我国农作物病虫害防治策略和技术适应绿色经济发展的转变。2007年起，为贯彻落实“预防为主、综合防治”的植保方针和“公共植保、绿色植保”的植保理念，在全国开展了绿色防控技术的集成示范展示和相关技术产品的研发推广。2010年第三次全国植保工作会议，进一步明确了病虫害防治工作的“三个转变”，指出了传统防治向绿色防控的转变。2011年，农业部办公

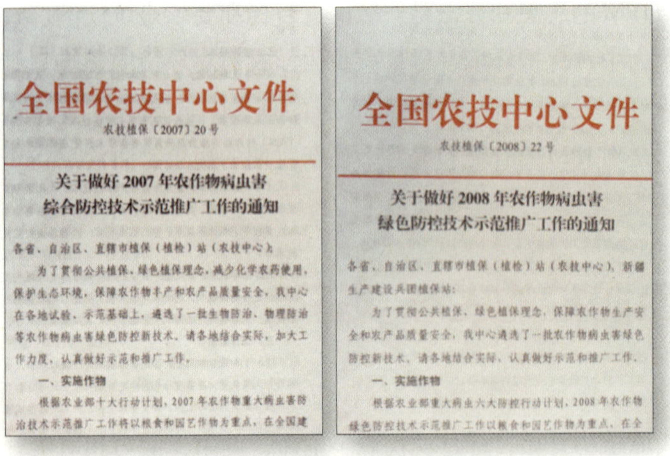
全国农技中心文件
农技植保〔2007〕20号
关于做好2007年农作物病虫害
综合防控技术示范推广工作的通知
各省、自治区、直辖市植保（植检）站（农技中心）：
为了贯彻公共植保、绿色植保理念，减少化学农药使用，保护生态环境，保障农作物丰产和农产品质量安全，我中心在各地试验、示范基础上，遴选了一批生物防治、物理防治等农作物病虫害绿色防控新技术，请各地结合实际，加大工作力度，认真做好示范和推广工作。
一、实施作物
根据农业部十大行动计划，2007年农作物重大病虫害防治技术示范推广工作将以粮食和园艺作物为重点，在全国建

全国农技中心文件
农技植保〔2008〕22号
关于做好2008年农作物病虫害
绿色防控技术示范推广工作的通知
各省、自治区、直辖市植保（植检）站（农技中心），新疆生产建设兵团植保站：
为了贯彻公共植保、绿色植保理念，保障农作物生产安全和农产品质量安全，我中心遴选了一批农作物病虫害绿色防控新技术，请各地结合实际，认真做好示范和推广工作。
一、实施作物
根据农业部重大病虫六大防控行动计划，2008年农作物绿色防控技术示范推广工作以粮食和园艺作物为重点，在全

图1-5-2 绿色防控技术的示范推广

厅印发《推进农作物病虫害绿色防控的意见》，正式定义并全面推进绿色防控工作（图1-5-2）。

二、绿色防控的生态学基础

1.生态学基本概念　生态学（Ecology），是德国生物学家恩斯特·海克尔于1869年定义的一个概念，是研究生物体与其周围环境（包括非生物环境和生物环境）相互关系的科学。目前已经发展为“研究生物与其环境之间的相互关系的科学”。环境包括生物环境和非生物环境，生物环境是指生物物种之间和物种内部各个体之间的关系，非生物环境包括自然环境：土壤、岩石、水、空气、温度、湿度等。

2.生态学科的组成　生态学是一门科学，其门类齐全，有许多分支学科。

（1）分类。

根据组织层次分类：个体、种群、群落、生态系统、景观、全球。

根据生物类群分类：普通、植物、动物、微生物。

根据生境类型分类：水域、陆地。

根据研究方法分类：理论、野外、实验。

根据交叉学科分类：分子、生理、行为、进化。

根据应用领域分类：农业、家畜、渔业、城市、污染。

（2）按照生态学组织层次分类的各学科主要研究内容。

个体生态学：个体生态学研究的是生物个体对环境的反应，是生态学研究的最低层次。

种群生态学：种群是指一定时间内，栖息在一定区域内同种生物个体的集合。

群落生态学：在一定区域内常常是多种生物生活在一起。对于生物群落的结构、功能、形成、发展及其与环境相互作用的研究叫群落生态学。

生态系统生态学：生态系统指在同一领域中的生物群落和非生物环境的复合体，是指在一定空间内生物的成分和非生物成分，通过物质的循环和能量的流动相互作用、相互依存而构成的一个生态学功能单位。

景观生态学：由相互作用的生态系统镶嵌构成的，并以类似形式重复出现，具有高度空间异质性的区域称为景观。

全球生态学：生物圈是地球表面最大的系统，它包括地球上的全部生物及一切适于生物气息的场所。它是地球表面一个不连续的薄层。

3.生态系统　生态系统简称ECO，是ecosystem的缩写，指在自然界的一定空间内，生物与环境构成的统一整体。在这个统一整体中，生物与环境之间相互影响、相互制约，并在一定时期内处于相对稳定的动态平衡状态。

生态系统的范围可大可小，相互交错，人类主要生活在以城市和农田为主的人工生态系统中。生态系统是生态学领域的一个主要结构和功能单位，属于生态学研究的最高层次。

4.农业生态学　农业生态学是生态学在农业上的分支，是用生态学和系统论的原理和方法，将农业生物与其自然环境作为一个整体，研究其中的相互作用、协同演变，以及社会经济环境对其调节控制规律，促进农业全面持续发展的学科。

5.绿色防控的生态学基础 绿色防控是优先使用农业、物理、生物措施，科学使用化学措施的农业有害生物综合治理行为，是对IPM和我国植保方针的深化和发展。1992年国际昆虫学会议在探讨21世纪植保科技前景中提出“Biointensive IPM”的新思想，即生物强化害虫综合治理，其研究内容包括作物抗性、天敌保护利用、栽培制度、生物农药的利用等。在我国“预防为主、综合防治”的植保工作方针的基础上，1986年提出：“综合防治是对有害生物进行科学管理的体系。它从农业生态系统整体出发，根据有害生物和环境之间的相互关系，充分发挥自然控制因素的作用，因地制宜地协调应用必要的措施，将有害生物控制在经济允许水平以下，以获得最佳的经济效益、社会效益和生态效益”。随着对病虫害进行管理思想的提出，在防治策略上，改变了彻底消灭害虫的想法，更多的是考虑病虫害的生态学问题。只是在人类“不可容忍”的情况下，才协调地选用一些适当的技术和方法。

绿色防控以生态学原理为基础，把有害生物作为其所在生态系统的一个组成部分来研究和控制；强调各种防治方法的有机协调，尤其是强调最大限度地利用自然调控因素，尽量减少使用化学农药；强调对有害生物的数量进行调控，注重生态平衡，不强调彻底消灭；防治措施的选择和防治策略的决策全面考虑经济效益、社会效益和生态效益。

总之，绿色防控针对农业生态系中所有有害生物，将农作物视为一个能将太阳的能量转化为可收获产品的系统。在防治方案中，强调在通过对有害生物进行管理而取得经济效益的生产实践中，要尽可能地减少对作物、人类健康和环境所造成的危害；强调在有害生物发生前的预先处理和预防，通过使用所有适当的管理技术，如增加自然天敌、种植抗病虫作物、采用耕种管理的方法、正确使用杀虫剂等限制有害生物的发生，只有当病虫大面积爆发流行或其危害超过经济阈值时，才应用化学药剂，目标是注重生态效益和社会效益的有机统一，实现农业生产的可持续发展，为子孙后代留下一片生存的蓝天。

第三节 绿色防控技术体系

根据绿色防控的定义，经过多年绿色防控的实践，目前我国绿色防控技术已初步形成了一套技术体系。该体系主要包括植物健康、理化诱控、天敌保护利用、生态调控、生物农药和化学防治等主要技术。

植物健康类：包括抗性品种、栽培技术、水肥管理等；

诱杀技术类：包括光、色诱杀、食诱、性诱等；

天敌保护利用类：包括人工天敌释放，自然天敌保护利用等；

生物农药类：主要包括微生物农药、植物源农药、生物化学农药等；

生态控制类：主要包括生物多样性、微生态环境调等；

高效低毒农药类：主要有杀虫、杀菌、除草、杀螨、杀线、灭鼠等种类。

一、植物健康技术

健康的植物（作物）是有害生物防治的基础。植保工作就是植物卫生事业，植物就是植保的对象。只有被保护的对象自身健康，才能事半功倍，病虫害的控制才能经济有效。

健康的植物需要健康的土壤，植物健康首先要土壤健康。培育健康的土壤环境，至少要从以下几个方面着手：

(1) 合理耕翻土地，保持良好的土壤结构；

(2) 合理作物轮作，调节土壤微生物种群；

(3) 必要土壤处理，局部控制不利微生物；

(4) 合理培肥土壤，保证良好的土壤肥力。

在健康的土壤上种植具有良好抗性的农作物品种，可有效防止病虫害对作物的侵害。按对有害生物的抵抗作用分类，抗性品种主要有抗病性品种、抗虫性品种和抵抗不良环境（如干旱、低温等的品种等）。由于不同的作物、不同的区域对品种的抗性有不同要求，限于篇幅和品种的商品性特点，在此不一一列举。

为获得健康的植物，除了土壤和品种外，合理的田间栽培管理，平衡的按需施肥以及必要的预防措施也是十分重要的。这里主要介绍种苗处理预防技术。

种苗处理技术主要指用物理、化学的方法，保护种子和苗木免受病虫害直接危害、间接寄生等措施。常用方法：晒种、浸种、包衣和嫁接等。

晒种是物理方法，利用太阳照射灭杀病菌、驱除害虫等。广义的晒种也包括用一些人工的特殊光源进行处理的技术。

浸种也是物理方法，主要通过一定温度水，将种苗浸泡其中，利用作物和病虫对高温的耐受程度不同，从而灭杀病菌、虫卵等。

包衣（拌种）是化学药剂处理方法，目前广泛应用于各种不同作物种子处理上。一种是由种子公司在种子生产加工过程中，根据种子使用区域的病虫害种类和品种本身抗性情况，配制特定的种子处理药剂，以种子包衣为主的方式进行处理；另一种是作物生产者根据需要，在播种前一定时间内，对未包衣的种子或需要二次处理的包衣种子进行的药剂处理。

嫁接主要用于果树等多年生作物，是一个复合过程。主要是利用砧木的抗性和物理的方式阻断病虫的危害。

二、理化诱控技术

理化诱控技术指利用害虫的趋光、趋化性，通过布设灯光、色板、昆虫信息素、食物气味剂等诱集并消灭害虫的控害技术。主要应用于小麦、玉米、水稻、蔬菜、果树、大豆、棉花、花生、马铃薯、茶叶等作物。在害虫发生量较小时，理化诱控技术可以起到较好的控虫、控害作用；但当虫量过大时，只能降低田（园）间虫口基数，控虫害效果有限，需要采取其他措施来配合控制害虫。

1.灯光诱控 利用昆虫的趋光性特点，通过使用不同光波的灯光以及相应的诱捕装置，控制害虫种群数量的技术。由于其多数产品可以诱捕杀灭害虫，所以俗称为杀虫灯（图1-5-3）。

杀虫灯从能量供应方式分，有交流电式和太阳能两种；从灯光类型分，有黑光灯、高压汞灯、频振灯、投射灯等多种形式。

杀虫灯的特点是应用范围广、杀虫谱广、杀虫效果明显，但也有对靶性不够精准的缺点。

目前，杀虫灯主要用于防治稻田的稻飞虱、稻纵卷叶螟等害虫；豆田的草地螟、卷叶蛾、地老虎、食心虫等害虫；棉田的棉铃虫等害虫；果园的吸果夜蛾、刺蛾、毒蛾、椿象、梨小食心虫、桃蛀螟等害虫；蔬菜上的斜纹夜蛾、小地老虎、甜菜夜蛾、银纹夜蛾等多种害虫；茶园的茶细蛾、茶毛虫、斜纹夜蛾等主要害虫和地下害虫铜绿丽金龟、大黑鳃金龟、苹毛丽金龟等。

图1-5-3 各种不同的杀虫灯

2.色板诱控 色板诱控是利用害虫对颜色的趋向性，通过板上涂抹黏虫胶防治虫害（图1-5-4）。

根据昆虫的趋性特点，一般生产上应用的主要有黄色、蓝色诱虫板、黄绿蓝系列性色板以及利用性信息素的组合板等。

优点是对较小的害虫有较好的控制作用，是杀虫灯的有效补充；缺点是对有益昆虫有一定的杀伤作用，使用成本较高。

目前生产上应用广泛的主要有黄板、蓝板及信息素板，对蚜虫、斑潜蝇、白粉虱、烟粉虱、蓟马等害虫有很好的防治效果，应用的作物涉及玉米、水稻、蔬菜、果树、花生、马铃薯、棉花、茶叶等主要粮食和经济作物。

图1-5-4　色板诱控技术应用

3.信息素诱控（性诱）　昆虫信息素诱控主要是指利用昆虫的性信息素、报警信息素、空间分布信息素、产卵信息素、取食信息素等对害虫进行引诱、驱避等，从而控制害虫危害的技术（图1-5-5）。

信息素诱控的特点是对靶精准，专一性和选择性高。仅作用于有害的靶标生物，对其他生物无作用。同时，可用于预测害虫的发生高峰，操作简单、省时，可以大大减轻防治压力。缺点是性诱剂只引诱雄虫，掌握不好时机，防治效果不佳。

目前，信息素诱控主要用于防治粮食作物和经济作物上的害虫如水稻螟虫、玉米螟、小麦吸浆虫、大豆食心虫、甜菜夜蛾、斜纹夜蛾、瓜实蝇、棉铃虫、小菜蛾、柑橘实蝇、柑橘潜叶蛾、梨小食心虫等。

图1-5-5　信息素诱控技术应用

4.食物诱控 食物诱剂是通过提取多种植物中的单糖、多糖和植物酸，合成具有吸引和促进害虫成虫取食的物质。食诱剂借助于高分子缓释载体在田间持续发挥作用，使用极少量的杀虫剂或专利的物理装置即可达到“吸引—杀灭”的目的（图1-5-6）。

图1-5-6 食物诱控技术及应用

食物诱控的特点是害虫雌、雄成虫同时诱杀，只吸引和杀灭标靶害虫，对天敌益虫无毒副作用，不易产生抗药性、无残留，对绝大部分鳞翅目害虫均有理想的防治效果。

目前主要用于果树、蔬菜、花生和部分粮食作物。

5.驱避技术 驱避技术是利用物理隔离、颜色负趋性的原理，以达到降低作物上虫口密度的目的。

主要种类有防虫网、银灰膜、驱避剂等。

特点是防治效果好，无污染，但成本较高。

目前主要应用在水稻、果树、蔬菜上，其中蔬菜上的应用最为广泛。

防虫网的作用主要为物理隔离，通过一种新型农用覆盖材料把作物遮罩起来，防止害虫接触危害。除具有遮阳网的优点外，最大的特点是能防虫防病，大幅度减少农药使用量，是无公害蔬菜的关键技术，是一种简便、科学、有效的防虫措施。

银灰色地膜是在基础树脂中添加银灰色母粒料吹制而成，或采用喷涂工艺在地膜表面复合一层铝箔，使之成为银灰色或带有银灰色条带的地膜。其功能除增温保墒外，主要特点是由于银灰地膜的发光作用，人为改变了蚜虫的生活环境，蚜虫喜欢生活在叶子的背面，对蚜虫有驱避作用（图1-5-7）。适用于烟草、葡萄、青椒、果树等作物，可以提高作物中下部的光合作用，对果实着色和提高含糖量有帮助。

三、生物防治

生物防治是一种以虫治虫、以螨治螨、以菌治虫、以菌治菌的病虫害防治措施（图1-5-8）。

生物防治根据生物间作用方式，可以分为捕食性天敌、寄生性天敌、自然天敌保护利用和天敌繁育引进等。

生物防治的优点是防治效率高，无污染，但也存在一些缺点，如生产成本高、应用技术要求高。

目前主要应用于小麦、玉米、水稻、蔬菜、果树、茶叶、棉花、花生等作物。

图1-5-7 防虫网、银灰膜应用

图1-5-8 生物防治技术的应用常用天敌
a.丽蚜小蜂 b.平腹小蜂 c.草蛉 d.瓢虫

1.寄生性天敌生防技术 寄生性天敌昆虫几乎都是以其幼虫体寄生，随着寄生性天敌昆虫幼体的完成发育，寄主则缓慢地死亡和毁灭。常见的寄生性天敌昆虫有姬蜂、茧蜂、赤眼蜂、丽蚜小蜂等，主要作用于玉米、水稻、果树、蔬菜、棉花、烟草等作物。

2.捕食性天敌生防技术 捕食性天敌生防主要利用天敌主动对害虫的大量捕食，以达到控制害虫种群数量、减少为害的目的。常见用于生物防治的捕食性天敌昆虫种类有瓢虫、捕食螨、食蚜蝇、食虫蝽、步甲等，主要用于小麦、玉米、蔬菜、果树、棉花、茶叶等作物。

3.保护利用自然天敌 从生态系统的构成来看，没有天敌和害虫之分，都是生态链中的一个环节。当人们为了某种目的，从生态系统中的某一环节获取其经济价值时，就会对生态系统的平衡产生影响。从经济角度讲，就有了害虫和天敌之分。但如果生态是平衡的，害虫就不会泛滥，也就不需要防治。但当天敌和害虫的平衡被破坏，为了获取作物的经济价值，就要进行防治。而化学农药的不合理使用在杀死害虫的同时也大量杀死了天敌，失去天敌控制的害虫就会越来越严重。保护和利用天敌，就是要保持生态平衡，使害虫得到有效控制。

4.繁育引进天敌 对一些常发性害虫，单靠天敌本身的自然增殖很难控制其危害，应采取人工繁殖和释放以补充天敌数量的不足。同时，还可以从国内外引进、移植本地没有或形不成种群的优良天敌品种，使之在本地定居繁殖。

四、生物农药防治

生物农药种类有植物源农药、微生物源农药、生物化学农药等。

生物农药的优点是来源于自然界天然生成的有效成分，与人工合成的化学农药比，具有可完全降解、无残留污染；但缺点是货价期短、速效性差，生产成本高。

目前主要用于水稻、玉米、小麦等粮食作物，以及果蔬、茶叶、棉豆等经济作物上病虫害的防治。

1.植物源农药 指从一些特定的植物中提取的具有杀虫、灭菌活性的成分，经过一定的工艺制成的农药。目前登记的主要有27种有效成分，常用的有苦参碱（氧化苦参碱）、乙蒜素、印楝素、鱼藤酮、除虫菊、蛇床子素、藜芦碱、烟碱、小檗碱、百部碱、核苷酸、苦皮藤素等。

2.微生物源农药 指利用微生物或其代谢产物来防治危害农作物的病、虫、草、鼠害及促进作物生长的一类农药。它包括以菌治虫、以菌治菌、以菌除草等。

微生物农药主要有活体微生物农药和农用抗生素两大类。其主要特点是选择性强，对人、畜、农作物和自然环境安全，不伤害天敌，不易产生抗性。

目前我国登记的微生物农药有24种，主要有：苏云金杆菌、蜡质芽孢杆菌、枯草芽孢杆菌、淡紫拟青霉、多黏类芽孢杆菌、木霉菌、荧光假单胞杆菌、白僵菌、绿僵菌、颗粒体病毒、核型多角体病毒、质型多角体病毒等。

3.生物化学农药 指通过调节或干扰害虫的行为，达到控制害虫目的的一类农药。

生物化学农药的特点是用量少，活性高，环境友好。目前登记的生物化学农药11种，农用抗生素17种。随着昆虫信息素类产品的登记，种类将会有所增加。常用的主要有生物化学类如芸薹素内酯、赤霉酸、吲哚乙酸、乙烯利等，抗生素类如阿维菌素、甲氨基阿维菌素苯甲酸盐、井冈霉素（含井冈霉素A）、春雷霉素、多抗霉素、多杀霉素、硫酸链霉素、宁南霉素等。

需要注意的是，生物农药的施用技术难度高，错误的保存和施用时期、施用方法都可能会制约生物农药的药效。另外，生物农药的速效性差，通常在病虫害发生的早期，及时正确施用才可以取得较好的防治效果。

五、生态调控

生态调控技术主要采用人工调节环境、食物链加环增效等方法，协调农田内作物与有害生物之间、有益生物与有害生物之间、环境与生物之间的相互关系，达到保益灭害、提高效益、保护环境的目的（图1-5-9）。

生态调控的特点是充分利用生态学原理，以增加农田生态系统的复杂性，从而提高系统的稳定性。

主要应用于蝗虫、小麦条锈病、水稻病虫、棉花病虫和果树病虫害的控制。

1.水稻生态控制技术 目前在水稻种植区，主要利用作物高低不同，通过间套作形成物理屏障，阻断病害传播，利用稻田养鸭、稻鱼共育、稻田深耕灌水灭蛹等技术，保护农田生态系统的多样性，控制病虫草害。

2.蝗虫生态治理技术 在蝗虫常年发生的沿海蝗区、河滩蝗区、滨湖蝗区、高原河谷蝗区以及草原蝗虫发生区种植苜蓿、棉花、冬枣等蝗虫非喜食植物，使大批撂荒土地得以复耕，压缩宜蝗面积，形成不利于蝗产卵的环境，进而控制东亚飞蝗、西藏飞蝗、亚洲飞蝗以及竹蝗、稻蝗、亚洲小车蝗等非迁移性蝗虫。

3.小麦条锈病源头治理　小麦条锈病源头治理主要是通过生物多样性控害技术，改造小麦条锈菌越夏基地。通过减少高海拔区域小麦种植面积，在新小种策源地麦区，川西北麦区，因地制宜发展油菜、豆类、薯类、中药材、蔬菜、青稞等作物，调整小麦播种期，播前种子处理技术应用等减少越夏菌源，达到持续控制病害的目的。

4.保护地蔬菜温湿度调控　保护地的温度调节分为空气温度和土壤温度调节。空气温度调节技术有通过覆盖材料的透射率或层数调节温度，或用人工加温的方法补充保护地内放出的热量；土壤温度的调节技术有增加土壤孔隙度，利用微生物分解有机质产生的热量增温，地膜覆盖，挖防寒沟，土壤下面铺设电热线或暖气管，采用滴灌技术等。

保护地的湿度调节也分为空气湿度和土壤湿度调节。空气湿度调节技术有通风，喷水等方法调节空气湿度；土壤湿度调节技术主要是灌水管理。

5.棉花生态控制技术　棉花生态控制指在棉花种植区内及周边种植驱避、诱集作物，增加棉田生态多样性，保护和利用天敌，同时结合秋翻冬灌、铲埂除蛹、性诱剂诱捕或迷向、赤眼蜂防治、NPV防治、化学农药有效控制棉田病虫害为害。

图1-5-9　生态调控技术应用
a.牧鸭治蝗　b.条锈病生物多样性　c.稻田养鸭　d.果园生草

6.果园生草技术 在果园林间种植牧草等，增加果园生态系统的复杂性，为天敌昆虫提供庇护场所，从而为果树害虫的控制奠定基础。通过果园生草技术的应用，增加了天敌数量，可以有效控制果树害虫以及由害虫危害引发的病害，从而减少化学农药的使用，提高生态系统的稳定性。

六、化学防控

化学农药是一类特殊的化学品，它既能防治农业病虫害，也会对人畜产生危害。因此，农药的使用，一方面造福于人类，另一方面也给人类赖以生存的环境带来危害。为防治病虫危害，当前农业生产中化学农药防治还是必不可少的技术措施。

化学农药根据其作用可分为杀虫、杀菌、除草、杀螨、杀线、灭鼠等不同种类。化学农药的特点是使用方法简便，起效快，速效性好，种类多，可满足各种防治需要。但缺点是，不合理的使用会导致环境污染，影响人类健康等。

专业化的防治，科学合理的使用，严格到位的监管，是化学农药造福人类、减少负面作用的主要措施。

执笔人：赵中华

第六章
绿色防控技术集成应用
指导思想、基本原则

第一节　指导思想

病虫害绿色防控是以促进农作物安全生产、减少化学农药使用量为目标，采取生态控制、生物防治、物理防治、科学用药等环境友好型措施来控制有害生物的有效行为。绿色防控技术的集成，从指导思想上，就是要贯彻"预防为主、综合防治"的植保方针和"公共植保、绿色植保"的植保理念，分区域、分作物优化集成农作物病虫害绿色防控配套技术，为农业生产安全、农产品质量安全及生态环境安全提供支撑作用。

实施农作物病虫害绿色防控，在制定防治策略、进行技术集成和推广应用上要考虑以下几个方面：

一、生态系统的整体观念

生态系统的整体观念是综合防治思想的核心。众多的生物因子和非生物因子等因素构成一个生态系统，在该生态系统中，各个组成部分是相互依存、相互制约的。任何一个组成部分的变动，都会直接或间接影响整个生态系统，从而改变病虫害种群的消长，甚至病虫害种类的组成。制订综合防治措施时，首先要在了解病虫害的动态规律，明确主要防治对象的发生规律和防治关键，将病虫害发生数量控制在较低水平。同时，还要把视野扩大到区域层次或更高的层次，进行全局考虑，从而优化防治策略。就农业植物病虫害治理而言，涉及的是一个区域内的土地利用类型、植被类型的合理镶嵌和多样化问题，这将为遏制病虫害的猖獗及有益生物增殖提供良好的环境条件。

二、充分发挥自然控制因素的作用

自然控制因素包括生物因子和非生物自然因子。多年来，单纯依靠大量施用化学农药防治病虫害，带来的害虫和病原菌抗药性增加、生态平衡破坏和环境污染等问题日益严峻。这使人们认识到植物保护不仅要考虑到防治对象和被保护对象，还需要考虑对环境的保护和资源的再利用。因此，在制定病虫害防治策略时需要考虑整个生态体系中各物种间的相互关系，利用自然控制作用，减少药剂的使用量，降低防治成本。如在田间，当寄主或猎物多时，寄生昆虫和捕食动物的营养就比较充足。此时，寄生昆虫或捕食动物就会大量繁殖，急剧增加种群数量。在寄生或捕食性动物数量增长后又会捕食大量的寄主或猎物，寄主或猎物的种群又因为天敌的控制而逐渐减少，随后，寄生与捕食种类也会因为食物减少，营养不良而减少种群数量。这种相互制约，使生态系统可以自我调节，从而使整个生态系统维持相对稳定。

三、协调应用各种防治方法

对病虫害的防治方法多种多样，协调的观点就是要使其相辅相成。任何一种防治方法都存在一定的优缺点，因此需要通过各种防治方法的综合应用，更好地实现病虫害防治目标。但不同的防治方法如果机械叠加使用会产生矛盾，往往不能实现防治目的。多种防治方法的应用不是几种防治方法的简单相加，也不是越多越好，而是在制定防治策略时必须依据具体的目标生态系统，有针对性地选择必要的防治措施，从而达到辩证的结合应用，使所采用的防治方法之间取长补短，相辅相成。通过把病虫害的绿色防控纳入农业植物可持续发展的总方针之下，将有关单位如生产、管理、环境保护等部门协调调动，在保护环境、实现可持续发展的共识之下，制定病虫害的绿色防控策略，合理应用农业管理、化学、生物和物理等防治方法，协调各种防治方法的运用，实现协调防治的整体效果和经济收益最大化。

四、经济阈值及防治指标

有害生物绿色防控的最终目的不是彻底消灭有害生物，而是将其种群密度维持在一定水平之下，即经济受害水平之下。所谓经济受害水平是指某种有害生物引起经济损失的最低种群密度。经济阈值是为防止有害生物造成损失达到经济受害水平，需进行防治的有害生物密度。当有害生物的种群达到经济阈值时就必须进行防治，否则便不必采取防治措施。防治指标是指需要采取防治措施以阻止有害生物达到造成经济损失的程度。一般来说，生产上防治任何一种有害生物都应讲究经济效益和经济阈值，即防治费用必须小于或等于因防治而获得的利益。需要进一步认识的是，人类所定义的有害生物与有益生物以及其他生物之间的协调进化是自然界中普遍存在的现象，因此应在满足人们长远物质需求的基础上，实现自然界中大部分生物的和谐共存。有了这种观点，经济阈值的制定会更科学、更富于变化。

21世纪的病虫害绿色防控必须融入可持续发展和环境保护之中，要扩大病虫害绿色防控的生态学尺度，与其他学科交叉起来，减少化学农药的施用，利用各种生态手段，最大限度地发挥自然控制因素的作用，使经济效益、社会效益和生态效益同步增长。

第二节　基本原则

农作物病虫害绿色防控的目的是采取与环境相容的有效措施保障农作物不因病虫害为害造成经济上的损失。在进行病虫害防治过程中，既要考虑通过防治所挽回的经济损失，同时还需考虑因防治对生态环境造成的影响，如次要害虫的猖獗、环境的污染、土壤活力的降低等。因此，在农作物病虫害绿色防控系统中，既要遵循经济学的治理原则，还要遵循生态学的控制原则。将病虫害纳入生态系统中，作为生态结构的一部分来制定防治策略，进行综合控制。

一、病虫害防治的经济学原则

病虫害防治的经济学原则，就是在经济学的边际分析原理的指导下进行，防治必须遵循挽回收益大于或等于治理费用的原则，同时，应充分考虑到生态效益等综合收益。

二、病虫害防治的生态学原则

病虫害防治的生态学原则包含有物质循环再生原则；协调共生、和谐高效原则；相争相克、协同进化原则；物种的抗逆性原则；系统的自调控原则共5个方面。要求在制定病虫害防治策略时综合考虑系统的循环与发展、系统内部与外部的能量和条件、系统的自然机理、系统内物种的抗性和系统自我调节等方面因素，将病虫害作为生态系统的一部分结构考虑，进行整体措施的综合作用协调，从而获得最优控制效果。

三、技术措施的时空接续原则

应该统筹农业防治、物理防治、生物防治和科学用药等单项技术措施，从作物全生育期入手，按照时间、空间的序列集成多种有效的农作物病虫害防控措施，建立满足农作物生长发育全程病虫害防治需求的技术体系。从清洁田园、土壤消毒、种子处理等开始，嵌套组装作物健身栽培技术，配套良好的耕作管理措施，增强农田生物多样性，组装及配套使用生态调控措施，充分保护利用生物多样性控制病虫害。在人工干预方面，优先选用对环境友好、安全高效的生物防治措施，保护利用当地的天敌昆虫，人工助迁释放天敌昆虫，包括天敌昆虫的接种式释放、补充接力式释放、饱和攻击式释放等技术组合；科学选用生物农药及化学农药，杜绝高毒、高残留和高污染农药的使用。

四、技术措施的轻简化原则

农作物病虫害绿色防控方案应实现复杂技术轻简化，让农民使用起来更方便和容易，促进大面积推广应用。随着机械化程度和社会化服务水平的提高，农民花在耕地上的时间和精力越来越少，病虫害防控措施也应注重提高产出率、劳动生产率和资源利用率，要研发以“轻简化”为核心的融合技术，通过简化病虫害防治管理，减少防治次数，减轻劳动强度，促进农业生产高科技、作业机械化、劳动低强度，解决绿色防控技术的成本偏高、技术负责、劳力投入大等推广瓶颈。

五、技术措施的标准化原则

农作物病虫害种类多、发生危害情况复杂，多种防治措施、物化产品、配套技术都有其适应性和局限性，制订绿色防控技术集成方案须遵循标准化原则，围绕技术框架、内容要素及技术要求，规范各种物化产品的名称、适用作物对象与范围、技术操作的要求及方法等，特别是对数量化指标须严格按标准化要求，组装配套技术方案，降低成本，保障防效，提高效率。

根据以上原则，农作物病虫害绿色防控就是要从环境整体观点出发，进行病虫害防治方案的设计，充分调动生态系统中的积极因素来进行病虫害防治。同时，对各类重要病虫害经济阈值的研究也相继开展，并应用于绿色防控方案中。总之，农业病虫害绿色防控实施方案是以建立最优的生态系统为出发点，一方面利用自然控制因素，另一方面根据需要采取和协调各项防治措施，把病虫密度控制到受害允许水平之下的管理技术方案。

病虫绿色防控方案的基本要求是在设计方案时，选择措施要符合“安全、有效、经济、简便”的原则。“安全”指的是对人、畜、作物、天敌及其生活环境不受损害和污染。“有效”是指能大量杀伤病虫或明显地压低病虫的密度，起到保护农作物不受侵害或少受侵害的作用。“经济”是一个相对指标，为了增加农产品的收益，要求少花钱，尽量减少消耗性的生产投资。“简便”指要求因地制宜和方法简便易行，便于群众掌握。这四项指标中，安全是前提，有效是关键，经济与简便是在实践中不断改进提高要达到的目标。

第三节 效益评价

农作物病虫害绿色防控不仅可以减少病虫危害造成的直接损失，而且由于其技术环境友好，对社会、生态环境都有十分明显的效益。但是，如何科学合理地分析和评价绿色防控效益是一项非常困难和复杂的工作。绿色防控的评价与其他病虫害防控技术评价一样，主要包括成本和收益两个方面。从投入成本分析，病虫害防控技术的使用包含了直接成本和间接成本。直接成本主要反映在农民采用该技术的资金投入上，间接成本主要是指环境和社会成本，如化学农药的大量使用造成了使用者中毒事故、农产品中过量的农药残留、天敌种群和农田自然生态的破坏、生物多样性的降低、土壤和地下水污染等这样一些环境或社会问题，这些问题均是化学农药使用的环境和社会成本的集中体现。从防治收益分析，绿色防控也包括了直接收益和间接收益。直接收益主要指农民采用绿色防控技术后所多收入的现金，是挽回损失而增加的直接经济收入；间接收益主要是环境效益和社会效益，如减少化学农药的使用而减少了使用者中毒事故，避免了农产品农药残留而提高农产品品质，增加天敌种群和生物多样性，改善农田自然生态环境等环境和社会收益。绿色防控的直接成本和收益遵循传统的经济学规律，易于测算；而间接成本和收益没有明晰的界定，在很多情况下只能推测而难于量化。

绿色防控技术的直接经济效益评价。多年来的实践中，各地主要参照中国农业科学院经济研究所1991年编的《农业科研成果经济效益计算方法》进行计算。在该书的总则中提到，对农业领域中的创造发明和改进提高性质的农业成果包括动植物育种、栽培管理、饲养管理、土壤肥料、兽医、植物保护、水产、农业工程以及软科学技术等，只要它们被应用后可以计量其所引起的效益和费用的变化，都可应用本方法计算其经济效益。

在实际应用中，绿色防控技术集成应用的经济效益主要采用投入产出比，单位面积增产、增收和节支等指标进行量化衡量，做出比较。

由于绿色防控主要是通过控制病虫危害，减少产量损失从而获得直接经济效益，所以计算经济效益一般从控制病虫算起，分两步完成。如蔬菜绿色防控的直接效益计算。

一、防治技术指标计算

1.防效调查方法 以保护地番茄为例。在发病初期和发病盛期，分别在绿色防控区和生产对照区随机选取3个棚室，每个棚室采用五点取样，每点连续调查20株的发病数和各级的病株数。病株分级标准参照Levy等（2008）：0级，无症状；1级，叶片轻微黄化；2级，叶片明显黄化、卷叶；3级，植株矮化，叶片严重黄化和卷叶；4级，植株严重矮化、生长停滞，叶片变小、黄化和卷叶。分别计算病株减退率和病情指数表示防治效果。

2.防效计算

病株减退率（%）＝（对照区平均病株数－绿控区平均病株数）÷对照区平均病株数 × 100

病情指数＝∑（各级病株数 × 各级代表值）÷（调查总株数 × 最高级代表值）× 100

防治效果（%）＝（对照区病情指数－绿控区病情指数）÷（100 －绿控区病情指数）× 100

二、经济效益计算

经济效益计算方法：依中国农业科学院农业经济研究所计算经济效益的公式进行。

新增经济效益＝亩新增纯收入 ×0.7× 有效推广面积－投入费用

其中，亩新增纯收入＝（绿色防控区平均亩产－对照区平均亩产）× 菜价＋亩节药和省工费用（元）；0.7为缩值系数（常数）；投入费用为试验示范经费、推广、培训、资料、会议和差旅等全部支出。

绿色防控的生态或环境效益评价是一件很困难的工作。目前生产上，主要通过减少农药使用量、田间天敌种群数量变化等间接说明生态效益；社会效益则主要通过提高产品质量，增加农产品质量安全和降低劳动者工作强度等进行侧面反应。由于绿色防控所产生的生态效益、社会效益多种多样，直接量化的计算可借鉴生态经济学的一些定价工具。

三、可借鉴的方法

1.市场参照定价法 根据绿色防控效益所提供的服务性质，对比相应的市场产品的价格进行定价。如释放天敌防治某种害虫，可以通过参照所减少的农药使用费用来确定其提供的价值。这种定价方法一般情况下会低估其价值，存在一定的局限性。如在田间释放天敌，不仅对田内的害虫具有控制作用而减少了农药的使用，而且可能会扩散到其他的田块而发挥作用。

2.替代成本分析法 通过分析不采用绿色防控所导致的成本（外部负效应）来反向确定绿色防控外部正效应的价值。如单纯依赖化学农药防治病虫害，导致病虫害抗药性产生和防治成本的增加，通过防治成本的增加值来反向确定绿色防控的外部正效应的价值。这种方法的局限性是仅适用于评价绿色防控的部分外部正效应。

3. 替代成本回归分析法 调查外部正效应的受益者群体对采取绿色防控的支付意愿，从而确定其价值。这种方法的局限性是对绿色防控的描述差异或人们对绿色防控感受的差异会导致巨大的价值差异。

4. 多重选择回归模型分析法 通过问卷设计出多种选择方案，调查外部正效应的受益者群体或绿色防控使用者群体对包括绿色防控方案在内的多种方案的选择偏向与成本和收益支付意愿，通过数学回归模型分析确定绿色防控的外部正效应的价值。这种方法的局限性是可能会因问卷的设计或抽样方法不同而导致结果的巨大偏差。

5. 随机抽样调查定价法 随机抽样调查与绿色防控相关的不同利益群体，通过小组讨论确定绿色防控的外部正效应的价值。这种方法的局限性是既费时又费钱，由于所抽样本的差异可能导致结果的差异也很大。

执笔人：杨普云、张礼生

第七章
绿色防控技术应用进展

自2006年提出“公共植保、绿色植保”理念以来，绿色防控技术在我国农作物病虫害防治工作中发挥了重要作用，为保障粮食生产安全、农产品质量安全、农业生态安全和农产品贸易安全做出了显著贡献。绿色植保理念提出10年来，绿色防控在生产中实践、在实践中提高，逐步形成了具有我国特色的绿色防控技术体系。研发和完善了绿色防控单项技术，集成和示范了以作物为主线的全程绿色防控技术模式，初步建立了绿色防控技术标准的指标体系，研究了绿色防控技术应用效益评价方法，探索了绿色防控技术推广应用的机制。同时，各地在推进绿色防控技术应用的政策和资金等方面，陆续出台了相关的推广应用扶持政策，整合项目资源，设立了专门支持经费，加大宣传培训力度，营造良好推广氛围。通过自2007年以来的示范推广，在小麦、水稻、玉米、马铃薯等粮食作物和果树、蔬菜、油料、棉花等经济作物上，累计推广绿色防控技术面积达70亿亩，投入绿色防控技术试验示范资金6亿元以上。据农业部统计，到2015年底，我国主要农作物病虫害绿色防控面积达到了应防治面积的20%以上。

第一节　绿色防控单项技术和集成模式应用进展

绿色防控十分重视非化学技术的综合应用。在我国30多年综合防治理论与实践的基础上，通过不断完善技术，促进技术进步，形成了一批较为成熟的非化学单项技术。同时，在生产实际中，注重以作物为主线的技术集成，形成了一批以农业、物理、生物技术为主，协调使用高效低毒低残留的化学防治措施的绿色防控技术模式。

一、绿色防控非化学单项技术研究与应用进展

1.理化诱控技术产品

（1）利用昆虫趋光性原理，在原来黑光灯、高压汞灯等基础上，研发了频振式诱虫灯、投射式诱虫灯等“光诱”产品。近年来，随着太阳能利用技术的进步和新型光源的发明，大量利用太阳能

的诱虫灯产品研制成功；在发光材料和光源技术方面，从原料来的荧光灯管到LED发光管的应用，不仅节约了电能，还提高了使用寿命，研发成功了智能控制的免维护诱虫灯产品。

(2) 利用昆虫趋色特性，形成了以黄板、蓝板为主的色板系列产品。根据不同作物害虫对颜色敏感性差异，结合不同基板材质，研制的昆虫由黄色到绿色、蓝色的PVC板诱虫板，光解塑料诱虫板和纸质环保诱虫板，以及与性诱结合的复合诱虫板等，在保护地及菜园、果园、茶园上微小昆虫的控制上得到了成功应用。

(3) 利用昆虫种群信息交换产生的信息素，人工模拟合成的以性信息素为主的诱剂产品的品种和配合性诱芯而研制的各种诱捕器，成功应用于大多数具有性成熟迁飞交尾的害虫控制。目前，在多种作物上应用的昆虫信息素迷向技术，成功解决了梨小食心虫等钻蛀性害虫的危害，在桃树、果树等经济作物上应用范围不断扩大。

(4) 利用昆虫对某些食物气味的趋性，通过采用诱食剂诱集害虫的“食诱”产品。近年来，在监测害虫的糖醋液基础上，通过引进吸收和自主创新，形成了一批可以点喷、带施、配合诱集装置的系列产品，在从小到果蝇、大实蝇大到玉米螟、棉铃虫、天牛等的专业化产品。

(5) 利用物理隔离、颜色负趋性等原理，开发了适用不同害虫的系列防虫网产品和银灰色地膜等驱害避害技术产品；利用生物的生理现象，开发了以预防害虫为目的的驱避植物应用技术。如果园常用的驱避植物有蒲公英、鱼腥草、三叶草、薄荷、大葱、韭菜、洋葱、菠菜、串红、除虫菊、番茄、花椒、芝麻、金盏花等。

2.免疫诱抗技术产品 通过对一些可引起植物产生免疫物质的小分子蛋白、多糖、寡糖等的研究，成功开发了系列免疫抗产品，并取得了正式登记。其中，具有代表性的氨基寡糖类产品，配合杀菌剂使用，在生产上发挥了重要作用。

3.生物防治技术产品 开发了多种捕食螨繁育和释放技术，完善和提高了赤眼蜂、丽蚜小蜂、平腹小蜂等天敌繁育利用技术，创新了稻鸭共育技术，棉田天敌诱集技术，蜘蛛、青蛙、益鸟等天敌保护利用技术，以及真菌、细菌、昆虫病毒等微生物制剂防治水稻、小麦、玉米、马铃薯、棉花、茶叶和蔬菜病虫害技术。研发了多种植物源农药如天然除虫菊素、蛇床子素、苦参碱、小檗碱、苦皮藤素、印楝素、鱼藤酮等防治蔬菜、果树、茶叶等病虫害技术，以及宁南霉素、春雷霉素、申嗪霉素、多抗霉素、武夷霉素、中生菌素、多杀菌素等抗生素防治农作物病虫害技术。

4.生物多样性技术 利用品种间抗病性的遗传多样性和植株的物理性状，研发了水稻稻瘟病生物多样性控制技术。利用果树和杂草生育期时间差，研发了果园生草技术，为果园天敌昆虫提供了繁育场所，增加果园生物多样性。利用小麦不同抗性品种的抗病基因差异，通过品种混播增加遗传多样性，研发了小麦条锈病遗传多样性控制技术。

5.生物工程技术 利用基因重组、转基因育种等技术，研发了枯草芽孢杆菌和苏云金杆菌种间融合菌株，具有抑制多种植物病原菌和毒杀鳞翅目幼虫的能力。开展了基因沉默技术研究，在甜菜夜蛾控制中，有效降低了幼虫和蛹的存活率。利用转基因技术，培育并大面积应用了转Bt基因棉花等产品。

6.生态工程技术 主要包括以农业防治技术为主的稻田深耕灌水灭蛹技术；以改造蝗虫孳生地

环境为主、组装配套种植香花槐、冬枣、苜蓿等植物的生态控蝗技术；以越夏菌源区治理为主，综合运用深翻除草消灭自生麦苗、适期晚播抗病品种、秋播拌种等综合措施的小麦条锈病源头治理技术和保护地蔬菜温湿度调控防治病虫害等技术。

二、绿色防控技术集成应用模式

1.以作物、靶标为主线的技术模式 在多年试验示范的基础上，通过理化诱控、免疫诱抗、生物防治、生态控制和科学用药等绿色防控关键技术的丰富和完善，根据农作物区域布局和病虫害发生危害特点，以靶标、作物等为主线，集成了一批绿色防控技术模式。到目前为止，可以大面积推广应用的成熟技术模式主要有水稻、小麦、玉米、马铃薯、油菜、花生等粮食及油料作物和蔬菜、果树、茶树、棉花等经济作物主要病虫害绿色防控技术模式84个，为大面积推广应用奠定了基础。

2.以基地为主线的绿色防控技术模式 以绿色农产品生产基地为依托，以主要农产品为主线，以重要靶标病虫害为对象组装的绿色防控技术模式。此类技术模式的普及应用，有力促进了“三品一标”基地健康发展。据中国绿色食品发展中心统计，到2015年底全国绿色产品总数达到2.5万余个，创建绿色食品原料标准化生产基地700多个，面积达1.6亿亩。创建全国有机农业示范基地20余个，面积达1 000多万亩。

3.以投入品为主线的绿色防控技术模式 以绿色植保投入品为主线，根据作物不同生育期靶标病虫害的发生消长规律，辅助以其他非化学防控措施组装而成的绿色防控技术模式。例如，玉米螟绿色防控所采用的诱虫灯和高架喷雾机，水稻二化螟绿色防控所采用的性诱剂和生物农药等。2015年农业部农药零增长行动启动后，开展了农企对接、共建绿色防控农药减量示范区，形成了一批以重点绿色防控产品和大型农药企业为主导的投入品为主的技术模式。

4.以设施农业为主线的绿色防控技术模式 以设施农业特殊生态环境为主线，集成多种绿色防控技术和产品的绿色防控技术模式。例如，设施草莓病虫害、设施蔬菜病虫害的绿色防控模式。近年来，随着一些时令果品需求量的激增，设施果树也有了较大发展，设施樱桃、设施柑橘等病虫害绿色防控技术模式也已逐步成型，并取得了较好的效益。

5.以生境调控为主线的绿色防控技术模式 以靶标生境为单元，应用景观生态学原理，通过创造有利于天敌繁殖而不利于靶标病虫害生存的环境条件，从而达到控害保益目的的绿色防控技术模式。例如，蝗虫生态治理和小麦条锈病源头治理等技术模式。通过蝗虫孳生地改造，多种天敌利用和生物农药绿僵菌的应用等措施，东亚飞蝗得到了有效控制。小麦条锈病菌源区退麦改种、结构调整减了东部条锈病流行压力，在抗病品种未有大的改观前提下，条锈病近5年来基本平稳，发生程度均在中等以下。

6.以保护蜜蜂增产提质为主线的绿色防控技术模式 为保护蜜蜂，保护天敌，2013年起农业部启动了保护蜜蜂与绿色防控技术集成应用示范项目。经过3年的实践，在14种作物15个省区试验示范的基础上，形成了草莓、向日葵、苹果、油菜4种作物的绿色防控技术模式5个。2014—2015年，该模式应用面积达到100万亩，取得了显著的增产提质效益。

第二节 绿色防控技术标准化研究与应用进展

绿色防控技术是多种措施综合应用的技术，各单项技术的进步决定着综合应用的水平，但综合应用的技术标准又不等同于单项技术，或不是单项技术的简单相加。规范化、标准化的绿色防控技术，是大面积推广应用的基础。要实现绿色防控技术的标准化，就要有一套量化的评价指标，从技术水准到效益评估都要有一套标准化的评价方法。

一、绿色防控单项技术产品标准

农业防治技术以品种抗病性作为可衡量的技术指标，在新育成的品种抗病虫性方面有相关技术要求，合格的种子（苗木）按照种子法有关规定，要符合商品化种子的包装、出苗率、含水量、包衣剂等技术标准。其他种子处理方面，也在不同病虫害防治技术标准中有所涉及。如在小麦锈病防治技术标准中，就有关于小麦非包衣种子的处理技术要求和规定。但是，为了病虫防治所采取的耕翻灭茬、肥水管理等仍处于经验管理状态，缺乏针对不同作物的具体量化指标。

理化诱控技术主要有诱虫灯、黄蓝板、昆虫信息素及其诱捕器、食诱剂及其诱捕器等。诱虫灯产品有其各自的生产产品标准和相应的技术指标，如电器碚分有相关的工业标准，应用方面主要在其灯杆高度、开关灯自动控制、灯的控制范围等方面的规定，并在其产品的铭牌上注明。黄蓝板等诱虫板，其技术标准主要以生产厂家依诱虫效果与生产成本平衡为依据制定。

二、以作物或靶标为主线的绿色防控技术规程

经过多年来的绿色防控实践，各地病虫绿色防控技术集成日趋完善，组织制定了一系列以作物或靶标为主线的病虫害绿色防控技术规程。一是以产品的等级为主的系列农产品生产技术标准。如无公害食品系列，有湖南省制定的《无公害食品——水稻、柑橘病虫绿色防控规程》和四川省《无公害食品——玉米病虫害绿色防控技术规程》等。绿色食品系列和有机食品系列，植保措施均在生产操作规程中有明确的限制性规定。同时，在技术集成应用方面也有一些建议性的规程。二是以作物全生育期为主线的病虫害绿色防控技术规程。这类标准根据作物生育期，将出现的不同病虫害按阶段进行防治的技术进行集成，并形成规程。如陕西省《苹果病虫害绿色防控技术规程》，山东省《草莓绿色防控技术操作规范》，江苏《设施草莓病虫害绿色防控技术规程》、《百合科蔬菜病虫害绿色防控技术规程》和安徽的《茶树主要害虫绿色防控技术规程》等。三是以靶标为主线的绿色防控技术规程。这类标准一部分是针对同一靶标在不同作物上的防治制定的技术标准，也有一些是针对某一个作物的某种病虫害的，如陕西的《苹果叶螨绿色防控技术规程》、四川的《玉米螟绿色防控技术规程》等。

第三节 绿色防控技术推广应用进展

自2006年农业部提出“绿色植保”理念以来，全国绿色防控技术的推广应用、绿色防控工作的推进等都取得了显著进展。

一、绿色防控技术推广应用

自2006年以来，随着绿色防控单项技术的进步，集成应用模式的完善，绿色防控在不同作物、不同区域的应用越来越广。据统计，到2015年底，全国建立各类绿色防控示范区3 000多个，比2006年增加近30倍；蔬菜、水果、茶叶、水稻、玉米等主要农作物病虫害绿色防控面积达10.5亿亩次，占病虫害防治总面积的23%，比2006年增加10个百分点。同时，绿色防控技术的普及应用，还有力促进了“三品一标”基地健康发展，为农产品优质优价、品牌化发展创造了条件。

绿色防控技术的大面积应用，减少了农药用量，促进了可持续治理。绿色防控示范区调查结果表明，绿色防控一般可减少化学农药30%左右，多的达50%以上，对保护生物多样性、促进生态恢复、实现可持续治理效果显著。如以生态控制为特色的金华水稻全程绿色防控技术模式，通过水稻健身栽培、三控施肥、诱集植物、天敌助迁等绿色防控技术，可较常规防治减少用药4 ～ 5次；山东邹城花生绿色防控示范区，通过连年推广杀虫灯物理诱控、性诱捕器及黏虫板诱杀等措施，化学农药用量减少42%。

在项目支持方面，2012年全国农作物病虫害绿色防控现场会上，确立了全国100个绿色防控示范区，2013年农业部开展了蜜蜂授粉与绿色防控技术集成应用与示范，2014年农业部启动了统防统治与绿色防控融合推进项目，把绿色防控示范区建设与统防统治结合起来，通过组织形式的转变推进绿色防控技术的推广。在全国建立28个蜜蜂授粉与绿色防控示范点，218个绿色防控与统防统治融合推进试点，通过重大病虫防治专项经费等支持，促进绿色防控技术不仅在蔬菜、果树和经济作物上的应用取得新突破，在粮食作物上也取得了新进展。

在宣传培训方面，2012年以来，农业部植保办公室委托全国农业技术推广服务中心5年内在全国培训绿色防控师资1 000名。到2015年底，经过培训发证人数达到900多名，参加培训人数达1 200多人次。2015年农业部启动了“到2020年农药使用量零增长”行动以来，各地切实加大绿色防控技术的宣传培训力度。农业部举办了全国绿色防控高级师资培训班2个，柑橘、茶叶、蝗虫等作物和害虫绿色防控培训班多个，培训师资和绿色防控技术人员1 000多名，开办农民田间学校200多间，培训农民技术员2 000多名。各省农委、农业厅也将病虫绿色防控技术列入“基层农技人员教育工程”、“新型农民职业教育工程”等农技人员和农民教育活动的培训内容。在绿色防控关键时期，对基层农技人员、种植大户、专业化防控组织进行大规模病虫害绿色防控新技术巡回培训。同时，利用广播、电视、黑板报、墙报、标语、宣传资料、病虫情报等形式进行技术宣传与报导，使绿色植保防控技术得到宣传和普及。

二、推进绿色防控工作政策与措施

绿色防控工作的推进，坚持“政府扶持、优化技术、保障安全、多元推广”的原则，强化组织领导，加大资源融合力度，取得了显著的进展。

1.推进绿色防控与国家产业政策和项目扶持相结合　各地通过把绿色防控工作纳入到国家现代农业示范区建设、菜篮子工程、园艺作物标准园建设以及“三品一标”等工作中，通过整合这些项目资源与政策扶持，增强了实施绿色防控的机制推动力。

2. 推进绿色防控与科技创新和推广应用相结合 结合当前国家对产业体系和行业科技的大力支持，把绿色防控关键技术的研发纳入到产业体系、行业科技等重大科研项目中，通过专家与企业联合，研发与生产结合，加快了科技成果的转化，增强了实施绿色防控的科技支撑力。

3. 推进绿色防控与市场推动和品牌创建紧密结合 有机、绿色、无公害食品是广大消费者的日常生活需求，把绿色防控技术应用到主要农产品生产基地和“三品”农业生产中，培育一批名特优品牌，通过市场推动，增强了实施绿色防控的社会影响力。

4. 推进绿色防控与重大病虫的区域治理和专业化统防统治紧密结合 植保工程对植保能力建设的提高，农作物重大病虫防控专项对重大病虫防控工作的支持，都为促进了绿色防控的推广奠定了基础。通过把实施绿色防控纳入水稻、玉米、小麦、蔬菜、水果等主要作物重大病虫防治中，借助专业化统防统治队伍，加快新技术的推广应用，提高了绿色防控的普及率。

三、绿色防控发展的机遇与挑战

农作物病虫害绿色防控在我国取得了很大进展，顺应了当前我国生态文明建设、确保农产品质量安全的要求，但与国际上IPM发展的趋势、各国有害生物综合治理的实践和成功的做法经验相比，仍存在一些问题，面临较大挑战。主要表现在：一是社会认知度低、优质优价难。目前社会上对绿色农产品的消费需求旺盛，但对市场上供应的农产品缺乏信心，对采取绿色防控技术生产的产品没有辨别度。生产者对绿色防控的认知度低，不能优质优价，投入得不到回报，绿色防控经济效益难以体现。二是绿色防控技术成熟度差，实际应用难。绿色防控技术虽然有许多种，但其物化产品投入成本高、品种种类少、轻简化程度低、可操作性差、防控效果不稳定、农民不易接受。通过灯光诱杀、黄板诱杀、性诱剂诱杀、喷施生物农药等多项技术组合，防治成本高，防控病虫效率低。三是政策扶持力度弱，推进速度慢。相对于传统化学防治而言，绿色防控一次性投入成本高、应用技术较复杂，生产者自觉采用意愿低。国家对生态文明建设和农产品质量要求的不断提高，但相关的扶持政策和资金还不足，特别是在促进绿色防控的推广应用方面缺乏专项支持，绿色防控推进慢。

存在的问题是发展的挑战，也是加快推进的机遇。中共十八大明确提出生态文明建设目标，习近平总书记为我国绿色发展提出了重要论述，加快推进绿色防控，前景光明。从政策到技术，从产品优质优价到社会认可，都有巨大的市场潜力和广阔的发展前景。一是在强化扶持力度方面。要实现绿色防控由点到面、大面积推广应用的目标，必须强化政策、资金、项目等扶持措施。通过设立绿色防控专项，在全国形成大力推进绿色防控的氛围，推进绿色防控工作。二是在加强技术研发和集成力度方面。研发和集成经济、实用、简便、农民乐于接受的绿色防控技术，是大面积推广应用的关键。通过加强联合攻关、科学集成组装和必要的技能提升，让广大生产者了解绿色防控的意义、作用和效果，掌握绿色防控知识和技能，促进绿色防控大面积推广应用。三是在加强宣传培训，提高社会认知度方面。一方面要培育绿色防控技术的带头人，以生产基地、农民合作社、家庭农场、种植大户等新型农业经营为主，出台相关配套政策，鼓励他们先行采用绿色防控技术，带动周边农户共同推进绿色防控。另一方面要加强舆论引导，培育优质优价市场，带动社会资本和企业广泛参与，提高社会认知度，促进绿色防控普及应用。

执笔人：周　阳、赵中华

第八章
蜜蜂授粉与绿色防控技术集成应用进展

利用昆虫为农作物授粉，可有效提高农作物产量、改善种子和果实品质。近年来，无论发达国家还是发展中国家，农业生产中对昆虫授粉的依赖性与日俱增，昆虫授粉对农业贡献所产生的经济价值越来越突出。长期以来，我国在作物花期大量使用农药，造成授粉昆虫大量死亡，特别是大范围地杀灭蜜蜂种群，蜂农的合法权益得不到任何赔偿和法律的保护，致使蜂农在作物和果树开花期间不敢放蜂，造成一些地区的农作物授粉不足，导致减产和农产品品质下降。此外，我国蜂农的蜂病治疗用药缺乏监管，抗生素使用混乱。不仅造成了蜂产品的药物残留超标，还会引起蜂群抵抗力下降，影响授粉蜂群质量，造成蜂群授粉能力的降低。针对上述问题，为发展昆虫授粉产业，促进昆虫授粉产业的健康发展，迫切需要根据农作物区域布局和病虫害发生危害特点，开展昆虫授粉与绿色防控技术的集成与大面积推广应用。

第一节　集成应用的指导思想

一、促进农作物增产

开展昆虫授粉与绿色防控技术集成应用的首要目的就是促进农作物增产。充分利用蜜蜂社会性昆虫访花采蜜的习性，发挥蜜蜂与植物长期协同进化的优势，为蜜源农作物授粉，可有效增加农作物的产量。全国农业技术推广服务中心2014—2015年连续两年在草莓、向日葵、大豆、苹果、西瓜等作物上开展了蜜蜂等昆虫授粉与绿色防控技术集成应用的试验与大面积示范。结果表明，昆虫授粉的大多数农作物增产效果非常明显。

二、提高农产品品质

利用昆虫授粉，增强农作物种子后代的生命力和抵抗不良环境及病虫害的能力，可以显著提高农产品品质。蜜蜂是社会性昆虫，具有访花采蜜蜂的生活习性，在长期的协同进化中形成了与显花植物互为利用的关系。为保证蜜蜂授粉过程中蜜蜂的安全性，在生产过程中，就要合理使用化学农药，特别在作物花期，就要尽量避免使用农药防治，而采取绿色防控的技术替代。这样，既提高了农产品品质，又保证了农产品质量安全。事实证明，蜜蜂授粉对多种农作物品质具有显著的提升作用。

三、促进农业增效、农民增收

在农业生产中，任何一项技术的应用只有为生产者带来效益才有推广应用价值。开展昆虫授粉与绿色防控技术集成应用是为了寻求促进农业增效农民增收的途径。在蜜蜂授粉与绿色防控技术集成应用示范的实践中，农户采用昆虫授粉与绿色防控技术集成应用增产提质，互联网在农产品销售中作用的发挥，有力促进了农业增效、农民增收。据估测，全球昆虫授粉对农业贡献的经济价值大于700亿美元。在英国，蜜蜂授粉的年经济价值达10亿英镑，油菜、草莓、苹果和梨是主要授粉对象，其中对油菜授粉可以使年增产效益达4亿英镑。昆虫授粉与绿色防控技术集成应用，一方面，可以促进农作物增产增收；另一方面，蜜蜂有了稳定蜜源，蜂蜜产量提高，还可促进蜂农增收。

四、促进生态环境的恢复和保护

开展昆虫授粉与绿色防控技术集成应用，有利于促进生态环境的恢复和保护。昆虫授粉与绿色防控技术集成应用，可有效控制农作物病虫危害，减少农药使用，降低昆虫授粉安全风险。通过采用理化诱控、天敌保护利用、生物农药、隐蔽用药和提早用药等绿色防控技术的集成应用，确保作物花期不用药或用对蜜蜂等授粉昆虫安全的微生物菌剂等高效低毒农药，不仅有效地保护了蜜蜂，减少了对蜜蜂的损伤，而且其他自然授粉昆虫数量也明显增加，从而为蜜蜂和其他授粉昆虫创造了良好的农业生态环境。保护蜜蜂授粉对于保护植物的多样性和改善生态环境有着不可替代的重要作用。全世界80%的显花植物依靠昆虫授粉，而其中85%靠蜜蜂授粉，蜜蜂授粉的显花植物约有17万种。蜜蜂授粉能够帮助植物顺利繁育，增加种子数量和活力，从而修复植被，改善生态环境。

第二节 集成的关键技术途径

一、应用对昆虫授粉影响最小的防治技术来控制病虫害

保护昆虫授粉与防控病虫害在农业生产实践中存在一定的矛盾，昆虫授粉与绿色防控技术集成的艺术性就体现在如何有效协调这样的一对矛盾，集成应用对昆虫授粉影响最小的防治技术来控制病虫害就是一个重要的方向。如采用性诱、食诱、色诱和光诱等选择性诱杀害虫技术，要在技术参数、时间和空间的选择与组装配套上尽量减小对授粉昆虫的影响，达到既能有效控制害虫，又要尽量避免杀伤授粉昆虫种群或干扰昆虫授粉；采用保护性耕作措施，如在冬闲田种植苜蓿、紫云英等覆盖作物，可以为天敌昆虫也可以为授粉昆虫提供越冬场所；为有益生物和授粉昆虫建立繁衍走廊或避难所，如在水稻田埂上种植芝麻，可以为寄生性天敌提供补充营养食源，也可以为授粉昆虫建立补充蜜源；人工繁殖和释放天敌，如人工繁殖和释放赤眼蜂防治玉米螟、丽蚜小蜂防治温室白粉虱、捕食螨防治果园害螨等可以替代农药的使用，间接起到保护授粉昆虫的作用。在昆虫授粉与绿

色防控技术集成应用中，一定要优先使用这些对昆虫授粉影响最小的防治技术来控制病虫害。

二、尽量避免使用农药对昆虫授粉的不利影响

在农作物的花期使用高毒农药，可以迅速造成授粉昆虫的突然大量死亡，授粉昆虫种群急剧降低，同时会对农作物和养蜂业带来重大损失。在昆虫授粉与绿色防控技术集成应用中，首先要严格禁止使用对授粉昆虫高毒的农药品种。在不得不使用农药的情况下，要尽量避免使用农药造成的不利影响：如避免在农作物开花期施用农药，在花期前与在花期后喷药具有同等效果的，尽可能在花期后喷药；喷粉与喷雾均有效者，采用喷雾方法；不得不在花期施药的，选择对授粉昆虫安全或低毒的农药；根据蜜源作物的开花规律和对授粉昆虫的吸引力，选择合适的施药时间，如在阴天、清晨和下午5点后大多数授粉昆虫采蜜活动不活跃时施药；在药液中可加入适量的驱避剂（石炭酸、硫酸烟碱等），避免授粉昆虫接触农药；农药的施用剂量应掌握在对授粉昆虫较安全而又能对防治病虫害有效的剂量为好。

在昆虫授粉与绿色防控技术集成应用中还要密切关注某些农药对授粉昆虫的慢性毒性，如欧盟和北美一些国家对使用新烟碱类农药（如吡虫啉等）拌种等技术措施对授粉昆虫的种群和其授粉能力负面影响有一些研究报道，也应引起高度关注。

三、改善传粉昆虫的生态环境

传粉昆虫作为生态系统的重要组成部分，其种类组成、传粉对象、数量变化直接或间接地反映着生态环境状况及其发展趋势；同时，传粉昆虫为生态系统提供了重要的生态服务功能，对于维持生态系统的动态平衡与相对稳定发挥了重要作用。

采用环境友好型技术措施控制农作物病虫为害，如通过调整农田生态中病虫种群结构，调整作物受光条件和田间小气候环境，从而减轻农作物病虫害压力，同时也可以为传粉昆虫提供良好的生态环境。在我国部分水稻主产区，通过实施的稻—鸭、稻—蟹共育以及稻—灯—鱼等生产方式，提高农田生态系统多样性；通过提高作物的多样性，包括间作、套种以及立体栽培等措施均有利于传粉昆虫资源保护和利用。绿色防控技术集成强调保护有益生物的栖息场所，也包括了保护传粉昆虫的栖息场所，为有益生物和传粉昆虫提供替代的充足食物，有效地维持和增加了农田生态中有益生物的种群数量，达到自然控制病虫为害和促进昆虫授粉增产的效果。

第三节　集成应用成效

保护利用蜜蜂授粉，推广病虫害绿色防控技术，对提高农作物产量、提升农产品质量安全水平、促进养蜂业和种植业持续健康发展意义重大。2013年，农业部种植业管理司会同全国农业技术推广服务中心，组织有关专家制定了《蜜蜂授粉与绿色防控增产技术集成应用示范方案》、2014年，在北京、河北、湖北等13个省（自治区）10种作物上建立了20个示范基地，开展了草莓、番茄、大豆、棉花、油菜、向日葵、苹果、梨、柑橘、西甜瓜等蜜蜂（熊蜂）授粉与绿色防控增产技术集成应用示范；2015年，在2014年示范工作的基础上，农业部继续加大支持力度，增加了示范

作物和参与示范的省份，由原来的13个省、自治区、直辖市增加到15个，示范作物由10个增加到13个，示范区由20个增加到28个，并对技术相对成熟的草莓、油菜、向日葵、苹果等开展了整建制推进试点。结果表明，蜜蜂授粉与绿色防控增产技术集成应用，不仅有效增加了农作物产量，提高农产品品质和质量安全水平，还可以节约劳动成本，减少农药使用，保护生态环境，增产提质增收效果十分显著。据统计，2014—2015年，两年累计示范推广蜜蜂授粉与绿色防控技术集成应用面积130多万亩，辐射带动在主要蜜源植物上应用面积近1 000万亩。

一、增产效果显著

蜜蜂授粉具有显著的增产作用。无论是典型的虫媒花作物，还是利用杂种优势的自花授粉作物，通过蜜蜂授粉均能增产。

2014—2015年，全国各示范区的试验示范结果表明，12种示范作物，蜜蜂授粉试验示范平均增产10%左右。2015年，全国28个示范区的12种示范作物，其中增产5%以上作物按增幅排列如下：蜜柚增产443kg，增幅28%；向日葵增产48kg，增幅26%；油菜增产32kg，增幅19%；番茄增产830kg，增幅18%；草莓增产298kg，增产幅度17%；大豆增产27.5kg，增幅15%；梨树增产448kg，增幅13%；樱桃增产113kg，增幅12%；枣树增产94kg，增幅9%；苹果增产270kg，增幅8%；蜜橘增产154kg，增幅5%。

蜜蜂授粉对于多数作物如蜜柚、向日葵、油菜、番茄、草莓、大豆、梨树、樱桃、枣树、苹果等，增产效果非常明显。如山东蜜蜂授粉区产量3 689kg，无蜂授粉区苹果亩产量仅770kg，相差4.8倍。在试验示范中，也存在一些不一致的结果，特别是在一些非蜜源植物上，表现更加明显。如黑龙江牡丹江水稻示范区平均亩增产32kg，增幅4%；而五常示范区平均亩产蜜蜂授粉区低于对照区30kg，增幅为−5%。新疆哈密瓜示范区平均亩增产398kg，增幅15%；海南示范区平均亩产蜜蜂授粉区低于对照区5kg，增幅为−0.3%。对此还需要进一步的试验验证。

二、提质效果显著

蜜蜂授粉较人工授粉具有授粉量大、授粉均匀、不损伤花朵等特点。经蜜蜂授粉的作物在品质方面有以下几方面的提高：一是结实率（坐果率）高、果形周正、畸果率低；二是果实籽粒饱满、籽粒数多、千粒重高；三是水果类可溶性固形物、维生素C和可溶性糖等含量提高，油料作物等的出油率提高；四是农药使用量降低，农产品农残检测均未超标。

2014—2015年，各示范区的调查结果显示，草莓畸形果率蜜蜂授粉区为26.2%，比自花对照区67.3%的38.9%。经检测，授粉区草莓的可滴定酸（以柠檬酸计%）和维生素C也较非授粉对照区高。番茄熊蜂授粉每穗果平均增加0.18个，畸形果率平均不到7%，而非熊蜂授粉区则平均高于10%，授粉区果实周正、果皮光亮转色均匀，果肉中隔规矩肥厚，滋养组织饱满，而非授粉区果实无光泽，转色不匀、果肉中隔散乱较薄，滋养组织散乱，授粉区单果种子数较非授粉区平均增多97粒，种子绒毛规整有光泽，千粒重增加0.3g。苹果蜜蜂授粉花序坐果率高于人工授粉，可达到无蜜蜂授粉对照区的14倍，畸形果率授粉区仅1%而对照区高达4.5%，授粉区果形明显较周正、颜色深正，授粉区果实种子数平均7.8粒高于对照区的6.3粒。油菜蜜蜂授粉区的单株角果数较非授粉区增加44%，出油率提高3个百分点。梨平均单果重量增加35g，坐果率提高6%，畸形率平均低65%，可溶性固形物提高2%。枣平均单果重量提高15%，向日葵蜜单盘成粒数高于自然对照区120粒，单盘结实率（%）较对照区增加11%，百粒重较对照增加0.1g，单株子实重较对照区高18g。哈密瓜坐果数、畸形果数与自然授粉区和空白对照区差别不大，但蜜蜂授粉区千粒重是对照区的1.5倍。可溶性糖、还原糖、可溶性固形物、维生素C含量比自然授粉区分别高6%、4%、8%、45.6%。

从示范区总体看，蜜蜂授粉作物表观品质性状和果实品质检测结果均表明，蜜蜂授粉有利于提高农产品品质，同时，蜜蜂授粉示范区为保护蜜蜂而集成绿色防控技术，降低了农药使用，减少了残留风险，提高了农产品的质量安全水平。

三、增收效果显著

蜜蜂授粉与绿色防控增产技术集成，一方面增加了作物产量，另一方面提高了农产品品质。同时，蜜蜂有了稳定蜜源，蜂蜜产量提高，从而形成了促进农民和蜂农增收的重要来源。在农业投入方面，原来需人工授粉的作物，明显减少了用工，降低了授粉的劳动强度。由于采用了绿色防控技术，特别是诱控等技术，有效降低了农药投入，节约了开支。几方面综合，蜜蜂授粉与绿色防控技术集成应用产生了显著的增收节支效果。

2014—2015年，草莓蜜蜂授粉区由于蜜蜂授粉和配套绿控技术的实施有效保障了示范区草莓质量，每千克销售价格比非示范区高3元左右，经济效益每亩增加6 619元。樱桃蜜蜂授粉区平均亩增产113kg，每千克平均售价48元，比常规区高1.7元，提质增效平均每亩增收5 470元，节约授粉成本170元，两项合计平均每亩增收5 300元，梨树蜜蜂授粉较人工授粉亩增产448kg，每千克售价2.8元，提质增效亩增收3 409元，人工授粉平均亩需人工费400元，花粉费用450元，平均亩授粉费用850元，采用蜜蜂授粉，1箱蜜蜂需费用100元，3亩地需1箱蜂，平均1亩地需费用34元，亩辅以人工授粉人工费200元、花粉费用100元，平均亩授粉费用334元，采用蜜蜂授粉亩节约费用516元，两项合计亩增收节支3 925元。番茄蜜蜂授粉区平均亩增产830kg，三个示范区平均每亩增收2 208元，蜜蜂授粉产品售价高于激素授粉产品，提质亩增收936元，租用蜜蜂成本平均每亩390元，但减少人工投入平均每亩520元，亩节支增收130元。三项合计亩增收3 274元。苹果示范区蜜蜂授粉较人工授粉亩均增产270kg，常规区价格每千克4.7元，示范区果品商品率高，果个大，色艳，口感好，农药残留低，每千克单价比常规管理区高0.4元，亩平均增收874元，人工授粉平均亩需人工费150元、花粉费用50元以上，亩共需费用200元；而采用蜜蜂授粉，1箱蜜蜂需费用50～60元，5亩地需1箱蜂，平均1亩地需费用10～12元，每亩可节省费用190元，通过采用绿色防控技术，每亩还可再节约96元，合计每亩增收2 340元。哈密瓜蜜蜂授粉较人工或自然授粉每千克售价可提高1～2元，平均每亩增收2 685元。油菜三个示范区蜜蜂授粉平均亩增产32kg，增收168元，蜂蜜亩产蜜7.5kg，每千克20元，收入150元。合计增收318元。向日葵两个示范区蜜蜂授粉平均增产48kg，每亩提质增效平均增收551元。

四、保护蜜蜂效果显著

蜜蜂授粉与绿色防控技术集成，可有效控制农作物病虫危害，减少农药使用，降低蜜蜂授粉安全风险。示范区通过采用“四诱”技术、天敌保护利用技术、生物农药、隐蔽用药和提早用药等绿色防控技术的集成，确保作物花期不用药或用对蜜蜂安全的微生物菌剂等高效低毒农药，保护蜜蜂安全效果明显。据2014年各示范区调查，通过采取绿色防控配套技术措施，通过提早用药或隐蔽用药避开花期用药，10种作物20个示范区仅棉花、油菜试验区发现有蜜蜂死亡现象，其中油菜田死蜂发生在不施药对照区，新疆棉田死蜂每平方米仅2头，在可接受范围之内。2015年，各示范区确保作物花期不用药或用对蜜蜂安全的微生物菌剂等生物源农药，不仅有效地保护了蜜蜂，减少了对蜜蜂的损伤，而且其他自然授粉昆虫数量也明显增加，从而为蜜蜂和其他授粉昆虫创造了良好的农业生态环境。

五、集成多种技术模式

2014年，各示范基地根据不同作物特点，集成蜜蜂授粉与绿色防控技术，形成了多种适于大面积推广应用的五种技术模式。

1.油菜、向日葵等大田蜜源作物技术模式 油菜和向日葵是较好的蜜源作物，蜂农习惯主动在这类作物的花期放蜂采蜜。传统的油菜、向日葵花期病虫害防治因使用的主要是化学农药，对蜜蜂安全存在一定风险，是蜂农放蜂遇到的主要问题。通过采取绿色防控技术，油菜初花期及早采用对蜜蜂安全的杀菌剂防治菌核病，向日葵通过“一种一灯一诱一卡”绿色防控技术集成，既有效控制了作物病虫危害，又保证了蜜蜂授粉安全。据不同地区示范区经验，该类作物只需适当引导，对蜂农运输和种植户绿色防控给予适当补贴，就可以大面积推广应用。根据试验结果，按照我国油菜1亿亩、向日葵1 500万亩种植面积计算，蜜蜂授粉与绿色防控增产技术，增产潜力油菜可达30亿kg、向日葵可达5.5亿kg。

2.草莓、番茄等保护地作物推广模式 草莓、番茄是主要的经济作物，产值高，管理精细，多数以保护地栽培为主。由于受栽培条件的限制，人工辅助授粉已成为一种必需的生产管理措施。通过试验示范，蜜（熊）蜂授粉比人工授粉或用激素蘸花产量更高、品质更好。配套的绿色防控技术主要是温室或大棚小气候的调节，以降低湿度，减轻病害发生风险，防虫网、诱虫板控制害虫，对蜜蜂安全。据示范区调查，目前番茄熊蜂授粉受熊蜂供应量的影响，购蜂价格有些偏高。但随着该模式的大范围推广，国产熊蜂供应量增加，其增产潜力也是十分可观的。最保守的估算，草莓每亩可增产10%以上，番茄亩增产1 000kg以上。

3.苹果、梨、柑橘等果树作物推广模式 作为传统的大宗果树，由于其生产多数处于生态条件较好的环境，野蜂、其他授粉昆虫等基本满足了授粉需要，多数果农没有蜜蜂授粉的要求，蜂农也因有其他蜜源植物而不主动到果园放蜂。但经过试验示范表明，通过蜜蜂授粉可使产量增加5% ~ 10%，而且最关键的是促进了品质的提高。果园绿色防控技术近年来进展较快，通过果园生草、性诱、食诱剂的应用，有效控制了病虫害，提升了果品商品性，在多数果园已普遍应用，蜜蜂授粉受农药伤害的风险大大降低。因此，通过宣传引导、示范推广，该类作物蜜蜂授粉的潜力也很大。但在推广中需要加强技术指导，并进行果农和蜂农双方补贴，以促进技术的大面积应用。

4.大豆等杂种优势利用作物推广模式 大豆等是自花授粉作物，蜜蜂授粉增加了异花受粉率，通过杂种优势而增加产量。大豆试验表明，增产幅度可达10%以上。据记载，在水稻上也可稳定达到5%以上的增产率。但受大田作物用药多、花期短、可供授粉的蜜蜂有限等因素影响，目前大面积推广还有一定困难。但其增产潜力不可低估。以大豆为例，目前我国大豆种植约1亿亩，每亩增产20kg，全国就可增收20亿kg。如果在水稻等粮食作物上能大面积推广应用，其增产量更是可观。

5.棉花、西甜瓜等非传统蜜蜂授粉作物推广模式 棉花由于花期长、病虫害多，且是自花授粉作物，一般蜂农不会选择在棉田放蜂，棉农也对蜜蜂授粉增产作用认识不足。西甜瓜虽是异花授粉作物，但在栽培管理上，一般每蔓留瓜1～3个，在整枝同时可人工授粉。因此，该类作物蜜蜂授粉推广困难较大。通过2014年集成试验示范，明确了蜜蜂授粉的增产作用，集成了相应的技术模式，即以绿色防控技术推广为关键，降低蜜蜂授粉农药中毒风险，简化西甜瓜整枝技术，发挥蜜蜂授粉优势，则可充分发挥蜜蜂授粉的增产作用。

2015年，在2014年的基础上，在技术相对成熟的草莓、向日葵、油菜和苹果四种作物上，开展了整建制推进试点，以村镇为单元，以作物为主线，通过融合资源，形成了3种主要的技术推广模式。

一是以核心示范区为中心，辐射带动整个示范片，整建制推进的绿色防控模式。针对油菜、向日葵、苹果等作物，充分依托核心示范区项目，统一种植耐病性强的品种，并通过科学田管，增强植株的抗逆性，做好农业防治。在防治期，加强病害监测和情报发布，明确防治时期、次数和药剂，统一采购药剂，由专业化防治组织统一集中施药，既保证了施药质量又减少了化学农药使用量及农药污染，提高了防治效益。通过核心示范区的示范带动，在整个示范片推广核心示范区的做法，积极宣传引导广大农户采用安全高效的药剂，抓住防治适期科学、绿色防控。

二是植保社会化服务模式。山东省招远市苹果示范区通过实施病虫害专业化防控，探索了植保社会化服务五种创新模式，实现了三个转变。五种创新模式：①以现代化大型基地为服务对象的植保托管模式；②以小流域为单元的整建制绿色防控模式；③从耕种、管理、控害至收获的全程托管模式；④化学防治前移化零为整模式；⑤以中小型基地为服务对象的植保托管模式。三个转变：①服务方式的转变，从我们向农民卖服务变农民向我们买服务；②装备水平的转变，从单纯的人工背负式喷雾器到大型果林机、水旱两用机再到现在的无人遥控飞机转变，可以开展空中与地面相结合的立体防控；③农民防病治虫观念的转变，从多打药、多用药向少用药、科学用药和绿色植保转变。

三是“五位一体”技术推广模式。在海南示范区项目依托中国热带农业科学院环境与植物保护研究所，发挥科研院所科技创新作用，集成项目技术规范和标准，为项目实施提供技术支撑；依靠海南省蜂业学会，发挥社会团体组织社会服务体系优势，为项目提供试验示范基地和授粉蜂群；依据果品销售企业的订单，发挥企业市场带动作用，为项目技术提供市场需求；依赖村党支部和养蜂专业合作社，发挥其协调组织各方利益作用，为项目顺利实施提供保障；借助海南日报等主流媒体，发挥宣传作用，提高了项目的社会影响力。形成科研院所+学会+企业+村委会（合作社）+新闻媒体“五位一体”技术推广新模式。

执笔人：赵中华、杨普云、周　阳

第九章
蜜蜂的利用与保护概况

蜜蜂与人类的生产、生活密切相关，除了玉米、小麦、水稻等主食是靠风授粉之外，全球1/3的农作物依赖动物授粉，其中80% ～ 90%的工作量蜜蜂完成。

在全球两万个已知蜂类里，蜜蜂是最常见的类群。科学家警告说，人类如果不采取更为积极的保护措施，全球依赖蜜蜂授粉为生的约2万种开花植物，在今后数十年里很可能会消失殆尽。但在全球很多地方，蜜蜂栖居地已经不复存在，从而造成蜂群逐渐地消亡。近年来，世界各地蜜蜂离奇失踪、大量死亡的案例不断增加。从2006年开始，蜜蜂骤减一直困扰着美国的养蜂者。据美国农业部公布的统计数据显示，近年来，无法活过冬天的蜂群已经增加到30% ～ 35%，远远高于历史上10%的正常水平。这种被称为蜂群崩溃综合征（Colony Collapse Disorder，CCD）的奇怪现象迅速从美国蔓延开来，欧洲每年有近1/5的蜜蜂消失，类似的现象还出现在拉美和亚洲。

一、全球性蜜蜂保护的由来——蜂群崩溃综合征

蜂群崩溃综合征（Colony Collapse Disorder，CCD）在国外文献上也被称为Disappearing disease、Spring dwindle、May disease、Mary Celeste、Autumn collapse、Fall dwindle disease等。具体的表现是：蜂巢内完全没有任何成熟的蜜蜂，蜂巢内只有少量或完全没有蜜蜂尸骸；蜂巢内有蜜蜂的幼虫；工蜂甚少遗下幼虫于巢内不顾；蜂巢内有蜂蜜及花粉积存，积存的食物并无受其他蜂类盗窃，亦没有因虫害而腐坏。引致蜂巢最后崩溃的前因包括：没有足够的工蜂照顾蜜蜂幼虫；剩余的工蜂以刚成熟的工蜂为主；蜂后仍然存在于巢内；剩余巢内的蜜蜂停止制造蜂蜜、蛋白质补充物等饲料。

美国是第一个发现蜂群崩溃综合征症状的国家，在该国受蜂群崩溃综合征影响的地区包括：佐治亚州、宾夕法尼亚州、威斯康星州、加利福尼亚州及俄克拉何马州。美国24个州以及部分加拿大地区曾发生最少一次蜂群崩溃综合征个案。现时估计有约25%养饲的蜂群于2006—2007年间消失；在加拿大魁北克省则估计有约40%的蜂群消失。

蜂群崩溃综合征的成因至今不明，但有研究指出蜂群崩溃综合征可能与以色列急性麻痹病毒

(Israeli acute paralysis virus)有关。其他曾经提出导致蜂群崩溃综合征的因素包括：营养不良、虫害、农药病原体、免疫力不足、虫螨、真菌感染、基因改造农作物、饲养蜜蜂的方法（如使用抗生素，或把养蜂蜂巢远距离迁移）、气候转变、电磁波辐射等。至今仍未清楚蜂群崩溃综合征是否单一成因引起或是由多个成因组合引起，亦未能确定蜂群崩溃综合征是否一个新的自然现象，还是一个过去曾出现但影响不显著的现象。

根据宾州研究人员的调查表示，蜂群出现蜂群崩溃综合征前，都曾受外来压力的影响，一般以营养不良及/或受干旱影响最为常见。至今，这个因素是所有蜂群崩溃综合征个案所共有的情况。因此，蜂群崩溃综合征明显地与营养不足的蜂群有关联，而未必会出现于健康、营养充足的蜂群。

欧洲各国高度重视蜜蜂的保护，在欧洲范围内建立蜜蜂保护区。考虑到蜜蜂骤减有可能加剧全球粮食短缺的严峻形势，欧盟出台了一项拯救蜜蜂的行动计划，主要包括：设立研究项目，探明蜜蜂死亡的真正原因，并查清蜜蜂死亡的严重程度及后果；修改欧盟相关法令，禁止对蜜蜂有害的农药进入市场；成立蜜蜂健康研究室，改善蜜蜂的健康状况；鼓励发展养蜂业，对养蜂人进行培训；就保护蜜蜂加强国际合作。该计划涉及范围之广、保护力度之大，都是前所未有的，各界已经达成了一个共识：拯救蜜蜂已迫在眉睫。

二、国外对蜜蜂的保护和利用

欧美国家对家养蜜蜂传粉的研究工作极为重视，对蜜蜂授粉的研究和利用方面起步较早，规模较大，同时许多国家还成立了蜜蜂授粉服务机构。

1947年美国农业部（US Department of Agriculture，USDA）在犹他州建立了“蜜蜂生物学及分类学实验室”，并将主要科研力量用于家养蜂和野生蜂对农作物授粉的研究方面，并制定了一套从种类调查到应用的研究方案。欧洲议会STOA（Scientific and Technical Options Assessment）投入大量的人力和物力对欧洲各国授粉蜜蜂、野生蜂和其他昆虫进行了详细调查研究，对蜜蜂和其他昆虫赖以生存的环境进行了考察，对利用蜜蜂和其他昆虫进行授粉的现状也进行了研究。美国有蜂420万群，其中约100万群出租为作物授粉；德国仅果树一项，每年就投入30万群蜜蜂授粉；意大利果农租蜜蜂为果树授粉很普遍，果园农场租用蜜蜂授粉，每箱蜜蜂一个花期获得2 500 ~ 3 000里拉报酬；日本出租用于授粉的蜂群有10万余群，几乎占总蜂群数的一半。荷兰首先对熊蜂进行人工驯化，为温室内的番茄授粉。至2004年，世界年熊蜂群的用量达100万箱，在荷兰、日本、韩国、中国等许多国家广泛应用。在美国和加拿大等畜牧业发达的国家，应用切叶蜂为苜蓿授粉已成为苜蓿种子生产中不可缺少的措施之一。

目前，发达国家在授粉机理的理论研究方面引入了许多新技术、新方法。在蜜蜂授粉的应用（如蜂的饲养与繁殖、放蜂时间、方式、方法等）研究方面，欧美国家已建立了一整套措施，并将其广泛应用于包括谷物、水果、牧草、花卉等各种作物。

2014年6月，美国总统签署的一份关于制定蜜蜂等传粉者保护方案的总统令，即“提升蜜蜂及其他传粉者健康的战略”。2015年5月，美国白宫颁布了由美国环境保护局（US Environmental Protection Agency，EPA）和美国农业部联合起草的《关于保护蜜蜂及其他传粉者的国家战略发展规划》白皮书，旨在控制美国家养蜜蜂下降趋势、保护濒危传粉者种群并对野生传粉者的自然栖息地进行有效管理。该规划为5年计划，具体措施主要包括以下四个方面：一是组织跨学科的科学合作研究。围绕传粉者生存现状及生物学、环境因素对传粉者的影响、传粉者栖息地保护、土地管理和相关数据信息共享等五大方面，开展传粉者分布及下降趋势、栖息地、营养、传粉者病虫害、农药等10个方向，共涉及150余个课题的科学研究。二是注重提高公众对传粉者的认知程度。联邦政府及下属部门组织各种活动以提高公众对传粉昆虫的关注度，具体包括：开展跨部门的传粉者宣传活动、加强学校传粉者保护教育、鼓励年轻人及家庭参加传粉者教育课程培训、增加公众与农民及养蜂者的交流、通过国家公共土地日扩大宣传、创立"国家传粉者活动周"、加大对传粉科研工作者的培养力度等。三是加强政府与各种组织的合作关系。通过不同层面的合作确保各项工作的顺利开展。四是保护传粉昆虫栖息地。通过增加自然生态保护区面积、调整农业种植结构、为养蜂业提供财政补助等措施增加传粉者栖息地面积，通过多部门合作保障传粉者栖息地的使用优先权、通过立法增加传粉者栖息地面积、通过联邦政府建立传粉者栖息地所产生的宣传效应，提高栖息地的数量，如白宫南草坪建立的传粉者花园及蜂箱、史密森花园等均起到了很好的宣传作用。

三、我国对蜜蜂的保护与利用

我国养蜂数量和蜂产品产量多年来一直稳居世界首位。养蜂业的稳定发展对于促进农民增收、提高农作物产量和维护生态平衡都具有重要意义。在宋代，我国的养蜂人就记载了对蜜蜂的敌害如蜘蛛、蚂蚁、蛇、雀、蝙蝠、狐狸等的防治。元代名士刘基所著的《郁离子·灵丘丈人》一书也记载了防治蜜蜂敌害的经验和措施。新中国建立后成立了中国农业科学院养蜂研究所。1970年前后，我国南方多省暴发流行中蜂囊状幼虫病，并迅速向北扩散蔓延，严重威胁中蜂的生存。我国蜜蜂保护的科研工作者与养蜂员密切配合，在南方7省成立中蜂囊状幼虫病防治协作区，提出了抗病育种、药物防治、加强保温、蜂具消毒，结合饲养管理的综合防治措施，使病害的流行迅速得到控制。1980年前后，我国首次发现急性蜜蜂麻痹病病毒和蜜蜂死蛹病新病毒，研究了病毒形态、理化性状，并提出了一套综合防治措施。随后，陆续开展了蜜蜂孢子虫病、蜂蛹病、爬蜂病、白垩病等蜜蜂病虫害防控研究，取得了数个有自主知识产权的蜜蜂保护药剂，初步形成了中国蜜蜂病害防治体系，取得了一定的创新和突破。在胡蜂、巢虫等蜜蜂敌害研究上，福建农业大学和贵州屏南畜牧研究所、广东昆虫研究所等做了大量工作，为开展科学防治寻找理论与实践依据。

对蜜蜂保护的另一个领域是蜜蜂资源保护与利用。我国蜜蜂品种资源丰富，种质特性优良，有华中中蜂、东北黑蜂、新疆黑蜂等28个品种（品系、配套系），大多具有适应性强、王浆产量高等特性。这些资源禀赋，是我国培育优良品种、实施种业创新、促进产业可持续发展的物质基础。但本土蜜蜂资源的保护必须得到重视和加强，自1896年引进西方蜜蜂的优良品种如意大利蜂和喀尼阿兰蜂以来，使当地的东方蜜蜂和中华蜜蜂受到严重危害，其分布区域缩小75%以上，种群数量减少80%以上，1949年全国蜜蜂有50万群左右，中蜂占90%，1980年在全国的530万群蜜蜂中，中蜂占31.15%，1991年全国蜜蜂约为700万群，其仅占26.16%，而到20世纪末，黄河以北地区的中蜂种群数量几乎到了灭绝的边缘，从1906年的除青海、西藏绝大部分省区均有大量中蜂分布，到2006年只有云贵地区及东北少量零星分布。20世纪60年代以前，我国饲养中蜂的总量一直保持在20万群以上，而且还建立了不少中华蜜蜂生产区，与本土大多数植物建立了牢固的"相互适应性"

以及在蜜蜂育种工作中具有不可替代的优良特性。但是，随着我国大量引进意大利蜜蜂，使得中华蜜蜂的分布区域越来越小，逐年萎缩。更严重的是，仅北京地区中华蜜蜂的数量从20世纪50年代的4万多群，减少到2000年的近百群。数量的减少，加速了蜂种遗传力的衰退，从而增加了消亡的几率。意蜂凭借其种群数量优势迫使本地蜜蜂取食回报少、质量较差的蜜源植物，导致本地蜜蜂种群繁殖力下降。同时，由于意蜂蜂王与中蜂蜂王释放的性激素很相似，致使中蜂雄蜂无效交尾行为，减少后代延续。我国是蜜蜂种质资源大国，蜜蜂属已知的蜂种有9个，我国就有6个，通过建立蜂种保护区等手段达到保存、优化、扩繁的目的，为其创造良好的自然条件。同时，加强现代饲养方式的推广，改良传统的养殖方法，逐步与现代信息技术相结合，提高蜜蜂集约化、产业化发展。

2005年，我国养蜂业被正式写入《中华人民共和国畜牧法》；2004—2009年，历时五年开展了全国性蜜蜂种质资源调查。通过分析和论证，对中华蜜蜂进行了科学界定和拆分，清理通过了7个培育品系（配套系），摸清了蜜蜂资源家底。在调查的基础上，出版了《中国畜禽遗产资源志·蜜蜂志》，第一次系统论述了我国蜜蜂的起源、演变，品种形成的历史。农业部出台了《养蜂管理办法（试行）》，进一步规范了蜜蜂生产经营、转地放蜂、蜂证发放等行为。按照“分级管理、重点保护”的原则，农业部将中蜂、东北黑蜂、新疆黑蜂3个地方品种列入《国家级畜禽遗传资源保护名录》，予以重点保护。2008年，蜂业被纳入“国家现代农业产业技术体系”，设立20个专家岗位、21个综合实验站，加强了对养蜂业发展的技术指导。目前，我国设有蜜蜂专业委员会，负责组织开展蜜蜂遗传资源鉴定、评估、蜜蜂新品种（配套系）审定等工作，积极组织开展国际交流与合作，2008年成功举办了亚洲养蜂大会，拓展了蜂产品国际市场，扩大了我国蜂产业的国际影响力。

我国是世界第一养蜂大国，但不是护蜂强国，蜜蜂保护还存在一些亟待解决的突出问题。一是蜜蜂病虫害保护缺乏系统研究。我国养蜂业属于劳动密集型产业，蜜蜂良种化程度不高，蜂螨、白垩病、中蜂囊状幼虫病和爬蜂综合征等疫病还比较突出，蜂群健康状况、蜜蜂育种以及机械化生产水平与国外相比差距较大，抵御自然灾害和市场风险能力弱，一些主要病虫害如中蜂囊状幼虫病虽已控制下来，但仍有反复现象，特别是对新区蜂群仍存在很大的威胁。二是保护蜜蜂意识不强。与美国等发达国家相比，国内对蜜蜂授粉的重要性认识还不足，宣传力度不够。三是养蜂业组织化程度低、蜂农缺乏必要的蜜蜂保护技能培训。近年来，部分地方养蜂管理机构逐渐弱化，养蜂行业组织发展还比较滞后，技术推广、维权服务、产销衔接等职能还没有充分发挥，养蜂条件艰苦、设施落后、缺乏专业的蜜蜂保护知识和技术，随着社会经济的快速发展，年轻人不愿从事养蜂业，养蜂人员老龄化现象凸显。四是蜜蜂检疫制度也有待建立或完善。随着蜂群转地的日益增多，各种病害的流行和新病害产生的可能性仍然存在。

蜜蜂无免疫系统，对环境污染物缺乏抵抗力，对环境变化十分敏感。杀虫剂和除草剂等农药的广泛使用，经常导致蜜蜂集体中毒事件的发生，也使一些作物因为蜜蜂授粉受阻而产量下降。在防治蜜蜂病虫害的过程中，使用最广泛的药物，大多为化学药物，化学药物在杀死病原的同时，也对卵、幼虫、蛹甚至成蜂造成伤害，使其幼蜂发育不健全，成蜂中毒。其他用药过多或方法不当，易引起盗蜂、迷巢蜂等，甚至围王，给蜂群造成不可估量的损失。规模化、产业化农业造成一定区域授粉昆虫数量不足，高浓度、大剂量杀虫剂导致授粉昆虫数量锐减，农田生物多样性下降，在各地蜜蜂农药中毒仍十分严重，摆在我们面前的研究和防治任务仍然十分艰巨。

针对上述问题，2010年，农业部出台了《农业部关于加快蜜蜂授粉技术推广促进养蜂业持续健康发展的意见》和《蜜蜂授粉技术规程（试行）》，制定了新中国成立以来第一部《全国养蜂业“十二五”发展规划》，为养蜂业发展指明了方向。2011年，农业部设立公益性行业专项支持蜜蜂授粉技术研究。2013年，蜜蜂授粉促进农作物增产项目启动，并召开专题会议。2013年，农业部印发了《蜜蜂授粉与病虫害绿色防控技术集成示范方案》，在全国开展了蜜蜂授粉与绿色植保增产技术集成与应用示范工作，大力开展蜜蜂授粉技术研究，开展蜜蜂保护，评估常用农药对蜜蜂的安全性，提倡绿色安全用药，研制低毒低残留的蜜蜂用药。在农业生产、管理过程，通过大力宣传低毒农药，正确按用药期使用等措施达到保护农作物及蜜源植物免受化学药品的污染，进行农作物病虫害绿色防控技术与蜜蜂授粉技术的融合与集成。2015年和2016年，总结成功经验的基础上扩大应用作物，加强推广力度，开展整建制推广应用示范。

执笔人：张礼生、李建伟、王建强、常雪艳、秦　萌

第十章
蜜蜂常见病虫害及其防控

农作物病虫害绿色防控作业期间，如在释放蜜蜂时管理不当，不仅会影响蜜蜂正常生活，甚至导致蜂群出现各种病态。蜜蜂的病、虫、敌害是严重影响蜂群健康的灾害，一旦发生，轻则造成蜜蜂体衰群弱，影响蜂产品的产量、质量和为农作物的授粉，重则造成蜂场毁灭及蜂业破产。近年来，蜜蜂病、虫、敌害的防治也得到重视，在蜂蛾、囊状幼虫病、蜜蜂爬蜂综合征、蜜蜂白垩病、大蜡螟、胡蜂等蜜蜂病虫敌害的基础研究和综合防治技术方面，均有创新和突破，取得了很大成绩，在抗病育种、药物筛选、饲养管理等综合防治方面做了大量工作，提出了抗病育种、药物防治、加强保温、蜂具消毒，结合饲养管理的综合防治措施，使病害的流行迅速得到控制。当前，人类对食品的安全性日益重视，如何在推进蜜蜂授粉的过程中，既合理地组装配套了与农作物病虫害绿色防控技术相结合，又安全地控制了蜜蜂本身的病虫害，促进蜜蜂授粉、蜜蜂产品及农作物的三重丰收。

第一节　蜜蜂的主要病害

蜜蜂和其他生物一样，在长期的进化及人为选择下，形成了固有的种群生物学特性，对周围的生物或非生物因素有了一定的适应范围。如果环境因素和生物因素发生了较大的变化，其作用超过蜜蜂蜂群和个体的适应与调节能力的限度，则蜜蜂的正常代谢作用遭到干扰和破坏，其生理机能或组织结构、行为就发生了一系列的病理变化，表现出异常即病态，甚至死亡。

一、细菌病害——美洲幼虫腐臭病

美洲幼虫腐臭病（American Foulbrood，AFB）是一种蜜蜂幼虫病害，广泛发生于温带与亚热带地区的几乎所有国家和地区。我国于1929—1930年间由日本引进西方蜂种时，也将该病带入。目前全国西方蜜蜂饲养区，时有该病发生（图1-10-1）。

图1-10-1 美洲幼虫腐臭病危害状

美洲幼虫腐臭病是由拟幼虫芽孢杆菌（*Peanibacillus larvae*）引起，该菌又分为*P.larvae subsp. larvae*和*P.larvae subsp.pulvifaciens*共2个亚种，前者被确定为美洲幼虫腐臭病的病原，后者也被认为可引起类似但症状相对较轻的病症。该菌的芽孢与蜜蜂的工蜂、蜂王、雄蜂幼虫的感病有直接的关系。被感染的蜜蜂幼虫平均在孵化后12.5天表现出症状。首先体色明显变化，从正常的珍珠白变黄、淡褐、褐色直至黑褐色。同时，虫体不断失水干瘪，最后成紧贴于巢房壁的、黑褐色的、难以清除的鳞片状物。发病蜜蜂幼虫的死亡几乎都发生于封盖期，通常是幼虫的前蛹期，少数在幼虫期或蛹期死亡。死亡的幼虫伸直，头部伸向巢房口，它们的喙常从鳞片状物前部穿出，形如伸出的舌。病虫死亡后，在其腐烂过程中，能使蜡盖变色（颜色变深）、湿润、下陷、穿孔，在封盖下陷时期，用火柴杆插入封盖房，能拉出褐色的、黏稠的、具腥臭味的长丝。美洲幼虫腐臭病的暴发没有明显的季节性，病害能在一年中的任何一个有幼虫的季节发生。病群在好的蜜源或大流蜜期到来时，病情减轻甚至自愈。

美洲幼虫腐臭病发于滋生蜜蜂幼虫的所有季节，病情发展较快，难于救治，故此加强病害预防极其重要，一是加强检疫，控制病群的流动；二是及时控制群内的螨害，因研究发现蜂螨能携带、传播病原菌三是培育抗病品种，美国已培育出抗美洲幼虫腐臭病的“褐系”蜜蜂，其主要抗病特性为，该系蜂种的清巢能力较强，能很快清除巢内的病蜂、死蜂。

在病害尚未大发生时，及时烧毁少量病脾、病群，以免传播损失更大。用干净的箱、脾将病群的箱、病虫脾、空脾换出消毒。箱脾的消毒方法可用^{60}Co γ射线照射、氧化乙烯气体密闭熏蒸、高锰酸钾加福尔马林密闭熏蒸、硫黄密闭熏蒸等。若大面积发生病害，可对换过蜂箱的蜂群饲喂使用的四环素配制含药花粉，将药物溶于少量糖浆后，调入花粉中至不黏手为止，花粉量以2天内被蜜蜂食尽为宜。换箱的过程是必不可少的，否则病害极易复发，靠一味地使用抗生素仅能暂时地控制病情，因为抗生素无法杀死病菌的芽孢；原病群中的贮蜜不得作为其他蜂群的饲料，因为病群贮蜜中含有大量病菌的芽孢，而芽孢恰恰是该病发生的主要因素；在蜂群繁殖季节，可采用抗生素治疗，但在进入采集期前45 ~ 60天应立即停药，防止药物残留；在采集期内发病的蜂群，若采用抗生素治疗，应立即退出采集，并注意防止蜂产品污染。

二、真菌病害——蜜蜂白垩病

蜜蜂白垩病（chalkbrood），1930年由德国学者鉴定出病原菌，主要分布于欧洲、北美洲、亚洲及新西兰。我国于1990年发生，1～2年间即传遍全国。目前在全国范围流行，仅发生于西方蜜蜂，危害严重（图1-10-2）。

图1-10-2 蜜蜂白垩病

病原是蜜蜂球囊菌蜜蜂变种（*Ascosphaera apis var.apis*）（模式变种）与蜜蜂球囊菌大孢变种（*Ascosphaera apis var.major*）。该菌的两个变种的主要区别在于成熟的滋养细胞和孢囊的大小不同，以及这两个类型间彼此不能杂交。

蜂群内的传播主要是孢子，孢子的抗性极强，有文献报道孢子能在自然条件下存活35年。群间传播可能是飞扬的孢子，也可能是其他种类的蜂，如切叶蜂、独居蜂等传染给蜜蜂，蜂箱内的虫尸和被污染的食物是重要的传染源。病原菌孢子多在蜜蜂幼虫3～4日龄进行侵染，可通过消化道进入肠道，孢子萌发并开始生长，3～4日龄幼虫的肠道厌气时间短，适合病原菌生长。菌丝的生长特别喜在肠道的末端，接着菌丝穿过肠壁，最后幼虫躯体末端破裂，菌丝蔓延至幼虫体表生长，并在死虫体表形成子实体。蜜蜂球囊菌在稍变冷的幼虫体上生长最好，子实体大约在30℃形成。当幼虫封盖后，对幼虫进行短时间的降温，大部分幼虫对病原菌敏感。

白垩病的发生在很大程度上取决于当时的温湿度，有着较明显的季节性，一般此病多流行于春季和初夏，特别是在阴雨潮湿，温度变化频繁的气候条件下容易产生。在这段时间，蜂群多处于繁殖期，巢脾上子圈比较大，巢脾边缘受冷的机会比较大，发病率就高。在蜂群里，患病幼虫的尸体以及被污染的饲料与巢脾是疾病传播的主要来源。孢子囊增殖和形成的最适温度是30℃左右，蜂巢温度从35℃下降至30℃时，幼虫最易感染。因此在蜂群大量繁殖时，由于保温不良或哺乳蜂不足，造成巢内幼虫受冷时最易发生。每年4～10月发生，4～6月为高峰期。潮湿、过度的分蜂、饲喂陈旧发霉的花粉、应用过多的抗生素以至改变蜜蜂肠道内微生物区系、蜂群较弱等，都可诱发白垩病。

白垩病发生与蜂箱湿度有极大的关系。潮湿多雨的春季发病严重，所以降低蜂箱内湿度是首要的措施，这也是预防白垩病发生的要点，在蜂场选址时就注意降湿方法，摆蜂场地应高、燥，排水、通风良好；蜂群内的饲料蜜浓度宜高；晴天注意翻晒保温物。防治此病应从蜂群饲养管理着手，饲喂的花粉应注意检查，若带病菌孢子的花粉应消毒后才能使用。发生本病后，首先撤出病群内全部患病幼虫脾和发霉的粉蜜脾，并换清洁无病的巢脾供蜂王产卵。用干净的蜂箱、巢脾换出病群的箱、重病脾，用福尔马林加高锰酸钾密闭熏蒸消毒，严重的病脾应考虑烧毁。经换脾、换箱的蜂群，要及时饲喂0.5%麝香草酚糖浆，以后每隔3天喂一次，连续喂3 ~ 4次，麝香草酚要先用适量的95%酒精溶解后加入糖浆内；或对病群于晴天用0.5%的高锰酸钾喷雾，做成年蜂体表消毒，喷至成年蜂体表雾湿状为止，每天一次，连续3天。

三、病毒病害——囊状幼虫病

囊状幼虫病又叫“烂子病”，是蜜蜂幼虫的一种恶性传染病，在我国的中蜂中发生普遍严重（图1-10-3）。

图1-10-3 蜜蜂囊状幼虫病

引起囊状幼虫病的病原为蜜蜂囊状幼虫病毒（Sacbrood Virus，SBV），美国的White、Brack等报道了囊状幼虫病病毒粒子的大小和形状，此后由Bailey、Gibbs和Wooods作了鉴定性研究。Lee和Furgala进一步从被感染的幼虫组织中和注射了提纯病毒悬液的成蜂组织中通过超薄切片的方法，找到了病毒粒子。病毒粒子无囊膜，核衣壳为正二十面体对称。感病初期的蜜蜂幼虫不封盖即被工蜂清除，蜂王重新在被清理的空巢房中产卵，由于发育进度不一，许多巢房虫态不一，形成“花子脾”“穿孔子脾”或出现“埋房”现象。病害严重期，由于病虫数量大，内勤蜂清理不及时，脾面上可见的典型病状为：初期病虫与健虫不易区别，随后体色逐渐由珍珠样白色变黄、黄褐、褐色，甚至黑色。伴随体色变化，虫体渐软化，大量的液体聚积于病虫躯体和它的坚韧的未蜕去的表皮之间。巢房不封盖或封盖被内勤蜂咬开，可见“尖头”。随虫体水分不断蒸发，干燥成一片黑褐色的鳞片，贴于巢房的一边，头、尾部略上翘，形“龙船状”，腐烂虫体不具黏性，无臭味，易清除。

囊状幼虫病一年一般仅一个发病高峰，即越冬后蜂王重新产卵起开始发病，3、4月则是高峰期，因此时温度适宜，多雨潮湿，群内幼虫与成虫比例大，哺育力、清巢速度、蜂群保温相对较弱。进入夏季病害明显减轻并自愈。秋季极少发病，有些年份秋季多雨，环境类似早春，则可见到病虫。

对囊状幼虫病的防控，可以采取综合措施。主要方法：一是保温，越冬期保温要做好，除了箱内隔板外塞入草把外，箱外也要用草帘包裹。二是及时换王。既保证蜂群新王繁殖，也提高蜂群对病害的抵抗性，通过换王切断传染的循环，减少主要传染源，此外种群类带毒工蜂因无虫可育而出巢，新出房的工蜂因群内无病虫不会受到感染，在哺育下一批新王产卵孵化的幼虫时不成为传染媒介。三是进行药物治疗。国内筛选了许多有一定疗效的中草药，如用华千斤藤（海南金不换）干块根，8 ~ 10g煎汤，可用于10 ~ 15框蜂的治疗；或用半枝莲的干草，50g，煎汤，可治20 ~ 30框蜂；亦可用五加皮30g，金银花15g，桂枝9g，甘草6g，煎汤，可治40框蜂。上述草药煎汤、浓缩，配1 ： 1的糖浆，每群饲喂量以当日食完为宜，傍晚饲喂，连续4 ~ 5次。

第二节　蜜蜂主要的虫害

一、常见螨害——狄斯瓦螨

狄斯瓦螨（*Varroa destructor* Anderson & Tureman）也叫大蜂螨，是对全球养蜂业威胁最大的虫害。该属寄螨目瓦螨科，首次于1904年由奥特曼斯在爪哇的印度蜜蜂（*Apiscerana indica*）上发现，目前全世界除澳洲尚未报道狄斯瓦螨危害以外，亚洲、非洲、欧洲、美洲地区都有狄斯瓦螨危害的报道。20世纪中后期，由于引进西方蜜蜂替代东方蜜蜂，狄斯瓦螨迅速从东方蜜蜂侵染到西方蜜蜂，造成螨害发生（图1-10-4）。

狄斯瓦螨不仅寄生在成年蜂体上吮吸其体液（血淋巴），使蜜蜂体质衰弱，烦躁不安，影响其哺育繁殖、外勤采集和本身的寿命，而且更主要是潜入蜜蜂封盖的子房内产卵繁殖，吮吸幼虫和蛹的血淋巴液，造成大量被害虫蛹不能正常发育而死亡；幸而出房者亦出现翅足残缺，失去飞翔能力，受害严重的蜂群，群势迅速下降，子烂群亡。螨害的主要症状，表现为幼虫房内死虫死蛹，成蜂的工蜂和雄蜂畸形，四处乱爬，无法飞行。在螨害严重情况下，一个工蜂体上可有1 ~ 2只螨，

图1-10-4　狄斯瓦螨危害状

雄蜂体上有5～6只，造成工蜂体质衰弱，寿命缩短，采集力下降。若幼虫受8只螨以上危害，可造成蛹的死亡。当蛹体受1～2只螨危害后，出房后的成蜂寿命减至18天和9天。

狄斯瓦螨具有卵、若螨（前期若螨、后期若螨）和成螨3种不同的虫态。在东方蜜蜂，雌螨只在雄蜂房内产卵；在西方蜜蜂，雌螨可寄生于工蜂和雄蜂的成虫、幼虫和蛹，因而生活史相当复杂，一般将其分为5个阶段，即滞留期、卵黄形成前的活动期、首次卵黄形成的活跃期、第二次卵黄形成活跃期、成熟和交配期。其生活史归纳起来可分为两个时期，一个是体外寄生期，一个是蜂房内的繁殖期。狄斯瓦螨完成一个世代必须借助于蜜蜂的封盖幼虫和蛹来完成。因此狄斯瓦螨在我国不同地区的发生代数是有很大差异。对于长年转地饲养和终年无断子期的蜂群，狄斯瓦螨整年均可危害蜜蜂。北方地区的蜂群，冬季有长达几个月的自然断子期，狄斯瓦螨就寄生在工蜂的胸部背板绒毛间，翅基下和腹部节间膜处，与蜂群一起越冬。越冬雌螨在第二年春季外界温度开始上升，蜂王开始产卵育子时从越冬蜂体上进入幼虫房，开始越冬代狄斯瓦螨的危害。以后随着蜂群发展，子脾的增多，狄斯瓦螨的寄生率迅速上升。蜂场内的蜂群间传染，主要通过蜜蜂的相互接触。盗蜂和迷巢蜂是传染的主要因素。其次蜂群管理上人为子脾互调和摇蜜后子脾的混用也可造成场内螨害的迅速蔓延。另外有螨群和无螨群的蜂具混用，采蜜时有螨工蜂与无螨工蜂通过花的媒介也可造成蜂群间的相互传染。

狄斯瓦螨最适温度为32～35℃。在10～13℃即会冻僵，18～30℃开始活动。温度升高超过最适温度，则生命力下降。42℃出现昏迷状态，43～45℃会死亡。狄斯瓦螨对温度的适应范围与蜜蜂基本相同。狄斯瓦螨喜欢相对湿度较高的环境，低于40%不利于狄斯瓦螨的生存。在蜂群外的空蜂箱里，当气温15～25℃，相对湿度65%～70%，雌螨能生存7天，在未封盖子脾上可生存15天，在封盖子脾上可生存32天。季节的变化影响蜂群群势的消长，也影响狄斯瓦螨的消长。春季和秋季蜂群群势小，狄斯瓦螨的感染率显著增加，夏季群势增大，狄斯瓦螨的寄生率呈下降趋势。据北京地区观察，狄斯瓦螨1年中的消长情况大抵符合这一规律，春季4月下旬，狄斯瓦螨寄生率15%～20%，寄生密度每只蜜蜂0.25只；夏季6～8月，狄斯瓦螨寄生率一直保持10%左右，寄生密度每只蜜蜂0.16只；8月下旬以后，蜂群群势下降，狄斯瓦螨寄生率又急剧上升；到10月以后，达到最高峰，狄斯瓦螨寄生率49%，寄生密度每蜂0.55只/狄斯瓦螨。

对害螨的防治，蜂场多半采用螨扑一类的菊酯类杀螨剂，生产上应根据狄斯瓦螨的生活习性，应抓住两个时期治螨，一是越冬、春繁前的断子期，二是南方越夏的断子期。只要在这两个时期将狄斯瓦螨的寄生密度降到极低，可不用常年挂杀螨剂。针对抗药性，可使用替代螨扑的药剂如甲酸和草酸。甲酸为液态有机酸，易挥发，对蜂产品污染极小，无残留，使用较安全。使用方法为，在断子期，每箱蜂（平箱）用6mL，将甲酸滴入塞满脱脂棉的小瓶中，在瓶盖开数十个针尖大的小孔，盖好盖子，将瓶子置于蜂箱角落，任其自然挥发，3天后再次加入甲酸，连续5次即可。若一段时间后发现螨害抬头，可再次使用，但不必长期将甲酸瓶置于蜂群中。草酸为固体，安全性高，可于糖水中加入3%的草酸，溶解后均匀喷洒巢脾，每脾2mL，3天喂一次，连续5次。使用甲酸应注意，甲酸挥发性较强，应避免药害。每次使用不宜超过6mL，应在较为凉爽的傍晚使用，否则易引起蜂群极度骚动，甚至飞逃。此外，植物性杀螨剂在治螨方面有一定效果，如鱼藤精、烟草、麝香油加薄荷醇、大蒜油、松柏针叶提取物等都有一定效果。

二、常见虫害——大蜡螟

大蜡螟（*Galleria mellonella* L.）属鳞翅目螟蛾科蜡螟亚科，属世界性养蜂业害虫，遍及全球养蜂地区，对中华蜜蜂危害特别严重，该害虫在幼虫期取食巢脾，危害蜂群封盖子，经常造成蜂群内的“白头蛹”，严重时封盖脾80%以上的面积出现“白头蛹”，勉强羽化的幼蜂也会因房底的丝线困在巢房内。另外，大蜡螟对贮存待用的巢脾破坏性极大，一旦在贮存时让大蜡螟侵入，一个冬季过后，全部巢脾往往被蛀食一空（图1-10-5）。

图1-10-5 大蜡螟
（左为幼虫，右为成虫）

大蜡螟共有卵、幼虫、蛹和成虫四个发育阶段，为完全变态昆虫。在蜜蜂巢内取食蜂巢的蜡质，并吐丝造巢扰乱蜜蜂在蜂巢内的正常活动，严重破坏蜂巢的结构，以致迫使蜂群逃逸。成虫羽化后，在傍晚乘工蜂守卫巢口不备之机，潜入蜂巢内，产卵于蜂巢蜡脾上。幼虫也能为害毛皮和羊毛。年发生1～2代。以蛹越冬。

大蜡螟完成一个世代约需60～80天，各虫期的长短随季节变化有很大差异，卵期为8～23天，幼虫期27～48天，蛹期9～23天，成虫期为9～44天。就周期较长的来说，休眠发生在前蛹期。在我国贵州、湖南和福建，室内以旧巢脾饲养，大蜡螟一年发生3代，且有世代重叠现象，在广州可发生5代。羽化出来的雌蛾，一般经过5小时以上才能交尾。最短可在羽化后1.5小时即可交尾。交尾一般在夜间进行。成虫交尾可有1～3次，交尾后雌蛾产卵器外露，夜间四处寻找产卵场所。成蛾羽化后既不要食物也不要水分，多数在羽化后4～10天内才开始产卵。产卵期平均3.4天。产卵量600～900粒，个别可产1 800粒卵。产卵位置多在箱壁缝隙中。雌蛾寿命在3～15天，在30～32℃条件下，多数交尾过的雌蛾会在7天内死亡。35℃下，寿命可达10天。温度较低，雌蛾寿命会延长。在40℃时，雌蛾寿命平均3.8天，20℃下平均9.6天。雄蛾寿命较短，平均约为5.5天。

大蜡螟的发生与外界温度有很大关系。卵和幼虫的发育需要较高的温度（30～35℃），过低或过高的温度都会使大蜡螟生长缓慢，甚至死亡。纯蜡和新脾对大蜡螟幼虫发育不适宜，会造成幼虫发育中断，成虫个体变小，产卵量下降。中华蜜蜂群常更换老脾，对抑制大蜡螟的发生有重要作用。由于蜂群饥饿、疾病，蜂王衰老，无王，以及农药中毒造成工蜂数量剧减，从而造成群势下降，使得蜂群无力保护暴露巢脾和驱逐侵袭的大蜡螟幼虫。不同蜂种繁殖率不同，群势相差较大，对大蜡螟的抵抗力也有差异。例如，中华蜜蜂群势小，无力保护巢脾免受危害，常通过不断撕咬巢脾和去除蜡螟幼虫来抵抗大蜡螟的危害。

大蜡螟的自然天敌种类很多，包括病毒、细菌、原生动物和昆虫类。已知大蜡螟重要的天敌有苏云金芽孢杆菌（*Bacillus thuringiensis* Benner）、核型多角体病毒、线虫、蜡螟绒茧蜂（*Apanteles gallenae* Wilrlnson）、麦蛾绒茧蜂（*Bracon hebetor* Sny）、蜡螟大腿小蜂（*Brachymoria* spp.）和大头蚁（*Pheidole megacephala* F.）。

蜡螟以幼虫越冬，且此时又是一段断蛾期，幼虫大都生存在巢脾或蜂箱缝隙处，抓住其生活史的薄弱环节，更有效地消灭幼虫，保证蜂群的正常繁殖。同时要做经常性的防治，其方法一是及时化蜡造新脾、淘汰旧脾，换下的老旧脾要及时化蜡。清洁蜂箱经常清扫蜂箱内壁和箱底的蜡屑，保持蜂箱内的清洁，不给大蜡螟有可食的机会。并用油灰封闭蜂箱缝隙，铲除大蜡螟滋生地。二是饲养强群、合并弱群使蜂多于脾，以利蜜蜂保护巢脾，防止大蜡螟幼虫上脾危害，发现大蜡螟幼虫要及时处理，换箱换脾，对蜂箱、巢脾进行消毒，经常打扫卫生，保持箱内清洁干燥，给蜂群创造良好的生存条件。三是开展生物防治，如使用苏云金杆菌的伴孢晶体，在被蜡螟幼虫食入之后，就会择释放出有毒物质将其杀死，而对蜜蜂无害。四是适当的化学防治，如用二硫化碳每个蜂箱体用l0ml。滴加在厚纸上，置框梁上密闭熏蒸24小时以上；或用96%的甲酸蒸气对蜡螟的卵、幼虫具有较强的杀死力；五是利用温度，巢脾在50℃下加热，注意不超过其熔点，经40 ～ 60分钟，即可杀死各个发育阶段蜡螟或采取低温处理，将巢脾放在−7℃下经过5 ～ 10小时，可将各虫期蜡螟杀死。在北方地区，冬季贮藏的巢脾放置在室外，也可取得较好的防治效果。

三、常见敌害——胡蜂

胡蜂科（Vespidae）中的胡蜂，俗称大黄蜂，是我国蜜蜂的大敌害，也是世界养蜂业最主要敌害之一。胡蜂体大凶猛，可随意在野外或蜂巢前袭击蜜蜂。在某些情况下，胡蜂还可进入蜂箱，危害蜜蜂的幼虫和蛹。在捕食中，胡蜂只取食蜜蜂的胸部，咬掉其头部和腹部，带着蜜蜂的胸躯飞回自己蜂巢，用以哺育幼虫（图1-10-6）。

图1-10-6 胡蜂猎食蜜蜂
（左为金环胡蜂，右为黑盾胡蜂）

胡蜂属有14种和19个变种。常见的有金环胡蜂（*Vespa mandarinia* Smith），分布于中国、日本、法国和东南亚地区，成虫雌蜂体长30 ~ 40mm。头部橘黄色至褐色，中胸背板黑褐色，腹部背腹板呈褐黄与褐色相间。黑盾胡蜂（*Vespa bicolor* Fabricius），分布于中国、越南、印度和法国，成虫雌蜂体长约21mm。头部呈鲜黄色，中胸背板呈黑色，其余呈黄色，翅为褐色，腹部背腹板呈黄色，并在其两侧均有1个褐色小斑。墨胸胡蜂（*Vespa velutinanigrithorax* Buysson），分布于中国、印度、锡金、印度尼西亚，成虫雌蜂体长约20mm。雄蜂较小。基胡蜂（*Vespa basalis* Smith），分布于中国和东南亚各国，成虫雌蜂体长19 ~ 27mm。黑尾胡蜂（*Vespa ducalis* Smith），分布于中国、法国、日本、印度和尼泊尔，成虫雌蜂体长24 ~ 36mm。黄腰胡蜂（*Vespa affnis* L.），分布于中国与东南亚各国，成虫雌蜂体长20 ~ 25mm。头部深褐色，其中以前3种捕杀蜜蜂最多。

胡蜂的群体由蜂王、工蜂和雄蜂组成。越冬后的蜂王经过一段时间活动和补充营养后，各自寻找相对向阳避风的场所营巢，边筑巢边产下第一代卵，还担负御敌捕猎食物、饲育第一代幼虫和羽化不久的工蜂等内外勤一切工作，它是这时巢内唯一的成年蜂。从第二代羽化后的雌蜂中少数个体与雄蜂交尾成功成为当年正常产卵的首批新王，接着越冬蜂王被替代。因此从第二代起，胡蜂就出现多王同巢产卵繁殖，最多可达几十只蜂王同巢产卵繁殖。其蜂王的卵巢管多为12 ~ 16条，仅为意大利蜜蜂蜂王卵巢管数的1/25左右。雄蜂是第二代雌蜂中未经交尾受精的个体产卵繁育而来的，它们可与同巢或异巢的少数雌蜂交尾，亦可与同代或母一代雌蜂交尾，交尾后不久陆续死亡，而最后一代雄蜂数量多占总蜂数1/6 ~ 1/5。工蜂专司扩大蜂巢的建筑、饲喂、清巢、保温、捕猎食物、采集、御敌和护巢等内外勤活动。这些工蜂性情暴烈凶狠，螯针明显，排毒量大，有攻击力，第一代的成蜂全为担任内外勤工作的工蜂。第二代雌蜂中除少数交尾成功成为新蜂王和个别个体未经交尾产雄性卵的雌蜂外，余下大部分是工蜂。

胡蜂最早3月中旬开始活动，4月上旬单独觅寻屋檐下或避风向阳的小灌木、灌木枝干上第1次筑巢并开始产下第1代卵，这时蜂巢单脾悬挂，巢房口向下，巢房数仅20 ~ 30个。整个巢脾边缘开始有巢壳，但仍自然可见巢内蜂王逐房饲喂幼虫的情况，第2代出现第2片巢脾，有的还筑成第3片巢脾，总巢房数100 ~ 150个，这时巢脾已被巢壳所包裹，蜂巢呈球状，仅留直径约2cm的巢口出入。胡蜂一般都选在冬暖夏凉、温湿度适宜的场所营巢，不同种类选择营巢场所颇有差异。大型胡蜂常于地下掘洞筑巢，如黑尾胡蜂、金环胡蜂。小型胡蜂于高枝筑巢，如基胡蜂、墨胸胡蜂。

胡蜂性情凶暴，攻击性强，营巢地点隐蔽，防治较难。白天，先准备一个透明的玻璃瓶，瓶内置少量具熏蒸作用的农药粉剂（如林丹），在蜂场用捕虫网捕捉胡蜂，将被捉胡蜂引入药瓶中，改上瓶盖，任其振翅3 ~ 5s，开盖，让胡蜂将药剂带回蜂巢，毒杀巢内胡蜂。一般一巢胡蜂有十余只带药回巢，即可毒杀整群胡蜂。所以在胡蜂为害季节，在蜂场连续数日处理，可使来犯胡蜂数量明显减少。

第三节 蜜蜂病虫害的防治措施

蜜蜂病虫害防治是蜜蜂保护与利用极为重要的环节，科学性和实践性极强，研究蜜蜂病虫害防治技术，总结成功的防治经验及时加以推广，才能更有效地提高防治效果。蜜蜂病虫害的防治措施，一般可以分为蜜蜂病虫害检疫、培育抗病蜂种、饲养管理防治、药物应急防治等。

一、检疫

蜜蜂病虫害的检疫，是由国家执行的防止蜜蜂危险性病虫害人为蔓延的强制性措施。国家根据现有蜜蜂病虫害的世界及国内发生的种类、分布情况、发生情况、严重程度等信息，执行对外检疫和对内检疫。

对内检疫则由各省农业主管部门的动植物检验检疫机关根据省情制定出检疫对象，在各省交界的交通要道设立检疫机关，依法进行检疫。对内检疫一般不需事前申请，在运输过程中，随到随检，检疫合格放行，检疫不合格，依法处理。

蜜蜂的病虫害种类很多，要全部实行检疫是不可能的，列为检疫对象指的是那些普遍发生的，危害性较大的蜜蜂疫病。根据我国《一、二、三类动物疫病病种名录》（农业部公告第1125号）的规定，农业部2010年发布了《蜜蜂检疫规程》，将二类动物疫病中的美洲幼虫腐臭病、欧洲幼虫腐臭病和三类动物疫病中的蜜蜂孢子虫病、白垩病及蜂螨病、瓦螨病、亮热厉螨病合并为蜂螨病纳入检疫对象，基本包括了我国目前蜜蜂存在的主要疫病。而蜜蜂爬蜂病、囊状幼虫病、麻痹病、黄曲霉病、壁虱、蜂虱等病未列入蜜蜂检疫对象。

二、饲育防治

蜜蜂的科学饲养管理技术，可使个体群体发育良好，提高蜜蜂的抗病能力，因而可减少或避免病害的发生及其所造成在产量上、品质上的损失。科学的饲养管理，通过改进饲养管理各环节，创造适于蜜蜂繁育而不适于病原体繁殖的环境，达到减轻病虫害的目的。多种防治蜜蜂病虫害方法与饲养管理技术是相互结合的，科学的饲养管理技术能够减轻病害发生，实用的防治方法也是科学管理的组成部分。群强、王好、蜜足是夺取高产优质的基础，这些也是提高群体抗病力、减轻各种病原体为害的防病措施。

1.温度管理 蜜蜂属变温动物，11℃是中华蜜蜂个体的安全临界温度，14℃是意大利蜜蜂个体安全的临界温度，低于这个温度，蜜蜂将呈现冻僵状态。蜜蜂长期处于温度高于40℃的环境中，新陈代谢失衡，将引起死亡。

低温环境中，蜜蜂个体靠新陈代谢产生热量来抵偿热量损失，群体蜜蜂靠彼此拥挤结成蜂团御寒，减少消耗贮蜜对热量的补充。强群蜜蜂通过群体对温度适应能力较强，冬春繁殖季节夜间最低气温达0℃以下，强壮蜂群的结团内仍可保持35℃左右的稳定温度，保证繁育子代需要。群势小的蜂群则需不断消耗蜂蜜、不断相互拥挤摩擦产热来维持蜂团内温度，不仅影响蜜蜂繁殖进度，且因运动过多消耗热量，降低抗逆能力包括抗病能力。故每年立冬后，当平均气温降低至14℃时，就应对蜂群采取保温措施，有保温蜂群比无保温蜂群的巢温提高2～3℃，可显著提升蜂群长势，提升抗病虫能力。

迅速提高巢温也要注意通风，通风不畅易导致湿度极大，蜂群抗病性下降，极易发生细菌性病害和原虫性病害。气温在5℃以下可将蜂箱用塑料薄膜全部覆盖，晴暖天气注意白天掀帘通风，夜晚覆盖；南方阴雨天气，更需注意保温与通风降湿的调节。随蜂子增加和气温回暖，外保温物可全部撤除，内保温物随扩大的蜂巢逐步撤除。在蜂群保温工作中，调节巢门有重要的作用，上午逐渐开大巢门，午后逐渐缩小巢门，巢门调节以工蜂进出不拥挤，也无蜜蜂扇风为适宜。夏季同样要注意调节巢温，箱内温度过高易造成卵、幼虫失水干枯死亡。蜂群应摆放在阴凉处，防止蜂群遭暴晒，并注意遮阴喂水，有条件的可以在中午前后高温时，向蜂箱喷水降温。

2.饲料管理 供足饲料是蜜蜂强群的根本措施，不仅贮存充足的蜂蜜、花粉，还需提供必要的维生素、盐类等，保障蜜蜂个体强壮，群体抗逆力强，抗病能力也强。取蜜时要适当保留，并注意补充群内饲料。受饥的蜂群往往是病害的始发群，多种蜜蜂幼虫病害常随流蜜季节来临有好转倾向，也是饲料条件变好的缘故。

蜂群缺乏饲料，饲喂白糖和代用花粉是常见做法，但不可长久。由于蜂蜜不仅提供蜜蜂产生能量的糖分，还提供矿质元素和维生素，这是白糖和代用花粉所不具备的。蜂蜜中的糖主要是葡萄糖和果糖以及大约5%的蔗糖，葡萄糖和果糖是单糖，而蔗糖则是双糖，蜜蜂体内的消化酶对双糖的消化不良，对三糖以上的低聚糖或多糖（如松三糖、糊精、淀粉等），蜜蜂则完全无法消化，蜜蜂食入三糖以上的糖类会因无法消化产生中毒现象。如果给蜜蜂饲喂土糖、红糖，则会因为其中所含的杂质太多，蜜蜂无法消化而中毒。花粉除提供蛋白质给蜜蜂外，还供给大量的酶类、脂肪酸以及其他的活性物质。花粉中所含蛋白质也与代用饲料中的蛋白质种类不同，不同的蛋白质其中的氨基酸的种类和比例是不一样的，向蜜蜂提供的营养也是不同的。饲料中蛋白质的含量是非常重要，但氨基酸的种类和比例更重要。

3.休养保障 对蜜蜂的使役要有限度，要给予蜜蜂必要的休养生息。蜂群正常的越冬、越夏期要有保障，取蜜时应适度保留，避免蜜蜂营养不足，劳动负担过重，因体质极弱而降低对病虫害的抵御能力。如中华蜜蜂的生理性疾病和传染性疾病比意大利蜜蜂少，原因是中华蜜蜂蜂群只生产蜂蜜，不生产王浆、蜂胶、花粉，蜂群的生产负担比意大利蜜蜂轻，蜂群中蜜蜂的体质较意大利蜜蜂强。

4.蜂王管理 优质蜂王是饲养强群获得高产的重要因素，通过对蜂王的科学管理，可为繁殖、采蜜双丰收创造条件。从防治病害的角度看，新蜂王新陈代谢旺盛，生命力强，在感病群内携带病原菌的数量也比老蜂王少，因而抗病力强。在防治中华蜜蜂囊状幼虫病中，仅采取更换蜂王措施，能保证1～2代不发病或仅少数幼虫发病。因此，更换蜂王已成为囊状幼虫病很重要的综合防治手段。在中华蜜蜂繁殖季节加紧造脾，利用中华蜜蜂蜂王喜在新脾产卵繁殖的生物学特性，最大限度发挥蜂王产卵力，促进蜂群快速繁殖，同时这也是预防大蜡螟为害，降低“白头蛹”的有效措施。

5.蜂箱质量 蜜蜂生活需相对密闭、保温性能良好、黑暗的环境，漏风的蜂箱不宜保持箱内的温度，特别在低温季节，蜜蜂为维持巢温，只好大量运动摩擦发热，既浪费饲料，又增加蜜蜂的消耗，降低蜜蜂的抵抗能力。

三、药物防治

利用化学药物消灭病原体或抑制其感染力，是广泛施行的防控措施，可在短期内见效，可兼治多种病虫害。药剂防治的作用一是保护，即药剂在病原菌未感染蜂体之前，对其加以消灭或抑制其活动；二是治疗，即药剂的治疗杀菌，药剂与病原体接触后，杀灭病原体或部分抑制其活性，如病原菌孢子不能萌发，菌丝不能生长。

应用药物防治蜂病常用方法有消毒和药剂施用。消毒包括场地消毒、蜂具消毒、饲料消毒和蜂体消毒。场地消毒主要是对摆蜂场地的消毒，在选择好摆蜂场地后，打扫环境卫生，远离污水，靠近清洁水源，注意通风，可用5%的石灰水喷洒场地，也可用草木灰铺垫场地，对越冬室的消毒可用5%的漂白粉溶液喷雾消毒。蜂具消毒是对蜂箱、巢脾、巢框等易燃物消毒，要脱蜂，不带蜂蜜和花粉，以防蜜蜂损失并提高消毒效果。蜂具消毒可采用硫黄熏蒸、醋酸熏蒸、氧化乙烯熏蒸、热消毒、高锰酸钾蒸汽消毒等措施，消毒时应注意，容器应较大，使两种药剂混合后产生的沸腾不得溢出；若空间较大，可均匀分置几个容器的位置；气体的刺激性较大，使用时要做好人员防护；消毒后的蜂具在通风处放置2天后使用。饲料消毒是指预防被真菌孢子污染的花粉，在利用花粉饲喂蜂群前要做好花粉的消毒。花粉的消毒方法有氧化乙烯熏蒸、高温蒸汽消毒、辐照消毒、微波消毒等，还可采用臭氧杀菌、液氮冷冻法、高压电场杀菌、电阻杀菌、磁力杀菌、脉冲光杀菌等方法。蜂体消毒是因患病蜂群中的成年蜂体表带有病原菌，在蜂群疾病治疗时，可同时进行蜂体消毒，可在晴好天气使用0.5%高锰酸钾溶液对蜂体体表进行喷雾消毒。化学药剂治疗是按规定使用化学药剂治疗蜜蜂疾病。

四、其他蜜蜂常见病虫害防治

1.螨害——小蜂螨 小蜂螨多分布于我国南方。在防治狄斯瓦螨时，同时兼防小蜂螨。可根据小蜂螨主要在封盖房内生活的生物学特性，在蜂群断子期防治，效果极佳，可参照狄斯瓦螨的甲酸防治方法。若在蜂群繁殖期，群内有大量封盖子时，发生小蜂螨危害，则可用细长毛刷或粉扑将升华硫薄薄的均匀刷在子脾封盖上即可。

2.细菌病——欧洲幼虫腐臭病 该病的病原对抗生素敏感，用药物较易控制病害，但需注意合理用药，严防抗生素污染蜂蜜。西方蜜蜂的欧洲幼虫腐臭病一般不严重，多数蜂群可自愈。中华蜜蜂欧洲幼虫腐臭病常十分严重，严重影响春繁及秋繁，且病群几乎年年复发。对此，一是预防，选育对病害敏感性低的品系；换王，打破群内育虫周期，给内勤蜂足够时间清除病虫和打扫巢房；病群内的重病脾取出销毁或严格消毒后再使用。二是治疗，可用土霉素或四环素配制含药花粉饼或抗生素怡糖喂饲加以防治，将药物粉碎，拌入适量花粉，用饱和糖浆或蜂蜜揉至面粉团状，置于巢框上框梁上，供工蜂搬运饲喂。重病群可连续喂3次，轻病群7天喂一次，注意采集前45 ～ 60天停药。在采集期内发病的蜂群，若采用抗生素治疗，应退出采集。

3.真菌病——黄曲霉病 蜜蜂黄曲霉病较少发生，一旦发病则不好处理。因真菌菌丝会将虫尸与巢房壁紧连在一起，内勤蜂极不易清除，所以病脾、病群应以烧毁为宜。换箱换脾操作时，换出的蜂箱可用高锰酸钾+福尔马林密闭熏蒸15小时，或用硫黄烟密闭熏蒸1天，操作者要用保护物保护眼、口、鼻，防止人体被黄曲霉菌感染。

4.原虫病——蜜蜂微孢子病 病原是原生动物，造成蜜蜂肠道疾病，由于咪唑类抗原虫药物在蜂群中禁用，故更要注意预防。原虫引起的疾病一般发生在越冬期和春季繁殖期，因此要给予蜂群优质的越冬饲料，早春不得使用代用花粉。越冬、春繁保温要适当，注意保温与通风的协调，注意掀膜降湿。春季饲喂酸饲料，用柠檬酸1g溶于糖浆1 000g饲喂，预防效果较好。孢子虫发生严重时，可使用烟曲霉素防治，将药物拌入蜂蜜或糖浆中，每群蜂喂8L糖浆，每升糖浆含25mg烟曲霉素，也可将药物拌入花粉、糖粉、糖饼中饲喂。

5.爬蜂综合征 爬蜂综合征是饲养管理不当，使役蜂群过度引起的蜜蜂病害。其病原既有原虫（孢子虫、变形虫）、细菌（蜜蜂螺原体、奇异变形杆菌），又有病毒，是多病原引起的综合征，无法用药物控制。防治要点是调节管理措施，一是不要过早春繁，给蜜蜂休养生息的时间；二是饲喂优质的越冬、春繁饲料；三是注意通风降湿；四是饲喂酸饲料，控制原虫繁殖；五是减轻蜂群的负担，缩短生产蜂王浆的时间。

6.病毒病——慢性麻痹病 对该病应采取综合措施。一是选育抗病品种，绝大多数的选育在3～4代后即可完成；二是加强饲养管理，春季选择高燥之地，夏季选择荫凉场所放蜂，及时清除病死蜂；三是药物防治，可硫黄粉洒箱底及巢框上梁，用量每5框蜂20g，每周1～2次，也可用胰核糖核酸酶防治，用法可以是喷成年蜂体，或加入糖浆饲喂。

7.病毒病——急性麻痹病 该病侵染主要是由于狄斯瓦螨的媒介作用引起，所以防治上以治螨为主，特别是在春季蜂群繁殖期，严格控制狄斯瓦螨为害蜂群，做好蜂群保温，待温度升高后，病害自愈。

8.蜜蜂害虫 一是蚁类害虫，可用铁架将蜂箱垫高，在地脚套上瓶子，在瓶内置少量废机油，预防蚁类进蜂箱。二是鞘翅目甲虫类，维持蜂群的强群，能脱蜂的可采用熏蒸巢脾，不能脱蜂的可燃烧烟叶熏蒸。三是蜂虱类害虫，用熏蒸法，即用烟叶燃烧的烟熏蒸或用甲酸熏蒸。四是蝇类害虫，可用诱杀法，可在蜂箱顶部置水盘或置粘蝇纸捕杀。五是其他捕杀蜜蜂的如蜻蜓、螳螂等，迁场躲避。

9.其他敌害 一是两栖蛙类，不宜捕杀，只能将蜂箱垫高，避免其捕食。二是鸟类，若有鸟类大量捕食蜜蜂，则只有迁场躲避。三是哺乳类 除老鼠、鼩鼱等少数种类需采取防除措施外，情况同鸟类，山林里的黄喉貂、熊、猴等均为国家二级保护动物，禁止捕杀，所以在选定蜂场时应注意避开，一旦发生危害，只能迁场躲避。

10.其他情况 一是遗传病，要避免近亲繁殖，一般3～5年就应向专业育王场购买新王，引进新蜂种，提高蜂群抗逆性和适应性。二是预防蜜蜂中毒，要在喷洒农药过程中注意避免，制定必要的法规和条例，要求在使用有毒农药之前，使用者通知施药地点3km以内的蜂场，并提前2天让养蜂者搬迁蜂群，或采取其他有效保护蜜蜂方法。禁止在各种授粉作物开花期喷药，以保证蜜蜂授粉和正常采集。在花期前与花期后喷药具有同等效果的，应尽可能在花期后喷药。喷粉与喷雾均有效者，应尽可能采用喷雾方法。使用颗粒状的农药对蜜蜂最为安全。根据蜜源作物的丰盛度和对蜜蜂的吸引力，选择施药的时间。一旦发生农药中毒，要及时迁场。若在温度较低的季节，或一时无法迁场的蜂群，可采用幽闭的方法，将巢门完全关闭，蜂箱用湿麻袋覆盖，尽量降低温度、光线，使蜂群保持安静，3天后及时迁场或打开巢门。

执笔人：张礼生、陈红印

第十一章
农作物病虫防治对蜜蜂的影响

农作物病虫害防治是促进农作物安全生产，减少化学农药使用量为目标，采取生态控制、生物防治、物理防治、科学用药等环境友好型措施来控制有害生物的有效行为，实施科学的农作物病虫害防治是贯彻“公共植保、绿色植保”的重大举措，是发展现代农业，建设“资源节约，环境友好”两型农业，促进农业生产安全、农产品质量安全、农业生态安全和农业贸易安全的有效途径。目前我国防治农作物病虫害主要技术措施中，对蜜蜂安全性产生影响的主要有化学农药、生物农药、天敌昆虫、理化诱控等措施，研究掌握这些措施对蜜蜂的安全性影响，对科学控制农作物病虫害，保障蜜蜂安全，促进蜜蜂授粉与病虫害绿色防控融合具有极其重要的意义。

第一节　化学农药对蜜蜂的影响

利用化学农药开展农作物病虫害防治，是当前乃至未来很长时间内重要的技术措施。其重要性主要体现在以下几个方面：一是运用合理的化学防治法，对农业增产效果显著。一般每使用一元钱的农药，能使农业产值增加5～8元。二是在当今世界各国都在提倡的IPM系统中，由于还缺乏很多有效、可靠的非化学控制法。如生产技术的作用常是有限的；抗性品种还不很普遍，对多数有害生物来讲抗性品种还不是很有效；有效的生物控制技术多数还处在试验阶段，有的虽然表现出很有希望，但实际效果有时还不稳定。三是化学防治有其他防治措施所无法代替的优点：防治对象广，几乎所有植物病虫害均可采用化学农药防治；见效快且效果好，既可在病虫发生前作为预防性措施，以避免或减少危害，又可在病虫发生之后作为急救措施，迅速消除危害，尤其对暴发性害虫，若施用得当，可收到立竿见影的效果；使用方法简便灵活，许多化学农药都可兑水直接喷雾，并可根据不同防治对象改变使用浓度，使用简便灵活；可以工厂化生产，大量供应，适于机械化作业，成本低廉。但利用化学农药的优点是相对于其他防治措施而言的，不少化学农药也对蜜蜂的安全性存有负面影响。部分化学农药控制病虫为害的同时，也杀伤多种蜜蜂，改变蜜蜂群落结构，影响蜜蜂授粉的效果。

一、化学农药对蜜蜂行为的影响

农药一般影响昆虫行为包括生殖、搜寻、取食、扩散和常规运动等行为，对蜜蜂而言，农药影响其行为效应包括对蜂王产卵、工蜂分工、工蜂采集、气味识别、回巢行为、学习行为，甚至引发蜂群消失等。

一般而言，农药对蜂王产卵和越冬存活有明显的影响，对蜂群的生存具有潜在的威胁。有文献报道，高浓度的乐果等化学农药对蜂王产卵的影响很大，以新烟碱类杀虫剂吡虫啉饲喂的蜂王，产卵期明显不同。Haynes评述了神经杀虫剂对昆虫生殖行为的影响，包括昆虫生长调节剂在内的多类杀虫剂使子代的产量降低，以2×10^{-3} μg/蜂浓度的溴氰菊酯处理苜蓿切叶蜂蜂王后，6周内蜂王产卵量减少了20%。

农药对工蜂的影响体现在两方面，一是影响工蜂的分工，二是影响同群个体的身份识别。正常情况下，蜜蜂工蜂羽化后前3周从事巢内工作，接下来两三周进行采集。农药对工蜂分工和寿命的影响严重影响了蜂群的生存，一般而言，采集蜂的谷胱甘肽S-转移酶和多功能氧化酶活性比内勤蜂的酶活性高，弱群和幼虫/成蜂比率高的蜂群通过提高解毒酶水平起到保护蜜蜂减轻农药的影响。当刚出房的幼蜂暴露在二嗪农下时，工蜂分工包括采集和酿蜜受影响很大，寿命也缩短了20%，巢房清洁行为也明显减少。工蜂通过自身产生和从环境获得的信号来进行同群工蜂和外群工蜂辨别，当环境线索消失时，自身信号是蜂群间相互识别的唯一重要信号，蜜蜂进行同群工蜂和外群工蜂辨别的信号来自食物、巢蜡或蜂王。采集蜂从施用除草剂和杀真菌剂的大田采集回来后被驱赶在蜂箱外，其原因可能是环境信号被农药遮蔽。

农药影响蜜蜂采集行为主要体现在干扰了工蜂个体间的交流、回巢、定位和采集效率。工蜂通常在半径5km范围内利用气味搜寻蜜源，找到蜜源后回巢，将蜜源的方位和距离通过舞蹈语言传递给其他采集蜂，整个过程包括记忆、学习、交流、导航和其他行为。有机磷和氨基甲酸酯类杀虫剂影响蜜蜂通过摇尾舞进行蜜源信息交流的能力。亚致死经口剂量的对硫磷可影响蜜蜂与地心引力相关的定向能力，通过影响舞蹈角度而阻碍工蜂间食物源信息的交流。甲基对硫磷导致蜜蜂对食物的访问频率发生变化。一些农药对蜜蜂采集力有影响。亚致死剂量吡虫啉和氟虫腈导致采集蜂数量减少。吡虫啉在20 μg/L下导致蜂群采集能力降低，在50 μg/L时采集能力快速下降，浓度再高如在100 μg/L时采集行为受抑制而停止。

采集蜂的归巢能力是蜂群生存壮大的保障，采集蜂不足导致巢内食物下降，迫使哺育蜂加入到采集蜂的行列，从而降低了幼虫的存活率。部分化学农药会对显著干扰采集蜂的归巢能力，例如拟除虫菊酯对采集蜂的归巢能力有影响，氯菊酯处理的采集蜂1次归巢的有43%，2次归巢的仅4%，大部分采集蜂迷巢无法返回蜂群。这些蜜蜂显示出行为紊乱，与对照组蜜蜂相比，处理组蜜蜂花更多的时间在自身清洁、腹部弯曲转动、腹部清洁上，花更少的时间进行采集。溴氰菊酯通过影响飞行肌和协调能力改变了蜜蜂回巢能力。处理后采集蜂有54%对着太阳飞，81%不能在释放后30s内回巢，对照组的平均回巢时间是10s，或许是采集蜂空间感或趋光性改变而无法回巢。

蜜蜂的气味感知对蜂群的生存至关重要，农药影响采集蜂的学习和气味识别能力，从而影响到整个蜂群。部分农药对蜜蜂嗅觉学习能力在室内试验时有影响，可能是干扰了蜜蜂的烟碱胆碱系统，后者负责蜜蜂的喙伸反射途径、习性和记忆形成。Decourtye等采用喙伸反射测验比较了9种农药对蜜蜂学习能力的影响，结果显示氟虫腈、溴氰菊酯、硫丹和咪酰胺降低了学习能力，而氟氯氰菊酯、氯氰菊酯、氟胺氰菊酯、唑蚜威、和乐果没有影响，氟胺氰菊酯对蜜蜂气味学习反应影响最小，氟氰菊酯和氟氯氰菊酯影响最大，氯菊酯、氰戊菊酯和氯氰菊酯影响居中。

二、化学农药对蜜蜂的安全性影响

蜜蜂的化学农药安全性评价包括实验室水平上的急性毒性和慢性毒性研究，以及更高层次的半大田和大田水平上的研究。农药对蜜蜂的风险评价主要包括三个过程：一是农药对蜜蜂的危害分析，二是农药对蜜蜂的风险分析与估算，三是风险表征。美国国家环保署1998年发布了适用于蜜蜂的经典生态风险评价程序，没有关于农药对蜜蜂的亚致死效应和、对蜂子或幼虫影响的相关检测要求，也没有要求测试内吸性农药对蜜蜂的影响。如果考虑蜂群崩溃综合征（Colony Collapse Disorder，CCD）成因的话，有必要测定农药对野外整个蜂群的影响，但到目前为止，还没有制定出用来确定农药对整个蜂群影响的科学有效手段，美国环保署最近开发出测试农药对蜜蜂幼虫影响的方法。Radunz和Smith对蜂群内蜜蜂的死亡率提出了如下评价标准（按照蜂箱门前出现的死亡蜜蜂数量计），即当死亡率小于100蜂/天时定为正常，死亡率在200 ～ 400蜂/天时定为低死亡率，死亡率在500 ～ 900蜂/天时定为中等死亡率，死亡率超过1 000蜂/天时定为高死亡率。

欧盟利用室内数据和半大田与大田数据得来的危害商值（Hazard Quotient，HQ）以及蜜蜂行为的改变来进行农药风险评估。2013年8月，欧盟食品安全局发布了新版的《植保产品对蜜蜂（西方蜜蜂、熊蜂和独居蜂）风险评估指南》，该指南涵盖了对农药多种暴露途径的评估，兼顾了农药对蜜蜂的亚致死和长期影响。新版的农药评估指南除了蜜蜂以外还增加了熊蜂和独居蜂，涉及农药的慢性毒害、农药重复暴露及对蜜蜂幼虫潜在的风险，提出对于蜜蜂主要考察蜂群的存活和发展、幼虫的健康程度、蜜蜂的行为、蜂群群势和繁殖能力。新指南对长途采集蜂的农药危害进行了更为精确的评估，提出应该对位于农药处理区域边缘地带的蜂群进行农药中毒的预防，并建议当农药暴露导致蜂群群势降低程度超过7%时即定为农药危害。

我国对化学农药毒性的测定使用急性经口毒性试验（摄入法）和急性接触性毒性试验（接触法）进行，并制定了《化学品蜜蜂急性经口毒性试验》和《化学品蜜蜂急性接触性毒性试验》国家标准。1989年颁布《化学农药环境安全评价试验准则》规定以半数致死量LD_{50}作为杀虫剂对蜜蜂毒性的评价指标，成年工蜂的毒性阈值一般设定为，当LD_{50}小于2 μg/蜂定为高毒性，LD_{50}在2 ～ 10.99 μg/蜂时定为中等毒性，LD_{50}在11 ～ 100 μg/蜂时定为低毒性，LD_{50}大于100 μg/蜂时定为无毒性。

蜜蜂种群的实际损失由农药毒性和农药剂量决定，也与农药的剂型和施用方式有关。喷洒在植物枝叶上、花朵上的农药，会直接威胁到蜜蜂的安全，粉末性和水合剂农药往往比接触性溶液或乳油性农药对蜜蜂的危害更大。混入土壤中或粘在种子上的内吸式农药，最终会残留在植物的叶片、果实、花粉和花蜜中，并可能毒杀蜜蜂。

杀虫剂对蜜蜂急性接触毒性试验表明，对蜜蜂表现剧毒是阿维菌素某些剂型，高毒的是一些含有高效氯氟氰菊酯、吡虫啉、甲氰菊酯、丁硫克百威、毒死蜱、异丙威、甲氨基阿维菌素苯甲酸盐、氟虫双酰胺、丙溴磷、啶虫脒、丁醚脲、联苯菊酯、吡蚜酮、茚虫威、醚菊酯、虫酰肼、氟酰脲、马拉硫磷、氟啶胺、噻虫嗪、联苯菊酯有效成分的剂型。对蜜蜂低毒的杀虫剂苦为含有苦参碱、鱼藤酮、杀虫单、吡蚜酮、螺螨酯成分和一些生物农药。

杀菌剂对蜜蜂急性接触毒性的研究表明，表现为高毒的为含有氟硅唑、丙环唑两种有效成分的某些剂型，对蜜蜂急性接触毒性中表现为中毒有效成分为含有咪鲜胺剂型，其余药剂LD_{50}值均大于100μg/蜂，为低毒。

除草剂对蜜蜂急性接触毒性的研究表明，除草剂中没有高毒药剂，表现为中毒有效成分为含有百草枯某些剂型，其余除草剂药剂LD_{50}值均大于100μg/只，为低毒。

新烟碱类农药蜜蜂的急性经口毒性分析证实，烟碱类农药对蜜蜂危害较大，主要作用于蜜蜂的神经系统。对4种新烟碱类农药做比较，啶虫脒的毒性最低，噻嗪酮的毒性最高，田间应用要格外注意。

第二节　微生物农药对蜜蜂的影响

广义的微生物农药是指利用微生物或其代谢产物来防治危害农作物的病、虫、草、鼠害或促进作物生长的活体微生物和农药农用抗生素。狭义的微生物农药专指活体微生物农药，包括细菌、真菌、病毒等微生物体，根据用途和防治对象的不同，微生物农药可分为微生物杀虫剂、微生物杀菌剂、微生物除草剂、微生物杀鼠剂和微生物生长调节剂等。微生物农药是21世纪农药工业的新产业，其最大的优势在于能克服化学农药对生态环境的污染，减少在农副产品中农药残留量，同时在示范推广微生物农药应用的过程中，农副产品的品质和价格将大幅度上升，有力地促进农村经济增长和农民增收，社会效益不可估量。

当前微生物农药发展迅猛，全球微生物农药年产值以每年10% ~ 20%的速度增长，发展势头迅猛。微生物农药种类繁多，目前已报道的细菌杀虫剂约150种，真菌杀虫剂800多种，昆虫病毒杀虫剂超过1 600种，其开发和应用前景广阔。我国已登记微生物农药50余种，其中细菌类近20种，包括苏云金杆菌、苏云金杆菌（以色列亚种）、芽孢杆菌、广谱增产菌、野油菜黄单胞菌夜盗蛾变种、坚强芽孢杆菌、球形芽孢杆菌、球形芽孢杆菌（2362菌株）、枯草芽孢杆菌、蜡状芽孢杆菌、地衣芽孢杆菌、假单胞菌、荧光假单胞杆菌、类产碱假单胞菌、多黏类芽孢杆菌、解淀粉芽孢杆菌、芽孢杆菌、短小芽孢杆菌、短稳杆菌、放射土壤杆菌等；真菌类制剂13种，包括白僵菌、球孢白僵菌、金龟子绿僵菌、金龟子绿僵菌CQMa117、金龟子绿僵菌CQMa128、金龟子绿僵菌CQMa129、木霉菌、哈茨木霉菌、淡紫拟青霉、耳霉菌、短梗霉菌、寡雄腐霉菌、厚孢轮枝菌等；病毒类制剂17种，包括棉铃虫核型多角体病毒、茶尺蠖核型多角体病毒、甜菜夜蛾核型多角体病毒、苜蓿银纹夜蛾核型多角体病毒、斜纹夜蛾核型多角体病毒、油桐尺蠖核型多角体病毒、草原毛虫核多角体病毒、黏虫核型多角体病毒、稻纵卷叶螟核型多角体病毒、茶毛虫核型多角体病毒、甘蓝夜蛾核型多角体病毒、草原毛虫核多角体病毒、松毛虫质型多角体病毒、菜青虫颗粒体病毒、黏虫颗粒体病毒、蟑螂病毒、小菜蛾颗粒体病毒、苹果蠹蛾颗粒体病毒等。随着生产应用，人们也逐渐意识到微生物农药进入环境后，在杀灭靶标害虫的同时，也对环境其他生物和人类健康存在潜在风险，包括可能对蜜蜂存在的风险。

一、细菌杀虫剂及其对蜜蜂的影响

某些细菌对昆虫有致病或致死作用，利用这一特点将细菌及其所含有的活性成分制成杀虫制剂即为细菌杀虫剂。与其他类型杀虫剂相比较，昆虫病原细菌杀虫剂作用方式和杀虫机理独特，它主要利用自身代谢产生生物活性毒素对靶标昆虫进行毒杀或通过营养体、芽孢在虫体内繁殖等途径杀死靶标生物。害虫感染病原细菌后，往往表现为虫体发软，血液有臭味，常称为“败血病”。

目前筛选的杀虫细菌大约有100多种，大部分病原性细菌属于芽孢杆菌（Bacillaceae）、假单胞菌（Pseudomonadaceae）、肠杆菌科（Enterobacteriaceae）、链球菌（Streptococcaceae）和微球菌科（Micrococcaceae）。但只有苏云金芽孢杆菌（*Bacillus thuringiensis*）、日本金龟子芽孢杆菌（*B.popilliae*）、球形芽孢杆菌（*B.sphericus*）、缓病芽孢杆菌（*B.lentimorbus*）等几个菌种获得登记，并实现产业化生产。

在已知的昆虫病原细菌中，作为微生物杀虫剂在农业生产中大量使用的主要是芽孢杆菌属的苏云金杆菌。由于苏云金杆菌易工厂化培养，对人畜安全，对植物无药害，现在广泛用于无公害食品或“绿色食品”生产中。该杆菌是一种包括许多变种的产晶体芽孢杆菌，可做微生物源低毒杀虫剂，以胃毒作用为主。该菌可产生两大类毒素，即内毒素（伴胞晶体）和外毒素，使害虫停止取食，最后害虫因饥饿和死亡，而外毒素作用缓慢，在蜕皮和变态时作用明显，这两个时期是RNA合成的高峰期，外毒素能抑制依赖于DNA的RNA聚合酶。该药作用缓慢，害虫取食后2天左右才能见效，持效期约1天，因此使用时应比常规化学药剂提前2～3天，且在害虫低龄期使用效果较好。苏云金杆菌适用作物非常广泛，苏云金芽孢杆菌有70个血清型，82个亚种，已在60多个国家登记了120多个品种，广泛应用于十字花科蔬菜、茄果类蔬菜、瓜类蔬菜、烟草、水稻、米、高粱、大豆、花生、甘薯、棉花、茶树、苹果、梨、桃、枣、柑橘、棘等多种植物；主要用于防治鳞翅目害虫，如菜青虫、小菜蛾、甜蛾、斜纹夜蛾、甘蓝夜蛾、烟青虫、玉米螟、稻纵卷叶螟、二化螟等农林害虫，此外对鞘翅目、双翅目、膜翅目、半翅目等害虫，以及动植物线虫、蜱螨等节肢动物都有特异性的毒杀活性。现有研究表明，苏云金杆菌制剂对家蚕高毒，但对蜜蜂安全。

二、真菌杀虫剂及其对蜜蜂的影响

昆虫的致病微生物中，由真菌致病的最多，约占60%以上。昆虫真菌病的共同特征是，当昆虫被真菌感染后，常出现食欲锐减、体态萎靡、皮肤颜色异常等现象。被真菌致死的昆虫，其尸体都硬化，外形干枯，所以一般把昆虫真菌病又称为硬化病或僵病。目前世界上已记载的杀虫真菌约100个属800多个种，其中约50%集中于半知菌亚门（Deuteromycotina），主要分布在白僵菌属（*Beauveria*）、绿僵菌属（*Metarhizium*）、拟青霉属（*Paecilomyces*）、被毛孢属（*Hirsutella*）、蛐霉属（*Nomuraea*）、轮枝霉属（*Verticillium*）等。在中国、巴西、俄罗斯和欧美国家，真菌杀虫剂已广泛用于农林害虫和城市昆虫的防治，目前世界上已有60多个真菌杀虫剂产品问世。

昆虫病原真菌中，研究多且应用效果好的是白僵菌（*Beauveria bassiana*）。与其他虫生真菌一样，白僵菌侵染寄主一般要经历分生孢子的附着、萌发、穿透表皮，菌丝在血腔内生长，产生毒素，寄主死亡等几个阶段，白僵菌主要通过接触从目标昆虫体壁侵入，也可通过消化道、呼吸道、气孔及伤口等途径侵入虫体内。在适宜条件下萌发，生出芽管，穿透表皮进入虫体，大量繁殖并分泌代谢产物白僵菌素，2 ~ 3天后昆虫死亡。因为菌丝充塞虫体并吸干了虫体的水分，所以虫尸僵直。菌丝从虫尸节间膜和气门伸出体外似白色绒毛状，白僵之名由此而得。球孢白僵菌（*B.bassiana*）和卵孢白僵菌（*B.terella*）已开发成为广泛应用的微生物农药，截至2004年，世界上有7个国家登记了17个白僵菌杀虫剂品种，2006年球孢白僵菌在我国获得登记，主要用于防治大豆食心虫、玉米螟及松毛虫等害虫，其中白僵菌对松毛虫的防治效果可达90%以上。现有的研究结果表明，白僵菌制剂对蜜蜂安全。

绿僵菌（*Metarrhizium anisopliae*）也是一种寄生范围很广的昆虫病原真菌。已知可寄生200多种昆虫和螨类。以蝗绿僵菌和金龟子绿僵菌为代表加工而的真菌杀虫剂，在国外应用其防治害虫的面积超过了白僵菌，防治效果可与白僵菌媲美。该菌通过体表入侵作用进入害虫体内，在害虫体内不断增繁殖通过消耗营养、机械穿透、产生毒素，并不断在害虫种群中传播，使害虫致死。绿僵菌具有一定的专一性，对人畜无害，同时还具有不污染环境、害虫不会产生抗药性等优点。现有的研究结果表明，绿僵菌制剂对蜜蜂安全。

三、昆虫病毒杀虫剂及其对蜜蜂的影响

病毒杀虫剂是利用昆虫病毒的复制来杀灭昆虫。病毒侵入昆虫后，核酸在宿主细胞内进行病毒颗粒复制，产生大量的病毒粒子，促使宿主细胞破裂，导致昆虫死亡。国际上已报道过昆虫病毒有1 600多种，60%为杆状病毒，少数是颗粒体病毒，这些昆虫病毒能引起1 100种昆虫和螨类发病，可控制近30%的粮食和纤维作物上的主要害虫。目前有20多个国家已注册登记30多种病毒杀虫剂。我国已有20多种病毒进入大田试验，其中棉铃虫核型多角体病毒（*Heliothis armigera nuclear polyhedrosis viruses*）、小菜粉蝶颗粒病毒（*Pierisrapae granulosis virus*）、斜纹夜蛾核多角体病毒（*Prodenia litura nuclear polyhedrosis viruses*）、松毛虫质型多角体病毒（*Dendrolimus punctatus cytoplasmic polyhedrosis virus*）、小菜蛾颗粒体病毒（*Plutella xylostella granulosis virus*）等17种病毒杀虫剂已获得正式登记。

核型多角体病毒是昆虫病毒中发现最早、研究得较为详细的一类病毒。核型多角体病毒可通过伤口、经口等途径感染虫体，经口进入虫体的病毒经胃液消化后，游离出杆状病毒粒子，病毒粒子穿过中肠上皮细胞进入体腔，侵入体腔细胞并在细胞核内大量增殖，之后再侵入健康细胞，引起宿主生理机能紊乱、组织破坏，最后导致昆虫死亡。核型多角体病毒防效明显，可防治棉铃虫、斜纹夜蛾、舞毒蛾、小菜蛾以及松毛虫等鳞翅目昆虫，其中棉铃虫核型多角体病毒已在20多个国家用于棉花、高粱、玉米、烟草、番茄上的棉铃虫防治。

昆虫病原病毒虽研究较晚，但由于它的特殊性和重要性，所以发展很快。昆虫病毒的专化性极强，一般一种病毒只感染一种昆虫，只有极个别种类可感染几种近缘昆虫。昆虫病毒通过口器进入昆虫体内，在昆虫的体壁、脂肪体、血液中细胞里增殖后，离开感染细胞，再侵入健康细胞，使昆虫死亡。感染昆虫的病毒不感染人类、高等动植物及其他有益生物，因此使用时比较安全。由于昆

虫病毒感染的昆虫专一，可以制成良好的选择性病毒杀虫剂，而这种杀虫剂对环境的干扰最小，这也是利用病毒治虫的最大优点之所在。

四、昆虫病原线虫及其对蜜蜂的影响

昆虫病原线虫是一类寄生于昆虫体内的微小动物，属线形动物门。能随水膜运动寻找寄主昆虫，从昆虫的自然孔口或节间膜侵入昆虫体内。昆虫线虫不仅直接寄生害虫，而且可携带和传播对昆虫有致病作用的嗜虫杆菌。此杆菌可在虫体内产生毒素，杀死害虫。由于昆虫线虫能在人工培养基上大量繁殖，且侵染期线虫可贮存较长时间，能用各种施药机械施用，故在国际上昆虫线虫已作为一种生物杀虫剂进行商品化生产。国际上常用于防治害虫的线虫主要属于斯氏线虫科斯氏线虫属（*Steinernema*）和异小杆线虫科异小杆线虫属（*Heterorhabditids*）。斯氏线虫有10多个种，异小杆线虫有3个种。斯氏线虫属的垂直扩散能力较强，异小杆线虫属水平扩散能力较强，已开发出了不少杀虫线虫品种，均正式注册。在工业化国家生物农药市场上，这类线虫的市场销售额较高，对土栖性及钻蛀性害虫具主动搜寻能力，可规模化培养，使用方便，对人畜安全，不污染环境，在美国是免注册产品。我国目前能够利用液体培养基培养进行工厂化生产的有斯氏线虫和格氏线虫，用于大面积防治的目标害虫有桃小食心虫、小木蠹蛾和桑天牛等。目前未见到线虫制剂影响蜜蜂安全性的报道。

五、微生物杀菌剂及其对蜜蜂的影响

微生物杀菌剂是利用微生物的寄生、拮抗、竞争、溶菌等作用来抑制、甚至灭杀植物病原微生物生长的生物制剂。微生物杀菌剂开发潜力巨大、应用前景广阔，将可能成为继微生物杀虫剂之后第二个重要的商业化生物农药。用于生物防治的细菌以芽孢杆菌为主，主要有枯草芽孢杆菌（*Bacillus subtilis*）、解淀粉芽孢杆菌（*Bacillus amyloliquefaciens*）、多黏芽孢杆菌（*Bacillus polymyxa*）、蜡状芽孢杆菌（*Bacillus cereus*）、地衣芽孢杆菌（*Bacillus licheniformis*）、巨大芽孢杆菌（*Bacillus megaterium*）和短小芽孢杆菌（*Bacillus pumilis*）等。早在1973美国就开始大规模生产放射形土壤杆菌（*Agrobacterium radiobacter*）K84，用来防治由根癌病土壤引起的感染，是细菌防治果树根癌病最成功的例子。枯草芽孢杆菌制剂商业化已有20多年历史，因其能稳定地在土壤和植物表面定殖、产生抗生素并分泌刺激植物生长的激素，且能诱导寄主产生抗病性，是一种理想的微生物杀菌剂，也是目前研究和应用最多的抗病菌，已在美国、澳大利亚、瑞士、日本、中国等多个国家注册登记。

用于防治植物病害的真菌制剂虽然不多，但木霉菌（*Trichoderma*）作为一种重要的植物病害生防制剂，一直受到普遍关注。木霉菌广泛存在于土壤、根围、叶围、种子和球茎等生态环境中，可产生多种对植物病原细菌、真菌具有拮抗作用的生物活性物质如细胞壁降解酶类，且其产生的次级代谢产物能提高农作物抗逆性，促进植物生长、提高农产品质量。以“Rootshield”、“Trichodex”等为代表的几种木霉生防制剂能够防治植物灰霉病、霜霉病等多种叶部病害，已在欧洲和北美的20多个国家登记，具有良好的市场前景。

目前的研究表明，几乎所有的生物杀菌剂对蜜蜂都安全。

六、微生物除草剂及其对蜜蜂的影响

利用植物病原微生物及其产生的天然活性物质开发的除草剂即为微生物除草剂。活体微生物除草剂的作用方式是孢子、菌丝等直接穿透寄主表皮，进入寄主组织、产生毒素，使杂草发病并逐步蔓延，影响杂草植株正常的生理状况，导致杂草死亡，从而控制杂草的种群数量。微生物除草剂所利用的病原微生物主要包括病原真菌和病原细菌。目前商品化的微生物除草剂种类很少，具有杂草生物防治开发潜力的微生物中，真菌类主要集中在盘孢菌属（*Colletotrichum*）、镰孢菌属（*Fusarium*）、链格孢菌属（*Alternaria*）、尾孢菌属（*Cercospora*）、疫霉属（*Phytophthora*）、柄锈菌属（*Puccinia*）、叶黑粉菌属（*Entyloma*）、壳单孢菌属（*Ascochyta*）和核盘菌属（*Sclerotinia*）9个类型；细菌类主要为假单孢杆菌属（*Pseudomonas*）、肠杆菌属（*Enterobacter*）、黄杆菌属（*Flavobacterium*）、柠檬酸细菌属（*Citrobacer*）、无色杆菌属（*Achromobacter*）、产碱杆菌属（*Alcalligenes*）和黄单孢杆菌属（*Xanthomonas*）7个类型。

国外对微生物除草剂的研发十分活跃，如美国开发的棕榈疫霉（*Phytophthora palmivora*）防除柑橘园杂草莫仑藤，其防效高达96%，这也是第一个微生物除草剂产品。日本开发的双丙氨磷是一种广谱微生物除草剂，能防治一年生和多年生杂草，同时具有很高杀螨活性。我国开展植物病原菌防治杂草研究较早，20世纪60年代山东省农业科学院植保所研制了“鲁保一号（*Gleosporium* sp.）”，利用专性寄生于菟丝子，用于防除大豆菟丝子效果达到70% ~ 95%。

由于作物靶标不同，目前的资料显示微生物除草剂对蜜蜂安全。

第三节　天敌昆虫对蜜蜂的影响

一、捕食性天敌昆虫对蜜蜂的影响

用于农作物害虫防治的捕食性昆虫种类很多，分属18个目近200个科，常见的有蜻蜓、螳螂、猎蝽、花蝽、草蛉、步甲、瓢虫、食虫虻、食蚜蝇、胡蜂、泥蜂、蚂蚁等，以瓢虫、草蛉、食蚜蝇等最为重要。一般捕食性昆虫食量都较大，如大草蛉一生可捕食蚜虫可达1 000多头，而七星瓢虫成虫一天就可捕食100多头蚜虫。在自然界中，还有少数的天敌，可取食病菌的孢子。在众多捕食性天敌昆虫中，瓢虫、草蛉、食虫虻、食蚜蝇、泥蜂、蜻蜓、花蝽等，未见捕食蜜蜂的报道。但胡蜂、蚂蚁、螳螂等捕食性天敌，却对蜜蜂据有捕杀效果，在生产中需要加以防范。

1.蚁类　蚁类是一种分布广泛的昆虫。尽管其个体小，但个体众多和社会生活的习性使其成为重要的无脊椎动物捕食者。最早被晋朝的嵇含在《南方草木状》记述的世界上最早的生物防治事例，就是利用蚂蚁防治柑橘蚧壳虫，这种蚂蚁学名黄猄蚁（*Oecophylla smaragdina* F.），又名黄柑蚁、红树蚁，广泛分布与我国南方。黄猄蚁是树栖蚁种，会利用幼虫吐丝卷起鲜活树叶筑成“蚁包”栖息，大群落的黄猄蚁普遍有多个副巢。黄猄蚁生性凶猛，擅长捕食各种昆虫，因此常在农业生产上被用于生物防治。

此外，Dorylinae和Ecitoninae亚科的军蚁，遍布热带和较暖的温带地区。常以数万或数十万的群体进行采集，可取食蜂群的幼虫和蛹，蜜蜂一般无法抵挡军蚁的进攻。阿根廷蚁（*Iridomyrmex humilis*）分布于南非、美国和百慕大群岛等，是蜜蜂生产的重大害虫，可持续数天进攻蜂群，直接摧毁强大蜂群。在欧洲和北美洲，*Formica integra*和红木蚁（*Formica rufa*），会摧毁靠近蚁巢的蜂群。在美国和印度，*Camponotus*属的木工蚁或大黑蚁会杀死蜂箱内蜜蜂和咬掉木质蜂箱。另外在美国、印度、英国还有10多种蚁类，如丝蚁（*Zformica fusca*）、火蚁（*Solenosis geminata*）等也偶尔进入蜂巢寻找食物或建造巢穴，对蜜蜂生产形成巨大威胁。

对蚂蚁等的预防，可选用特种木材做蜂箱基板，利用趋避气味排斥蚂蚁。在蜂箱四周的支撑架上涂上沥青或润滑油，或在桩脚套上罐子内置废机油，可拒避蚁类侵入。也可使用自然驱避剂或化学药剂，如酒精、氟化钠、硼砂粉、粉状硫磺等趋避蚂蚁类蜜蜂害虫。

图1-11-1 捕食蜜蜂的螳螂

2. 螳螂 螳螂（*Mantodea*）亦称刀螂，除极地外，广布世界各地，尤以热带地区种类最为丰富。世界已知2 000种左右。中国已知约147种。其中，中华大刀螳、狭翅大刀螳、广斧螳、棕静螳、薄翅螳螂、绿静螳等，螳螂是农业害虫的重要天敌。

螳螂有保护色，有的并有拟态，与其所处环境相似，动作灵敏，捕食时所用时间仅有0.01秒。螳螂可捕食40余种害虫，如蝇、蚊、蝗、蛾蝶类及其幼虫和裸露的蛹、蟋蟀等小型昆虫，蝉、飞蝗、螽斯等大型昆虫。分布在南美洲以及东南亚的个别种类还能不时攻击小鸟、蜥蜴或蛙类等小动物。中华大刀螳、狭翅大刀螳等大型螳螂均可捕食蜜蜂，对蜜蜂种群威胁极大，生产中需加强巡视，及时驱除危害的螳螂（图1-11-1）。

二、寄生性天敌昆虫对蜜蜂的影响

寄生性天敌是农作物害虫生物防治的一类优良天敌昆虫，寄生性昆虫分属5个目、近90个科，包括赤眼蜂、蚜茧蜂、蚜小蜂等。按被寄生的寄主的发育期来说，可分为卵寄生、幼虫寄生、蛹寄生和成虫寄生。赤眼蜂科、缘腹卵蜂科（黑卵蜂）、平腹蜂科、缨小蜂科的大多数种类等属于卵寄生，把卵产入寄主卵内，其幼虫在卵内取食、发育、化蛹，至成虫才咬破寄主卵壳外出自由生活。小蜂总科的许多种类，姬蜂总科的许多种类，寄蝇、麻蝇的许多种类等属幼虫寄生，把卵产入寄主幼虫体内或寄主体外，其幼虫在寄主幼虫体内或体外取食、发育，成熟幼虫在寄主幼虫的体外或体内化蛹，羽化为成虫后自由生活。小蜂总科、姬蜂总科、寄蝇、麻蝇的许多种类属蛹寄生，把卵产于寄主蛹内或蛹外，其幼虫在寄主蛹内或蛹外取食，在寄主蛹内或蛹外化蛹，成虫期自由生活。还有一类，包括小蜂总科、姬蜂总科、寄蝇、麻蝇等为成虫寄生，把卵产于寄主的成虫体上或体内，其幼虫在寄主体内或附在寄主体上取食、发育，在寄主体内或离开寄主化蛹。

绝大多数寄生性天敌昆虫对蜜蜂安全，但少数种类可寄生于蜜蜂体内，威胁蜜蜂生产，如绒茧蜂科的个体。

中华绒茧蜂（*Apanteles* sp.）：属姬蜂总科小茧蜂科绒茧蜂属一类的寄生蜂，它主要寄生在中华蜜蜂体内。1960年首次在贵州发现，1973年中华蜜蜂大量发病，为害区寄生率高达20%以上，严重削弱蜂群的群势和采集蜂的采集力。处于潮湿环境的蜂群，其被寄生率较高，常年均在10%左右。

寄生蜂常在蜜蜂腹节第2 ～ 3节的节间膜处产卵，产卵部位有一小黑点，卵多着生于蜜蜂体内的蜜囊和中肠附近，孵化后即在蜜蜂体内取食。幼虫期历时40天。老熟幼虫纵贯蜂腹，可占腹腔容积的1/3以上。后期老熟幼虫从蜜蜂的腹末破腹而出，约10分钟后，即可在蜂箱的裂缝、箱底隐蔽处吐丝作茧。中华绒茧蜂蛹期11 ～ 13天，以蛹在蜂群内越冬。中华绒茧蜂在贵州一年可发生3代。

被寄生后蜜蜂初期症状并不明显，随着绒茧蜂幼虫的发育长大，病蜂腹部逐渐的膨大，螫刺功能衰退。病蜂开始离脾，足肢无力，头部上仰，匍匐爬行于箱底或箱壁，也可爬出巢门外死亡。病群的采集力明显下降。

目前对寄生蜂无好的防治法。在寄生蜂对蜜蜂危害不太严重情况下，可考虑不加以防治，若寄生率较高可采取结合防治巢虫方法，定期清理箱底裂缝和蜡屑杂物，减少虫蛹，捕捉巢内寄生蜂成虫，减少成虫的产卵机会。

三、其他蜂类对蜜蜂的影响

1.黄蜂（*Vespula*） 黄蜂不是蜜蜂重要的捕杀者，一般只捕食死亡或将死的蜜蜂。在秋季和冬初蜂群结成冬团期间，黄蜂盗蜜相当严重。危害蜜蜂有*Vespula germanlta*等种类。方法同防除胡蜂，也可用1%的灭蚁灵加0.5%的庚巴豆酸盐作为引诱剂，或用庚丁酸盐做诱饵防治黄蜂。

2.蜂狼（*Philanthus*） 蜂狼是一种独居的掘地蜂，有几种可捕食蜜蜂成蜂用以哺育幼虫，危害性最大的蜂狼当属欧洲蜂狼（*Philanthus triangulum*）。它们的巢穴多选择在有碱的垃圾堆，也可选择在沙壤、公路的裂缝以及房子的墙基处。雌性蜂狼既可捕食花上的采集的蜜蜂，也可在蜂箱巢口捕食采集蜂。蜂狼捕杀成蜂主要是吸取蜜蜂内的花蜜和血淋巴，然后将其抛弃。受危害死蜂腹部强烈收缩。

3.蚁蜂（*Mufilla*） 蚁蜂也叫绒丝蚁，是一类独居的寄生蜂，雌性个体没有翅。危害蜜蜂的蚁蜂有3种，其中*Mufilla eurpea*和*Mufilla differens*分布于德国与澳大利亚，*Mufilla coccinea*分布于美国，我国目前没有蚁蜂危害的报道。蚁蜂可从蜂箱获取蜂蜜，杀死成蜂和幼虫，每头蚁蜂一天可杀死几百只蜜蜂，被杀死的蜜蜂，腹部收缩，喙、足和翅向前伸。蜜蜂对高度骨化的蚁蜂没有抵抗和防御能力。

4.其他蜂类 在一些国家，蜂巢口常可发现熊蜂，它们可进入蜂箱或在暴露的巢脾上盗取蜂蜜。在南美，一些无刺蜂可掠夺靠近森林边缘的西方蜂的蜂蜜。它们用巨大的上颚腺分泌出稍有腐蚀性的液体将蜜蜂浸透，造成蜜蜂迷失方向，相互残杀。另外，一种体大且凶猛的麦蜂（*Melipona flavipennis*）严重时，可将整个蜂场毁掉。防治行窃的麦蜂、无刺蜂和熊蜂，可用艾氏剂加进糖浆吸引这些蜂类，让他们盗取后返巢，可杀死蜂巢其他个体。只要能网捕到营社会性生活，危害蜜蜂的蜂类，均可参考胡蜂防除方法。

蜜蜂属的种间与种内的相互盗夺也对蜂群本身造成极大危害。西方蜜蜂往往会掠夺东方蜜蜂的贮蜜，造成东方蜜蜂弃巢逃亡。大蜜蜂也可盗夺东方蜜蜂贮蜜，但无法盗夺西方蜜蜂的贮蜜。在凉爽清晨或夜间以及冬季期间，西方蜜蜂结团，东方蜜蜂偶尔也可盗夺西方蜜蜂群的贮蜜。蜂群间的相互盗夺，不仅影响整个蜂场的管理，还可造成疾病的迅速传播，其危害结果甚至超过其他病虫敌害的危害。对于普遍起盗的蜂场，只宜将起盗群尽快迁移。

执笔人：张礼生、秦　萌

第十二章
保护蜜蜂及授粉区农药安全使用

我国是农业大国，近年来由于气候的变化和耕作栽培制度的改变，农作物病虫害呈多发、频发、重发的态势。据统计，近5年农作物病虫草鼠发生面积70亿亩次左右，再加上农作物播种面积逐年扩大、病虫害防治难度不断加大。施用农药是防病治虫的重要措施，2012—2015年农作物病虫害防治农药年均使用量31万t左右（折百），农药使用量总体在近期仍呈上升趋势。随着我国加快转变农业发展方式，推进“到2020年农药使用量零增长行动”，施行“蜜蜂授粉与病虫害绿色防控技术集成示范”，着力转变农业经营方式、生产方式、资源利用方式和管理方式，促进农业发展由数量增长为主转到数量质量效益并重上来，由主要依靠物质要素投入转到依靠科技创新和提高劳动者素质上来，由依赖资源消耗的粗放经营转到可持续发展上来，走产出高效、产品安全、资源节约、环境友好的现代农业发展道路。保护利用蜜蜂授粉，推广病虫害绿色防控技术，对提高农作物产量，提升农产品质量安全水平，促进养蜂业和种植业持续健康发展意义重大。

第一节　蜜蜂的农药中毒

蜜蜂中毒是一种常见的现象。造成蜜蜂中毒的原因主要是大面积施用对蜜蜂有剧毒的农药、某些植物的花蜜和花粉对蜜蜂产生的毒性、工业污染和烟雾对蜜蜂造成的毒害。虽然蜜蜂中毒并无传染特性，但一旦发病，可短时间内摧毁整场蜂群，给养蜂业带来极大的危害，导致某些局部地区无法养蜂。

一、农药中毒

农作物病虫害防治主要依赖化学农药的使用，随农作物面积的不断增加，单作农田的不断扩大，各种害虫、螨害和病害严重发生，导致化学药剂使用量不断增加。由于目前使用的农药多对蜜蜂敏感，加上蜜蜂与许多种农作物的授粉关系密切，使得蜜蜂农药中毒成为世界范围的养蜂业的一个严重问题。在美国，每年死于农药中毒的蜂群多达50万群，几乎占蜂群总数的10%。在我国，农药中毒已经造成某些地区养蜂业的巨大损失，一些蜜源作物如棉花，由于农药大量使用，在某些地方使得蜜蜂无法利用。

1.农药对蜜蜂的毒性 农药对蜜蜂毒杀作用主要有胃毒、触杀和熏杀。部分农药通过蜜蜂采粉和采蜜或巢内的清洁活动，直接吞食药物，产生胃毒作用；有的是与蜜蜂体壁相接触而产生的触杀作用；有的是通过蜜蜂气门进入其体内而产生的熏杀作用。一旦农药进入蜜蜂体内，药物可能只侵害消化道，造成其麻痹或肌肉上的毒害，使成年蜂无法获取所需的营养，腹部膨胀，脱水死亡。更为常见的是，农药以各种途径侵害蜜蜂的神经系统，以致蜜蜂的足、翅、消化道等失去功能而死亡。

2.典型的农药中毒症状 蜜蜂发生农药中毒后，典型特征是在蜂箱口出现大量已死或濒死的蜜蜂。农药使采集蜂中毒致死，对蜂群其他个体并无严重影响，但大量中毒死亡导致蜂群群势削弱。许多农药不仅能毒死成蜂，还能毒死蜜蜂幼虫，采集蜂携带大量农药颗粒返回蜂箱，使幼虫和工蜂中毒死亡，甚至全群死光。

根据不同类型的农药，蜜蜂中毒后会呈现以下不同症状。有机磷农药类农药例如乐果、二溴磷、速灭磷、二嗪农、敌敌畏、久效磷、马拉硫磷、特普、毒死蜱等，蜜蜂中毒的典型症状为呕吐，不能定向行动，烦躁不安，蜂腹部膨胀，绕圈打转，双翅相连张开竖起，较多蜜蜂留在箱内直到麻痹死亡。氯化氢烃类农药，例如艾氏剂、氯丹、滴滴涕、狄氏剂、异狄氏剂、七氯、毒杀芬等，蜜蜂中毒的典型症状为行动反常，震颤，好像麻痹一样拖着后腿，双翅相连张开竖起，许多蜜蜂虽有以上症状，仍能飞出巢外，因而大多数中毒蜜蜂不仅会死在箱内，也会死在采集点与蜂箱之间。氨基甲酸酯类农药，例如西维因、虫螨威、灭害威、敌蝇威、自克威、灭多虫等，蜜蜂中毒的典型症状是主动寻衅螫人，活动不规则，无法飞翔，昏迷，呈麻痹状死亡，多数蜜蜂死在蜂群内，蜂王停止产卵。二硝酚类农药，例如敌螨普、二硝甲酚、消螨酚、地乐酚等，蜜蜂中毒的典型症状类似氯化氢烃类农药的中毒症状，并伴随像有机磷中毒那样，从消化道中呕吐一些物质。大部分中毒蜜蜂死在蜂群里。植物性农药例如除虫菊、丙烯菊酯及合成除虫菊酯、烟碱、鱼藤酮、鱼尼汀、沙巴草等，蜜蜂中毒的典型症状有呕吐，不规则行动，随即不能飞翔，昏迷，以后呈麻痹，迅即死亡，中毒蜂常死于采集地区和蜂群之间。

总之，在外界正值蜜粉源开花季节，蜂箱内外出现大量死蜂，且死蜂后足仍带有花粉团，可怀疑蜜蜂农药中毒。再根据中毒蜜蜂的症状，判断蜜蜂死于何种类型的农药中毒，采取相应的防治措施。此外，蜜蜂中毒除表现采集蜂大量死亡外，严重时箱内幼虫也中毒死亡，中毒幼虫常从巢房脱出，称为“跳子”。许多巢房的封盖会被咬开，内有许多死亡的蛹。蜂群的严重中毒常使箱内大量内勤蜂丧失，一部分蜜蜂蛹可能死于饥饿和缺乏照料。一般情况下，蜂王由于吃哺育蜂分泌的王浆即便侥幸存在，也可能随蜂箱内剩余蜜蜂弃箱而出。

3.蜜蜂对有毒花粉或中毒蜂的防范 守卫蜂也会阻止举止失常的蜂或带有讨厌气味而返巢的蜜蜂进入箱内。采集蜂载着毒花蜜飞回时，因气味识别会被驱出蜂箱。若内勤蜂在酿造过程中，将有毒花粉留在蜜胃内，也会被其他蜜蜂逐出箱外。蜜蜂的上述行为，防止了外来毒源对箱内蜂蜜和花粉的进一步污染。

第二节 蜜蜂的植物中毒

少数植物对蜜蜂有毒，有的植物表现为花蜜中毒，有的为花粉中毒，有的则是甘露中毒。蜜蜂植物中毒一般只局限于某些地区，对蜜蜂的危害相对于农药中毒小些。然而在某些情况下，某种植物的花蜜和花粉也会给蜂群带来严重损失。植物中毒比起农药中毒较为渐进，时间拖得较长，通常每年在相同时期和地区会重复出现，危害程度不是每年相同。当成年蜂中毒时，在箱门口，离蜂箱一段距离的地面和植物的周围会出现成堆的死蜂。新出房的幼蜂会出现麻痹状，无力地在地面爬行，翅膀扭弯、起皱，或者不能从它的腹部蜕下最后的蛹皮。蜂儿受植物中毒后，从卵的孵化至幼蜂的出房时期内均可能发生死亡。死亡的幼虫不会呈现棕褐色或黑色。蜂王有时也会发生植物中毒，受七叶树中毒后的蜂王所产的卵不会孵化，或孵化后的幼虫很快死亡。有时蜂王中毒后不会产卵，或只能产雄蜂卵，行为出现反常。蜂群由于蜂王的中毒死亡率相当高。

不同的有毒植物由于含有不同的毒素，对蜜蜂毒害症状可能是不同的。梁勤和陈大福（2009）汇总了有毒植物对蜜蜂的影响如下：

1. 紫杉树 叶片和浆果对哺乳动物有毒，含有一定量的有毒生物碱和昆虫蜕皮激素。蜜蜂采集紫杉树花粉会发生中毒死亡，肠内充满花粉。

2. 欧洲冷杉 欧洲冷杉是蚜虫的食物来源。蚜虫取食冷杉后会分泌一种蜜露。蜜蜂采集这种蜜露后会大量死于蜂箱前，体壁光滑发黑，活着的蜜蜂会出现独特的颤抖，种群数量骤降。当蜂群饲喂糖浆或搬离，可从中毒后恢复过来。

3. 海韭菜 生长于非洲、欧亚大陆和美洲的盐碱地，可产生一种生氰糖苷毒物。虽然没证据表明它同蜂群的损失的关系，但在美国仍被怀疑为重要的蜜蜂有毒植物。

4. 郁金香 郁金香是一种普通庭园花卉，含有对蜜蜂有毒的甘露糖和半乳糖，采集郁金香花的蜜蜂会死于花上。

5. 黎芦类植物 已知报道对蜜蜂有毒的黎芦植物有蒜黎芦、兴安黎芦、加州藜芦。它们含有几种糖原生物碱，具有杀虫特性和毒害蜜蜂的特性。黎芦花粉对幼蜂比对老蜂更敏感，常见成蜂粘在树上死亡，没有观察到幼虫发病。在有其他蜜源存在时，蜜蜂会放弃对黎芦的采集。

6. 棋盘花 含有类似于藜芦植物所含的生物碱，每年春天和初夏会造成大量成蜂死亡，这种植物的花蜜和花粉对蜜蜂都有毒性，但花蜜分泌较少。本地蜜蜂似乎对其毒性有相对免疫力。

7. 栎树 在土壤含有高浓度钙的条件下对蜜蜂有毒，采集蜂常死于树上。栎树叶上的蜜露会滋生于一种对蜜蜂有毒的真菌。对靠近栎树的蜂群进行糖汁饲喂，可防止蜜蜂的死亡。

8. 乌头属植物 含有对哺乳动物毒性很高的乌头碱。蜜蜂取食花粉25分钟会出现中毒，足麻痹，整个体躯痉挛，最后导致死亡，蜂王和雄蜂也会发生中毒。

9. 毛茛属植物 含有剧毒的原白头翁素。在春天植物开花对蜜蜂威胁较大，其花粉的毒性可维持3年之久。内勤蜂发生中毒后，在巢门口颤抖着无法飞行，足失去控制背朝下猛烈地旋转，很快瘫痪死亡。死蜂的腹部收缩呈弓形，四肢痉挛，翅膀张开。

10. 黄芪类植物 本身不断累积砸元素，造成对采集蜂的毒害。幼虫由于花蜜和花粉的作用繁殖缓慢。采集蜂中毒后常死于树上或坠落于蜂箱前，严重时，蜂王停卵，幼虫死亡。

11.黄柏 果实、种子和树皮含有啊朴啡、原黄连素和一些生物碱。蜜蜂取食黄柏蜜露2～3天后死亡，用这种蜜露酿制而成的蜂蜜饲喂蜜蜂，7～10天发生蜂死亡。

12.大戟属植物 包括银边翠和一品红等。其蜂蜜对人和蜜蜂有毒。人取食蜂蜜后喉咙有火烧感觉。蜜蜂取食其花粉和蜂蜜后蜂体麻痹，腹部蜷缩，翅膀张开。在踏板走动时，足由于无力只作曲线运动。饲喂花粉代用品能减少蜜蜂对有毒植物的采集。

13.西里拉属植物 生长于南美洲的沼泽地，使幼虫感染紫虫病，巢房死亡幼虫呈蓝色或紫色，这种病不是通过幼虫或花粉传递的，而是由巢内有毒蜂蜜造成的。严重时，蛹和新羽化的幼蜂也会死亡。这种植物的蜂蜜对人没有毒，蜂蜜的毒素也不清楚。

14.加州七叶树 加州七叶树是北美最有名的有毒植物，其花粉、花蜜、蜂蜜和树液均能引起蜜蜂中毒。用七叶树蜂蜜和花粉饲喂蜂群会造成蜜蜂缺足，失去翅膀和出现不正常行为。蜂王中毒后不产卵，或卵不孵化，幼虫死亡。有些外勤蜂油光发亮，身体痉挛，死蜂在蜂箱前成堆出现。加州七叶树的树液、花蜜和花粉内含有一种有毒的皂角苷，饲喂蜂群3～4天后即出现典型症状，6～17天使笼蜂迅速死亡。

15.椴树属植物 包括大叶欧椴、小叶欧椴和银椴。蜜蜂采集这类植物花粉偶尔会染上“杉毒病”，采集蚜虫危害后的蜜露会引起蜜蜂的死亡。中毒的蜜蜂失去飞翔力。身体蜷曲，行为异常，箱内蜜蜂呈麻痹状，树下常有成堆死蜂。有毒花蜜内含有半乳糖、甘露糖和蜜二糖，可造成笼蜂中毒。中毒症状不同气候条件和不同地区有差异，在干旱时或蜜蜂单独采集椴树植物时症状比较严重。因此，同种树在不同气候下可能是蜜源，也可能是养蜂业的灾难。

16.山茶花 蜜含有蜜三糖，在台湾曾造成大量幼虫死亡。假如其花蜜与其他花蜜混合，据知对成蜂和幼虫不造成伤害。

17.杜鹃花 对蜜蜂有毒的种类很多，花含有毒素。花蜜分泌较少，对蜜蜂引诱力不大，但采集蜂仍出现中毒症状。在花凋谢前从花芽上采集蜂胶的蜜蜂常出现成百以上的死亡。

18.断肠草 可产生花粉，也可产生一些花蜜。蜜蜂采集其花粉后会瘫痪死亡，年幼内勤蜂比外勤蜂更敏感，幼虫没有出现中毒症状。人食用断肠草花蜜酿造的蜂蜜后，会发生中毒。

19.马利筋属植物 含有几种有毒的强心苷，对鸟类等动物有毒。有毒花粉令蜜蜂难以消化，外勤蜂采集后，腹部膨大，稍挤压腹部即可爆裂。在中欧地区，有些马利筋属种类的花蜜含有高浓度的尼古丁，对蜜蜂有毒。

20.菟丝子 这种植物对蜜蜂有毒，常常造成取食的蜜蜂的迅速死亡。在美国一些养蜂地区，蜜蜂采集干旱而凋谢的花时，损失率可达50%。

21.田野水苏 这种植物在英格兰和澳大利亚广泛分布，据知可使羊中毒。此外，其分泌的花蜜可使采集蜂神奇地死亡，中毒蜂的肠道内充满“泡沫”。在蜂群内，内勤蜂似乎感染最重。

22.曼陀罗 含有类似阿托品、天仙子胺、天仙子碱的毒素，对脊椎动物有剧毒。蜜蜂偶尔采集，其蜂蜜对人有毒。对蜜蜂毒害情况还不知晓。

23.天仙子 含有奚若碱、天仙子胺、天仙子碱和阿托品，蜜蜂采集天仙子后，成虫和幼虫均会死亡，蜂群严重衰落。

24. 烟草　含有能杀虫的尼古丁、去甲烟碱、新烟碱。采集烟草花的蜜蜂，其种群会下降，足、体躯及翅膀都会被黏住。

25. 龙葵　广泛分布于全世界，可使牲畜和家禽中毒。龙葵有花粉却很少有花蜜。含有由一种糖类和茄啶组成的茄碱毒素，采集蜂常死于这种植物下。

26. 毛地黄　含有大约12种强心苷。在广泛栽培毛地黄地方，其花粉会使蜜蜂中毒。种子提取物毛地黄皂苷放在糖浆内喂给蜜蜂会产生强烈的毒性，只用0.05%提取物饲喂蜂群，3 ～ 4小时后部分蜜蜂出现瘫痪。

27. 茶树　普遍种植于我国南方各省，冬季开花，花粉橙色，无毒；茶花蜜含有较高的多糖成分，对蜜蜂幼虫有较高毒性。在茶树开花后期会引起幼虫大量腐烂，成蜂一般不表现症状。在干旱年景中毒严重。

28. 枣树　栽培于我国华北地区，每年5 ～ 6月开花，花期约1个月。在干旱年景，采集蜂发生枣花病，损失可达半数以上，枣花蜜含有生物碱类物质，会使成蜂中毒。初期腹部膨大，飞翔能力逐渐丧失，坠落于蜂箱附近作跃式爬行，腹部不停地抽搐，死后双翅张开，腹部钩缩，吻伸吐，高温干燥，病害更为严重。

29. 大藜芦　一种野生多年生草本植物，多分布于我国黑龙江省和吉林省的东部和北部山区，开花期6 ～ 7月，花粉含有黎芦碱，会使采集蜂取食花粉后2小时出现抽搐，翻滚，腹部膨大，无力飞行，爬出巢门痉挛而死。

30. 油茶　一种木本油料植物，广泛分布我国长江流域各省和福建省等地。冬季开花，流蜜量大，白而浓稠。蜜蜂采集花蜜后引起腹胀中毒，不能飞行，在巢口爬行，无抽搐和痉挛等现象。

31. 松柏类植物　本身不会产生有毒的花粉或花蜜。由于大量蚜虫和介壳虫寄生的缘故，蜜蜂会采集大量由寄生昆虫分泌出的糖汁液，这种甘露蜜含有较多的矿物盐和糊精物质，蜜蜂难以消化而中毒死亡。严重时，蜂王和幼虫也会死亡。死亡工蜂腹胀，无力飞翔，中肠松缓，呈灰白色，内含物含有黑色絮状沉淀，后肠有黑色的粪便。蜜蜂植物中毒一般只能迁场，缺乏解毒方法。

第三节　蜜蜂病虫害防治的合理用药

一、蜜蜂病虫害防治药剂的合理应用

蜜蜂病虫害预防或治疗药剂主要有抗真菌药剂、抗原虫药剂、抗病毒药剂等，欧美等国对这类药剂均采用禁用的方法，以避免蜂产品的抗生素污染。我国出口欧洲的蜂蜜中曾被查出含有氯霉素，从而对我国蜂产品实行全面禁进，对我国养蜂业打击极大。虽然在2005年，欧盟对我国的蜂产品禁进已经解除，但对进口我国蜂产品仍持保留态度。可见，在蜂群中使用蜜蜂抗生素要极为谨慎。

对蜜蜂病虫害的预防，可在合理的时候、选择合理的药剂、使用合理的剂量、通过合理的途径，来使用蜜蜂病虫害的预防剂和治疗剂，包括必要的抗生素。并且严格按照规定实行，并做好用药记录，保证蜂产品的质量符合标准规定的范围内。

二、蜜蜂抗生素药剂的合理使用

蜂群中使用抗生素的适应证目前只有蜂群的细菌病。真菌病、病毒病、原虫病不适合使用抗生素。临床上选用抗生素时应对致病菌种、药物抗菌作用、病理机能状态等全面考虑，严格地根据适应证选用，病原不明者不用，禁止预防性用药。

1.合理的用药时机 机抗生素禁止作为预防用药物使用，一则造成蜂产品污染，二则反而诱导出耐药性菌株。抗生素应在前期管理良好的基础上，突发细菌性病害时，应急、短期使用。一般在发现子脾上出现“花子”，并确定是细菌感染后，方可使用。

2.合理的药剂种类 蜜蜂得病后不是所有的抗生素都能使用，还要根据蜂蜜销售的去向决定使用的种类。若出口欧盟，允许使用但有最高限量的药剂为，抗菌类物质：磺胺类、β-内酰胺抗生素类（青霉素、头孢类）、四环素族、大环内酯类（红霉素）、链霉素；其他兽药：氨基甲酸酯类、拟除虫菊酯类、抗球虫药。日本允许使用金霉素、土霉素、四环素治疗蜜蜂细菌性幼虫病。而氯霉素、硝基呋喃类、杀虫脒各国都是绝对禁止使用的，一旦在蜂产品中查出，立即判定为不合格，产品需立即销毁。所以蜂蜜的销售去向与药物使用关系极大。

3.合理的使用剂量 在蜂群中使用药物的剂量至今没有官方标准，每群蜜蜂饲喂0.125g的四环素就足以抑制细菌病的发展。

4.合理的用药途径 通常喂药方式为制作含药糖浆饲喂，这种方法极易造成蜂蜜污染。因为，蜜蜂是会将含药糖浆搬运到贮蜜房内的。合理的方法应为将药物碾细均匀拌入花粉中饲喂蜜蜂，一则幼虫、成蜂都要食入花粉从而接受药物，二则多余的含药花粉是进入粉房的，不会污染蜂蜜。

5.详细的用药记录 对疾病控制时的用药记录必须完整、规范。在每次用药前必须详细记录：蜂种、时间、地点、蜂群基本情况、气候、病害名称、诊断者、严重程度（发病群数、病害严重度等）、用药处方、药物来源、用药量、用药途径、用药天数、病情变化、结束时期。

6.中草药的使用 中草药是我国具有优势的传统的疾病防治方法，具有有效、安全、低残留、无污染的优点，是蜜蜂疾病防治上急需总结、推广的。我国养蜂实践中广大蜂农总结出许多行之有效的配方，值得试验和总结。

7.休药期 在蜂群中施用杀螨剂或抗生素后，一定要注意执行一定的休药期，休药期一般在45～60天。抗生素的使用应在蜂群生产季节之前，一般蜂群在进入大流蜜期后，许多疾病往往“自愈”，故此生产季节不应使用抗生素类药剂。

第四节 蜜蜂授粉区农药的安全使用

蜜蜂对于促进农业增收、保护生物多样性和改善生态环境起着至关重要的作用。部分化学农药对蜜蜂危害极大，在蜜蜂授粉区，对相关农作物病虫害开展防控，要慎重选药、用药。一般应遵循以下原则，一是农业病虫害应该采取综合防治措施，以防为主，科学防治，能不使用化学农药尽量不用化学农药，在蜜蜂授粉与绿色防控核心示范区，建议多采取生物防治、农业防治、物理防治措施，通过生态调控，提升环境适应能力，利用生物多样性控制病虫害的发生规模。二是应严格遵照相关法律法规、农药施用细则，严格监督和管理剧毒性和高毒性农药的使用，保护环境免受农药的危害。三是政府部门应围绕蜜蜂为农作物授粉制定相关的保护性法律法规，为蜜蜂的农作物授粉保驾护航。四是作物花期有蜜蜂活动的田块，应该避免在花期前后喷洒农药，必须要施用农药的，应该及时告知养蜂户撤离。作物施用的杀虫剂应该尽可能选用毒性小、残留时间短和容易降解的农药种类如生物农药；作物施用的农药，应该选择靶标生物专一性强的种类，避免对蜜蜂产生毒害。五是培训养蜂户学习蜜蜂农药中毒判别技术，勤于箱外观察，发现蜜蜂农药中毒的迹象，及时处理。养蜂户可与蜂场周边的农户联系，及时掌握作物施药信息，妥善沟通和处理作物施药与蜜蜂授粉防中毒之间的矛盾。一旦发生恶性蜜蜂农药中毒事件，造成严重经济损失，养蜂户应积极合理地维权。

目前供试作物已有病虫草害农药登记情况的梳理，将现阶段常用的农药按毒性和安全间隔期，分为三类：绝对禁止类农药、确保安全间隔期可选用的农药、对蜜蜂基本无毒副作用的农药，供各示范区病虫害防治参考，详见附录二。

执笔人：张礼生、邹亚飞、何伟志、刘晨曦、王孟卿

DI'ERBUFEN

SHIJIANPIAN

2 第二部分 实践篇

第一章 水稻蜜蜂授粉与绿色防控增产技术集成

一、概述

水稻是世界三大主要粮食作物之一，按照不同分类的方法，水稻可以分为籼稻和粳稻、早稻和中晚稻、糯稻和非糯稻。世界上近一半人口，都以大米为食。大米的食用方法多种多样，有米饭、米粥、米饼、米糕、米酒等。水稻除可食用外，还可以酿酒、制糖作工业原料，稻壳、稻秆，可以作为饲料。

世界水稻种植面积以亚洲最大（占90%），其次是非洲、美洲；最多的国家是印度、中国。面积最大的10 个国家依次是印度、中国、印度尼西亚、孟加拉、泰国、越南、缅甸、菲律宾、巴西和巴基斯坦。

水稻是中国最重要的粮食作物，位于三大主粮之首，在粮食生产和消费中历来处于主导地位，是65% 以上人口的主食，是国家粮食安全的基石。

二、作物特性

水稻（学名：*Oryza sativa*）是草本稻属的一种，也是稻属中作为粮食的最主要、最悠久的一种，又称为亚洲型栽培稻。

水稻是一年生水生草本禾本科植物。秆直立，高0.5 ~ 1.5m，随品种而异。叶鞘松弛，无毛；叶舌披针形，长10 ~ 25mm，两侧基部下延长成叶鞘边缘，具2枚镰形抱茎的叶耳；叶片线状披针形，长40cm左右，宽约1cm，无毛，粗糙。圆锥花序大型，疏展，长约30cm，分枝多，棱粗糙，成熟期向下弯垂；小穗含1成熟花，两侧甚压扁，长圆状卵形至椭圆形，长约10mm，宽2 ~ 4mm；颖极小，仅在小穗柄先端留下半月形的痕迹，退化外稃2枚，锥刺状，长2 ~ 4mm；两侧孕性花外稃质厚，具5脉，中脉成脊，表面有方格状小乳状突起，厚纸质，遍布细毛端毛较密，有芒或无芒；内稃与外稃同质，具3脉，先端尖而无喙；雄蕊6枚，花药长2 ~ 3mm。颖果长约5mm，宽约

2mm，厚约1 ~ 1.5mm；胚比小，约为颖果长的1/4。

水稻为有性生殖，自花授粉作物，靠花粉传播交配，花粉传播的媒介是风，约有3% ~ 5%是异花授粉，水稻在自花授粉时，雄蕊的花药会破裂，花粉相当细小，会随风力、稻的摇摆，落到旁边的雌蕊柱头上，变成异花授粉。常志远等（1989）对水稻开花授粉习性探讨，表明17个品种的天然异交率为0.19% ~ 8.92%，在25个参试品种中，52%的品种属于典型自花授粉，28%的品种属于自花授粉，20%的品种属于常异花授粉。籼粳亚种均不属于自花授粉，而为常异花和异花授粉。水稻不同的开花授粉习性的发现，对水稻良种的保纯，提纯复壮和籼粳亚种间杂交育种技术的改进均将产生积极的影响。授粉是杂交水稻制种的关键环节，而充分、均匀的授粉是提高制种质量和产量的关键。目前，杂交水稻授粉的人工辅助授粉方法主要包括人力式和机械式。人力式授粉是传统的授粉方式，主要有绳索拉粉、单长竿赶粉、双短竿推粉法，但所有人力式授粉法都劳动强度大、生产效率低。前人也试过利用蜜蜂为水稻授粉，结果表明，水稻早、晚两熟利用蜜蜂授粉都可以显著提高产量，相对于网罩空白区，蜜蜂授粉提高5%的产量。但不同的研究者存在一定差异，徐景耀（1977）试验结果表明蜜蜂授粉只能稍微提高水稻产量，差异不显著。蜜蜂为水稻授粉主要是在采集过程中能触动正在开花的禾穗和用花粉刷收集花粉时引起花粉的散落，促进水稻的授粉，提高结实，而不是蜜蜂采集时直接接触柱头授粉，因此，蜜蜂为水稻传粉的机会较少。

三、蜜蜂授粉技术

将水稻蜜蜂授粉与病虫害绿色防控技术有机结合起来，有效提高水稻产量，保护生态安全，促进蜜蜂授粉产业发展和水稻丰收，保护农业生态环境。

2015年，在黑龙江省五常市建立水稻蜜蜂授粉与绿色防控增产技术集成应用试验示范区1个，试验示范核心区面积2 000亩，辐射区面积1万亩，重点示范水稻蜜蜂授粉与绿色防控增产技术。通过试验示范，明确蜜蜂授粉对水稻产量及品质的影响和效果，为建立水稻蜜蜂授粉与绿色植保技术集成配套措施提供科学依据。

示范内容：2015年在黑龙江省五常市建立水稻蜜蜂授粉与绿色防控增产技术试验示范区1个，示范区设置在水稻集中连片区域，示范区域土壤肥力、栽培品种、管理措施等条件基本一致。示范共设置2个处理，分别为：蜜蜂授粉区、自然对照区（图2-1-1 ~图2-1-4）。

（一）蜜蜂授粉技术试验示范

（1）*蜜蜂品种*。北京一号。北京一号蜜蜂配套系是中国农业科学院蜜蜂研究所培育的我国首个抗螨高产蜜蜂配套系，同时具有蜂蜜产量高、抗螨能力强、性情温驯等特性；意大利蜜蜂是我国饲养的主要蜜蜂品种，该蜂种性情温驯、能保持安静，蜂群产育力强，分蜂性弱，对高温环境适应能力强，对花粉的采集量大，在授粉应用中表现良好，是授粉应用最多的蜂种。

（2）*蜂需求量*。3箱，蜂群势10脾以上，按每亩地1箱配置。

（3）*水稻品种*。稻花香二号，为加强水稻授粉，在水稻扬花期间，在授粉区上方设置网室进行隔离，作为空白对照。

（4）*网室规格*。网室1.25m^2，长1.5m × 宽1.5m（可依地形设计），高度距作物顶端1.5m，纱网

图2-1-1　蜜蜂授粉稻田

图2-1-2　蜜蜂采集水稻花粉

图2-1-3　蜂箱及巢脾

规格80目，固定于稻田内。

（5）扣棚时间。水稻开花前安置完毕。

（6）蜂群入场时间。水稻在开花时进场授粉。

（7）网室处理。水稻花期结束后即可将网室拆除，但要做好标记以便后期产量等的调查评价。

（8）蜂群管理。调整巢脾，保持蜂多于脾，维持箱内温度稳定，保证蜂群能够正常繁殖。初花期适当奖励饲喂诱导糖浆提高蜜蜂授粉的积极性。蜜蜂授粉期间主要饲喂糖浆和水，则应适当饲喂糖浆（糖水比约为2 ∶ 1）。

（9）水源。水稻授粉期间，保证蜂群具有干净充足的水源。

图2-1-4　蜜蜂为水稻授粉

（二）试验方法

1.试验时间与材料　本试验于2015年7 ～ 8月水稻扬花期间在黑龙江省五常市小山子镇水稻田

间进行。试验用栽种品种，土地肥力，管理措施一致水稻田两块，相距3km以上。供试种植品种为稻花香二号，于2015年5月末播种，生长过程中采用常规施肥和田间管理方法。

2.区组设计

（1）蜜蜂授粉区。设置2个水稻蜜蜂授粉区，每大块地放置授粉蜂群20群，每一个授粉区分成4块实验区，每个实验区设置取样点5个，合计40个取样点，每个取样点取3株水稻。

（2）自然授粉区。取远离蜜蜂授粉区田块，距离大于2km，试验区1个，共分成3个试验区块，每块地5个取样点，共计15个点，每个取样点取3株水稻。自然对照区水稻品种、栽培措施等与蜜蜂授粉区保持一致。

（3）空白对照区。空白区为搭建面积为1.5m^{2}的木质框架，用纱网封闭，防止蜜蜂及野生昆虫的进入。在蜜蜂授粉区，每个试样点旁边设置空白对照，共计40个，每个取样点取3株水稻；在自然授粉区，每个试验点也设置空白对照，共计15个空白对照；共计55个空白对照点。

3.试验步骤

（1）水稻开花观察。每天早晨9点到午后1点，试验地观察水稻开花状况，并做详细记录。

（2）蜜蜂采集活动规律。在4块试验田内放中华蜜蜂40箱，自水稻扬花期前3天将蜜蜂放入试验田。水稻扬花期间，每天9：30 ~ 12：00，每半小时在田间进行跟踪调查，将试验田四周平均分为4段，对每段进行授粉蜂统计，统计时间为10分钟观察到的蜜蜂数量，记录数据。

（3）穗粒数。水稻收割前3天，每个样品点取3株独立收割存放，干燥后，对每穗进行单独脱粒。然后，利用数粒仪进行计数。

（4）空秄粒数和千粒重。利用分流机将脱粒后的谷子进行分选，空秄粒被分选出去，剩余饱满秄粒，从而获得空秄粒数；将饱满秄粒进行统计其千粒重。

（5）亩产测量。根据所采集的水稻株进行亩产估计，获得蜜蜂授粉、空白对照区和自然授粉区的亩产量。

（6）数据分析。利用数据分析软件的单方面方差分析进行穗粒数、千粒重、株粒数和亩产量统计分析。

四、绿色防控技术

（一）水稻主要病害虫害

1.水稻恶苗病 水稻恶苗病又称徒长病。病原*Fusarium moniliforme* Sheld.称串珠镰孢，属半知菌亚门真菌。病谷粒播后常不发芽或不能出土。带菌种子和病稻草是水稻恶苗病发生的初侵染源。浸种时带菌种子上的分生孢子污染无病种子而传染。严重的引起苗枯，死苗上产生分生孢子，传播到健苗，引起再侵染。带菌稻秧定植后，菌丝体遇适宜条件可扩展到整株，刺激茎叶徒长。花期病菌传播到花器上，侵入颖片和胚乳内，造成秕谷或畸形，在颖片合缝处产生淡红色粉霉。病菌侵入晚，谷粒虽不显症状，但菌丝已侵入内部使种子带菌。脱粒时与病种子混收，也会使健康种子带菌。土温30 ~ 35℃时易发病，伤口有利于病菌侵入；旱育秧较水育秧发病重；增施氮肥刺激病害发展。施用未腐熟有机肥发病重。一般籼稻较粳稻发病重。糯稻发病轻。

图2-1-5 水稻恶苗病

病症特征：苗期发病，病苗比健苗细高，叶片叶鞘细长，叶色淡黄，根系发育不良，部分病苗在移栽前死亡。在枯死苗上有淡红或白色霉粉状物，即病原菌的分生孢子。湿度大时，枯死病株表面长满淡褐色或白色粉霉状物，后期生黑色小点即病菌囊壳。病轻的提早抽穗，穗形小而不实。抽穗期谷粒也可受害，严重的变褐，不能结实，颖壳夹缝处生淡红色霉，病轻不表现症状，但内部已有菌丝潜伏（图2-1-5）。

2.水稻青枯病、立枯病

（1）*水稻青枯病*。系水稻生理失水所致。病害常在1～2天内突然大面积成片发生。多发于晚稻灌浆期，断水过早，遇干热风，失水严重导致大面积青枯。长期深灌，未适度搁田，根系较浅容易发生青枯。土层浅，肥力不足，或施氮过迟也易发生青枯。

病症特征：叶片内卷萎蔫，呈失水状，青灰色，茎秆干瘪收缩，或齐泥倒伏，谷壳青灰色，成为秕谷。病害常在1～2天内突然大面积成片发生。

（2）*水稻立枯病*。是水稻旱育秧最主要的病害之一。其发病的主要原因是气温过低、温差过大、土壤偏碱、光照不足、秧苗细弱、种量过大等因素。秧苗在2～3叶期时胚乳将近耗尽，抗寒力最差，日平均气温低于12～15℃则生育受阻，抗病性显著削弱，病菌易侵入，此时若遇低温阴雨最易发生立枯病。所以，旱育秧苗2～3叶期是立枯病流行的主要时期。低温、阴雨、光照不足是诱发立枯病的重要条件，其中以低温影响最大。在低温条件下幼苗抗病能力降低，有利于病害发生。气温过低，对病原菌发育和侵染影响小，但对幼苗生长不利，根系发育不良，吸收营养能力下降，更有助于病害发展。如天气持续低温或阴雨后暴晴，土壤水分不足，幼苗生理失调，病害发生加重。

病症特征：田间症状主要表现为出苗后秧苗枯萎，容易拔断，茎基部腐烂，有烂梨味，发病较重的整片死亡，病株基部多长有赤色霉状物。芽腐，出苗前或刚出土时发生，幼苗的幼芽或幼根变褐色，病芽扭曲、腐烂而死。在种子或芽基部生有霉层。针腐，多发生于幼苗立针期到2叶期，病苗心叶枯黄，叶片不展开，基部变褐，有时叶鞘上生有褐斑，病根也逐渐变为黄褐色。种子与幼苗基部交界处生有霉层，茎基软弱，易折断，育苗床中幼苗常成簇，成片发生与死亡。黄枯、青枯，多发生于幼苗2.5叶期前后，病苗叶尖不吐水，叶色枯黄、萎蔫，成穴状迅速向外扩展，秧苗基部与根部极易拉断，叶片打绺。在天气骤晴时，幼苗迅速表现青枯，心叶及上部叶片“打绺”。幼苗叶色青绿，最后整株萎蔫。在插秧后本田出现成片青绿枯死（图2-1-6）。

3.稻瘟病 稻瘟病病原菌是*Phyricularia grisea*（Cooke）Sacc.称灰梨孢，*Pyricularia oryae* Cav.称稻梨孢，属半知菌亚门。有性态为*Magnaporthe grisea*（Hebert）Barrnov.属子囊菌亚门。稻瘟病的发生与气候、栽培、品种、施肥以及菌源有关。一般情况下水稻孕穗期低温、多雨、寡照，水稻生长发育不良，抗病性下降，氮肥使用过多、过晚利于发病和流行。水稻品种间抗病性

图2-1-6 水稻青枯病、立枯病

也有很大差异，常年大面积单一种植同一品种，有利于稻瘟病流行。

病症特征：稻叶瘟在3叶期以后的秧苗和成株叶片上发生。根据病斑形状、色泽、大小的不同可以分为急性型、慢性型、褐点型、白点型4种。急性型：病斑呈水浸状，暗绿色，多数近椭圆形或两端稍尖，病部密生灰绿色霉层。这种病斑在天气阴雨高湿，氮肥施用过多时多发，在易感病品种上发展更快。急性型叶瘟，当天气转晴或经药剂防治后可转变为慢性叶瘟。慢性型：病斑呈梭形或菱形，两尖端有沿叶脉伸展的褐色坏死线，病斑中央灰白色，边缘呈黄色晕圈，叶片背面可见灰绿色霉层。褐点型：病斑多发生在抗病品种或稻株下部老叶上，呈褐色小点或稍大褐点，局限在叶脉之间，传播性很小。白点型：当病菌侵入嫩叶后，遇干燥天气或土壤缺水时发生。初期病斑呈白色或灰白色小点儿，如遇阴雨天或潮湿环境，易转变为急性型叶瘟。水稻穗颈瘟在抽穗后至灌浆期染病，穗颈、穗轴和枝梗上均可发生。病斑初期呈水渍状褐色小点，逐渐扩展，颜色变深黑绿色，引起穗颈节腐烂造成白穗或枝梗发病。轻者会使粒重降低，秕粒增加，碎米增多，重者造成整穗或整个枝梗枯死（图2-1-7）。

图2-1-7 水稻稻瘟病

4.水稻潜叶蝇 水稻潜水叶蝇 [*Hydrellia griseola*（Fallen）] 为双翅目，水蝇科。寄主为水稻及某些禾本科杂草。以幼虫潜食叶肉，致稻叶变黄干枯或腐烂，严重时全株枯死。年生4 ~ 5代，以民虫在水沟边杂草上越冬，翌春多先在田边湿杂草中繁殖1代。秧田揭膜后1代成虫可在秧田叶上产卵，在田水深通条件下，卵散产在下垂或平伏水面的叶尖上，生产上深灌或秧苗生长瘦弱时为害较重。从水稻秧田揭膜开始至插秧苗期是为害主要时期。水稻缓苗后植株已发育健壮，已悄再受害，又飞到杂草上繁殖（图2-1-8）。

形态特征：成虫体长2～3mm，青灰色。触角黑色，第3节扁平，近椭圆形，具粗长的触角芒虫1根，芒的一侧具小短毛5根；前缘脉有两处断开，无臀室。足来黑色，中、后足第1跗节基部黄褐色。卵长椭圆形，乳白色，上生细纵纹。末龄幼虫体长3～4mm，圆筒形略扁平，乳白色至乳黄色，尾端具黑褐色气门突起两个。肾长3.6mm左右，黄褐色，尾端具黑色气门突起两个。

图2-1-8 水稻潜叶蝇及其危害状

5.水稻二化螟 二化螟[*Chilo suppressalis*（Walker）]属鳞翅目，螟蛾科，是我国水稻上危害最为严重的常发性害虫之一，蛀食水稻茎部，为害分蘖期水稻，造成枯鞘和枯心苗；为害孕穗、抽穗期水稻，造成枯孕穗和白穗；为害灌浆、乳熟期水稻发，造成半枯穗和虫伤株。为害株田间呈聚集分布，中心明显。初孵幼虫先侵入叶鞘集中为害，造成枯鞘，到2～3龄后蛀入茎秆，造成枯心、白穗和虫伤株。初孵幼虫，在苗期水稻上一般分散或几条幼虫集中为害；在大的稻株上，一般先集中为害，至3龄幼虫后才转株为害（图2-1-9、图2-1-10）

形态特征：成虫翅展雄约20mm，雌25～28mm。头部淡灰褐色，额白色至烟色圆形，顶端尖。胸部和翅基片白色至灰白，并带褐色。前翅黄褐至暗褐色，中室先端有紫黑斑点，中室下方有3个斑排成斜线。前翅外缘有7个黑点。后翅白色，靠近翅外缘稍带褐色。雌虫体色比雄虫稍淡，前翅黄褐色，后翅白色。卵：扁椭圆形，有10余粒至百余粒组成卵块，排列成鱼鳞关，初产时乳白色，将孵化时灰黑色。幼虫：老熟时长20～30mm，体背有5条褐色纵线，腹面灰白色。蛹：长约10～13mm，淡棕色，前期背面尚可见5条褐色纵线，中间三条较明显，后期逐渐模糊，足伸至翅芽末端。

五、效益分析

五常和牡丹江水稻示范项目经以上多方面数据显示，试验点四个处理之间均没有显著的差异（$p>0.05$），说明蜜蜂对水稻花的授粉效果不显著。其原因可能是五常市和牡丹江市地理位置处于山区，示范区有其他植物开花，因此影响蜜蜂对水稻采集积极性。

（一）经济效益分析

2015年，在五常和牡丹江市开展了水稻蜜蜂授粉与绿色防控增产技术试验示范工作。黑龙江省五常市水稻示范项目经多方面数据显示，试验点四个之间均没有显著的差异（$p>0.05$），说明蜜蜂

图2-1-9 水稻二化螟
a.卵 b.幼虫 c.蛹 d.成虫

图2-1-10 水稻二化螟造成白穗

对水稻花的授粉效果不显著（表2-1-1）。

牡丹江市水稻示范项目通过三个区域的比较测产结果可以看出，三个处理中产量最高的是蜜蜂授粉区，产量为868.5kg/亩，较自然对照区增产3.83%，较空白防治区增产4.45%；产量第二的是自然对照区，产是为836.2kg/亩，较空白防治区增产0.57%；产量最低的是空白防治的蜜蜂授粉区，产量为831.5kg/亩（表2-1-2）。

结果差异原因初步分析可能是两地示范区水稻品种、土壤及周围其他蜜源杆物密度分布不同造成，有待进一步分析研究。

表2–1–1　五常水稻蜜蜂授粉表

处　理	千粒重（g）	分蘖粒数（粒）	空瘪粒数（粒）	亩产（kg）
A	25.016 4	80.879 5	459.857 4	624.674 7
B	24.533 9	80.387 5	503.714 3	649.274 6
C	25.221 3	81.651 9	320.4	654.214 3
D	25.310 4	80.226 4	362.733 3	646.214 3

注：A.蜜蜂授粉区；
B.蜜蜂授粉空白区；
C.自然授粉区；
D.自然授粉空白区（既不放蜂也不进行病虫害防治）。

表2–1–2　牡丹江水稻蜜蜂授粉试验田间测产表

	品　种	行距（cm）	株距（cm）	穴/m^2（个）	穗/穴（个）	千粒重（g）
A	188			26	17	26.7
	穗粒数（粒）	实粒/穗（粒）	秕数/穗（粒）	结实率（%）	理论产量（kg/亩）	
	124.3	110.4	13.09	88.8	868.5	
	品　种	行距（cm）	株距（cm）	穴/m^2（个）	穗/穴（个）	千粒重（g）
B	188			28	17	27.8
	穗粒数（粒）	实粒/穗（粒）	数/穗（粒）	结实率（%）	理论产量（kg/亩）	
	111.9	97.6	14.3	87.2	836.2	
	品　种	行距（cm）	株距（cm）	穴/m^2（个）	穗/穴（个）	千粒重（g）
C	188			27	17	27.9
	穗粒数（粒）	实粒/穗（粒）	数/穗（粒）	结实率（%）	理论产量（kg/亩）	穗粒数（粒）
	110.6	97.4	13.2	88.0	831.5	

注：A.蜜蜂授粉区；
B.自然授粉区；
C.空白对照区。

（二）化学农药减量效益评价

通过对水稻主要病虫害采用农艺、物理、生物等非化绿色防控措施，减少化学农药施用次数1～3次，减少化学农药施用量50～150g/亩，整体减少化学农药用量是20%。蜜蜂授粉处理区采取生物、物理措施防病治虫，有效保护蜜蜂的同时保护了天敌，保护了水田生态系统。

水稻蜜蜂授粉与绿色防控增产技术避免了对蜜蜂的伤害，实现了增产目的，降低了化学农药对农田生态环境的危害，减少了下游产品中的化学农药残留，得到了示范区农户的认可，取得了显著的生态效益和社会效益。

执笔人：赵　炜、王　伟、高　清、李　鹏

水稻蜜蜂授粉与绿色防控增产技术集成模式

时间	3月底至4月初	4月中旬至5月中旬	5月下旬至6月中旬	6月底至7月初	7月中旬至8月初
生育期	苗床前	水稻苗期	分蘖期	拔节期	孕穗至齐穗期
主控对象	水稻恶苗病	水稻青枯病、立枯病	水稻潜叶蝇、负泥虫	水稻二化螟	水稻稻瘟病、纹枯病
防治措施	浸种	加强苗床管理，喷施生物药剂	带药下田，浅水灌溉，喷施生物杀菌剂	利用物理措施或生物药剂防治	喷施生物药剂
备注	**种子消毒**：25%咪鲜胺乳油或25%氰烯菌酯悬浮剂浸种。 **农业措施**：立枯病、青枯病：加强苗床温湿度的科学管理，适时通风炼苗，提高秧苗素质，减轻病害发生。稻瘟病：选择适宜的抗病品种，不连年大面积种植单一品种。加强田间管理，施用氮肥不要过多、过迟，适当增加磷、钾肥比例，提高水稻抗病能力。割净水渠和池埂上的杂草，增加通风透光性。处理销毁病稻草，减少田间菌源。水稻纹枯病：在春季泡田整地时，打捞菌核，并带出田外烧毁。生长期加强稻田肥、水管理，提高植株抗病性。水稻二化螟：将枯鞘、枯心、枯穗等二化螟的被害株及时拔除，可减少虫量，同时防止幼虫转株为害。水稻潜叶蝇：稻田浅水灌溉，下雨后雨水过深要及时排水，避免深水飘苗、淹苗，减少潜叶蝇落卵量。发生严重地块可排水晒田。 **生物防治**：水稻青枯病、立枯病：秧苗一叶一心期，用枯草芽孢杆菌＋5%氨基寡糖素喷雾。二叶一心期，寡雄腐霉＋5%氨基寡糖素喷雾。稻瘟病：1 000亿芽孢/克 枯草芽孢杆菌可湿性粉剂，用药期要提前3 ~ 5天。水稻二化螟：在蛾始盛期，释放稻螟赤眼蜂寄生水稻二化螟虫卵；幼虫钻蛀前，利用苏云金杆菌悬浮剂防治二化螟幼虫。水稻潜叶蝇：生物药剂短稳杆菌秧苗带药下田。 **物理防治**：在村屯周围稻草集中堆垛附近设置投射式杀虫灯或在稻田周围设置性诱剂诱捕器，诱杀二化螟成虫。 **蜜蜂授粉技术**：水稻：蜜蜂为水稻授粉应于水稻扬花期间在水稻田间进行。水稻授粉5 ~ 6亩配置一箱蜂群，蜂群势10脾以上，将蜂群布置在地块的中央，摆放时单箱排列、多箱组合排列，减少蜜蜂飞行半径。初花期适当奖励饲喂诱导糖浆，蜜蜂授粉期间主要饲喂糖浆和水，适当饲喂糖浆（糖水比约为2：1）。提供清洁水源，授粉蜂群内保持2 ~ 3kg蜂蜜和0.3 ~ 0.5kg花粉。在蜜蜂授粉前一周及授粉期间禁止使用任何对蜜蜂有毒害作用的农药					

第二章
大豆蜜蜂授粉与绿色防控技术集成

一、概述

大豆是中国的重要粮食和油料兼用作物之一，已有5 000年栽培历史，古称菽，大豆原产中国。我国各地均有栽培，亦广泛栽培于世界各地。中国大豆主要分布在黑龙江、吉林、辽宁、内蒙古（面积和总产均占全国的50%以上）以及淮河地区的安徽、河南、山东、江苏、河北（面积和总产均占全国的20%以上）等省。大豆种子含有丰富植物蛋白质，常用来制作各种豆制品、榨取豆油、酿造酱油和提取蛋白质。豆渣或磨成粗粉的大豆也常用于禽畜饲料。

黑龙江省是我国大豆主产区之一（图2-2-1），常年大豆种植面积占全国大豆种植面积的37% ～ 44%，总产量占全国的38% ～ 46%，商品率达80%以上，是我国大豆出口的主要供应地，鼎盛时期年出口量近百万吨。

图 2-2-1　大豆授粉田与授粉蜂群

利用蜜蜂为大豆授粉可以使产量增加10%左右，同时如果大豆是泌蜜品种，每群蜂还能产蜜9～18kg。

我国为了攻克蜜蜂为杂交大豆授粉的技术难关，吉林养蜂所和吉林省农业科学院开展合作研究，经13年的研究试验，实现了杂交大豆结荚率平均达到84.2%，制种产量2010年达到21.86kg/亩；2013年达到113.77kg/亩。同时应用蜜蜂为网室杂交大豆授粉技术，繁育大豆不育系250个，配制杂交组合1 179个，实现了网室杂交大豆结荚率平均达到60%，最高达到94.33%。

二、作物特性

大豆 [*Glycine max* (L.)Merr] 为一年生草本，高30～90cm。茎粗壮，直立，或上部茎缠绕状，上部多少具棱，密被褐色长硬毛。叶通常具3小叶；托叶宽卵形，渐尖，长3～7mm，具脉纹，被黄色柔毛；叶柄长2～20cm，幼嫩时散生疏柔毛或具棱并被长硬毛；小叶纸质，宽卵形，近圆形或椭圆状披针形，顶生一枚较大，长5～12cm，宽2.5～8cm，先端渐尖或近圆形，稀有钝形，具小尖凸，基部宽楔形或圆形，侧生小叶较小，斜卵形，通常两面散生糙毛或下面无毛；侧脉每边5条；小托叶披针形，长1～2mm；小叶柄长1.5～4mm，被黄褐色长硬毛。总状花序短的少花，长的多花；总花梗长10～35mm或更长，通常有5～8朵无柄、紧挤的花，植株下部的花有时单生或成对生于叶腋间；苞片披针形，长2～3mm，被糙伏毛；小苞片披针形，长2～3mm，被伏贴的刚毛；花萼长4～6mm，密被长硬毛或糙伏毛，常深裂成二唇形，裂片5，披针形，上部2裂片常合生至中部以上，下部3裂片分离，均密被白色长柔毛，花紫色、淡紫色或白色，长4.5～8（10）mm，旗瓣倒卵状近圆形，先端微凹并通常外反，基部具瓣柄，翼瓣篦状，基部狭，具瓣柄和耳，龙骨瓣斜倒卵形，具短瓣柄；雄蕊二体；子房基部有不发达的腺体，被毛。荚果肥大，长圆形，稍弯，下垂，黄绿色，长4～7.5cm，宽8～15mm，密被褐黄色长毛；种子2～5颗，椭圆形、近球形，卵圆形至长圆形，长约1cm，宽约5～8mm，种皮光滑，淡绿、黄、褐和黑色等多样，因品种而异，种脐明显，椭圆形。花期6～7月，果期7～9月（图2-2-2）。

图 2-2-2　大豆花和荚

三、蜜蜂授粉技术

1.蜜蜂品种选择　东北黑蜂、意大利蜜蜂。

2.授粉蜂群的繁育时间　在大豆授粉蜜蜂进入场地前45天开始繁育授粉蜂群。授粉蜂群进入授粉场地时间应在大豆开花期。

3.蜂群数量　蜂群数量取决于蜂群的群势、授粉作物的面积与布局、植株花朵数量和长势等。一般给大豆授粉5～6亩/群。

4.蜂群管理

(1) 早春保温。早春气温低，蜂群群势弱，放蜂地应选在避风向阳处，采取蜂多于脾和增加保温物的方法来加强保温。

(2) 保持强群。给大豆授粉时，要组织强群，以便在较低温度下可以正常开展授粉活动。

(3) 提供清洁水源。授粉期间保证蜂群具有干净充足的水源。

(4) 训练蜜蜂积极授粉。为了加强蜜蜂对大豆授粉作物采集的专一性，在初花期至花末期，每天用浸泡过大豆花瓣的糖浆饲喂蜂群。花香糖浆的制法：先在沸水中溶入与水相等重量的白糖，待糖浆冷却到20～25℃时，倒入预先放有该种作物花瓣的容器里，密封浸渍4小时，然后进行饲喂，每群每次喂100～150g。第一次饲喂宜在晚上进行，第二天早晨蜜蜂出巢前，再补喂一次，以后每天早晨喂一次。

5.用药注意事项　在大豆开花前，农户不得使用氧化乐果、敌敌畏等剧毒、残留期较长的农药；在开花期，授粉作物及其周边同期开花的其他作物均应严禁施药。若必须施药，应尽量选用生物农药或低毒农药（图2-2-3）。

图2-2-3　大豆蜜蜂授粉示范

四、绿色防控技术

（一）大豆主要病虫害

1.大豆根腐病　引起大豆根腐病的田间病原菌较为复杂，主要有镰孢菌属（尖孢镰孢菌、禾谷镰孢菌、茄腐镰孢菌、燕麦镰孢菌）、丝核菌属（立枯丝核菌）、腐霉菌属（终极腐霉菌）、紫青霉菌、疫霉菌等。重茬连作、药害、肥害、低温冷害、胞囊线虫和潜根蝇等引起的病、虫害或者化学除草剂施用过晚（三片复叶后）都会加重根腐病的危害。

病症特征：大豆根腐病主要发生在幼苗期，感病部分为大豆根部和茎基部。大豆根腐病有多种病原菌感染，所以症状也有许多类型，但常见的症状是：幼苗茎基部病斑初为褐色点状，扩大后呈

图 2-2-4 大豆根腐病

菱形、长条形或不规则形大斑，病重时病斑呈红褐色或黑褐色，皮层腐烂呈溃疡状。根部病斑初期亦呈点状，扩大后为红褐色或黑褐色，长条形或不规则形病斑，重病株的主根和须根腐烂，造成秃根。病株地上部生育不良，病苗矮瘦，叶小而色淡，严重时干枯而死。在成株期，病株根部产生褐斑，形不规则，大小不一，病患部不生须根，地上部较健株瘦小，结荚少，落花落荚现象严重（图2-2-4）。

2.大豆菌核病 大豆菌核病是由子囊菌亚门真菌核盘菌（*Sclerotinia sclerotiorum*（Lib.）de Bary）引起的。该病是大豆的一种常见病害，分布较广。大豆菌核病以菌核潜伏在土壤、病残体或混在种子内，并在适当的环境条件下，引发大豆菌核病，给大豆的生产造成严重的经济损失。

病症特征：大豆菌核病从幼苗到成株期均可发生，但主要发生在成株期，以花期危害严重。主要危害大豆地上部茎秆，造成茎腐、叶腐、花腐和荚腐症状。茎秆感病在茎基部，后向上蔓延。病部呈深绿色湿腐状，其上可生棉絮状菌丝体。病情严重时，植株折断倒伏而死。成株期感病茎或茎基部呈暗褐色、湿润状，扩大后呈深褐色，后边苍白色。病斑不规则形，病重时植株自根部折断，潮湿时病茎基部生有白色絮状菌丝，其中杂有黑色鼠粪状菌核。病茎髓部变空，干燥时，茎部折断裂开，维管束外露而成乱麻状。叶柄分枝处也可受害，呈苍白色，后期破裂呈乱麻状；叶片染病后呈暗青色，水渍状，叶片腐烂，湿度大时易产生白色絮状菌丝。被害荚亦呈苍白色，多不结实，病株子粒瘦小甚至干瘪（图2-2-5）。

图 2-2-5 大豆菌核病

3.大豆褐纹病 大豆褐纹病又叫斑枯病，是大豆主要病害之一，对大豆的产量影响较大，在我国东北、华北、西北均有发生。该病是一种在低温条件下容易发生的气传病害，病原为大豆壳针孢菌（*Septoria glycines* Hemmi），病菌以菌丝体和分生孢子器在病残体上越冬，从伤口、气孔直接穿透组织表皮侵入大豆叶片。该病每年有两个发病高峰，7月上旬为第一个高峰期，7月中旬至8月中旬病害增长速率非常缓慢，8月下旬以后，随着气温降低，病情快速增长；8月末至9月初进入第二个高峰期，发病严重时，9月上旬大豆叶片自下而上全部黄化脱落。病害发生轻重，主要取决于病菌的菌源数量、气象条件和耕作、栽培技术等。

图 2-2-6 大豆褐纹病

病症特征：典型症状是叶部产生多角形或不规则形，大小1～5mm，褐色或赤褐色小型斑，病斑略隆起，中部色淡，稍有轮纹，表面散生小黑点。病斑周围组织黄化，发生重的地块叶片多数病斑可汇合成褐色斑块，使整个叶片变黄，病叶发生发展的顺序是自下而上的发生，直至叶片脱落。茎和叶柄染病生暗褐色短条状边缘不清晰的病斑。染病豆荚上生不规则棕褐色斑点。其中，不同叶子的危害症状不同。子叶病斑不规则形，暗褐色，上生很细小的黑点。真叶病斑棕褐色，轮纹上散生小黑点，病斑受叶脉限制呈多角形，直径1～5mm，严重时病斑愈合成大斑块，致叶片变黄脱落（图2-2-6）。

4.大豆细菌性斑点病 大豆细菌性斑点病是大豆的主要病害之一，在冷凉潮湿的气候条件下发病多而重。发病严重的情况下，可造成大豆叶片提早脱落，影响光合作用而减产。病原为丁香假单胞菌大豆致病变种（大豆细菌疫病假单胞菌 [*Pseudomonsa syringae* PV. *glyanca* (loerper) Yong Dye & Wiilkic]），属细菌。病菌在种子上或未腐熟的病残体上越冬。翌年播种带菌种子，出苗后即发病，成为该病扩展中心，病菌借风雨传播蔓延。多雨及暴风雨后，叶面伤口多，利于该病发生。连作地发病重。

图 2-2-7 大豆细菌性斑点病（李鹏提供，黑龙江）

病症特征：为害幼苗、叶片、叶柄、茎及豆荚。幼苗染病子叶生半圆形或近圆形褐色斑。叶片染病初生褪绿不规则形小斑点，水渍状，扩大后呈多角形或不规则形，大小3～4mm，病斑中间深褐色至黑褐色，外围具一圈窄的褪绿晕环，病斑融合后成枯死斑块。茎部染病初呈暗褐色水渍状长条形，扩展后为不规则状，稍凹陷。荚和豆粒染病生暗褐色条斑（图2-2-7）。

5.大豆食心虫 大豆食心虫属昆虫纲鳞翅目，小卷蛾科（*Leguminivora glycinivorella* Matsumura）。俗称大豆蛀荚虫、小红虫，以幼虫蛀食豆荚。幼虫蛀入前均作一白丝网罩住幼虫，一般从豆荚合缝处蛀入，被害豆粒咬成沟道或残破状。成虫体长5～6mm，翅展12～14mm，黄褐至暗褐色。前翅前缘有10条左右黑紫色短斜纹，外缘内侧中央银灰色，有3个纵列紫斑点。雄蛾前翅色较淡，有翅缰1根，腹部末端较钝。雌蛾前翅色较深，翅缰3根，腹部末端较尖。卵扁椭圆形，长约0.5mm，橘黄色。幼虫体长8～10mm，初孵时乳黄色，老熟时变为橙红色。蛹长约6mm，红褐色。腹末有8～10根锯齿状尾刺（图2-2-8）。

图 2-2-8 大豆食心虫（李鹏提供，黑龙江）

6.大豆蚜虫 大豆蚜虫又名腻虫、蜜虫，是同翅目蚜科昆虫的1种（Aphis glyanes Matsumura），为大豆重要害虫。有翅孤雌蚜体长1.2 ~ 1.6mm，长椭圆形，头、胸黑色，额瘤不明显，触角长1.1mm；腹部圆筒状，基部宽，黄绿色，腹管基半部灰色，端半部黑色，尾片圆锥形，具长毛7 ~ 10根，臀板末端钝圆，多毛。无翅孤雌蚜体长1.3 ~ 1.6mm，长椭圆形，黄色至黄绿色，腹部第1、7节有锥状钝圆形突起；额瘤不明显，触角短于躯体，第4、5节末端及第6节黑色，第6节鞭部为基部长的3 ~ 4倍，尾片圆锥状，具长毛7 ~ 10根，臀板具细毛。若虫和成虫均以刺吸式口器吸食大豆嫩枝叶的汁液，造成大豆茎叶卷缩，根系发育不良，分枝结荚减少。此外还可传播病毒病。大豆蚜发生期与气候条件的关系密切，天敌对于抑制蚜虫的发生影响较大（图2-2-9）。

图 2-2-9 大豆蚜虫（李鹏提供，黑龙江）

（二）大豆授粉期病虫害防控技术

1.大豆根腐病

（1）农业防治。大豆根腐病发病率总的趋势是连作越长发病越重，三年以上最重，因此，应坚持三年以上轮作，如豆—麦—麦，豆—玉—麦等轮作体制。适期晚播，控制播深在4cm，采取垄作，进行深松，及时排除田间积水，改善土壤通气条件，增施有机肥、磷肥和钾肥，进行叶面喷肥，可增强大豆抗病和耐病能力。减轻危害措施：加强田间铲趟，提高地温，增强土壤的通透性，以降低田间湿度，促进植株根部发病部位的恢复生长；及时喷施叶面肥及植物生长调节剂。如尿素、磷酸二氢钾等，以增强植株的抗病性，促进病株新根的生成，增强植株的再生长能力。

（2）药剂拌种防治。100kg种子用35%多·克·福悬浮种衣剂1 200 ～ 1 500mL拌种，防治镰孢菌、丝核菌、腐霉菌引起的根腐病，对地老虎、蛴螬等地下害虫和胞囊线虫病有一定防效；2.5%咯菌腈悬浮种衣剂150 ～ 200mL拌种。防治镰孢菌、丝核菌、腐霉菌、疫霉菌引起的根腐病。

2.大豆菌核病

（1）农业防治。精选种子，去除菌核；与非寄主作物合理轮作；合理密植，避免田间郁蔽；采取垄作种植模式，提高田间通透性。

（2）药剂防治。大豆2 ～ 3片复叶期（田间水分差，特别遇到干旱年，长期干旱，施药时间可适当推迟）。应用25%咪鲜胺乳油1 500mL/hm^2、40%菌核净可湿性粉剂1 050g/hm^2、70%甲基硫菌灵可湿性粉剂1 500g/hm^2喷雾防治。

3.大豆褐纹病

（1）农业防治。根据当地种植条件及气候，选择合适的品种，如没有高抗品种，可以选择抗病性表现较好的品种；与豆科以外的其他作物进行2年以上的轮作；清除田间病叶及其他病残体，并进行深翻以减少菌源；根据大豆的长势，进行合理的大田管理，降湿、增温提高大豆抗病性；科学施肥。

（2）药剂防治。发病初期喷洒70%甲基硫菌灵可湿性粉剂1 125 ～ 1 500g/hm^2，25%嘧菌酯悬浮剂900 ～ 1 200mL/hm^2。发病前及中后期各进行一次药剂防治，效果最佳。

4.大豆细菌性斑点病

（1）农业防治。选用高产、优质抗病品种，在无病区域无病田选留种子；与除大豆外的任何作物轮作2年以上，并注意不要与大豆地邻作；清除田间病残体并深埋。

（2）药剂防治。发病初期可用30%琥胶肥酸铜悬浮剂1 500mL/hm^2或1%武夷霉素水剂5 000 ～ 7 500mL/hm^2叶面喷雾。

5.大豆食心虫

（1）农业防治。选种抗虫品种，远距离轮作；大豆收获后及时深翻。

（2）生物防治。赤眼蜂对大豆食心虫的寄生率较高。可以在卵高峰期释放赤眼蜂，每公顷释放30万～45万头；或撒施菌制剂，将白僵菌洒入田间或垄台上，增加对幼虫的寄生率，减少幼虫化蛹率。

（3）药剂防治。当大豆食心虫成虫田间出现打团，并且每团蛾量较大、出现成倍增长的现象，即表明成虫已进入发生盛期，要立即进行防治。在大豆封垄好的情况下，可用敌敌畏熏蒸。即用80%敌敌畏乳油1 500 ～ 2 250mL/hm^2，将高粱或玉米秆切成20cm长段，一端去皮，吸足药液制成药棒，将药棒未浸药的一端插在豆田内，每5垄插一行，棒距4 ～ 5m。要注意敌敌畏对高粱有害，距高粱20m以内的豆田内不能施用；田间喷雾防治，可用25%氰·辛乳油300 ~ 450mL/hm^2，或2.5%高效氯氟氰菊酯水乳剂300mL/hm^{2}对水喷雾，喷药时要注意雨天对药效的影响。

6.大豆蚜虫

（1）农业防治。及时铲除田边、沟边、塘边杂草，减少虫源。加强水肥管理，提高大豆对蚜虫的耐受能力。拔除有蚜株，并带出田外集中烧毁。

（2）保护天敌。大豆蚜天敌的控制作用较大，选择对天敌杀伤作用小的药剂品种，可以有效保护瓢虫、草蛉、蜘蛛等天敌。

（3）物理防治。采取黄板诱杀技术，防治大豆蚜为害。

（4）药剂防治。3%啶虫咪乳油225 ~ 300mL/hm^2，叶面喷雾。

五、效益分析

（一）经济效益分析

大豆蜜蜂授粉与绿色防控增产技术，不仅实现了增产目的，也提高了大豆病虫害绿色防控技术的覆盖。2015年，黑龙江省蚕蜂技术指导总站和黑龙江省植保站，在宾县开展了大豆蜜蜂授粉与绿色防控增产技术试验示范工作。宾县是国家大豆良种生产基地县，大豆种植历史悠久，技术经验丰富。大豆示范区在三宝乡、民和乡建立2个蜜蜂授粉与病虫害绿色防控技术集成应用示范基地，面积3 000亩，200多农户。

经测产，项目区平均亩产大豆260千克，对照非项目区宾州镇宣阳村偏脸子屯平均亩产大豆220千克，项目区比项目区亩增产40千克，增产8.5%，每千克按4.4元计算，亩增产176元。同时，大豆采取生物防控技术，亩可减少投入30元左右（表2-1-1）。

表2–1–1 大豆测产表

处理	平均亩产量（kg）	平均亩产增收（kg）	增产比率（%）	增加经济效益（元/亩）	亩减少投入（元）
A	260	40	8.5	176	30
B	220	—	—	—	—

注：A.蜜蜂授粉和生物防治区；
B.空白对照区。

（二）化学农药减量效益评价

通过对大豆主要病虫害采用农艺、物理、生物等非化绿色防控措施，减少化学农药施用次数1 ~ 3次，减少化学农药施用量50 ~ 150克/亩，整体减少化学农药用量20%。蜜蜂授粉处理区采取生物、物理措施防病治虫，有效保护蜜蜂的同时保护了天敌，保护了农田系统。

大豆蜜蜂授粉与绿色防控增产技术减少了对蜜蜂的伤害，实现了增产目的，降低了化学农药对农田生态环境的危害，减少了下游产品中的化学农药残留，得到了示范区农户的认可，取得了显著的生态效益和社会效益。

执笔人：杨劲松、王　伟、高　清、李　鹏

大豆蜜蜂授粉与绿色防控技术集成模式

时间	4月底至5月初	5月5～25日	5月下旬至7月初	7月中旬至8月上旬
生育期	播种前	播种期	出苗期—现蕾期	开花期—初荚期
主控对象	大豆根腐病、大豆菌核病		大豆褐纹病、大豆细菌性斑点病、大豆菌核病	大豆食心虫、大豆蚜虫
防治措施	轮作+选用抗（耐）病品种+精选种子+适期晚播+垄作栽培		杀虫灯诱杀成虫	赤眼蜂寄生灭卵+蜜蜂授粉技术
备注	**选用抗（耐）病品种**：根据当地种植条件及气候，选择合适的抗病（虫）品种。 **轮作和适期晚播**：应坚持三年以上轮作，适期播种（适时晚播）。 **栽培管理**：采取垄作，进行深松。及时排除田间积水，改善土壤通气条件。合理施肥，适时进行中耕培土。 **杀虫灯诱杀成虫技术**：成虫发生期，应用杀虫灯诱杀大豆食心虫成虫。 **药剂防治**：大豆根腐病：2.5%咯菌腈悬浮种衣剂拌种。大豆菌核病、大豆褐纹病：25%咪鲜胺乳油、40%菌核净可湿性粉剂或70%甲基硫菌灵可湿性粉剂喷雾防治。大豆细菌性斑点病：发病初期用30%琥胶肥酸铜悬浮剂或1%武夷霉素水剂叶面喷雾。大豆蚜虫：应用黄、蓝板诱杀。 **赤眼蜂寄生灭卵技术**：赤眼蜂对大豆食心虫的寄生率较高。可以在卵高峰期释放赤眼蜂。 **蜜蜂授粉技术**：在大豆开花期前3～5天进入授粉场地，授粉蜂群应每5亩地放置1群蜂，蜂箱巢门朝向南或向北。根据授粉作物面积，授粉蜂群以10～20群为一组，均匀摆放。摆放时单箱排列、多箱排列，可视场地面积和地形而定。提供清洁水源。授粉蜂群内应保持2～3kg蜂蜜和0.3～0.5kg花粉。使用过吡虫啉等长效缓释杀虫剂的大豆不适用于蜜蜂授粉。在蜜蜂授粉前一周及授粉期间禁止使用任何对蜜蜂有毒害作用的农药			

第三章
棉花蜜蜂授粉与绿色防控技术集成

一、概述

棉花，锦葵科（Malvaceae）棉属（*Gossypium*）植物，是世界重要的纤维植物之一。我国适宜种植棉花的区域广泛，棉区范围大致在北纬18°～46°，东经76°～124°之间，即南起海南岛，北抵新疆的玛纳斯垦区，东起台湾省、长江三角洲沿海地带和辽河流域，西至新疆塔里木盆地西缘，全国除西藏、青海、内蒙古、黑龙江、吉林等少数省（自治区）外，都能种植棉花。

新疆水土光热资源丰富，气候干旱少雨，种植棉花条件得天独厚。新疆棉花以纤维长、色泽洁白、拉力强著称，是我国植棉历史悠久、生产条件优越、潜力巨大的优质高产棉花产区之一。新疆属我国干旱内陆棉区，从种植区域看，已初步形成了3个产棉区，即南疆棉区、北疆棉区和东疆棉区。北疆棉区约占棉田面积的22.24%，宜种早品种；南疆棉区约占72.86%，宜种中早熟、中熟品种；东疆棉区约占4.9%，宜种中熟品种。

国外研究结果证明，利用蜜蜂授粉不仅能够帮助棉花减少脱落增加产量，而且用蜜蜂进行棉花品种和品种间异花授粉，能够改进棉花品种的特性。前苏联研究发现，棉花柱头上自花授粉的花粉粒，2小时尚未萌发，但异花花粉落到柱头上只需要5～10分钟就开始大量萌发。全苏列宁农业科学院养蜂所研究表明，蜜蜂授粉使棉花增产12%。前苏联文献报道的塔什干试验结果也表明了蜜蜂授粉对棉花增产的效果：由于授粉充分使蕾铃脱落减少，因而成熟棉铃数增加13%～15%。在阿塞拜疆试验表明，经过蜜蜂授粉的花有90%结成铃，而未授粉的只有70.1%。同时，使平均铃重、每铃皮棉重、每铃种子数和衣分均有增加。同地另一试验，成熟棉铃数增加到12%～22.5%。在乌兹别克试验表明，落铃率减低了18%～19%，同时，每株棉铃增加3个，铃重、衣分和纤维长度都有增加，每公顷产量也增加600～800kg籽棉。阿塞拜疆农学院库里也夫教授的多年试验也表明，用蜜蜂给棉花授粉以后提高单位面积产量23.2%～25.9%。

通过蜜蜂授粉，棉花可提高产量23%～30%。但是，近年来由于棉田大量使用农药防治棉花害虫，忽视了对蜜蜂的保护，致使蜂农宁愿放弃当地棉花蜜源外出放蜂（图2-3-1）。

图2-3-1 棉田和棉花

二、作物特性

棉花是自花授粉作物。棉花的枝条分为叶枝和果枝；叶枝由正芽形成，其生长与主茎相似，叶枝上不会直接开花结铃；果枝由副芽形成，形成多轴枝。果枝每个节上可着生一朵花，与叶对生。棉花的开花顺序是先从第一果枝开始，以后沿主茎由下往上，由内往外呈圆锥形螺旋式开放。一般上下相邻果枝同果节花的开花间隔为2 ~ 4天，同一果枝相邻果节的花开花间隔为5 ~ 7天。棉花的花为两性花，花单生于叶腋，花梗通常较叶柄略短；小苞3片；花萼杯状，裂片5，三角形；花白色或淡黄色，后变淡红色或紫色，长2.5 ~ 3cm；雌蕊位于花中央，柱头3 ~ 5裂，雄蕊柱长1.2cm；雄蕊约有60 ~ 100多枚，其花丝基部连合成雄蕊管，并与花冠基部连接，包围在雌蕊的花柱外面；花朵乳白色，开花后不久转成深红色然后凋谢，留下绿色小型的蒴果，称为棉铃。棉铃内有棉籽，棉籽上的茸毛从棉籽表皮长出，塞满棉铃内部。棉铃成熟时裂开，露出柔软的纤维。纤维白色至白中带黄，长约2 ~ 4cm，含纤维素约87% ~ 90%（图2-3-2）。

图2-3-2 棉 花

棉花是一种重要的蜜源植物，为夏秋主要蜜源。棉花共分叶脉、苞叶和花内3种蜜腺，往往开花前叶脉蜜腺先泌蜜；棉花蜜多粉少，蜂群繁殖力弱，采集力强，伤蜂严重，群势下降严重，易出现秋衰。新疆棉区一般为7月中旬至9月初，大流蜜期约40天，泌蜜适温35℃。一般群产蜜10 ~ 30kg，最高达150kg。棉区因花期频繁施用农药，使蜂群遭受损失，蜜源利用价值大大降低，群产一般在10 ~ 20kg。

棉花从播种到收获约半年左右时间，一般需经过播种期、苗期、蕾期、花铃期和吐絮期。棉花是陆续开花、结铃，陆续成熟、吐絮。

三、蜜蜂授粉技术

棉花是可以异花授粉的自花授粉作物，通过蜜蜂授粉不仅能够帮助棉花减少脱落并增加产量，而且还能够改进棉花品种的特性，增强生命力，促进植株的生长，提高杂种后代的产量。

图2-3-3 摆放在棉田边的蜜蜂

生产上通常释放意大利蜜蜂、卡尔巴阡蜂、卡尼鄂拉蜂等西方蜜蜂品种为棉花授粉。目前，意大利蜜蜂是我国饲养的主要蜜蜂品种。该蜂种性情温驯，能保持安静，蜂群产育力强，分蜂性弱，对高温环境适应能力强，对花粉的采集量大，在授粉应用中表现良好，是授粉应用最多的蜂种。蜂群要在棉花开花5%之前入场，放蜂量为3箱/hm^2，蜂群群势10脾以上，授粉蜂群以10～20群为一组。蜂群摆放视授粉面积而定，可位于中央或田地一边，蜂场与授粉田间距离小于100m；摆放时，巢门背风向阳，视场地面积和地形而定。可单箱排列、多箱排列、圆形或U形排列。棉花授粉期间，要及时检查蜂群的蜜粉情况，调整巢脾，强群补弱群，保持蜂多于脾；要及时采收蜂蜜和花粉，防止蜜粉压子脾，提高蜜蜂访花的积极性，消除分蜂热；要及时加盖遮阳物，维持箱内温度稳定，保证蜂群能够正常繁殖。初花期适当奖励饲喂提高蜜蜂授粉的积极性。同时，棉花授粉期间，保证蜂群具有干净充足的水源。

图2-3-4 蜂箱及蜂脾

棉花花期最适宜温度为20～25℃，最低温度为15℃、最高温度为35℃，而此温度也是蜜蜂适宜访花的温度。但此阶段又是棉花病虫害集中发生时期，为了利用蜜蜂授粉提高棉花产量和质量，利用棉花蜜源，要避免农药中毒，保护蜜蜂（图2-3-3～图2-3-5）。

图2-3-5 棉花植株上的蜜蜂

由于蜜蜂对农药十分敏感，特别是大部分杀虫剂对蜜蜂都有毒性，其中50%以上对蜜蜂高毒、剧毒，只有大约13%的杀虫剂对蜜蜂低毒；大部分杀菌剂对蜜蜂中低毒，在蜜蜂授粉期间可以使用，但吡虫啉、戊唑醇、阿维菌素等药剂的部分剂型为剧毒，不能使用；除草剂对蜜蜂大部分为低毒药剂。在棉花流蜜期前，不要过早将蜜蜂搬进场地。开花前用药要选择残效期短的农药，并设安全隔离期。花期病虫防治应优先选用色板、性诱剂释放天敌、生物农药或农业及生态调控。用药防治时，应优先选择对蜜蜂毒性较低或残效期较短的化学农药；喷施化学农药时应于施药前一天晚上关闭巢门，蜂箱搬到缓冲区，等药效失去后，再将授粉蜂群搬回。

防止棉花流蜜期蜜蜂中毒的主要措施有：

（1）*棉花流蜜期之前不要过早地把蜜蜂搬进场地*。对棉花用药，一般都集中在开花以前。如果在棉花开花前就将蜜蜂过早地搬进场地，势必会遇上用药高峰，从而给蜜蜂的安全带来严重威胁。因此，应在棉花打药之后，即将开花的安全期内，将蜜蜂搬进场地。

（2）*棉花流蜜期间用药要控制蜜蜂在棉田中的飞行*。控制方法：①缩小巢门，使箱门前只留1只蜜蜂能通过的小孔，尽量减少蜜蜂外出；②关闭巢门，把大盖和副盖用树枝垫起来，经这样改造后，由于蜜蜂不习惯，也能起到减少蜜蜂外出的作用。不管采取哪种方法，每天傍晚都需全部打开巢门通风；同时，要做好降温工作，可喷洒凉水或用湿布盖住副盖，以使蜜蜂在箱中保持安静。

（3）*发现蜜蜂因农药中毒要立即用药物急救*。方法为：有机磷类农药中毒，可用1kg糖水加1%硫酸阿托品8mL，或用1kg糖水加解磷定2mL，经搅拌均匀后饲喂蜜蜂。有机氯类农药中毒，可用1kg糖水加磺胺噻唑钠注射液12mL或片剂4片，搅拌均匀后饲喂蜜蜂。饲喂的次数为每晚1次，每箱蜂每次喂250 ~ 300g。

四、绿色防控技术

（一）棉花主要病虫害

1.棉花枯萎病　棉花枯萎病病原菌（*Fusarium vasinfectum* Atk.）为半知菌亚门尖镰孢萎蔫专化型，属半知菌亚门，镰刀菌属，是世界性棉花重要病害之一。该病在我国各棉区均有分布。棉花枯萎病为全株性系统侵染病害，病株表现为萎蔫、畸形，导管黑褐色，叶片呈黄色网纹状或变紫变黄，有时萎垂，表现急性青枯或节间缩短，植株矮小，严重时整株枯萎死亡。

症状特征：幼苗出土即可发病，现蕾期达高峰，生长期均可引起死亡，分六种类型：黄色网纹型、黄化型、紫红型、凋萎型、矮缩型、顶枯型。同一病株可表现一种症状类型，也可出现几种症状类型。无论哪种症状类型其病株根、茎维管束均变为黑褐色（图2-3-6）。

2.棉花黄萎病　棉花黄萎病病原为由大丽轮枝菌（*Verticillium dahliae* Klebahn.），属半知菌亚门，轮枝孢菌。在我国各棉区广泛分布，多与枯萎病混合发生，是棉花的主要病害，严重影响棉花的生产。

症状特征：棉花黄萎病为系统侵染病害，整个生育期均可发病。自然条件下幼苗发病少或很少出现症状。一般在3 ~ 5片真叶期开始显症，生长中后期棉花现蕾后田间大量发病，初在植株下部叶片上的叶缘和叶脉间出现浅黄色斑块，后逐渐扩展，叶色失绿变浅，主脉及其四周仍保持绿色，病叶出现掌状斑驳，叶肉变厚，叶缘向下卷曲，叶片由下而上逐渐脱落，仅剩顶部少数小叶，蕾铃稀少，棉铃提前开裂，后期病株基部生出细小新枝。纵剖病茎，木质部上产生浅褐色变色条纹。夏季暴雨后

图2-3-6 枯萎病（石河子大学李国英提供）

出现急性型萎蔫症状，棉株突然萎垂，叶片大量脱落，发病严重地块惨不忍睹，造成严重减产。

由于病菌致病力强弱不同，症状表现亦不同。主要分为：

图2-3-7 黄萎病（石河子大学李国英提供）

（1）普通型。病株症状自下而上逐渐扩展，叶缘叶脉间出现花西瓜皮状“褐色掌状斑”。

（2）落叶型。开始叶片像开水烫过一样。短期内引起大量落叶，使叶和小铃落光成光秆。

（3）叶枯型症状（枯死型）。叶片突然像开水烫过一样，随后干枯。普通型和落叶型菌系在适宜情况下都可发生此症（图2-3-7）。

3.棉花蚜虫 棉蚜（*Aphis gossypii* Glover），又名腻虫、蜜虫等，属于半翅目（原为同翅目 *Hemiptera*），蚜科。该虫是世界性害虫，我国各个棉区均有发生。

症状特征：棉蚜常集中在棉花的叶背面和嫩头，嫩茎上危害，吸取棉花汁液，造成棉花叶片卷缩、棉苗发育迟缓，蕾铃脱落。同时，棉蚜危害时排出大量蜜露，不仅影响棉花光合作用，而且导致病菌滋生，棉花吐絮期还导致棉纤维污染，引起棉纤维含糖过高，影响棉花品质。

在棉花上危害主要有无翅孤雌胎生蚜和有翅孤雌胎生蚜。棉蚜体长1.5 ~ 1.9mm，卵圆形。体色夏季黄绿色或黄色，甚至黄白色，春秋季蓝黑色、深绿色（图2-3-8）。

图2-3-8　棉花蚜虫（新疆维吾尔自治区植物保护站提供）

4.棉铃虫　棉铃虫[*Heliothis armigera*（Hubner）]，又名钻心虫、钻桃虫等，属鳞翅目，夜蛾科。该虫是世界性棉花害虫，广泛分布在中国及世界各地，中国棉区和蔬菜种植区均有发生。

症状特征：棉铃虫危害棉花，主要以幼虫危害棉蕾、花和棉铃。同时，也食害棉花的嫩叶。嫩叶被食后出现空洞和缺刻。幼虫危害蕾和花后，引起花蕾干枯、脱落。棉铃受害常留下一个空洞，铃内棉絮被污染，易诱致病菌侵染而成为烂铃。

成虫为中等大小，体长16～17mm，两翅展开为27～38mm。复眼绿色。雌蛾红褐色。雄蛾灰绿色。前翅有黑色的环状纹和肾状纹。后翅灰白色，沿外缘有黑色带状，宽带中央有2个相连的白斑。

卵为馒头形，直径0.45mm，高0.5～0.55mm，上有纵横脊纹。卵初产为乳白色，后变黄白色，将孵化时出现紫色圈。

幼虫共6个龄期。1～6龄幼虫体长分别为2～3mm、4～6mm、9～13mm、15～24mm、33～36mm、34～40mm。幼虫体色变化很大，可分为4个类型，即淡红、黄白、淡绿、深绿。气门线多数为白色。3龄前体上黑色毛瘤明显，4龄后不甚明（图2-3-9）。

蛹为纺锤形，暗褐色，长17～20mm。腹部末端有1对臀刺。

图2-3-9　棉铃虫幼虫

5.棉叶螨 棉叶螨又称棉花红蜘蛛，我国各棉区均有发生，除危害棉花外，还危害玉米、高粱、小麦、大豆等（图2-3-10）。

图2-3-10 棉叶螨及危害状

症状特征：棉叶螨主要在棉花叶面背部刺吸汁液，使叶面出现黄斑、红叶和落叶等危害症状，形似火烧，俗称“火龙”。暴发年份，造成大面积减产甚至绝收。它在棉花整个生育期都可危害。我国危害棉花的主要有朱砂叶螨[*Tetranychus cinnatarinus*（Boisduval）]、截型叶螨（*T.truncatus* Ehara）和土耳其斯坦叶螨[*T.turkestani*（Ugarov et Nikolski）]3种，属蛛形纲，蜱螨目，叶螨科。

成螨：棉叶螨体长0.4 ～ 0.5mm，4对足。土耳其斯坦叶螨和敦煌叶螨生长季节体呈黄绿色、绿色、墨绿色，越冬前后呈深红色、红褐色。截形叶螨和朱砂叶螨全年则是锈红色或红褐色。

卵：卵圆球形，直径0.1mm，初产时无色透明，渐变为淡黄色或黄褐色。

幼螨：幼螨圆形，体长不足0.2mm，足3对。

若螨：体长约0.2 ～ 0.3mm，足4对。

6.棉盲蝽（牧草盲蝽） 新疆棉区危害棉花的棉盲蝽主要为牧草盲蝽。牧草盲蝽寄主除棉花外，还有甜菜、菠菜、苜蓿、白菜、萝卜、油菜、胡萝卜等20余种作物以及多种杂草。

症状特征：以成虫和若虫刺吸为害棉花，造成棉花营养生长与生殖生长失调。苗期为害，形成无头苗（俗称“公棉花”）、多头苗（或称“扫帚菜”）。真叶期为害，叶片形成许多黑斑、孔洞，导致“破叶疯”。铃期为害，幼铃生长受抑制、畸形，形成“歪嘴桃”。

图2-3-11 牧草盲蝽

若虫灰绿色，头宽短略突出，有一层稀疏黑短毛。触角色淡，末端红黄色。成虫体长5.5 ～ 6mm，雄虫略大于雌虫。体色黄绿带黑斑，前胸背板有橘皮状刻点，侧缘黑色，后缘有黑纹，中部有4条纵纹，小盾片黄色，中央黑褐色凹陷，呈“V”形（图2-3-11）。

7.棉蓟马 危害棉花的蓟马主要为烟蓟马，又称葱蓟马、棉蓟马（图2-3-12）。

症状特征：蓟马成、若虫隐藏在卷叶或花器内，锉吸棉花叶片和花蕊汁液，为害子叶、真叶、嫩头和生长点。嫩叶受害后叶面粗糙变硬，出现黄褐色斑，叶背沿叶脉处出现银灰色斑痕，叶片焦黄卷曲。生长点受害后可干枯死亡，子叶肥大，形成无头苗（公棉花），或形成枝叶丛生的杈头苗。幼铃被害后表皮脱水，提前开裂，影响产量和品质。烟蓟马，卵肾形，长0.2mm。若虫体淡黄色，触角6节。成虫体长约1.3mm，浅黄至深褐色，翅狭长透明，边缘生有长毛。

图2-3-12 烟蓟马及危害状

（二）棉花授粉期病虫害防控技术

1.棉花枯、黄萎病

（1）*加强植物检疫、保护无病区*。严格执行植物检疫制度，在普查的基础上，划定重病区、轻病区、零星病区、无病区。不在病田繁种，严禁病区种子、带菌棉籽饼和棉籽壳等调入无病区，无病区使用经过严格消毒的种子；以县或乡为单位，建立无病良种基地，对繁育的良种棉花实行单收、单放、单轧。

（2）*农业防治*。

①种植抗枯黄萎病品种。在病区，因地制宜，选择适合当地种植、抗逆性强、成熟度好的优良品种。

②加强栽培管理。深翻冬灌、铲埂除蛹可压低越冬虫口基数；平整土地、精耕细作可促进棉苗生长，增强棉花抗病性；适时播种，及时定苗、拔除弱苗，及时深中耕、勤中耕均有利于减轻病害的发生；棉田中发现的零星病株，以及因发病严重需要改种的棉田病株，要及时拔除，集中烧毁或深埋，并做到病田棉秸不还田；根据棉花生长发育的需水、肥的规律，及时供给，注重氮、磷、钾肥的合适比例，施氮过多易加重病害的发生；积施净肥、高温堆肥，可减少棉田的菌源和含菌量。

③实行轮作倒茬。与水稻、小麦、玉米、高粱、苜蓿等作物轮作。

（3）*生物防治*。以微生物菌剂枯草芽孢杆菌在播种前处理种子或穴施或棉花枯黄萎病发生前滴灌用药，或使用多抗霉素、乙蒜素等生物农药喷雾或灌根或滴灌，或使用植物免疫诱抗制剂在播种前处理种子（图2-3-13）。

图2-3-13 多抗霉素防治棉花枯黄病

（4）化学防治。

①种子消毒。种子消毒用硫酸脱绒或用清水反复冲洗后，保温在55～60℃，用80%乙蒜素乳油2 000倍浸闷种子30分钟，取出播种或晾干备用，或用清水50kg加入50%多菌灵胶悬剂375g，配成药液浸泡已脱绒的棉种20kg，常温下冷浸14小时。

②灌根。发病初期用3%噁霉·甲霜（广枯灵）水剂300～500倍或12.5%多·水杨酸悬浮剂250倍液或70%甲基硫菌灵可湿性粉剂1 000倍每株浇灌50mL，可减轻为害。

③喷雾。发病初期用3%噁霉·甲霜（广枯灵）水剂300～500倍或12.5%多·水杨酸悬浮剂250倍液喷雾，10天喷1次，连喷3～4次。

2.棉蚜

（1）农业防治和生态调控。铲除杂草，加强水肥管理，促进棉苗早发，提高棉花对蚜虫的耐受能力。采用麦—棉、油菜—棉等间作套种，结合间苗、定苗、整枝打杈，拔除有蚜株，并带出田外集中烧毁。

插播或田边点种春玉米、高粱、油菜等作物，吸引天敌，对伏蚜有控制作用。也可以在棉田种植孜然带，对蚜虫有驱避作用，孜然收割前可以减轻棉蚜为害。在棉田周围或田边林道下的遮阳带种植苜蓿带，利用苜蓿蚜虫发生期早于棉蚜的特点，培育天敌种群（以瓢虫和草蛉为主），当棉田棉蚜开始发生时，可以及时控制其为害（图2-3-14、图2-3-15）。

早春对温室大棚、庭院花卉和田外寄主（石榴、紫薯、花椒等）的越冬虫源进行防治。

（2）保护天敌。棉蚜天敌种类丰富，寄生性天敌有蚜茧蜂、蚜霉菌等，捕食性天敌有瓢虫、草蛉、食蚜蝇、蜘蛛等，其中瓢虫、草蛉、蜘蛛的控制作用较大。施药时应采取隐蔽用药方法，并选择对天敌杀伤作用小的药剂品种，可以有效保护天敌（图2-3-16）。

（3）物理防控措施。采取黄板诱杀技术，防治温室大棚及大田棉蚜为害。

（4）药剂防治。

拌种：将棉籽在55～60℃温水中预浸30分钟，捞出后晾至种毛发白，用10%吡虫啉可湿性

图2-3-14 生态带

图2-3-15 诱集带

粉剂60g拌棉种10kg，对棉蚜有较好的防效。

苗蚜：3片真叶前，当卷叶株率达5%～10%时，4片真叶后卷叶株率10%～20%时，用吡蚜酮、抗蚜威等药剂均匀喷雾防治。伏蚜卷叶株率5%～10%或单株3叶蚜量平均150～200头时，用苦参碱、吡蚜酮、抗蚜威等药剂进行喷雾防治。

开花前如选择吡虫啉、噻虫嗪、阿维菌素等对蜜蜂高毒剧毒农药防治，应确保安全间隔期，防止蜜蜂中毒；花期严禁选用对蜜蜂高毒剧毒农药防治。

图2-3-16 保护天敌

3.棉铃虫

（1）*农业措施*。秋翻冬灌和铲埂除蛹，压低越冬虫口基数。对秋季棉铃虫为害较重的棉花、玉米、高粱、番茄、向日葵等作物田，在收获后至封冻前实行秋翻冬灌。及时整枝打杈，摘除早蕾，产卵期摘除边心，并带出田外深埋，可明显减轻田间虫卵量。加强田间水肥管理，及时化控，防止棉株徒长，降低棉铃虫为害。

（2）*种植诱集作物*。在棉田两边种植早熟玉米品种，保证玉米抽雄期与棉田二代棉铃虫产卵期吻合，在其幼虫孵化高峰期，适时喷药杀灭、减少棉田落卵量。在一代成虫二代幼虫卵孵化高峰期割除玉米诱集带。

（3）*诱杀*。

杀虫灯：成虫发生期，集中连片应用杀虫灯诱杀成虫。在棉田半径为110～120m，每60亩左右设一台杀虫灯，根据虫情预报在棉铃虫各代发生初期开灯诱杀（图2-3-17）。

性诱剂：从棉田一代蛾始期开始，至末代蛾期结束为止，集中连片应用性诱剂诱捕成虫。每亩均匀放置1个干式飞蛾诱捕器，干式诱捕器设置高度为诱捕器底端距地面1m。每个诱捕器按设计要求安装1个诱芯，根据使用情况适时更换诱芯（图2-3-18）。

图2-3-17 杀虫灯

食诱剂诱杀：在棉铃虫羽化始盛期，棉田每100m滴洒一行、两侧各滴洒一行650g/L夜蛾利它素饵剂诱杀棉铃虫。每公顷用性诱笼（或诱捕器）15个，每个性诱笼在田间等距网格式顺行分布，同时尽量根据机车作业宽幅进行适度调整（图2-3-19）。

第二、三代棉铃虫成虫羽化期，有条件地区可在棉田内插萎蔫的杨树枝把诱集成虫，每亩10 ~ 15把（图2-3-20）。

图2-3-18 性诱剂诱杀

图2-3-19 食诱剂诱杀

图2-3-20 杨树枝诱杀

（4）生物防治。利用田边、地头、林带种植一些招引天敌的作物，例如苜蓿、红花、油菜等，有效增加姬蜂、茧蜂、蚜茧蜂、赤眼蜂、瓢虫、草蛉等农田自然天敌的蓄积量，实现增益控害，保益灭害的目的。

在第二代，棉铃虫产卵始盛期人工释放赤眼蜂3次，每次间隔5～7天，放蜂量为每次每亩1.2万～1.4万头，每亩均匀放置5～8个点。具体方法是：赤眼蜂开始羽化时，把蜂卡撕成小块，用中部棉叶反卷包住蜂卡，附着在其他叶片背面，避免阳光直射，早晨或傍晚释放（图2-3-21）。

第二代棉铃虫卵始盛期，每亩用10亿PIB/g棉铃虫核型多角体病毒可湿性粉剂（NPV）。

图2-3-21　释放赤眼蜂

（5）科学使用化学农药。依据虫情监测和防治指标（百株卵量20粒或有虫株率5%），对虫量较大的棉田实行药剂挑治。坚决制止见虫就打药或盲目的大面积喷施化学农药。施药期应掌握在棉铃虫卵孵化盛期至幼虫三龄之前，效果最佳。一种类型和制剂的农药，全年防治中一般只可使用一次，慎用或不用复配制农药，尤其禁止使用三元复配制剂农药防治棉铃虫。

4.棉叶螨

（1）农业措施。

合理布局棉田：避免与大豆、菜豆等寄主作物连作、邻作和间套作。

清洁田园：清除田间和田边杂草，清洁棉田，可消灭大量越冬雌螨。

秋翻冬灌，消灭越冬虫源：棉田及棉叶螨其他主要寄主田，如玉米田在10月中下旬深翻20～30cm，并进行冬灌，可消灭大部分越冬虫源，并可兼治棉铃虫、黄地老虎越冬虫源。

（2）保护、利用天敌。在棉田早期害虫防治中，尽量避免全田喷施化学农药，注意保护棉田自然天敌，充分利用其控制叶螨危害。棉叶螨点片发生期，可人工释放捕食螨，在中心株上挂1袋，每亩约1 500～3 000头捕食螨（图2-3-22）。

图2-3-22　释放捕食螨

（3）喷药防治田边地头杂草上虫源。5月中下旬在棉田四周及田埂喷施杀虫剂，消灭杂草上的害螨，封锁田边地埂的害螨扩散到棉田。

（4）药剂防治。点片发生时，采取点片挑治，即发现一株治一片；连片发生时，选择专性杀螨剂进行全田药剂防治；化学防治要以杀螨剂为主，采取药剂挑治，不宜施用广谱性杀虫剂，以免杀伤天敌，喷施药剂必须做到均匀周到，尤其是叶片背面。常用的有唑螨酯、炔螨特、哒螨灵等杀螨剂。避免施用广谱性杀虫剂大量杀伤天敌。

5.棉盲蝽（牧草盲蝽）

（1）农业防治。秋翻冬灌，恶化越冬生存环境；清洁棉田，清除田边、田间杂草。

苜蓿种植相邻的棉田，适当提早收割苜蓿，防止迁移扩散。

（2）化学防治。春季一代成虫扩散前对虫源田及棉田周边杂草用药防治，减少虫源。

第1次灌水前后，要经常注意调查虫情，当发现百株棉花有成虫20头，或捕虫网捕，百网有成虫80头时，用药剂进行喷雾防治。

6.烟蓟马

（1）农业防治。棉田及时进行秋翻冬灌，冬春季及时铲除田边、地头杂草，结合间苗、定苗拔除多头棉。棉花定苗后，如出现“多头花”，应去掉青嫩粗壮蘖枝，留下2～3枝较细的黄绿色枝条，可以使结铃数接近正常棉株。

（2）化学防治。

药剂拌种：将棉籽在55～60℃温水中预浸30分钟，捞出后晾至种毛发白，用10%吡虫啉可湿性粉剂60g拌棉种10kg，对棉蓟马有较好的防效。

虫源田防治：棉苗出土前，用40%辛硫磷乳油1 500～2 000倍液喷雾防治早春寄主葱、蒜田虫源。

棉田防治：直播棉田迁入初期低龄若虫高峰期，可结合防治棉蚜兼治（图2-3-23）。

图2-3-23 大型药械防治

（三）新疆博乐市蜜蜂授粉配套绿色防控技术

蜜蜂授粉与棉花病虫害绿色防控技术示范区是棉花枯黄萎常发区，常年都需要药剂防治，其他病虫多数年份轻发。做好示范区内的病虫害绿色防控，重点是棉花枯黄萎病和螨害、蚜虫等虫害防治，主要采取如下措施：

（1）选用抗病性较强的新陆早系列品种。

（2）做好农业防治，加强田间管理。早中耕、勤中耕，以提温保墒，提高棉花根系活力，增强植株抗逆性。

（3）种植诱集带、生态带，培育天敌控制害虫。

（4）采取杀虫灯诱杀棉铃虫等害虫技术，色板诱杀棉蚜、蓟马、粉虱等害虫技术。

灯光诱杀：采用杀虫灯诱杀棉铃虫等害虫的成虫，示范区内按照每50亩1盏灯进行布设；杀虫灯的架设高度离地面1 ~ 2m，在棉铃虫越冬代、一代、二代成虫羽化高峰期开灯，开灯时间为每晚22：00至凌晨7：00。

黄板诱蚜：在棉花条田周围每20 ~ 30m悬挂一个黄色袋子，袋子规格为20cm × 30cm或30cm × 30cm，袋子上涂抹机油，悬挂高于地面50 ~ 60cm。

（5）种子处理控制苗期病害技术，植物免疫制剂、芸薹素和多抗霉素预防枯黄萎病技术。

（6）生物防治措施。

种植玉米诱集带：在棉花播种的同时，选育早熟玉米品种，在棉花条田间播种。主要防治一代棉铃虫成虫，每天早晨固定专人拍打心叶灭蛾和及时喷药防治，可减少虫源和棉田药剂防治。各示范区于7月10日左右及时砍除玉米诱集带，带出田外处理，以减少棉铃虫在田间的发生量。

种植生态带：种植油菜、苜蓿等生态带培育天敌，在条田两侧播种1行油菜，在棉田地头种植2 ~ 7m的苜蓿。

释放赤眼蜂：6月20日前后，于2代棉铃虫卵始盛期人工释放赤眼蜂，连续释放4次，每次间隔3 ~ 4天，放蜂量第一次为每次每亩1万头，以后每次为每亩2万头。具体方法是：赤眼蜂开始羽化时（约5% ~ 7%的柞蚕卵上出现羽化孔），把蜂卡撕成小块，用中部棉叶反卷包住蜂卡，附着在其他叶片背面，避免阳光直射，按照行宽7m，顺行长15 ~ 20m放置一块蜂卡，清晨或傍晚释放。

人工释放捕食螨防治棉叶螨：棉叶螨点片发生期，人工释放捕食螨，在中心株上挂1袋，每亩约1 500 ~ 3 000头捕食螨。

苏云金杆菌（Bt乳剂）：含8亿 ~ 10亿活孢子的Bt乳剂，每亩200 ~ 250g，兑水稀释200倍，在棉铃虫孵化盛期常规喷雾。

棉铃虫核多角体病毒制剂：在卵虫高峰期喷，每克含病毒多角体20亿，每公顷使用600g，进行常规喷雾。

（7）规范施药技术。发病初期滴施多菌灵1 ~ 2次，中后期结合叶面肥滴施多菌灵1次。切实做好施药适期与防治次数，选用对蜜蜂低毒且对环境无污染的药剂，施药时要使棉花全株上下要受药均匀，注意在傍晚蜜蜂入巢后施药。

五、效益分析

（一）经济效益评价

2014年，新疆维吾尔自治区植物保护站在博乐市开展棉花蜜蜂授粉与绿色防控增产技术试验示范工作。通过项目的实施，示范区采取病虫害绿色防控技术，减少了化学农药的使用量，减少了对蜜蜂的伤害。示范区蜜蜂授粉加棉花病虫害绿色防控处理籽棉产量为430kg/亩，农户常规种植籽棉亩均产量为355.5kg；蜜蜂授粉加棉花病虫害绿色防控处理较农户常规种植增产74.5kg，每千克按6元计算，亩均增收447元（表2-3-1、表2-3-2），棉花蜜蜂授粉与绿色防控增产技术示范区棉花产量较常规种植亩均单产增长达20.95%，不仅实现了增产目的，而且提高了棉花病虫害绿色防控技术覆盖率，降低了化学农药对农业生产生态环境的危害。

表2-3-1 经济效益评价表

处理	病虫害防控投入（元）	平均产量（kg）	增产情况（g）	增加经济效益（元）
A	750	430	74.5	447
B	500	411	55.5	333
C	250	270	−85.5	—
D	0	253	−102.5	—
常规	500	355.5	—	—

注：A：蜜蜂授粉加棉花病虫害绿色防控处理；
B：防治棉花病虫害但不放蜂处理；
C：蜜蜂授粉但不进行病虫害防治处理；
D：空白对照（既不放蜂也不进行病虫害防治）处理。5次施药农药费150元，人工器械费100元，黄板、杀虫灯、性诱剂、信息素、生物农药等绿色防控投入品及人工、电、耗材等相关杂费计250元，亩均病虫害防控投入小计500元；蜜蜂租赁费130元，蜜蜂受药害补助50元，农民补偿费70元，蜜蜂授粉与绿色防控增产示范亩均投入总计750元。

表2-3-2 棉花测产表

处理	1%亩棉株数（株）	1%亩棉铃数（个）	单铃重（g）	理论亩产籽棉（kg）	×系数85%（kg）	较处理D增产率（%）
A	130	832	6.1	507	430	69.96
B	136	808	6.0	484	411	62.45
C	134	601	5.3	318	270	6.72
D	136	574	5.2	298	253	—

蜜蜂授粉加病虫害防治处理中：伏前桃为1.2个、伏桃为4.2个、秋桃为1.4个、1%棉铃数为832个、单铃重为6.1g和理论亩产籽棉为507kg，各项指标中蜜蜂授粉加病虫害防治处理结果均优于其他处理，蜜蜂授粉与绿色防控成果明显，详见表2-3-3。

表2-3-3 棉花三桃调查表

处理	伏前桃（个）	伏桃（个）	秋桃（个）
A	1.2	4.2	1.4
B	1.1	4.0	1.1
C	0.7	3.6	0.3
D	0.6	3.5	0.2

（二）化学农药减量效益评价

示范区集中连片，通过统防统治组织采取绿色防控技术统一防治，棉花全生育期化学药剂防控次数控制在3～4次，较常规农户自行防治减少3～4次化学药剂施用次数，减少农药使用量20～60g/亩，节省农药投入20元/亩，节省农药开支60～80元/亩。

同时，蜜蜂授粉加防治棉花病虫害的处理喷药防虫2次，经调查蜜蜂受药害死亡数2只/m^2，有效保护了蜜蜂。棉花蜜蜂授粉与绿色防控增产技术减少对蜜蜂的伤害，不仅实现了增产目的，而且提高了棉花病虫害绿色防控技术覆盖率，降低了化学农药对农业生产生态环境的危害。

六、新疆博乐市蜜蜂授粉与棉花病虫害绿色防控技术集成

2014年，通过在博乐市开展蜜蜂授粉与棉花病虫害绿色防控增产技术示范工作，在试验示范的基础上，将各个单项技术组装配套，优化集成了博乐市棉花绿色防控技术模式。

执笔人：刘炳辉

棉花蜜蜂授粉与绿色防控技术集成模式

时间	10月	11月	12月	1月	2月	3月	4月		5月		6月			7月		8月		9月	
							上中旬	下旬	上旬	下旬	上旬	中旬	下旬	上旬	下旬	上旬	下旬	上旬	下旬
生育期	播前期						播种期		苗期			蕾期			花铃期			吐絮期	
主控对象	越冬虫源			蚜虫、烟粉虱		蚜虫、棉铃虫、螨类、棉蓟马		蚜虫、立枯病		枯黄萎病、棉铃虫、螨类				棉蚜、棉铃虫、螨类					
防治措施	清洁棉田＋深翻冬灌			化学药剂	抗病品种＋铲梗除蛹＋种子处理		种植诱集带＋培育天敌＋药剂1＋化学药剂			生物药剂＋化学药剂									
							药剂2												
								杀虫灯＋黄板＋杨树枝条＋生物诱剂											
备注	**清洁棉田**：发现病株要及时拔除，带出田外集中的烧毁或深埋。棉花拾完后，把棉秆拔除后运走，不还田，减少棉花枯、黄萎病菌在土壤中的积累和蔓延，降低来年发病率。 **深翻冬灌**：深翻的目的是把表层病菌翻到深层，使部分病菌窒息死亡，病残体深埋地下，发酵分解，减轻发病。冬灌的时间，从土壤表中观察，应在“晚冻于消”时期进行。采用畦的方法，即在棉田深耕暴晒后，每隔2～3m宽加畦，在土壤干燥时灌水，切忌湿土灌溉，以免“洗墒”形成土块，增加整地难度。 **种子处理**：一般商品化种子已包衣处理，未经包衣处理种子用敌克松拌种。一般按照100kg棉种需300～400g，或55%含量敌克松900g，兑水2～3kg于前一天晚上用喷雾器把兑好的药液边喷边拌种，拌匀后堆闷8小时，摊开晾干后，装袋以备播种。禁止在烈日下暴晒，否则敌克松见光分解，影响药效。 **种植诱集带**：种植玉米诱集带，在棉田行间或地边种植早熟玉米诱集棉铃虫，每天早晨拍打心叶灭蛾，减少虫源。 **培育天敌**：在田边或林带种植苜蓿等生态带培育天敌。 **药剂1**：对棉田周边及田埂喷施硫黄悬浮剂或杀螨剂防治棉叶螨，降低向棉田迁移基数。 **药剂2**：选用65%的代森锌可湿性粉剂400～700倍液、50%甲基硫菌灵可湿性粉剂等药剂对立枯病喷雾保护。 **杀虫灯**：每4hm^2配置一盏频振式杀虫灯，于田间内顺行网格式架设，高度不低于1.5m。当测报灯诱杀到第一头成虫后，全面开灯诱蛾，及时收虫，更换接虫袋。 **黄板**：分别放置于每个条田的四周。 **杨树枝条**：在二代棉铃虫羽化高峰期，每公顷摆放30～45把，用两年生带叶杨树枝条捆成长70cm左右，直径约10～15cm杨枝把，上紧下松呈倒伞形，高于棉株20～30cm，立于棉田四周，日出前集中捕杀成虫。注意杨枝把白天置于阴湿处，每7～10天及时更新。 **生物诱剂**：食诱剂（650g/L夜蛾利它素饵剂诱杀棉铃虫，在棉铃虫羽化始盛期，棉田每100m滴洒一行、两侧各滴洒一行食诱剂。每公顷用性诱笼（或诱捕器）15个，每个性诱笼在田间等距网格式顺行分布，同时尽量根据机车作业宽幅进行适度调整。 **生物药剂**：利用生物制剂600亿PIB/g NPV（棉铃虫核型多角体病毒）30～45g/hm^2等药剂喷雾防治棉铃虫，用液量40～50kg/hm^2。 **化学药剂**：选用枯草芽孢杆菌、多抗霉素、多菌灵、甲基托布津等药剂喷施或灌根防治棉花枯黄萎病；棉叶螨点片发生时，可选用哒螨灵、克螨特、唑螨酯等杀螨剂防治螨害；可选用洗尿合剂、吡虫啉防治苗蚜，苦参碱、吡蚜酮、抗蚜威等药剂防治伏蚜；棉苗出土前，可选用啶虫脒、毒死蜱等药剂对棉蓟马虫源田进行防治，可结合防治棉蚜等其他害虫时兼治棉蓟马。 优先使用生物农药或高效、低毒、低残留农药，严格按安全间隔期用药和交替轮换用药																			

第四章 油菜蜜蜂授粉与绿色防控技术集成

一、概述

近年来，农业生产对蜜蜂授粉的依赖性与日俱增，蜜蜂授粉产生的经济价值也越来越突出。世界上85%的主要农作物生产都依赖于蜜蜂授粉，尤其是油料、果蔬类作物等蜜蜂授粉的效果最为显著，其中油料类蜜蜂授粉产生的经济价值占作物总产值的16.3%。英国利用蜜蜂为油菜授粉的年增产效益达4亿英镑，占全国农作物蜜蜂授粉增产总值的40%。2008年我国油菜播种面积659.4万 hm^2，蜜蜂授粉经济价值为164.82亿元，占油菜总产值的76%。油菜是我国重要的油料作物，为有效控制油菜病虫害的同时保护蜜蜂授粉安全，提高其对油菜提质增产的作用，经过几年试验示范摸索出了一套适合油菜产区的蜜蜂授粉与绿色防控技术集成体系。

二、作物特性

油菜（*Brassica campestris* L.）属十字花科芸薹属作物，是我国四大油料作物之一，也是种植面积最大、分布最广、花期较长、蜜粉丰富的蜜源作物。我国油菜分为春油菜和冬油菜，其中冬油菜种植面积和产量占90%以上，主要分布于长江中下游、云贵高原和四川盆地一带。

油菜花为总状无限花序，着生于主茎或分枝顶端，由下向上不断开放，泌蜜量也随开花逐渐增加，直至顶端留有少量残花时泌蜜结束。油菜花黄色，花瓣4片，离瓣花冠，呈十字形排列，为典型十字花冠；雄蕊6枚，为四强雄蕊（4长2短）；花粉黄色，花粉粒长球形；蜜腺圆形绿色，4个蜜腺呈十字形排列，着生柱头基部。

我国油菜栽培品种有白菜型（*Brassica rapa* L.）、甘蓝型（*Brassica napus* L.）和芥菜型（*Brassica juncea* L.）三类，其中甘蓝型油菜所占种植比例最大，为晚熟型油菜，其花期最长，泌蜜量较大，籽粒产量最高，抗病能力较好。每年12月至次年7月我国油菜花期由南至北推移。油菜开花泌蜜最适温度为18 ~ 25℃，相对湿度为70% ~ 80%，上午开花数量占全天开花数量的

75% ~ 80%，油菜群体花期一般为30 ~ 40天，主要泌蜜期为25 ~ 30天，油菜花期蜜、粉丰富，利于繁殖蜂群，一个蜂群可采蜜10 ~ 30kg，最高可达40 ~ 50kg，采蜜结束蜂群可繁殖1 ~ 1.5倍（图2-4-1）。

图2-4-1　油菜花（安徽省植保总站提供）

三、蜜蜂授粉技术

1.蜂种特性　我国能够为油菜授粉的蜜蜂有意大利蜜蜂、中华蜜蜂、壁蜂等多个蜂种，其中意大利蜂和中华蜜蜂分布最广、人工繁殖最多、授粉效果较为理想。中华蜜蜂行动敏捷、嗅觉灵敏，善于利用零星蜜粉源；个体耐寒性强，抗螨性强；采集时早出晚归，出勤时间比意蜂长，适于山区定地饲养；春秋季分蜂性强，不易维持强群；易引起盗蜂，严重时整场互盗；蜂王产卵力弱，吻较短。意大利蜜蜂，性情温驯，体格强壮，活力强；产卵能力强，群势较中蜂强，分蜂性弱，能维持大群；工蜂对大宗蜜源采集力强，泌蜡造脾力强；定向力差，易迷巢，盗性强；产浆力强、护脾和清巢力强，抗巢虫，抗蜂螨及幼虫病能力弱；适于追花夺蜜，突击利用南北四季蜜源（图2-4-2）。

图2-4-2　蜜蜂采油菜花蜜（安徽巢湖市植保站提供）

2.授粉技术

（1）*选择合适的蜂种*。根据油菜的生长特性、物候条件、蜂种特性及蜂源情况，选择意大利蜜蜂作为授粉蜂种。

（2）*蜜蜂进场时间*。冬季需在当地繁蜂的，在10 ~ 11月进入场地；不在当地繁蜂的，应在油菜开花初期进场。

（3）*合理配置蜂群规模和密度*。各地应根据当地的地理特点和油菜种植特点，合理布局放蜂点，平原地区连片分布的油菜按3 ~ 6亩配置一个群势大于3 ~ 4脾以上的授粉蜂群，其他地区应增加授粉蜂群配置数量，以达到既保障蜂蜜产量又满足油菜授粉增产的目的。同时蜂箱尽量分散摆放，巢门背风向阳。

（4）*蜂群摆放*。授粉蜜蜂进入场地后，如果油菜面积不大，蜂群可布置在田地的任何一边；如果面积在700亩以上，或地块长度达2km以上，则应将蜂群布置在地块的中央，减少蜜蜂飞行半径。授粉蜂群一般以10 ～ 20群为一组，分组摆放，并使相邻组的蜜蜂采集范围相互重叠。

(5) 防止蜜蜂中毒。若油菜发生病虫必须施药，应在蜜蜂入场前10天或蜂场撤离后喷施农药，或选用对蜜蜂安全的药剂。山区、丘区往往种植果树，应加强蜜蜂授粉对农作物增产意义的宣传，提高农民保护蜜蜂的意识，禁止在蜂场周围喷洒高毒农药，特别在果树花期应禁用对蜜蜂有毒的农药。

3. 蜂群养护

(1) 冬季蜂群管理。一是防冻保温。对于冬季气温偏低的油菜产区，须对蜂箱加盖保温物（稻草或棉被）进行防冻保暖，做好遮阴、遮光、防雨、御寒等工作，保证蜜蜂正常繁殖与越冬。二是充足喂食。要通过人工喂食花粉、蔗糖等，补充蜜蜂营养，为采蜜贮备力量（图2-4-3）。

图2-4-3 加强冬季管理，给予充足喂食，做好采蜜前准备
（四川金堂县植保植检站提供）

(2) 早春蜂群管理。蜜蜂越冬之后会进行2 ～ 3次排泄飞行，在外界气温达到8℃以上、晴暖无风时，取下蜂箱保温物，让阳光直射蜂箱，促使蜂群出巢飞行，排泄后注意加盖保温物；注意检查蜂群状况，及时补充饲料，防治蜂螨；培养健壮蜂王和蜂群，适时奖励饲喂，刺激蜂王产卵，调整巢脾，强群补弱群，保持蜂多于脾，保证蜂箱内子脾的数量与质量，维持箱内温度稳定，保证蜂群能够正常繁殖；为蜜蜂提供干净的水源，并适当补充食盐水，以满足幼虫、幼蜂生长发育需要（图2-4-4）。

(3) 采蜜期蜂群管理。一是奖励饲喂。初花期适当奖励饲喂促进蜂群授粉积极性；二是更换劣质蜂王。在采蜜前的休整期，正是淘汰老、弱、病、残蜂王，培养优质蜂王的最佳时机。为增强蜂群活力，要通过更换劣质蜂王，增强群势，为采蜜打好“队伍”基础。三是合理取蜜取浆。盛花期合理取蜜，每次取蜜应在白天大量进蜜之前进行，注意留足巢内饲料；蜂群辅以产浆和脱粉提高授粉质量，脱粉、取浆时注意观察巢内花粉的消耗，随时注意维护和保持良好的蜂群状态（图2-4-5、图2-4-6）。

图2-4-4 初花期调整巢脾，取出缀脾，培育健壮蜂群
（田卉摄于四川金堂县三溪镇金河村）

图2-4-5 加强采蜜期管理，培育强大蜂群，维持群势，利于授粉与采蜜
（四川金堂县植保植检站提供）

图2-4-6 采蜜期于蜂箱上安装脱粉器脱粉，避免粉压子脾、提高授粉积极性（田卉摄于四川金堂县三溪镇金河村）

（4）合理搬迁。油菜流蜜后期，要储备饲料，做好迁徙准备；转地前一周进行蜂群调整，并在油菜蜜源结束后，尽快将蜂群运至下一个蜜源场地。

四、绿色防控技术

油菜主要病虫害有菌核病、病毒病、蚜虫、小菜蛾、斜纹夜蛾、菜青虫等。

1.油菜菌核病

（1）种植抗（耐）病品种。目前尚未发现真正抵抗菌核病的油菜品种，但油菜品种之间抗（耐）菌核病的能力存在明显差异。如生产上推广的沣油737、秦优系列、川油37、正油1号、德油5号及德油8号等。推广抗（耐）病油菜品种控制油菜菌核病在各地均适用，可根据当地实际情况选择性种植适合当地的抗（耐）病品种。

（2）实施轮作模式。采用水稻—油菜的水旱轮作模式或油菜与非十字花科作物轮作。核盘菌菌核对潮湿和淹水环境很敏感。在油菜和水稻轮作地区，油菜收获之后栽种水稻，散落在土壤中的菌核极易腐烂，次年再种植油菜时，田间子囊盘数量大大降低。由此减轻油菜菌核病病害压力。

（3）加强栽培管理。一是加强田管，开好“三沟”，做到沟沟相通，确保田间明水能排、暗水能滤，降低田间湿度，提高油菜根系活力，增强植株抗逆性。同时，在油菜花期，有条件的地方可以摘除田间病、老、黄叶，带出田外销毁，降低病菌再侵染率。二是合理密植，根据土壤、气候等自然条件，移栽苗适宜密度为3 000 ～ 3 500株/亩，直播苗适宜密度为4 500 ～ 6 000株/亩。三是合理施肥，通过测土配方，平衡施用氮、磷、钾肥料，严格控制氮肥使用量，增施有机肥等。

（4）精准化学防治。油菜菌核病的流行受气候（温度和降雨量）影响较大。根据各地油菜菌核病发生的历史资料及气象资料，对油菜菌核病的发生情况作出预测。在发生较重的年份，要切实做好菌核病化学防治，同时把好菌核病药剂防治“三关”，即防治适期与次数、对路药剂和施药技术三个关键环节。①施药适期与防治次数。在油菜盛花初期和盛花期分别防治1次。同时为确保蜜蜂安全，施药时间应与放蜂时间错开。②防治药剂。可选用对蜜蜂低毒且对环境友好的药剂如菌核净或腐霉利等。③施药技术。施药时注意油菜全株上下要受药均匀，注意在下午施药。精准化学防治油菜菌核病适用于油菜菌核病发生重病区或重发年份。

（5）生物防治。可采用盾壳霉在油菜花期喷雾处理，一般在油菜初花期和中花期各处理1次。

2.油菜蚜虫、病毒病

油菜病毒病主要由蚜虫传播为害，因此可以通过防治油菜蚜虫达到有效控制病毒病的目的。

（1）加强栽培管理。一是合理密植，增加田间通风透光度，并及时中耕培土，培育壮苗；二是清除杂草及拔除有蚜株，清除田间及附近杂草以切断蚜虫食料，结合间苗定苗或移栽，除去有蚜株，防止有翅蚜的迁飞和传播病毒病为害。

（2）色板诱蚜。利用蚜虫成虫的趋黄性，苗期及早在田间插放黄色粘板诱杀迁飞的成虫，以降低后期的虫源。

（3）生物防治。蚜虫发生初期，采用苦参碱水剂、虫酰肼悬浮剂或甲氧虫酰肼悬浮剂等进行防

图2-4-7 使用植物诱抗剂提高植株抗病能力
（四川金堂县植保植检站提供）

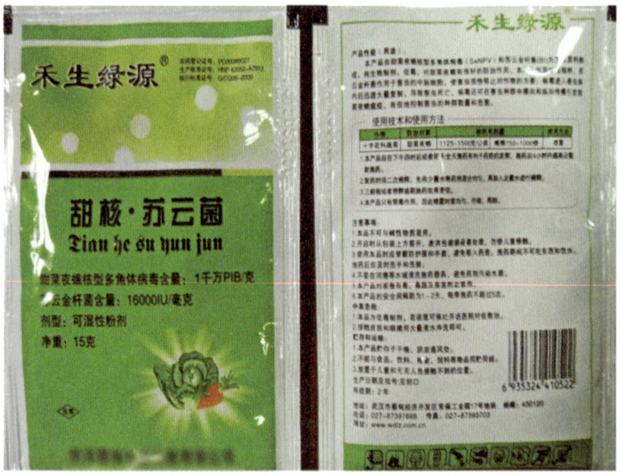

图2-4-8 使用生物农药防治小菜蛾、斜纹夜蛾、菜青虫等害虫
（四川金堂县植保植检站提供）

治。同时可采用几丁聚糖、氨基寡糖或乙基寡糖素喷雾预防油菜病毒病。

（4）科学用药。加强对油菜蚜虫的监测，若个别田块蚜虫达到防治指标，可选用对蜜蜂安全的高效低毒杀虫剂抗蚜威进行防治。

3.斜纹夜蛾、小菜蛾、菜青虫

（1）性诱技术。每亩分别悬挂斜纹夜蛾性诱剂1套、小菜蛾性诱剂3套，诱杀油菜鳞翅目害虫成虫，压低虫源基数。

（2）灯诱技术。利用太阳能杀虫灯或频振式杀虫灯可诱杀斜纹夜蛾、小菜蛾、跳甲等害虫，安装密度以平坝地1盏/40亩、丘陵地1盏/30亩为宜。

（3）生物防治。在小菜蛾、斜纹夜蛾、菜青虫等害虫低龄期，可选用甜核·苏云金杆菌或甘蓝夜蛾核型多角体病毒进行防治（图2-4-7、图2-4-8）。

（4）科学用药。对于小菜蛾、斜纹夜蛾、菜青虫等重发的田块，可选用氯虫苯甲酰胺进行防治。

五、技术集成

1.苗期

主要病虫害有蚜虫、小菜蛾、斜纹夜蛾、菜青虫、病毒病等。

绿色防控技术模式：实施合理轮作+种植抗（耐）病品种+加强栽培管理+灯光诱杀（诱杀小菜蛾、斜纹夜蛾、跳甲等）+色板诱蚜+性诱技术（性诱剂诱杀斜纹夜蛾、小菜蛾）+生物防治（生物农药防治蚜虫、跳甲、小菜蛾、斜纹夜蛾、菜青虫、病毒病等）+科学使用化学农药。

2.蕾薹期

主要病虫害有蚜虫、跳甲、菜青虫、病毒病等。

绿色防控技术模式：生物防治（生物农药防治蚜虫、跳甲、菜青虫、病毒病等）+科学使用化学农药。

蜜蜂管理与授粉技术模式：油菜苗期和蕾苔期即初花期前重点是做好蜂群采蜜前的准备工作，

主要技术模式包括选择适合当地的蜜蜂品种（意大利蜜蜂）+冬季和早春的蜂群管理（防冻保温+充足喂食+防病除虫等）+奖励饲喂+更换劣质蜂王+培养健壮蜂群等。

3.开花期

绿色防控技术模式：此阶段以防治油菜菌核病为重点，兼治蚜虫。主要技术包括加强田间管理（摘除病、老、黄叶）+精准化学施药防治菌核病+生物防治（生物农药防治菌核病和蚜虫）蜜蜂管理与授粉技术：加强防病除虫+保持蜂群活力+合理取蜜取浆

注意事项：此阶段蜜蜂进入油菜田采蜜，因此油菜病虫害防治用药尤为关键。油菜以及周边作物禁用对蜜蜂造成毒害的农药，若必须施药，必须选择生物农药或对蜜蜂无毒害的农药，且用药时间与蜂群主要活动时间要错开。

4.角果发育成熟期

绿色防控技术模式：针对成熟期病虫害可使用生物农药进行防治。待油菜收获后将秸秆进行粉碎还田，或集中销毁，并及时清除田间病株残体，重病田秸秆要深翻还田或腐熟还田，以减少翌年病害的初侵染源。

蜜蜂管理与授粉技术：选择好迁移目标地+做好搬迁工作

适用范围：油菜主要病虫害绿色防控技术模式适用于我国各油菜产区。但各地油菜栽培模式、自然气候条件及主要病虫害发生种类和程度不同，故可根据具体情况调整各单项技术，组成适合当地的切实可行的绿色防控技术体系。同时蜜蜂管理与授粉技术模式建议各地根据当地的油菜生产规模，因在蜜源充足时，蜜蜂的采蜜半径不超过500m，因此一个放蜂点所需安全面积（净蜜源）为1 177.5亩。对于以丘陵地形为主的油菜主产区，油菜多与小麦插花种植（不完全连片），为达到既要提高授粉效率、提高油菜产量和质量，又要保护蜜蜂的目的，建议该技术适用的最小规模为1 500亩（图2-4-9）。

图2-4-9　加大油菜全程绿色防控，保证病虫控制效果，确保油菜丰收
（四川金堂县植保植检站提供）

六、效益分析

1.经济效益评价方法

（1）*产量调查及计算方法*。处理区和对照区各重复（小区）分别采用5点取样法调查取样，每点取5株，每重复（小区）共计取20株调查单株角果数，再随机选取20个角果，调查每角果粒数，并测千粒重。理论产量=每亩株数×每株角果数×每角果粒数×千粒重。实测产量：处理区和对照区各重复（小区）分别按照实际面积测产，先收割，再脱粒去杂，晾晒或烘干，称重最后折算为亩产。

（2）*效益计算方法*。

经济效益=实际产出值（油菜产值+蜂产品）－实际投入成本

产投比=产出经济值÷投入经济值

2.生态效益 随着人们生活水平的提高，公众对化学农药带来的副作用也日益关心。本技术体系为各种有效措施的配套技术组合，可以有效减少化学农药的使用量和使用次数，同时禁用了对蜜蜂有毒害的农药，从而为蜜蜂和其他授粉昆虫以及天敌昆虫提供了良好的农业生态环境。

3.社会效益 本技术体系的应用可以显著提高农产品产量和品质，增加种植户的收入。同时还为蜂农带来可观的经济效益，从而带动了养蜂业的持续健康发展。

执笔人：李 静、郑兆阳、田 卉、张 梅、罗怀海

油菜蜜蜂授粉与绿色防控技术集成模式

<table>
<tr><td>月</td><td colspan="3">9</td><td>10</td><td>11</td><td>12</td><td>1</td><td colspan="3">2</td><td colspan="3">3</td><td colspan="3">4</td><td colspan="2">5</td></tr>
<tr><td>旬</td><td>上旬</td><td>中旬</td><td>下旬</td><td></td><td></td><td></td><td></td><td>上旬</td><td>中旬</td><td>下旬</td><td>上旬</td><td>中旬</td><td>下旬</td><td>上旬</td><td>中旬</td><td>下旬</td><td>上旬</td><td>中旬</td></tr>
<tr><td>生育期</td><td>播前准备期</td><td colspan="6">苗期</td><td colspan="4">蕾薹期</td><td colspan="3">开花期</td><td colspan="4">角果发育成熟期</td></tr>
<tr><td>主控对象</td><td></td><td colspan="6">蚜虫、小菜蛾、斜纹夜蛾、菜青虫、病毒病</td><td colspan="4">蚜虫、跳甲、菜青虫、病毒病、霜霉病</td><td colspan="3">蚜虫、菌核病、霜霉病</td><td colspan="4">蚜虫、跳甲、霜霉病</td></tr>
<tr><td rowspan="3">防治措施</td><td>合理轮作+选种+浸种+高厢深沟+合理密植</td><td colspan="6">植物免疫诱导（几丁聚糖、氨基寡糖）+色板诱蚜+性诱+生物农药（甜核.苏云金杆菌、乙基多杀菌素、木霉菌、地衣芽孢杆菌、大蒜素、苦参碱、Bt乳剂等）</td><td colspan="4">生物农药（苦参碱、太抗、氨基寡糖、木霉素、大蒜素、Bt乳剂、甜核.苏云金杆菌等）</td><td colspan="3">加强田间管理+精准化学施药防治菌核病+生物农药（苦参碱、大蒜素、木霉素、地衣芽孢杆菌等）</td><td colspan="4">生物农药（苦参碱、Bt乳剂、木霉菌、地衣孢杆菌等）+秸秆粉碎还田，减少翌年初侵染源</td></tr>
<tr><td colspan="4">灯光诱杀</td><td colspan="7"></td><td colspan="5">灯光诱杀</td><td colspan="2"></td></tr>
<tr><td></td><td colspan="13">化学应急防控</td><td colspan="4"></td></tr>
<tr><td>蜜蜂管理期</td><td colspan="11">采蜜前准备期</td><td colspan="3">采蜜期</td><td colspan="4">采后迁移期</td></tr>
<tr><td>管理措施</td><td colspan="11">选择适合当地的蜜蜂品种+合理布局和配置蜂群+防冻保温+加强喂食+更换劣质蜂王</td><td colspan="3">加强防病除虫、保持蜂群活力+合理打糖</td><td colspan="4">选择好迁移目标地+做好搬迁工作</td></tr>
<tr><td>备注</td><td colspan="18">选择轮作田块：选择前茬为水稻的田块或其他非十字花科作物的地块种植油菜，可明显减轻油菜多种病害的发生，特别是能明显抑制油菜主要病害——菌核病的发生。
选种：选择适合当地土壤、气候的中、晚熟甘蓝型抗病品种。
浸种：用50℃温水或1 ∶ 200福尔马林液浸种3分钟，可以杀灭菌核病的病原菌，用10%盐水处理种子后洗净播种或用种子重量1%的25%瑞毒霉浸种、拌种可有效控制霜霉病的发生。
高厢深沟：高厢深沟可以增强植株根系活力，促进株体健壮，能降低霜霉病、白锈病等病害的发生概率和危害程度。
合理密植：根据当地气候及土壤条件，直播以20 000 ～ 25 000株/亩，移植以6 000 ～ 8 000株/亩为宜。
植物免疫诱导：采用0.5%几丁聚糖300 ～ 500倍液，或5%氨基寡糖素800 ～ 1 000倍液在出苗后进行2次以上叶面喷施，定植10天后，隔7 ～ 10天，进行3次以上叶面喷施，可诱导植株产生对致病菌的免疫能力，从而减轻病害的发生。
生物农药：在油菜上主要采用的生物防治技术是以菌治虫和以菌治病。蚜虫发生初期，采用0.5%苦参碱水剂500倍液或20%虫酰肼悬浮剂1 000 ～ 2 500倍液或24%甲氧虫酰肼悬浮剂10 ～ 20g/亩，兑水40 ～ 50L喷雾等进行防治。在小菜蛾、斜纹夜蛾、菜青虫等害虫低龄期，选用甜核 · 苏云金杆菌800 ～ 1 000倍液或亩用20亿PIB/mL甘蓝夜蛾核型多角体病毒50 ～ 90g，兑水30 ～ 45kg喷雾防治；在防治跳甲时，可亩用Bt乳剂100g；菌核病发生初期，可采取亩用2亿活孢子/克木霉菌可湿性粉剂125 ～ 250g兑水40kg喷雾或亩用80IU/mL地衣芽孢杆菌150 ～ 300mL兑水40 ～ 50kg喷雾；在霜霉病发生初期，使用5%大蒜素300倍液或亩用80IU/mL地衣芽孢杆菌150 ～ 300mL兑水40 ～ 50kg，间隔7 ～ 10天，交替使用，连续防治2 ～ 3次；在防治病毒病时，可采用0.5%几丁聚糖300倍液、5%氨基寡糖500 ～ 800倍液或10.7%乙基寡糖素1 000倍液喷雾等均能达到防治目的。</td></tr>
</table>

（续）

<table>
<tr><td>月</td><td colspan="3">9</td><td>10</td><td>11</td><td>12</td><td>1</td><td colspan="3">2</td><td colspan="3">3</td><td colspan="3">4</td><td colspan="2">5</td></tr>
<tr><td>旬</td><td>上旬</td><td>中旬</td><td>下旬</td><td></td><td></td><td></td><td></td><td>上旬</td><td>中旬</td><td>下旬</td><td>上旬</td><td>中旬</td><td>下旬</td><td>上旬</td><td>中旬</td><td>下旬</td><td>上旬</td><td>中旬</td></tr>
<tr><td>备注</td><td colspan="18">蜜蜂品种选择：意大利蜂体格强壮，活力强；对大宗蜜源采集力强，产糖、产浆力强；适于追花夺蜜，突击利用南北四季蜜源，是最适合当地的蜂种。
合理布局和配置蜂群：要根据当地特点，以蜂群间隔1 000m以上布局放蜂点，以2 ～ 3亩油菜（蜜源）/厢的密度配置并尽可能分散摆放为佳。
防冻保温：冬季气温偏低的地区，必须对蜂箱进行防冻保暖（采用稻草或棉被覆盖），保护蜜蜂正常繁殖与越冬。
加强喂食：对于冬季少有蜜源且气温较低的地区，要通过人工喂食花粉、蔗糖等，补充蜜蜂营养，培育健壮的蜂群，为采蜜贮备力量。
更换劣质蜂王：为增强蜂群活力，在采蜜前的休整期，正是淘汰老、弱、病、残蜂王，培养优质蜂王的最佳时机。要通过更换劣质蜂王，增强群势，为采蜜打好“队伍”基础。
合理打糖：当地油菜花期大约一个月，可以进行4次打糖。每次打糖要留足“底糖”，前3次要给蜜蜂留下5% ～ 10%，最后一要给蜜蜂留下20% ～ 30%。
化学防治：在生态调控、植物免疫诱导、害虫诱杀和生物防治等都不能有效控制病虫害的发生，不采取其他方法防治将会给生产带来严重损失时采用化学农药进行的应急防控措施。如，防治斜纹夜蛾、小菜蛾、菜青虫时可选用20%氯虫苯甲酰胺3 000倍液；防治蚜虫可选择亩用20%烯啶虫胺水剂20 ～ 30mil；防治菌核病可选用50%多菌灵粉剂、40%灭病威悬浮剂500倍液、70%甲基托布津可湿性粉剂500 ～ 1 500倍液等药剂，交替使用2 ～ 3次；防治霜霉病可选用25%瑞毒霉粉剂600 ～ 800倍液，50%托布津1 000 ～ 1 500倍液，50%退菌特粉剂1 000倍液等药剂在初花期病叶株率达10%时，间隔7天交替使用2 ～ 3次即可达到防治目的</td></tr>
</table>

第五章
向日葵蜜蜂授粉与绿色防控技术集成

一、概述

向日葵（又名：向阳花、朝阳花、太阳花等）是世界四大油料作物之一，也是我国北方7 ~ 8月最主要的蜜源植物之一。向日葵为异花授粉作物，蜜蜂等昆虫的授粉对其产量和品质起着极其重要的作用。据国内有关资料报道，利用蜜蜂为向日葵授粉，增产效果在34%左右；国外报道增产20% ~ 60%。因此积极指导广大蜂农到向日葵种植区放蜂，既增加蜂农的收入，又通过为向日葵充分授粉而有效提高向日葵的产量和品质。蜜蜂为向日葵授粉，是一项不扩大耕地面积的最有效增产措施。

我国向日葵主产区分布在华北、东北、西北地区，如内蒙古、新疆、山西、辽宁、吉林、黑龙江等省、自治区。内蒙古近几年向日葵种植面积在750万亩以上。主要集中在巴彦淖尔市、赤峰市、乌兰察布市、鄂尔多斯市、呼和浩特市和包头市等地区。针对向日葵病虫害采取绿色防控技术，同时推广蜜蜂授粉，授粉期间禁止施用对蜜蜂不安全的化学农药，实现了蜜蜂授粉与病虫害绿色防控的有机结合。

二、作物特性

向日葵（*Helianthus awnuus*）为菊科向日葵属作物，原产北美洲，属于虫媒异花授粉作物，靠昆虫传粉或人工授粉而受精结实。既是蜜源植物又是粉源植物。向日葵为头状花序，生长在花茎顶端，俗称花盘。花盘上有舌状花和管状花两种花。舌状花长在花盘的四周边缘，为无性花，具有引诱昆虫前来采蜜授粉的作用。管状花，位于舌状花内侧，为两性花，是靠昆虫传粉而受精结实的。田间有75%植株的舌状花开放，即进入开花期。向日葵花期约30天，盛花期有20天左右。花多在早晨4 ~ 6时开放，次日上午授粉，未授粉的柱头可保持7 ~ 10天不凋萎。

三、蜜蜂授粉技术

1.蜜蜂品种 意大利蜜蜂、卡尔巴阡蜂、卡尼鄂拉蜂等西方蜜蜂品种。

2.蜂需求量 1箱/5亩，蜂群势10脾以上，授粉蜂以10～20群为一组。

3.入场时间 向日葵开花10%之前入场。

4.蜂群摆放 授粉蜂群以10～20群为一组，均匀摆放。蜂场与授粉田间距离小于100m。摆放时单箱排列、多箱排列、圆形或U形排列，可视场地面积和地形而定。摆放时，巢门背风向阳。蜂群摆放视授粉面积而定，位于田地一边。

5.蜂群管理 调整巢脾，强群补弱群，保持蜂多于脾，维持箱内温度稳定，保证蜂群能够正常繁殖。向日葵花期气温相对较高，空气干燥，蜂箱巢门开大，场地周围适当喷水降温。

6.蜜粉采收 检查蜂群的蜜粉情况，应及时采收蜂蜜和花粉，防止蜜粉压子脾，提高蜜蜂访花的积极性，消除分蜂热。

7.提供清洁水源 向日葵授粉期间，保证蜂群具有干净充足的水源；初花期适当奖励饲喂提高蜜蜂授粉的积极性。

四、绿色防控技术

巴彦淖尔市是内蒙古自治区主要的向日葵生产基地，主要病虫害有向日葵螟、向日葵黄萎病、向日葵菌核病、向日葵锈病等。针对向日葵病虫害采取农业防治、物理防治、生物防治为主的绿色防控技术，同时推广应用蜜蜂授粉技术，使用环境友好型农药，授粉期间禁止施用对蜜蜂不安全的化学农药，实现蜜蜂授粉与全生育期病虫害绿色防控的有机结合。

1.农业措施

（1）*选用抗向日葵螟的品种*。品种间对向日葵抗螟性差异很大，黑色品种、厚皮品种、短粒品种较抗螟。

（2）*调整播种期，躲避向日葵螟危害*。向日葵螟一年发生两代，世代整齐，界线分明，两代之间有近20天左右的向日葵螟幼虫不发生期，将向日葵开花期安排在这20天，就可躲避向日葵螟危害。

（3）*种植茼蒿诱杀向日葵螟*。将茼蒿种植在田埂地头，由于茼蒿开花早，将向日葵螟成虫诱集到茼蒿地内产卵危害，然后用集中扑灭。

（4）*避免浇秋水，提倡春季施肥施药覆膜一体化完成*。由于向日葵螟越冬喜欢高湿的环境，因此，秋季不浇秋水，向日葵螟越冬成活率大大下降，从而减少了虫源基数，减轻了危害。同时地膜覆盖田间湿度小，地膜阻断了孢子喷射的可能性，对向日葵菌核病也有一定的抑制作用。

（5）*及时清洁收获及收购场所*。集中收获场所及收购场所存在大量的越冬虫源，所以，清洁这两个场所是一个减少虫源减轻危害的重要措施。

2.物理防治措施 主要是利用向日葵螟成虫的趋光性诱杀成虫。诱杀方法是利用杀虫灯（频振式杀虫灯、太阳能杀虫灯、黑光灯均可）诱杀向日葵螟成虫。

3.生物防治技术

（1）性引诱剂防治技术。将人工合成的性引诱剂制成各种诱捕器引诱雄性昆虫干扰交尾，从而减少交尾机会，降低产卵量，减轻危害。

（2）赤眼蜂防治技术。利用赤眼蜂寄生向日葵螟卵的方法防治葵螟。将赤眼蜂卵卡别在向日葵叶片下，赤眼蜂孵化后寻找向日葵螟卵进行寄生，杀死向日葵螟卵，起到防治的作用。

五、技术集成

试验设蜜蜂授粉区（绿色防控加蜜蜂授粉）、自然对照区（绿色防控但未人工引进蜜蜂授粉，2kg以上）和空白区（不授粉）3个小区，每个小区重复3次，每小区66.7m^2，对照区采取钢架大网或单株罩网，小区土壤肥力、长势、田间管理等条件基本一致（图2-5-1 ～图2-5-3）。

图2-5-1　蜜蜂授粉区

图2-5-2　自然授粉区

图2-5-3　网室空白对照区

在开展小区试验的同时，进行大面积示范，调查分析有关数据，进行技术集成与创新，形成了抗耐病品种+适期晚播+抗重茬菌剂+生物防治+蜜蜂授粉的技术集成示范模式。

播种前：平整土地，将抗重茬菌剂以3kg/亩与种肥混匀后施入土壤中，然后覆膜。通过对黄萎病菌的拮抗作用起到防治作用，覆膜后阻断了孢子喷射的可能性，同时降低田间湿度可兼防菌核病等土传病害（图2-5-4、图2-5-5）。

图2-5-4 抗重茬菌剂与种肥混合
（杭锦后旗蜜蜂授粉示范区提供）

图2-5-5 覆膜种植（杭制后旗蜜蜂授粉示范区提供）

播种期：5月25日至6月10日播种，选用抗耐病短日期杂交向日葵品种播种，能够避开或缩短向日葵花期与向日葵螟成虫盛发生期的重叠时间，减轻向日葵螟危害。

生长期：控制氮肥，适量增施磷钾肥，培育壮苗，以增强植株抗病性。同时要及时清理田间病残体，减少病源。5月初，在向日葵螟成虫大量出现前，悬挂频振式杀虫灯，每50亩一盏灯，灯间距离180 ~ 200m，离地面高度1.5 ~ 1.8m，呈棋盘式分布，开灯时间为晚上9：30至凌晨4：00。或5月中旬，按照1个/亩在田间挂置性引诱剂诱杀向日葵螟雄蛾，降低虫源基数，减轻向日葵螟的危害。性诱剂诱芯可根据其持效期进行更换一次（图2-5-6）。

图2-5-6 诱杀防控技术（杭锦后旗蜜蜂授粉示范区提供）

花期：采用蜜蜂授粉技术

在向日葵开花10%之前蜜蜂入场，以每5亩1箱蜂，蜂群势10脾以上，授粉蜂以20 ~ 30群为一组，巢门背风向阳。授粉期间禁止使用烟碱类、阿维菌素等对蜜蜂不安全的化学药剂（图2-5-7）。

在成虫发生盛期和产卵盛期，是最佳的赤眼蜂释放时期，保证蜂卵相遇，提高寄生率。在巴彦淖尔市，向日葵管状小花50%开花后为释放赤眼蜂最佳时期。盛花期开始第一次放蜂，隔3 ~ 4天放第二次蜂，每次放蜂量，1.5万头/亩，寄生向日葵螟卵。放蜂方法：用牙签将蜂卡或蜂袋别在靠近向日葵花盘附近的叶片背面的主脉上，保持通风遮阳不被雨淋即可（图2-5-8）。

图2-5-7　放蜂区（杭锦后旗蜜蜂授粉示范区提供）

图2-5-8　松毛虫赤眼蜂防治向日葵螟幼虫（杭锦后旗蜜蜂授粉示范区提供）

六、效益分析

以巴彦淖尔市向日葵蜜蜂授粉示范区为代表举例说明：

1.经济效益　向日葵蜜蜂授粉田间测产见表2-5-1。

表2-5-1　向日葵蜜蜂授粉田间测产

记录项 处理	小区内 株　数	单　盘 结实率	千粒重（g）	单盘空 秆粒数	单　盘 籽粒数	单盘产量 （g）
蜜蜂授粉区	227	87.8%	171.2	100	820	118.6
空白对照区	227	79.5%	151.2	168	818	98.3
自然授粉区	227	83.4%	153.2	136	818	111.3

根据巴彦淖尔市杭锦后旗示范区田间测产记录，蜜蜂授粉区比自然授粉区和空白对照区结实率分别提高4.4%、8.3%；千粒重分别增加18g、20g；空壳率分别减少4.2%和5.9%（表2-5-2）。

表2-5-2 向日葵示范区不同处理区折合亩产量比较

单位：斤*

亩产处理	亩产	亩增产（比自然授粉区、空白对照区）	比空白对照增产率（%）	比自然对照增产率（%）
空白对照区	384	—	—	—
自然授粉区	483	65.7	25.8	—
蜜蜂授粉区	548.7	164.7	42.9	13.6

根据巴彦淖尔市三个示范区示范平均结果显示：蜜蜂授粉示范区相比自然授粉区平均每亩增产65.7斤，增产率为13.6%，亩净增收入279.7元。相比空白对照区平均每亩增产164.7斤，增产率为42.9%，亩净增收入455.9元（表2-5-3）。

表2-5-3 经济效益分析表

处 理	产量（斤/亩）	销售价格（元/斤）	毛收入（元/亩）	投入（元）	净收入（元）	示范区比对照区亩净增收入（元）
蜜蜂授粉区	548.7	3.80	2 085.1	520	1 565.1	455.9
自然授粉区	483.0	3.80	1 835.4	550	1 285.4	279.7
空白对照区	384.0	3.8	1 459.2	350	1 109.2	

2.社会效益 充分挖掘了农作物增产潜力，降低了农业生产成本，保障了农产品质量安全，促进了养蜂业健康持续发展。

3.生态效益 通过开展绿色防控技术集成与示范应用，有效地减少了农药的使用量和使用次数，提高了农药的使用率，减少了农药对土壤、水源的污染，为昆虫授粉创造了良好的农业生态环境，保障了农业生产安全和产品质量安全（图2-5-9、图2-5-10）。

* 斤为非法定计量单位。1斤=500g。

图2-5-9 2015年全国蜜蜂授粉现场会
（内蒙古自治区植保植检站提供）

图2-5-10 杭锦后旗向日葵蜜蜂授粉示范区
（内蒙古自治区植保植检站提供）

执笔人：刘宝玉、杨立国

向日葵蜜蜂授粉与绿色防控技术集成模式

时间	4月底至5月初	5月26日至6月10日	6月中旬至7月初	7月中旬	7月底至8月初
生育期	播种前	播种期	出苗期—现蕾期	开花期	盛花期
主控对象	向日葵螟、向日葵黄萎病、向日葵菌核病		向日葵螟	向日葵螟	
防治措施	选用抗（耐）病品种+适期晚播+抗重茬菌剂		频振式杀虫灯、性引诱剂诱杀成虫	赤眼蜂寄生灭卵+蜜蜂授粉技术	
备注	**选用抗（耐）病品种**：选用抗（耐）向日葵黄萎病的品种，是防治该病的有效途径之一，巴彦淖尔市近年来主要选用361、363等品种。 **适期晚播**：将播期调整到5月25日至6月10日播种，能够避开向日葵花期与向日葵螟成虫盛发生期的重叠时间，减轻向日葵螟危害。 **抗重茬菌剂**：将抗重茬菌剂以3kg/亩与种肥混匀后施入土壤中，然后覆膜。通过对黄萎病菌的拮抗作用起到防治作用，同时覆膜不仅阻断了孢子喷射的可能性，而且降低田间湿度可兼防菌核病等土传病害 **频振式杀虫灯、性引诱剂诱杀成虫技术**：每50亩一盏灯，灯间距离180 ~ 200m，离地面高度1.5 ~ 1.8m，呈棋盘式分布，开灯时间为晚上9：30 ~凌晨4：00。5月中旬，按照1个/亩在田间挂置性引诱剂诱杀向日葵螟雄蛾，降低虫源基数，减轻向日葵螟的危害。性诱剂诱芯每40天更换一次。 **赤眼蜂寄生灭卵技术**：向日葵管状小花50%开花为盛花期，是释放赤眼蜂最佳时期，开始第一次放蜂，隔3 ~ 4天放第二次蜂，每次放蜂量1.5万头/亩，寄生向日葵螟卵。放蜂方法：用牙签将蜂卡或蜂袋别在靠近向日葵花盘附近的叶片背面的主脉上，保持通风遮阳不被雨淋即可。 **蜜蜂授粉技术**：向日葵开花10%之前入场，每5 ~ 10亩1箱，以20箱为一个授粉点，单箱排列、多箱排列、圆形或U型排列巢门背风向阳摆放。授粉期间禁止使用烟碱类、阿维菌素等对蜜蜂不安全的化学药剂					

第六章 苹果蜜蜂授粉与绿色防控技术集成

一、概述

中国是世界第一大苹果生产国，栽培面积和产量分别占世界总面积和总产量的41.09%和42.88%。苹果产区主要集中在渤海湾（鲁、冀、辽、京、津）、西北黄土高原（陕、甘、晋、宁、青）、黄河故道（豫、苏、皖）和西南冷凉高地（云、贵、川）4大产区。其中，渤海湾和西北黄土高原产区为优势苹果产业带，也是世界上最大的苹果适宜产区。

昆虫传粉对苹果、西瓜、梨、芒果和李的贡献最大，苹果对蜜蜂授粉依赖程度最大，达76%，经济贡献也最大，达到631亿元。

国家蜂产业技术体系在“十二五”期间开展了油菜、苹果、梨、设施作物的蜜蜂授粉技术及授粉蜂种的繁育、开发、利用等研究，针对苹果开展了苹果蜜蜂授粉增产机理、不同规模蜂场及不同摆放方式对蜜蜂授粉效果的影响等研究内容，并结合生产实际进行了无授粉树蜜蜂授粉强度和授粉树配置不足条件下的授粉蜂数量等实用技术的研究，解决苹果生产中的技术难题，形成了全面、系统的蜜蜂授粉技术，为苹果蜜蜂授粉 技术的推广、应用提供了技术支撑，苹果应用蜜蜂授粉技术增产幅度在5%～30%。

自2013年起，农业部为又针对蜜蜂授粉与绿色防控技术融合进行了探索，在全国范围内开展蜜蜂授粉与绿色防控技术集成示范研究，将绿色防控技术与蜜蜂授粉技术有机融合，组装配套，苹果已经通过了地方性标准，取得了阶段性进展。

二、作物特性

苹果树（*Malus pumila* Mill.），属蔷薇目，蔷薇科（Rosaceae），苹果亚科（Maloideae）苹果属（*Malus*）。是温带地区最主要的果树之一。属落叶乔木，高可达15m，但栽培树木一般只高3～5m。苹果树多具有圆形树冠和短主干；叶片椭圆形、卵形至宽椭圆形，长4.5～10cm，宽3～5.5cm，先端极尖，基部宽楔形或圆形，边缘具有圆钝锯齿，幼嫩时两面具短柔毛，长成后上面无毛；叶柄粗壮，长约1.5～3cm，被短柔毛；托叶草质，披针形，先端渐尖，全缘，密被短柔毛，早落。

1.花部特征 苹果为两性花，花冠辐射对称，伞房花序，属有限花序，簇生于小枝顶端，每个花序开花5～8朵，中央的1朵为中心花。花萼5片、绿色、离生；花瓣5片，白色倒卵形，含苞待放时略带粉色；一般是中心花先开，随后边缘的花次第开放。雌蕊5枚，雄蕊20～25枚，花药鲜黄色，花丝白色、长短不齐；花柱基部合生；中轴胎座，下位子房，子房5室，每心室2个胚珠；蜜腺位于子房基部。苹果树开花期是基于各地气候而定，一般集中在3～4月。泌蜜粉期20天左右，适温22℃以上。一般蜂群年产蜂蜜10～15kg（图2-6-1）。

图2-6-1 苹果花序（高坤金提供，山东）

2.授粉特性 苹果是异花授粉植物，大部分品种自花不能结成果实。因此，必须在果园内种植不同于种植品种的授粉树，并选择花期比主栽品种早1～2天，花粉量大，亲和力强的授粉品种。

三、蜜蜂授粉技术

多数苹果自交不亲和，自然条件下产量很低。目前中国普遍采用人工授粉、蜜蜂授粉和壁蜂授粉来提高苹果坐果率。研究人员探讨了人工点授、喷雾、喷粉等人工授粉方式对红富士苹果坐果率及种子数的影响，结果表明人工点授坐果率最高、种子数最多，喷雾次之但最具有实际应用价值。蜜蜂授粉效果较好，最省工省力。

（一）可用蜂种

1.中华蜜蜂（*Apiscerana cerana* Fabr.） 简称中蜂，是东方蜜蜂的一个亚种。广泛分布于我国华南、西南、中南、西北、华北及东北等地（图2-6-2）。

图2-6-2 中华蜜蜂（刘进提供，山东沂源 ）

中蜂可以有效地为果树、水稻、籽莲等作物授粉，并取得明显的增产效果。中蜂善于利用零星蜜源，能节约饲料，适应性强，抗寒耐热，环境恶劣时能节制产卵量，适宜果园定地饲养，可用于为果树和温室各类蔬菜授粉。

2.西方蜜蜂（*Apis mellifera* L.） 我国饲养的西方蜜蜂大多是意大利蜜蜂（*Apis mellifera ligustica* Spin.）。此外，还有一部分其他蜂种，如喀尔巴阡蜂、卡尼鄂拉蜂、高加索蜂、东北黑蜂、新疆黑蜂等（图2-6-3）。

意大利蜂（*Apis mellifera ligustica* Spin.）广泛分布于全国各地，是国内外利用的主要授粉蜂种。意大利蜂除了能为果树及其他作物授粉增产外，成功地被应用于为温室内蔬菜授粉，并取得明显效果。

3.壁蜂（*Osmia*） 壁蜂是多种落叶果树的优良传粉昆虫。全世界约有70余种。它们都属于蜜蜂总科切叶蜂科壁蜂属，为野生独栖性昆虫。壁蜂具有耐低温、采集速度快、不需要人工饲喂、便于管理的特点，被广泛用于为果树授粉（图2-6-4）。

图2-6-3 意大利蜜蜂

我国现已发现并研究应用较多的壁蜂种类主要有：角额壁蜂（*O.cornifrons* R.）、凹唇壁蜂（*O.excavata* AL.）、叉壁蜂（*O.pedicoms* Cockerell）、紫壁蜂（*O.jacoti* Cockevell）和壮壁蜂（*O.taurs* Smith）五种。其中，以凹唇壁蜂种群数量大、授粉效果明显，目前已经成为我国北方果区的优势蜂种。

图2-6-4 日本角额壁蜂（高坤金提供，山东）

凹唇壁蜂一年一代，在人工驯养利用的条件下，均喜欢在芦苇管内营巢，幼虫和蛹及羽化后的成虫均在巢管内生长发育，在巢管内呆住的时间约300天，而羽化后经过滞育状态越冬后的成虫，一般在早春3月下旬破茧出房，采集花蜜、繁衍后代，在5月上旬，成蜂寿命结束。成蜂工作时间约60天。

壁蜂有效授粉范围为60m，距离蜂巢越近的果树，其坐果率越高。壁蜂喜欢在红色巢管中营巢，巢管投放颜色以红色营巢回收比例最高；壁蜂较喜欢苇管，其次是纸管，最后是塑料管。

（二）授粉技术

1.蜜蜂授粉技术 以目前应用最广泛的意大利蜜蜂为例。

（1）*蜂箱摆放*。执行授粉任务的蜂场蜂群排列方式的确定，应考虑蜜蜂飞行半径、风向及互相传粉的因素。一般应采用小组（6群）散放，不宜采用一个蜂场放在一起，也不宜采用单群排列。50 ~ 100箱为一大组，均匀摆放。采用前一种方式时，离蜂群较远的作物授粉不充分，蜂箱附近蜜蜂过剩。采用单箱排列方式时，一是管理不方便，二是蜜蜂飞行范围受局限，不利于异花传粉。在果园内，尤其是树体高大的果树，采用小组排放更有利于异花授粉。用蜂数量上，按每1箱/2亩，蜂群势8脾以上，蜂场与授粉田间距离小于100m。摆放时，巢门背风向阳，单箱排列、多箱排列、圆形或U形排列，可视场地面积和地形，位于中央或田地一边。壁蜂单巢排列，巢门向南。

（2）*与花期的协调*。田间应用时，注意观察苹果开花期，于苹果开花前2 ~ 3天入场，谢花后3 ~ 5天撤场，放蜂时间一般持续10 ~ 15天（图2-6-5）。

2.壁蜂授粉技术

(1) 释放前的准备。根据果园需要的放蜂量，计算出巢箱数，准备装蜂茧用的纸盒。将壁蜂茧从冷藏设备中取出，分装在蜂茧盒内，然后运到果园中，分别放入每个巢箱中的巢管顶部空隙处，并使蜂茧盒有出口的一侧朝外。每天检查一次蜂茧盒，清除已破茧而未飞出纸盒的成蜂和茧壳。为保证蜂茧出房率，在释放蜂茧的第二天，将蜂茧盒放在清水中浸泡20秒后捞出，待水滴干后再放回巢箱内。在释放蜂茧5 ~ 7天后，可能还有一部分壁蜂不能破茧出来，这时需要人工破茧，用小剪刀在茧突下面剪一小口，再用小镊子将茧盖揭掉（图2-6-6）。

图2-6-5 苹果授粉（刘进提供，山东沂源）

图2-6-6 日本角额壁蜂巢管（高坤金提供，山东）

丘陵地区，在田间释放时可采用集中与分散相结合的多点设巢法释放方法。即在果园内每80m处设一大巢箱，在两大巢箱之间的40m处设一中等巢箱，在大中巢箱之间20m处和放蜂区的边缘果树行间，每20m处设置一个小巢箱。在田间设巢的原则是“地势低洼，避风向阳，巢前开阔，朝向东南”。

(2) 释放时间及方法。于苹果开花前2~3天入场，可将周边开花较早的杏树、梨树作为参照。

(3) 释放数量。因为苹果花期短，每亩的放蜂量为100 ~ 150头蜂茧。

(三) 蜂群管护

1.蜜蜂的管护 授粉期间蜂群管护的好坏直接影响到授粉的效果，也影响到蜂群的群势与蜂产品的产量。

图2-6-7 蜜蜂蜂群管理（高坤金提供，山东）

(1) 蜂群管理。注意蜂箱保温。因为早春蜂群弱，外界温度低且变化幅度大，如果不加强保温，大部分蜜蜂为了维持巢温会降低出勤率，影响蜜蜂授粉效果。保温采用箱内和箱外双重保温的办法，放蜂地点以选择在避风向阳处更为理想，也可加盖保温物，同时，初花期适当饲喂提高蜜蜂授粉的积极性。调整巢脾，强群补弱群，保持蜂多于脾，维持箱内温度稳定，保证蜂群能够正常繁殖（图2-6-7）。

(2) 蜂蜜采收。检查蜂群的蜜粉情况，

应及时采收蜂蜜和花粉，防止蜜粉压子脾，提高蜜蜂访花的积极性，消除分蜂热。

2.壁蜂的养护

（1）壁蜂巢箱制作方法。巢箱的具体制作方法如下：将装有蜂茧的巢管放入预先制作好的蜂箱中，蜂箱可以是水泥预制箱，形似长方体，五面封闭，一面开口，在各种巢箱顶部留檐，顶檐的长度大于蜂箱尺寸10cm，以保护巢箱中的巢管不被淋湿，同时也起到保温的作用。在巢箱底部放3捆巢管，在巢捆上放一块硬纸板，并突出巢管1 ~ 2cm，在硬纸板上再放3捆巢管，同样再放一块硬纸板。然后，用木条将纸板和巢捆固定在巢箱中。巢管顶部与巢捆间留下5cm空隙，作为放蜂时安放蜂茧盒用。根据需要可以制成有100支、200支、300支巢管等大、中、小不同规格的巢箱。壁蜂茧盒的制作：可以专门制作，也可选用医用注射液的针剂纸盒。去掉纸盒内的纸垫，在纸盒的一侧穿3个直径为0.65cm的小孔，作为壁蜂破茧后的出口（图2-6-8）。

图2-6-8　简易壁蜂蜂巢（高坤金提供，山东）

（2）泥湾制作与管理。壁蜂在营巢和产卵的过程中，需要湿泥作原料。因此实际生产中，用铁锹挖一个25cm见方的坑，然后浇入2桶水。坑底是生黏土的最好，若是砂土则要在坑内填入淤泥块。等水渗入后，用一根细棍在坑底向四周划缝做洞。沙土坑装淤泥块时，要特意垒成缝或洞，吸引壁蜂进洞采湿泥。

（3）巢管回收与保存。收回巢管最佳时间，为全部谢花后5 ~ 7天。回收后，及时将附着在蜂巢管上的蜘蛛、蚂蚁清除干净，然后放入纱袋中，挂在阴凉、通风的室内保存（图2-6-9）。

图2-6-9　壁蜂储藏（刘进提供，山东沂源）

（四）注意事项

1.蜜蜂

（1）注意苹果园授粉树的定植方法，不要图方便成行栽植。试验表明，由于蜜蜂习惯顺行采集，不跨行授粉，在果园只有11%的蜜蜂从一行飞到另一行交叉采访。

（2）为保证授粉效果，以3 000 ～ 4 000m^2放一强群蜜蜂为佳，以自花授粉受精能力强的华冠、富士为主的果园，可少放一些蜜蜂，红星集中地区多放些蜜蜂。

（3）在果树行间设喂水池，在果园间作油菜可提高授粉效果。在果树花期喷施硼肥可提高受精率，果树坐果率高低与蜂群有很大关系，蜜蜂群越近，坐果率越高。实践证明，授粉蜂群蜂群在果园内应间隔200m，6 ～ 8箱为一组排放。

（4）蜂群要平衡搬动，防蚂蚁，巢门向南，蜂箱要加盖覆盖物，以免太阳直晒，还要喂水。

（5）及时采收蜂蜜和花粉，提高蜜蜂访花的积极性。

2. 壁蜂

（1）放蜂期间，保证蜂群具有干净充足的水源，壁蜂蜂巢前设置小水坑，及时补充水，保证有足够的泥浆。

（2）巢管材料和规格要合适，不管何种巢管，巢管内径应为7mm左右。

（3）巢箱摆放位置要恰当，巢箱宜摆放授粉地块的中央偏下风头位置，巢箱位置以前面开阔、后面略显隐蔽的树下为好，巢箱位置确定摆放好后千万不能移动，以便于壁蜂归巢产卵。

（4）因果树花期较短，为保证果树开花前和谢花后角额壁蜂有足够的花蜜，可在蜂箱周围种植一些油菜、萝卜、白菜等春季开花早且花期较长的作物，以免壁蜂寻不到花蜜而转移，影响正常授粉和收蜂。

（5）无论蜜蜂还是壁蜂，放蜂区在放蜂前后不喷药，放蜂前10 ～ 15天喷1次杀虫和杀菌剂，此后及放蜂期间严禁喷任何药剂，且蜂场半径3km其他作物禁止施药。

四、绿色防控技术

（一）苹果园主要病虫种类

虫害主要以食心虫类、蚜虫、卷叶蛾（如苹小卷叶蛾）、金纹细蛾等为主。食心虫是苹果树害虫中的主要类群，其种类较多，有桃小食心虫（*Carposina niponensis* Walsingham）、梨小食心虫（*Grapholitha molesta* Busck）、李小食心虫（*Grapholitha funebrana*）和梨大食心虫（*Nephopteryx pirivorella*）等，其中，以桃小食心虫和梨小食心虫的为害最为严重，还有螨类如苹果全爪螨、山楂叶螨、二斑叶螨等（图2-6-10 ～图2-6-12）。

图2-6-10 苹果顶梢卷叶蛾（王亚红提供，陕西）

病害以早期落叶病、腐烂病、白粉病、早期落叶病、锈病等为主（图2-6-13 ～图2-6-15）。

以苹果生育期为主线，各病虫主要发生期如下：

萌芽至开花前：主要有新发的腐烂病病斑、越冬的各种病虫如芽鳞中越冬的白粉病病菌、山楂

图2-6-11 金纹细蛾（王亚红提供，陕西）

图2-6-12 苹果小卷叶蛾（刘进提供，山东沂源）

图2-6-13 锈病病果（高坤金提供，山东）

图2-6-14 白粉病（刘进提供，山东沂源）

图2-6-15 苹果褐斑病（刘进提供，山东沂源）

叶螨雌成螨、苹果全爪螨卵、卷叶蛾幼虫、蚜虫卵、介壳虫等。

落花后坐果期：白粉病随苹果树春梢抽生进入发病盛期，斑点落叶病菌、褐斑病菌、锈病菌等开始侵染新梢叶片，蚜虫、山楂叶螨、金纹细蛾、卷叶蛾等出蛰危害。

套袋前：斑点落叶病、褐斑病等叶部和果实病害的初侵染期和发病期，也是叶螨、黄蚜、金纹细蛾多种虫害发生繁殖的关键时期。

套袋后幼果期：斑点落叶病、褐斑病等病害进一步扩展，金纹细蛾、叶螨、卷叶蛾世代重叠，为害加重。苹果树落皮层形成，腐烂病开始新的侵染。

果实膨大期：诸多病虫进入盛发期，尤其是早期落叶病等叶部病害危害加重，卷叶蛾等继续为害，前期控制不力的山楂叶螨、苹果全爪螨等出现全年又一危害高峰，也是防治最后一道防线。

果实采收后：各种病虫害逐渐进入越冬，夏季侵染的腐烂病新发病斑出现表面溃疡。

（二）花期防治情况

因花期为对农药敏感期，生产中果农一般不施药对病虫害进行防治。但有的喷施叶面肥增加苹果树的营养。

（三）可用技术种类

1. 农业方法

结合基本果园管理进行病虫害的预防。

（1）做好水肥管理。根据苹果树需水特点及自然降水情况，合理浇水：春季萌芽展叶期适量浇，春梢迅速生长期足量浇，果实迅速膨大期看墒用水，秋后冬前保证越冬水。同时，秋季基肥，以有机肥为主（每产100kg果需优质农家肥150 ~ 200kg），追肥以化肥为主；追好萌芽前、花芽分化及果实膨大期、果实生长后期三次肥，合理补钙，自花后7 ~ 10天开始至套袋前，给果实补钙2 ~ 3次，酌情补充铁、锌、硼肥等微量元素（图2-6-16、图2-6-17）。

图2-6-16 秋施基肥（高坤金提供，山东）

图2-6-17 施肥穴（高坤金提供，山东）

（2）清洁果园。加强田间管理。冬季结合果园管理，剪除病虫枝，刮除树干老翘皮，粗皮及病斑，彻底清洁果园内枯枝、落叶、杂草、病僵果并集中烧毁，减少越冬虫源。合理修剪，改善通风透光条件（图2-6-18）。

（3）人工摘拣虫果。从7月开始到采收完毕，随时摘拣虫果。采收后要进行彻底清园，以铲除虫源，控制梨小食心虫的发生。幼虫脱果前，摘除被害果，每隔10天摘拣1次，并注意搞好园外防治。如在果品采收时，在堆果场、果品集中站、包装厂、酿酒厂等集中堆果的地方，事先将地面压实铺沙，然后堆果，可将幼虫诱集到沙土中集中消灭。

图2-6-18 果树涂白与清洁果园（王亚红提供，陕西）

（4）深翻土壤。清扫果园后至土壤封冻前，结合施肥，将果树周围树冠下深翻20 ~ 30cm，把害虫翻到地面上冻死或被鸟类取食。结合灌水、改变土壤的环境条件，破坏桃小食心虫、金龟子类害虫的越冬场所，减少越冬虫源（图2-6-19）。

（5）果实套袋技术。套袋在苹果谢花后1个月左右的幼果期进行，可以用纸袋或特制塑膜袋，最好全树套袋，解袋在苹果采收前1个月进行，如果套双层纸袋，必须先摘外层袋，一周后再摘内层袋，特制塑膜袋不用摘袋。（图2-6-20、图2-6-21）。

图2-6-19 深翻土壤（刘进提供，山东沂源）

图2-6-20 果实套袋（刘进提供，山东沂源）

白内袋　　脱除外袋后的红内袋

图2-6-21 苹果套袋（高坤金提供，山东）

（6）疏花疏果。严格按照树龄及枝干比，15 ~ 20cm留一个苹果，初结果树亩产控制在1 500kg左右，盛果期树亩产控制在2 500 ~ 3 000kg，确保果树合理负载，减轻大小年，保持树势稳健，提高抗病能力。

（7）合理修剪。根据果园实际情况，树体密闭，结果枝老化的果园，以间伐、枝条更新复壮为主。大小年严重的果园，以逐年减少主枝数量、控制果树高度、以控制枝条数量，壮树控制大小年为主（图2-6-22）。

（8）桥接技术。对较大腐烂病病疤及时进行及时桥接或角接（图2-6-23）。

图2-6-22 冬季修剪（高坤金提供，山东）

图2-6-23 腐烂病桥接技术（刘进提供，山东沂源）

2.物理方法

（1）刮除树皮。冬季和早春果树萌发前，彻底刮除主干及主枝上的翘皮、粗皮，并集中烧毁，可消灭大量的越冬害虫及病菌。刮皮程度掌握小树宜轻、大树旺树宜重的原则，轻者只刮去枯死老翘皮，重者应刮至皮层微露黄绿色为宜。防腐烂病：从2月下旬至5月中旬、8月下旬至9月上旬，要定期检查，发现病疤及时刮治。刮时要彻底刮尽病部组织（带菌木质部）在其周围刮去0.5 ～ 1cm好皮，病斑刮成梭形，刮面要光滑。刮后随即在病部涂药，涂药超出病疤外5 ～ 8cm，一个月后再涂1次药。病皮及时收起，带出果园烧毁（图2-6-24 ～图2-6-26）。

图2-6-24 刮治腐烂病（王亚红提供，陕西）

图2-6-25 腐烂病刮后桥接（王亚红提供，陕西）

图2-6-26 夏秋季药剂涂抹防治苹果腐烂病（王亚红提供，陕西）

（2）树干捆绑诱虫带。利用害螨的潜藏越冬习性引诱其在诱虫带中越冬，待其进入休眠后集中捕杀。于害虫越冬前（8～9月），将诱虫带对接后用绳子或胶带绑扎在果树第一分枝下10～20cm处，或固定在其他小枝基部5～10cm处，等害虫完全越冬休眠后到出蛰前，最好是惊蛰过后天敌爬出，再解下诱虫带集中烧毁。解下的诱虫带不可重复使用（图2-6-27）。

图2-6-27　捆绑诱虫带（王亚红提供，陕西）

（3）束（覆）草诱集。于10月下旬左右进行，在树干束草放诱集越冬雌虫，于翌年早春解冻前取下烧毁，可有效降低虫卵基数。

（4）黑膜地面覆盖技术。春季在果园内覆盖黑膜除草、阻止地下越冬害虫羽化和向树上迁移，降低虫口密度。具体方法为在果树投影下的树盘覆盖黑膜，注意膜四周要压到土下面（图2-6-28）。

（5）涂抹阻隔剂。早春在果树主干及大枝基部涂抹阻隔剂（宽幅15cm），阻隔、防止害虫出蛰上树为害。

（6）树干涂白。早春对果树的主干和主枝基部进行涂白。重点涂抹幼树、树冠不完整的大树、病树、树干的南面及枝杈向阳处。涂白剂的配制方法：水10份、生石灰3份、食盐0.5份、硫黄粉0.5份，黏土少许。先将水加入生石灰，滤去渣子，再倒入已溶化的食盐，最后拌入硫黄粉和黏土（图2-6-29）。

图2-6-28　黑膜覆盖（刘进提供，山东沂源 ）

图2-6-29　树干涂白（王亚红提供，陕西）

3.生态调控

（1）果园覆草。春季果树发芽前和雨季到来前，利用小麦、玉米等作物秸秆及干草，覆盖到果树树盘和行间，盖到树冠外缘，覆盖厚度15～20cm，主干周围0.3m内可不盖草，每株果树盖草25～30kg，结合施氮肥0.2～0.5kg，盖草后少量压土，防止风刮和火灾。土层厚的果园要挖沟埋草和盖草相结合。如果秸秆丰富，可能增加果树树盘盖草和行间盖草。每年或隔年加盖一次，也可以在秋后每株挖长120cm，宽50cm，深50cm的放射性沟4 ～ 6条，把腐草翻压入沟底。果园覆草可以保持水土，改善土壤，保蓄水分，防止杂草生长，改善果园小气候，达到壮树、防病治虫的目的（图2-6-30）。

（2）*果园生草*。这是一种先进的果园土壤管理和生态环境调控方法。选择草种一般应遵循耐寒、耐旱、耐阴性、耐践踏、须根性、生态兼容性等原则。种类一般有豆科类、如白三叶、紫花苜蓿、百脉根、沙打旺、紫云英、绿豆、黑豆、毛叶苕子等；禾本科类，如黑麦草、早熟禾、鸭茅草、野燕麦等。一般一个果园种一种牧草，也可与禾本科、豆科的草混种，如禾本科草：豆科草2 ：1，或禾本科草：豆科草1 ：1，对改良土壤三叶草等作物，为瓢虫、草蛉等自然天敌提供良好的栖息环境，有利天敌生存、繁殖，发挥生态控害作用（图2-6-31）。

图2-6-30 果园覆草（刘进提供，山东沂源）

图2-6-31 果园生草（王亚红提供，陕西）

4.生物防治

（1）*释放天敌*。如释放胡瓜钝绥螨等捕食螨防治苹果叶螨、山楂叶螨等。一般1袋/株，捕食螨数量>1 500头/袋（图2-6-32）。

图2-6-32 人工释放捕食螨（王亚红提供，陕西）

释放赤眼蜂防治苹小卷叶蛾或棉褐带卷蛾。方法是直接将赤眼蜂蜂卡放于树枝外围大枝中部叶片背面用细草棍别上。防治棉褐带卷蛾从其第1代卵初期开始，每亩放蜂10万头。

（2）*性迷向技术*。迷向干扰成虫交配产卵最好选择持效期长的迷向丝或迷向诱芯。在6月底7月初悬挂，迷向丝直接缠到距离地1.5m高的树枝上，每株树缠一个；迷向诱芯用细铁丝穿起，悬挂于距离地1.5m高的树枝上。

（3）*性信息素微胶囊*。可喷施的梨小食心虫性信息素微胶囊用于苹果园，对害虫防治具有专一性强、无污染以及保护天敌等优点。

（4）性诱芯诱杀技术。利用雄性成虫对性信息素的趋性，降低环境中的雄虫与雌虫的交配率，并诱杀成虫。在果园内结合主要虫害可以诱杀金纹细蛾、苹小卷叶蛾、桃小食心虫等害虫雄虫，每亩果园放置诱盆2 ~ 3个，减少有效卵量。具体可用水盆式诱捕器，水盆式诱捕器必须经常添水，保持诱芯和水面1 ~ 2cm，也可以用三角板诱捕器或房式诱捕器，诱芯和底部黏板最好每月换一次新的。高度为距离地面1.2m为宜，诱芯间距15m，呈梅花形排列。其中金纹细蛾和苹小卷叶蛾性诱芯悬挂时间为4月上旬至9月上旬；桃小食心虫性诱芯悬挂时间为5月中旬至8月中旬（图2-6-33）。

图2-6-33 性信息素诱杀金纹细蛾（王亚红提供，陕西）

（5）杀虫灯诱杀技术。利用害虫趋光性诱杀害虫，并利用高压电网将害虫杀死。通过在果园安装悬挂式频振式杀虫灯或太阳能杀虫灯诱集害虫，防治金龟甲、苹果小卷叶蛾、天蛾、毒蛾等鞘翅目、鳞翅目成虫。杀虫灯最好在萌芽前安装到位，设置应以能够辐射整个果园为好，按照常规装灯法，一般悬挂在树体高度的2/3（1.8 ~ 2.4m）。每盏灯的灯间距结合果树布局控制在130 ~ 150m，利用时控或光控开关进行控制，每晚8时开灯到次日早6时关灯，确定专人每天收集袋内虫体，将诱杀的害虫彻底杀灭后再深埋，或作饲料用。关灯后用毛刷将灯上的虫垢打扫干净，每星期彻底清扫一次灯箱，擦灯管一次。挂灯时间为4月上旬至9月下旬（图2-6-34）。

（6）黑光灯诱杀法。4 月下旬开始，在果园内安装高压电网灭虫灯和黑光灯，灯架下放一个大口盛水容器。黑光灯诱捕时间为日落后至第2 日日出前，早晨清理和消灭灯架下的成虫。可以在果园中间和周围安装几个黑光灯，或每天诱杀，或隔天诱杀。

（7）糖醋液诱虫技术。利用昆虫对糖醋酒等气味有一定敏感性来诱杀果园害虫，如梨小食心虫、梨大食心虫、金龟子、卷叶蛾等（图2-6-35）。

图2-6-34 杀虫灯诱杀（王亚红提供，陕西）

图2-6-35 糖醋液诱杀（高坤金提供，山东）

（8）黄蓝板诱杀。利用蚜虫等昆虫对黄色的趋性诱杀害虫。每亩用35 ~ 40张，选择晴天，在每棵树树体中部向阳处悬挂，悬挂时间从5月上中旬至9月下旬，每月更换一次黄板（图2-6-36）。

（9）食诱技术。利用害虫对于某一类食物的特殊爱好，来诱杀害虫（图2-6-37）。

图2-6-36 黄蓝板诱杀技术（高坤金提供，山东）

图2-6-37 诱捕箱（高坤金提供，山东）

5.生物药剂防治

（1）免疫诱抗剂应用技术。早春，在苹果树花前用免疫诱抗剂氨寡糖素700 ~ 800倍液喷雾1 ~ 2次，幼果期再用900 ~ 1 000倍液喷雾1 ~ 2次，可有效预防花果期寒害和花期病害，提高坐果率。若幼果期至采收前，用海岛素1 000倍液喷雾1 ~ 2次，对病毒病、细菌性病害有良好的防治效果，并大大降低真菌性病害的发生，提高产量。

（2）白僵菌防治鳞翅目幼虫。白僵菌于越冬代桃蛀果蛾幼虫出土始、盛期各1次，每亩用菌剂2kg。在果园梨小食心虫越冬幼虫孵化期和第1代脱果期，采用白僵菌（1.75 kg/hm^2）和对硫黄做胶露剂（0.2kg/hm^2）混合液各喷洒地面2次。

五、技术集成

在蜜蜂授粉区示范推广保护蜜蜂的绿色植保技术措施。从苹果整个生态系统出发，根据作物生长情况和蜜蜂授粉习性，科学制定病虫防控用药方案，集成、应用农业防治、生物防治、物理诱控、生态调控与科学用药等综合技术措施，配套绿色防控技术，实现保护蜜蜂和防控病虫有机统一。

（一）陕西省苹果蜜蜂授粉及病虫害绿色防控技术集成模式

在健康栽培的技术上，采取“病虫基数控制+生物、物理防治（性诱剂、诱虫带、生草）+生物农药为主的农药优化组合”，全面落实病虫监测预报、应用改良喷药器械和推广新型施药器械等综合技术措施，达到精准用药，科学用药，提高品质，保护果园农业生态环境的目的。

1.开展病虫监测 一是在苹果树全生育期开展主要病虫监测调查工作，科学分析主要病虫发生趋势，指导示范区果园适时开展防治，做到科学用药、精准用药，提高用效果，以最少的用药次数和用药量，达到最大的防治效果。二是根据不同的施药方法，分别选择2～3个果园，采取对角线五点取样，每点选择一棵树，分别在东、西、南、北、中不同方位进行系统监测，并结合病虫发生情况和气象因素，采取分类指导，因园施药，提高防治效果。

2.实施健身栽培技术

（1）科学施肥。施肥时间果树萌芽期（4月上旬）、花芽分化期（6月中下旬）、果实膨大期（7月中下旬）和采摘后（10月中旬）。施肥量应根据产量及果树的生长情况，按每亩产2 500kg，在增施有机肥每亩4 000kg的基础上，需施纯氮17kg、纯磷3.5kg、纯钾10kg。秋季施肥以有机肥为主，化肥为辅，施入量应占到总施肥量的40%，氮肥应“稳中带控”，磷在生长前期，钾在生长中后期施用，注意增施钙肥和微量元素。

（2）应用免疫诱导产品。在苹果全生长季节使用3次吲·赤·芸薹等植物生长调节剂。4月上旬（花前期）使用以防冻、保花保果；5月中上旬（幼果期）使用以增强免疫力，减少病虫发生，促进生长；6月上旬（果实膨大期）使用以减量控害，改善品质，增加产量。

（3）及时桥接恢复树势。果树生长期为4月中旬至7月，利用次生枝条或修剪时预留枝条，对较大腐烂病病疤及时进行及时桥接或角接。

3.落实病虫基数控制技术　果树休眠期为11月至翌年3月上旬，针对腐烂病、白粉病、红蜘蛛、介壳虫等越冬病虫害，落实农业和药剂清园措施。

（1）农业措施。

清园：清除果园内枯枝、落叶、僵果、落果、杂草等，刮除果树老皮、粗皮、翘皮、腐烂病斑，并集中烧毁，减少褐斑病、轮纹病、白粉病、叶螨、金纹细蛾等病虫害的越冬基数。剪除病枯枝、虫枝和尚未脱落的僵果，并将清理下的树皮、树枝集中烧毁，消灭潜藏在树体上越冬的病虫害。

涂白：对主干、大枝杈和中心干上刷抹白涂剂（生石灰2份、固体石硫合剂1份、食盐半份、水10份。先用热水溶化，再加凉水稀释搅拌均匀即可），有效杀灭越冬病虫，增强主干抗冻能力。

（2）药剂防治。可选用5° Bé石硫合剂或1.8%辛菌胺醋酸盐100倍+40%杀扑磷乳油2 000倍+50%四螨嗪悬乳剂2 500～3 000倍，全园喷淋式喷雾，铲除树上越冬的病虫害。

4.全面落实生物.物理和生态调控措施

（1）悬挂性诱剂。金纹细蛾性诱剂3月上中旬、苹小卷叶蛾4月中上旬开始悬挂至10中旬结束。果园悬挂金纹细蛾、苹小卷叶蛾性诱捕器等。悬挂高度以诱芯距地面1.5m左右，间距20m一个，每亩悬挂3～5个。每月更换一次诱芯，并及时添加洗衣粉水，诱芯与水面保持1～2cm距离。

（2）果园种草。于5月上旬（落花后坐果期）在果园行间种植三叶草，第一场透雨前后，于树行间开浅沟（沟距25～30cm、深8cm左右）播种，0.5～1kg/亩。

（3）捆绑诱虫带。9月上旬在每棵树主干第一主枝下捆绑一条诱虫带，诱集越冬害虫，12月下旬至1月上旬解除诱虫带，带出果园集中销毁，以达到降低越冬害虫出蛰基数。

5.优化农药组合，药剂涂干预防腐烂病

（1）现蕾至开花前（4月中上旬）。防治叶螨类、卷叶蛾和霉心病、白粉病，预防花期冻害。可选用10%多抗霉素水剂1 000 ~ 1 500倍+20%三唑酮乳油1 500 ~ 2 000倍液+5%唑螨酯2 000 ~ 2 500倍+5.5%甲维盐·氟铃脲乳油2 000倍液+赤·吲乙·芸薹8 000倍。

(2) 幼果期花后7 ~ 10天(5月上中旬)。防治白粉病、斑点落叶病、蚜虫、金纹细蛾等为害嫩叶。降雨前可选用70%丙森锌可湿性粉剂600 ~ 800倍+1.5%苦参碱可溶液剂500倍或降雨后可选用40%腈菌唑5 000倍+80%代森锰锌水分散粒剂600 ~ 800倍+1.5%苦参碱可溶液剂500倍。

(3) 套袋前(5月下旬至6月中上旬)。防治褐斑病、苹小卷叶蛾、红蜘蛛、黄蚜等。可选用噁唑菌酮·锰锌水分散粒剂1 000 ~ 1 500倍+40%氟硅唑乳油5 000倍+1.5%苦参碱可溶液剂500倍+20%哒螨灵乳油1 500 ~ 2 000倍。

(4) 果实膨大至成熟期(6月下旬至9月上旬)。防治对象褐斑病、叶螨、金纹细蛾、卷叶蛾等。结合病虫发生可选用0.5%倍量式波尔多液(硫酸铜:生石灰:水=0.5 : 1 : 100)或70%丙森锌可湿性粉600 ~ 800倍+80%戊唑醇水分散粒剂+5%唑螨酯悬浮剂2 000 ~ 2 500倍+4.5%高效氯氰菊酯微乳剂3 000 ~ 4 000倍+寡糖霉素5 000倍,波尔多液间隔期15 ~ 20天,化学药剂一般间隔期7 ~ 10天,具体应根据果园实际情况和气候环境选择用药。6月下旬至7月上旬,进行一次药剂涂干,药剂可选用1.8%辛菌胺酸盐、噻霉酮、代森铵等药剂50 ~ 100倍。

(5) 摘果后至休眠期(10月至11月)。防治苹果腐烂病。药剂可选用25%丙环唑水剂3 000倍液、45%代森铵水剂300倍液、1.8%辛菌胺醋酸盐水剂400 ~ 500倍液。采果后,进行一次药剂涂干或全树喷雾,药剂可选用1.8%辛菌胺醋酸盐、噻霉酮、代森铵等药剂50 ~ 100倍。

6.引进和改良施药器械,提高用药效果 在试验示范引进新型施药械器的基础上,对现有的机动喷雾器进行改良,逐步替代目前广泛使用的喷枪喷淋式用药习惯,示范区内全面推广使用喷头翘高用药,提高施药效果。并对现有喷雾器械进行维护,彻底杜绝跑、冒、漏现象的发生,避免药液浪费和对环境的污染。

(二)山西省苹果主要病虫害绿色防控技术模式

以“保障蜜蜂安全、果品安全”为宗旨,针对苹果树不同生育期主要病虫发生特点,集成应用农业防治、生物防治、物理诱控、生态调控与科学用药等综合技术措施,实现“减药控害,提质增效”目标,保障果品产量、质量及生态环境安全。

1.休眠期 12月至次年3月上旬,采取合理修剪、清洁果园、保护伤口等农业防治措施,以降低果园越冬病虫基数、增强树势。

(1) 合理修剪。对苹果树进行科学整形修剪,改善全园通风透光条件,提高苹果树抗病能力。

(2) 清洁果园。休眠期结合修剪,清理病残枝、落叶、落果,带出园外并集中销毁,同时把上年秋季绑缚在树干基部的诱虫带解下并集中烧毁,以减少果园病虫菌源。

(3) 保护伤口。对直径超过1cm的枝条剪口和锯口涂保护剂,预防病害、虫害和冻害。常用的保护剂有:白乳胶漆、防水漆、石灰乳、甲基硫菌灵糊剂等。

2.萌芽至开花前 3月至4月上旬,采取果园生草、刮治病斑、全园喷药等措施,降低早春果园病虫基数。

(1) 果园生草。在果树行间种植白三叶、扁茎黄芪、紫花苜蓿、繁缕等草种,以培肥地力,改善果园生态条件,增加果园天敌种类和种群数量。播种时将地整平、耙细,将种子按行浅播土中,播种的深度不超过5cm，草长到30cm高时及时进行刈割，留茬5～10cm，刈割部分覆盖在果树树盘。

（2）刮治腐烂病。仔细检查腐烂病斑，进行彻底刮除，并把病区周围1cm宽的好组织刮掉，以防病菌潜伏。随后用代森铵水剂、甲基硫菌灵糊剂、辛菌胺醋酸水剂等进行涂抹，7天后再涂一次。

（3）灌根防治根腐病。以根茎为中心，开挖3～5条放射沟，沟宽30～45cm，深50～70cm，长到树冠外围。药剂可用70%甲基硫菌灵可湿性粉剂1 000倍液。

（4）喷药防病。当田间平均气温达10℃以上时，全园拉网式喷布5° Bé石硫合剂一次，要求树体的任一部位包括树主干、树枝，老翘皮充分着药，树体达到淋洗状。也可根据果园病虫发生实际，有针对性选择1～2种杀虫剂和1～2种杀菌剂，以二次稀释法按规定浓度配置好药液，全树细致喷雾。

3.花期　4月上中旬，在苹果园安装杀虫灯、性诱捕装置、黏虫板、悬挂糖醋液瓶、释放捕食螨进行理化诱控和生物防治，控制金龟子、蚜虫、卷叶蛾、尺蛾、叶螨等多种害虫。花期树上部不得施用化学农药。

（1）灯光诱杀害虫。在苹果园安装频振杀虫灯，诱杀金龟子、卷叶蛾、食心虫、毒蛾等害虫成虫，减少落卵。频振杀虫灯悬挂高度应为果树高度的2/3，一般接虫口离地面1.5～2m，灯管功率15W的单灯控制半径120m。注意及时用毛刷清理灯上的虫垢，袋内虫体深埋或作饲料用。

（2）性信息素诱杀害虫。根据果园虫害发生情况，选择购置金纹细蛾、苹小卷叶蛾、梨小食心虫等性诱剂诱芯和诱捕器。一般每亩放置诱捕装置4～6个，悬挂高度为1.5m。诱芯每月更换一次。

（3）黄板诱蚜。避开果园放蜂时段，在果树外围枝条上，每亩悬挂规格为20cm×25cm或25cm×30cm的黄板40～60张，诱杀蚜虫。为了减少诱杀有益生物，于6月底、7月初蚜虫盛期过后及时收回集中处理。

（4）糖醋液诱杀害虫。在苹果树冠内挂糖醋液诱杀金龟子、苹小卷叶蛾、梨小食心虫等多种害虫。糖醋液的配方：糖1份，醋3份，酒0.5份，水10份，对好后装瓶，挂树上，每天收虫填液，10～15天更换一次。

（5）人工捕捉金龟子。利用金龟子的假死性，早晨或傍晚先在树盘下铺一块塑料布，再摇动树枝，然后迅速将振落在塑料布上的金龟子收集处理。

（6）释放捕食螨。叶螨开始活动时，在苹果园释放胡瓜钝绥螨防治害螨。把所购置捕食螨缓释袋固定在主干树杈处。

4.落花后至套袋　4月下旬至6月中旬，在继续做好理化诱控的基础上，重点做好套袋前药剂预防及果实套袋工作。

（1）人工防治。疏花疏果，同时捏杀介壳虫雌体和蛾类幼虫，摘除白粉病、斑点落叶病等病菌侵染和害虫危害的枝、梢、叶等，带出园外烧毁或深埋。

（2）科学喷药预防。主要防治对象为：白粉病、斑点落叶病、褐斑病、炭疽叶枯病等叶部病害，霉心病、轮纹病、炭疽病、黑点（红点）病等果实病害及蚜虫、叶螨、卷叶蛾、金纹细蛾、毒蛾等虫害。

药剂选择及喷施：根据果园病虫发生情况，有针对性选择1～2种杀虫剂和1～2种杀菌剂，以二次稀释法，按规定浓度配置好药液，全园喷雾预防2次。第1次用药时间掌握在苹果落花后

7～10天，第2次为苹果套袋前。药剂首选生物农药，病虫害发生较重时，选择对果面安全的优质低毒、高效农药（杀虫剂不含有机磷成分）。农药剂型为水分散粒剂、悬浮剂等水基化剂型以保护果面，降低污染。在药剂组合中加入1次5%氨基寡糖素水剂800～1 000倍液，保护果面，提高树体抗逆性。

（3）果实套袋。果实套袋要与喷药预防密切配合，套袋工作要在喷药后2～3天内，果面无药液、无露水的情况下进行。

5.套袋后至果实膨大期 6月中旬至8月中旬，药剂预防早期落叶病、枝干病害及叶螨、金纹细蛾、苹小卷叶蛾等虫害。

（1）喷药预防叶部病虫。6月中下旬至7月初，全园喷布一次波尔多液，预防以斑点落叶病、褐斑病等为主的叶部病害。如连续10天干旱天气注意叶螨的防治。防治病虫害的同时加喷1次5%氨基寡糖素水剂800～1 000倍液，促进果实膨大，改善果实品质。

（2）药液涂治腐烂病。苹果树落皮层初形成期，采用代森铵，或辛菌胺醋酸盐，或甲基硫菌灵，涂抹腐烂病病株枝干，提高植株抗病能力。

6.秋梢停长期 8月下旬至9月上旬，采取秋施基肥、地面覆草、捆绑诱虫带等农业、物理防控措施。

（1）秋施基肥、地面覆草。做好秋施基肥与地面覆草工作，以增强树体抗腐烂病、根腐病能力。

（2）捆绑诱虫带。在害虫越冬之前，将诱虫带在果树主干第一分枝下10～20cm处缠绕1周，用绳子或胶带进行绑扎固定，诱杀叶螨、毒蛾、梨小食心虫、卷叶蛾等越冬害虫。

7.果实着色、采收期 9月中下旬至10月下旬，通过药剂科学施用，预防枝干、果实病虫。

（1）药剂注射防治天牛。全园检查主干、主枝，如发现天牛危害，用针管注射50%敌敌畏乳油50倍至危害洞内，再用棉花蘸上药液堵住虫孔。

（2）喷药预防果实病害。套纸袋的苹果园，在脱袋后使用内吸性杀菌剂或保护性杀菌剂喷药，预防苹果轮纹病、炭疽病，避免贮藏期烂果。

8.采收后至落叶期 11月中下旬，采取全园喷药、清洁果园、深翻土壤、枝干涂白、浇封冻水等措施，提高树体抗逆性，降低越冬病虫基数。

（1）全园喷药。果实采收7～10天后，选用5° Bé石硫合剂进行全园细致喷雾；或选用持效期长的毒死蜱、辛硫磷、马拉硫磷等高效低毒有机磷杀虫剂，加甲基硫菌灵、氟硅唑、丙环唑、代森锰锌等杀菌剂，加2%～3%尿素和1%磷酸二氢钾溶液进行喷雾，在防病虫的同时给果树补充营养。

（2）清洁果园。将果园内枯枝落叶、病僵果、残存的套袋、杂草及“剪”、“刮”下的粗老翘皮等一切可能为病虫害提供越冬场所的物品彻底清理出果园，并集中烧毁或深埋。

（3）深翻土壤。土壤封冻前，结合秋施基肥对全园深翻或隔行轮换深翻，深度30～40cm，破坏虫菌源越冬场所。

（4）枝干涂白。初冬落叶后，进行树干涂白，用生石灰、石硫合剂、食盐、清水按照6：1：1：10比例制成涂白剂，涂抹树干和主枝基部，预防冻害。

（5）浇封冻水。土壤封冻前，日均温在3～5℃浇足封冻水，以夜冻昼消为宜，增强树体抗病虫能力。

（三）山东省苹果全生育期主要病虫绿色防控模式

山东以无公害产地认证区域（如招远市海达合作社基地）为单元，整建制实施“四诱（光诱——杀虫灯、色诱——黏虫板、性诱——性诱剂、食诱——夸姆诱捕器）、一减（机械化统防统治——减量使用化学农药）”绿色防控技术模式。

通过“四诱”技术，压低田间害虫基数，降低化学农药使用频率；通过机械化统防统治，减少化学农药使用量。在机械化施药过程中，统一采购、配送药液，采用合作社集中施药与农户分散施药相结合的方式，地块相对集中、面积较大、适宜大中型器械的区域，由合作社集中施药；地块分散、面积较小、不适宜机械作业的区域，由农户租用合作社的小型器械自行完成施药过程。实施绿色防控技术后，化学农药年使用频率降低20%，单次使用量减少25%，全年减少化学农药用量35.1%。全生长季蜜蜂授粉及绿色防控技术集成模式如下：

1.萌芽—开花前　针对越冬后开始出蛰活动危害嫩芽、花蕾的叶螨、卷叶蛾、金龟甲、白粉病菌等主要病虫，预防早春倒春寒，保花保果。

（1）*物理方法*。安装杀虫灯。按照20～30亩1台灯的间距安装杀虫灯，杀虫灯稍高于果树顶部安装好，诱杀食花金龟甲、苹果小卷叶蛾等鞘翅目、鳞翅目成虫，降低害虫田间落卵量，减少后期防治用药。

（2）*生物防治*。悬挂迷向诱捕器、性诱捕器等诱杀鳞翅目害虫。4月上旬（花蕾期）悬挂金纹细蛾、苹小卷叶蛾性诱捕器，棋盘式布局，每个诱捕器间隔15～20m，每亩5～6个，悬挂于树冠外中部，距地面高度约1.5m。注意如果诱捕器里的黏板黏满害虫后要及时更换，每月更换一次性诱芯。

（3）*生态调控*。果园行间种植三叶草等绿肥作物，为瓢虫、草蛉等自然天敌提供良好的栖息环境，有利天敌生存、繁殖，发挥生态控害作用。

（4）*药剂防治*。开花前10天，选用对蜜蜂低毒、持效期短的药剂组合，如治疗性杀菌剂+触杀性、渗透性的杀虫剂+免疫诱导剂。杀菌剂如三唑酮、烯唑醇等，杀虫剂可用灭幼脲等生物杀虫剂，各选用一种，按照各自推荐用量配制好药液。上年苹果叶螨发生重的果园，再加入螨卵和成螨兼杀的杀螨剂如喹螨醚等，最后加入免疫诱抗剂氨基寡糖素类药剂预防冻害，混合均匀后全树细致喷雾。

2.开花期　按技术要求释放授粉蜜蜂，果园不用药。其他措施照常使用。

3.开花后—膨大着色期

（1）*物理措施*。树干捆绑诱虫带。利用害螨的潜藏越冬习性引诱其在诱虫带中越冬，待其进入休眠后集中捕杀。于害虫越冬前（8～9月），将诱虫带对接后用绳子或胶带绑扎在果树第一分枝下10～20cm处，或固定在其他小枝基部5～10cm处，等害虫完全越冬休眠后到出蛰前，最好是惊蛰后天敌爬出，再解下诱虫带集中烧毁。解下的诱虫带不可重复使用。

（2）*生物防治*。人工释放捕食螨。释放前2周，采用阿维菌素、多抗霉素等选择性药剂，全园细致喷雾一次，压低病虫基数。于6月初叶螨越冬代雌成螨还处于内膛集中阶段时，平均每叶害螨（包括卵）量小于2只时释放。选择傍晚或阴天释放，将装有捕食螨的包装袋用图钉钉在试验示范园每棵果树的第一枝干交叉处背阴面，每株1袋。挂螨后1月内果园不使用杀螨剂，杀虫剂、杀菌剂使用对捕食螨影响最小的药剂。

悬挂迷向诱捕器、性诱捕器等。

果园种草或蓄草。在果园种植三叶草或在释放捕食螨前2个月进行果园蓄草，涵养天敌。

(3) 药剂防治。根据病虫监测预报，适时按照常规绿色防控技术措施，优先采用生物药剂，对症选用高效、低毒、低残留药剂组合进行防治。

4.采收后至落叶期 11月中下旬，采取全园喷药、清洁果园、深翻土壤、枝干涂白、浇封冻水等措施，提高树体抗逆性，降低越冬病虫基数。

(1) 全园喷药。果实采收7～10天后，选用5° Bé石硫合剂进行全园细致喷雾；或选用持效期长的杀虫剂如毒死蜱、辛硫磷、马拉硫磷等，加杀菌剂如甲基硫菌灵、氟硅唑、丙环唑、代森锰锌等，再加2%～3%尿素和1%磷酸二氢钾溶液进行喷雾，在防病虫的同时给果树补充营养。

(2) 清洁果园。彻底清理果园内枯枝落叶、病僵果、残存的套袋、杂草及"剪"、"刮"下的粗老翘皮等，并集中烧毁或深埋。

(3) 深翻土壤。在土壤封冻前对全园深翻或隔行轮换深翻，深度30～40cm。可以结合施基肥进行。

(4) 枝干涂白。落叶后，进行树干涂白，用生石灰、石硫合剂、食盐、清水按照6：1：1：10比例制成涂白剂，涂抹树干和主枝基部，预防冻害。

(5) 浇封冻水。土壤封冻前，日均温在3～5℃浇足封冻水，以夜冻昼消为宜，增强树体抗病虫能力。

六、效益分析

(一) 陕西模式效益分析

病虫防治效果。在病害发生较为严重的情况下，示范区苹果树腐烂病、早期落叶病、金纹细蛾、金龟子、蚜虫、叶螨等主要病虫防效达90%以上，病虫危害得到了有效控制，苹果树叶片生长健壮，树势良好。宜川示范区7月中旬调查，白粉病病梢率示范区7.75%，较常规防治园的24.5%降低16.75个百分点；9月15日调查，早期落叶病病叶率3.4%，保叶率95%以上，较常规防治区降低1.9个百分点。金纹细蛾虫叶率为5.28%，较常规授粉区虫叶率下降26.3%。

经济效益。示范区果品品质好，商品果率92.4%，平均单果重201g；商品果率分别比对照高17.1%。以亩产量测算，蜜蜂授粉区亩产量3 831kg，较常规授粉区提高5.2%；按商品果的收购价格计算，亩收入蜜蜂授粉示范区21 947元，比常规授粉区多2 618元。综合考虑投入因素，示范区纯收益较常规区高出2 193元。

(二) 山西模式效益分析

1.社会效益 通过实施该方法，当地广大果农素质普遍得到提高，带动辐射效果非常明显。

2.经济效益 示范区病虫害防治和授粉费用亩总投资497元，较常规授粉区亩节约投资286元。示范区苹果平均亩产量为3 600kg，较常规管理区亩增收400kg。同时因示范区果品商品率高，果品质量好，个大，色艳，口感好，农药残留低，每千克单价比常规管理区高0.4元，在肥水、套袋等其他管理投资高的情况下，亩仍可增收3 864.8元。

3.生态效益 使用该配套技术，有效地减少了用药次数和用药量，除创造了有利于蜜蜂的生态环境外，降低了果品农药残留，保护利用天敌，促进了果园生态平衡，改善生态环境，保障人们的身体健康。

（三）山东模式效益分析

2015年，山东省为整建制蜜蜂授粉示范区。通过示范，取得了良好的社会、经济、生态效益。

1.经济效益　经过产量测定，山东整建制示范区内苹果平均产量3 816kg，辐射区内平均产量3 591kg，分别较全市平均产量高出25.5、18.1个百分点。核心示范区内，壁蜂授粉示范区和蜜蜂授粉示范点产量分别是3 944.5kg和3 689kg，较常规授粉区分别增产13.72%和6.36%；同时，示范区商品果率也有所增加。总的算来，壁蜂授粉示范区和蜜蜂授粉示范区收入分别为为13 746元，13 460元，较常规授粉分别增收8.89%、6.62%。

2.社会效益　通过在苹果谢花后和果实采收期对100户果农随机调查，通过项目实施，多数果农户对壁蜂、蜜蜂授粉及绿色防控技术认可，果农技术素质有明显提升，示范项目取得了良好的社会效益。

3.生态效益　通过示范，示范区内果园生态环境更好。病虫发生较常规园轻。

执笔人：肖云丽、王亚红、张东霞

苹果蜜蜂授粉与绿色防控技术集成模式

时间	11月下旬至3月上旬	3月中上旬至4月上旬	4月中下旬	4月下旬至6月中旬	6月下旬至8月中旬	8月下旬至9月上旬	9月中下旬至10月上旬	10月上中旬	10月下旬至11月中旬
生育期	休眠期	萌芽至开花前	开花期	落花期至幼果期	果实膨大期	秋梢停长期	果实着色期	果实采收期	采收后至落叶期
主控对象	越冬的各种病、虫、介、螨。如腐烂病、白粉病、介壳虫、害螨等	腐烂病、根腐病、叶螨类、卷叶蛾和霉心病、白粉病、预防花期冻害	金龟子、蚜虫、卷叶蛾、尺蛾、叶螨等多种害虫	白粉病、斑点落叶病、褐斑病、蚜虫、苹小卷叶蛾、红蜘蛛、金纹细蛾等	褐斑病、早期落叶病、枝干病害、叶螨、金纹细蛾、卷叶蛾苹小卷叶蛾等虫及螨害	腐烂病、叶螨、毒蛾、梨小食心虫、卷叶蛾等越冬害虫		轮纹病、炭疽病、天牛等	越冬的各种病、虫、介、螨。如腐烂病、白粉病、介壳虫、害螨等
防治措施	清洁果园+合理修剪+枝干涂白+保护伤口	果园生草+刮治腐烂病+灌根防治根腐病+药剂防治1	蜜（壁）蜂授粉+物理诱杀+性诱剂诱杀+糖醋液诱杀+黄板诱蚜+捕食螨+人工捕捉龟子	疏花疏果+人工防治+药剂防治2+果实套袋	药液涂治腐烂病+药剂防治3	秋施基肥+地面覆草+捆绑诱虫带		注射防天牛+药剂防治4	药剂防治5+清洁果园+深翻土壤+枝干涂白+浇封冻水
备注	**清洁果园**：结合整形修剪，剪除病虫枝，保护剪锯口；彻底清扫果园中的枯枝落叶、病残枝、杂草；刮除粗老翘皮，介壳虫重发果园用硬毛刷刷破树体上的介壳虫越冬雌虫，修剪、清扫的枝条枯枝落叶全部集中带出园外集中销毁或深埋。深翻树盘，浇封冻水。 **枝干涂白**：按生石灰2份、固体石硫合剂1份、食盐半份、水10份的比例，先用热水溶化，再加凉水稀释搅拌均匀，调制成涂白剂，用排刷涂抹树干和大枝，防冻并消灭潜伏的越冬病虫害。 **果园生草（生态调控）**：在果树行间种植白三叶、扁茎黄芪、紫花苜蓿、繁缕等草种，以培肥地力，改善果园生态条件，增加果园天敌种类和种群数量。播种时将地整平、耙细，将种子按行浅播土中，播种的深度不超过5cm，草长到30cm高时及时进行刈割，留茬5～10cm，刈割部分覆盖在果树树盘。 **刮治腐烂病**：仔细检查腐烂病斑，进行彻底刮除，并把病区周围1cm宽的好组织刮掉，以防病菌潜伏。随后用代森铵水剂、甲基硫菌灵糊剂、辛菌胺醋酸水剂等进行涂抹，7天后再涂一次。 **灌根防治根腐病**：以根茎为中心，开挖3～5条放射沟，沟宽30～45cm，深50～70cm，长到树冠外围。药剂可用70%甲基硫菌灵可湿性粉剂1 000倍液。 **药剂防治1**：当田间平均气温达10℃以上时，全园拉网式喷布5° Bé石硫合剂一次，要求树体的任一部位包括树主干、树枝，老翘皮充分着药，树体达到淋洗状。也可根据果园病虫发生实际，有针对性选择1～2种杀虫剂和1～2种杀菌剂，以二次稀释法按规定浓度配置好药液，全树细致喷雾。 **物理诱杀（杀虫灯）**：果树开花前，按照20亩1台灯的间距，稍高于果树顶部安装好杀虫灯。于樱桃花期或新梢旺盛生长期晚间开灯诱杀食花、食叶害虫。及时清理诱到的害虫并集中深埋处理。 **性信息素诱杀**：根据果园虫害发生情况，选择购置金纹细蛾、苹小卷叶蛾、梨小食心虫等性诱剂诱芯、迷向丝和诱捕器。一般每亩放置诱捕装置4～6个，悬挂高度为1.5m。诱芯每月更换一次。									

（续）

<table>
<tr><th>时间</th><th>11月下旬至3月上旬</th><th>3月中上旬至4月上旬</th><th>4月中下旬</th><th>4月下旬至6月中旬</th><th>6月下旬至8月中旬</th><th>8月下旬至9月上旬</th><th>9月中下旬至10月上旬</th><th>10月上中旬</th><th>10月下旬至11月中旬</th></tr>
<tr><td>备注</td><td colspan="9">糖醋液诱杀：在苹果树冠内挂糖醋液诱杀金龟子、苹小卷叶蛾、梨小食心虫等多种害虫。糖醋液的配方：糖1份，醋3份，酒0.5份，水10份，对好后装瓶，挂树下阴荫处，每天收虫填液，10天～15天更换一次。每日捞出诱到的成虫杀死或深埋。
黄板诱蚜：避开果园放蜂时段，在果树外围枝条上，每亩悬挂规格为20cm × 25cm或25cm × 30cm的黄板40～60张，诱杀蚜虫。为了减少诱杀有益生物，于6月底、7月初蚜虫盛期过后及时收回集中处理。
人工捕捉金龟子：利用金龟子的假死性，早晨或傍晚先在树盘下铺一块塑料布，再摇动树枝，然后迅速将震落在塑料布上的金龟子收集处理。
释放捕食螨：叶螨开始活动时，在苹果园释放智利小植绥螨、巴氏钝绥螨、胡瓜钝绥螨等防治害螨。将所购捕食螨缓释袋固定在主干树杈处。
蜜蜂授粉：苹果开花5%～10%时组织蜜蜂入场，中蜂或意蜂按每1箱/2亩，蜂群势8脾以上，授粉蜂群以50～100箱为一组，巢门背风向阳，单箱或多箱成圆形或U形排列，均匀摆放在果园。此期果园不用药。落花后蜜蜂离场。
壁蜂授粉：苹果开花前2～3天即释放蜂茧，苹果开花前2～3天入场，谢花后3～5天撤场，放蜂时间一般持续10～15天。每亩的放蜂量为100～150头。注意为壁蜂制作泥湾并回收巢管。
人工防治：在疏花疏果的同时，捏杀介壳虫雌体和蛾类幼虫，摘除白粉病、斑点落叶病等病菌侵染和害虫危害的枝、梢、叶等，带出园外烧毁或深埋。
果实套袋：与喷药预防密切配合，套袋工作要在喷药后2～3天内，果面无药液、无露水的情况下进行。
药剂防治2：根据果园病虫发生情况，有针对性选择1～2种杀虫剂和1～2种杀菌剂，以二次稀释法，按规定浓度配置好药液，全园喷雾预防2次。第1次用药时间掌握在苹果落花后7～10天，第2次为苹果套袋前。药剂首选生物农药，病虫害发生较重时，选择对果面安全的优质低毒、高效农药（杀虫剂不含有机磷成分）。农药剂型为水分散粒剂、悬浮剂等水基化剂型以保护果面，降低污染。在药剂组合中加入1次5%氨基寡糖素水剂800～1 000倍液，保护果面，提高树体抗逆性。
药液涂治腐烂病：苹果树落皮层初形成期，采用代森铵，或辛菌胺醋酸盐，或甲基硫菌灵，涂抹腐烂病病株枝干，提高植株抗病能力。
药剂防治3：6月中下旬至7月初，全园喷布一次波尔多液，预防以斑点落叶病、褐斑病等为主的叶部病害。也可按附录B，选择对症药剂喷雾防治1～2次。如连续10天干旱天气注意叶螨的防治。防治病虫害的同时加喷1次5%氨基寡糖素水剂800～1 000倍液，促进果实膨大，改善果实品质。
捆绑诱虫带：在害虫越冬之前，将诱虫带在果树主干第一分枝下10～20cm处缠绕1周，用绳子或胶带进行绑扎固定，诱杀叶螨、毒蛾、梨小食心虫、卷叶蛾等越冬害虫。
注射防天牛：全园检查主干、主枝，如发现天牛危害，用针管注射50%敌敌畏乳油50倍至危害洞内，再用棉花蘸上药液堵住虫孔。
药剂防治4：套袋的苹果园，在脱袋后使用内吸性杀菌剂或保护性杀菌剂喷药，预防苹果轮纹病、炭疽病，避免贮藏期烂果。
药剂防治5：果实采收7～10天后，选用5° Bé石硫合剂进行全园细致喷雾；或选用持效期长的毒死蜱、辛硫磷、马拉硫磷等高效低毒有机磷杀虫剂，加甲基硫菌灵、氟硅唑、丙环唑、代森锰锌等杀菌剂，加2%～3%尿素和1%磷酸二氢钾溶液进行喷雾，在防病虫的同时给果树补充营养。
深翻土壤：土壤封冻前，结合秋施基肥对全园深翻或隔行轮换深翻，深度30～40cm，破坏虫菌源越冬场所。
浇封冻水：土壤封冻前，日均温在3～5℃浇足封冻水，以夜冻昼消为宜，增强树体抗病虫能力。
注意事项：1.表中所列绿色防控技术应根据病虫监测预报，科学选用、集成。2.药剂组合选用的杀菌剂、杀虫杀螨剂按各自标签推荐用量，严格遵守《农药安全合理使用准则》，注意不同作用机理的药剂轮换使用</td></tr>
</table>

第七章
梨蜜蜂授粉与绿色防控技术集成

一、概述

梨（*Pyurs* spp.），蔷薇科、梨属植物，为典型的自花不育、虫媒植物，梨花的授粉结实需要借助昆虫完成，但土地的过度开垦导致传粉昆虫生存的环境遭到破坏，而且随着梨树规模连片种植，田间昆虫数量远远不及需求，加之近年梨园杀虫剂、除草剂的滥用，授粉昆虫几乎灭绝，生产中梨农主要借助人工辅助授粉提高产量。随着农村劳力短缺，人工授粉费用逐年上涨。据调查，目前山西晋南地区梨农每年用在买花粉和授粉上的费用达到800 ~ 1 000元/亩。不仅如此，由于梨树花期短，有效授粉时间仅3 ~ 5天，每到3月底4月初梨树开花期，梨树产区都会出现用工缺口。梨树蜜蜂授粉的理论与实践都证明蜜蜂授粉与人工授粉、自然授粉相比，不仅可以提高坐果率、增加产量和提升品质，而且可节省大量劳动力，提高生产效率，降低生产成本，对促进农民增收，维护生态平衡，发展可持续农业具有重要意义。

二、作物特性

1.梨树花的特性 梨树为伞房花序。花序上的花朵，自下而上依次开放，每个花序有5 ~ 10朵花。一般壮树、壮枝上花朵数多，弱树弱枝上花朵数少。从外观上看，花朵由花梗、花托、花萼、花瓣、雄蕊、雌蕊等6部分组成。雄蕊由花丝、花药两部分组成。花药干燥开裂后散出花粉。雌蕊是由柱头、花柱和子房3部分组成。子房内有胚珠，胚珠内有胚和胚乳。胚是由卵细胞受精后发育而成的。

2.梨树授粉特性 大多数梨品种自花授粉不能结实，故一般需要配置授粉品种树，这是梨树种植户众所周知的常识。但为何梨树自花不育，授粉树配置不好也不结实？近年科技工作者通过分子生物化学研究方法，得出梨树授粉自花不育、需合理配置授粉树的内在基因原因：梨树不同品种的一对S等位基因中必须有一个不同才能相互授粉，故梨园配置授粉品种要考虑主栽品种与授粉品种的S基因型，并非不同品种间异花授粉都能结实。S基因型完全相同的品种，如：丰水与翠冠，幸水与爱甘水、新水与八幸，黄金梨与新世纪，二十世纪和菊水等均表现为相互授粉不结果。据报道，目前南京农业大学梨工程技术研究中心已鉴定出120多个梨品种的S基因型，为梨园授粉品种的合理配置提供了依据。如我国栽培面积较大的几个品种的S基因型，砀山酥梨是S7S34、鸭梨是S21S34、库尔勒香梨是S22S28、雪花梨是S4S16、黄冠S3S16、丰水S3S5、翠冠S3S5。梨树受精对花粉是有选择性的，一般品种必须用梨的不同品种花粉授粉才能受精，才能形成种子，这在栽培上称为“异花授粉”。

影响授粉效果主要因素有：①花粉的质量。由于品种不同，花粉的发育过程、遗传因子、储藏条件、树体的营养基础等不同，所以使各品种间有很大差异。质量好的花粉发芽率高；质量差的发芽率差。②花粉粒的发育程度。花粉粒在开花前要经历一个复杂的生理变化才能成熟，即使在同一个药囊里的花粉成熟度也不完全一致，只有完全成熟的花粉粒才能完成授粉过程。因此花粉的成熟度越高，授粉的效果越好。一般大球期至花瓣呈卷曲状开放的花朵，其花粉量大，且成熟度高。③温度。梨花粉发芽的最佳温度是25 ~ 27℃。当温度为20℃时，发芽率反为最佳温度发芽率的60%左右；当温度为15℃时，则降至20%左右；温度在10℃以下几乎不发芽。如蜜蜂授粉期间气温低，雌蕊柱头上黏液少，且雌蕊柱头会很快变褐枯死，落在柱头上的花粉粒则不能发芽伸入花柱，甚至容易流失。④品种的亲和力。梨的多数品种为自花不结实的品种，同品种梨之间授粉不能受精结实。⑤开花期天气干燥柱头老化。高温干燥的情况下，在花朵开放的一天之内，柱头会在一天之内全部变褐，当遇到这种情况，应当在柱头尚未老化前喷水，以保持柱头湿润，提高授粉效果。⑥降雨的影响。花朵开放后，在授粉前降雨，雌蕊的柱头在空气湿度较大，温度尚未升高的情况下不易老化，有时可保持2 ~ 3天。待雨后温度上升时，柱头出现黏液，是授粉的最佳时刻。⑦风的影响。微风有利于授粉。但大风不利于完成授粉，尤其是干燥风或风沙，会很快使柱头老化，柱头上沾满了灰尘而影响花粉粒的附着，这时需要喷水以延长授粉期。

3.梨树落花、落果特性 梨树落花发生在花后7 ~ 20天时间内。开花以后未受精的花谢花后胚珠开始枯萎、脱落。落花主要是没有授粉受精引起的。授粉树不足、低温大风、阴雨连绵、树体衰弱、开花质量差均可影响授粉受精。梨树落果发生在开花后30 ~ 40天，幼果发育过程中，胚乳因营养不足而停止发育，造成落果。梨树采后管理不良，树体积累营养少，留果过多，是引起落果的主要原因。采收前，因病、虫、风以及树势衰弱等原因，也可引起采前落果。有些品种采前落果重，要适时早采。

三、蜜蜂授粉技术

1.配置授粉树 通常情况下，主栽品种与授粉品种的比例为5 ∶ 1。应考虑以下几个问题：①主栽品种和授粉品种相互授粉能结实；②授粉品种花粉多，花粉萌发率高；③授粉品种和主栽品种花期一致或稍早为好；④授粉品种结果习性好，果实商品性高，经济效益好；⑤新高、爱宕、新梨7号、玉露香等没有花粉或花粉极少的品种不能作为授粉品种。配置时既可采取行间配置的方法，亦可采取行内适当配置的方法。若达不到配置要求，在蜜蜂进场前每株梨树的中、上部嫁接一枝授粉枝组。

2.蜜蜂品种选择和数量 选用意大利蜜蜂等西方蜜蜂品种；所需的蜜蜂数量要根据梨园大小、

栽培品种、栽植密度、气象条件而定。通常情况下，一般1箱蜜蜂授粉覆盖3 ~ 5亩，蜂群势应8脾以上，如果蜂群群势达不到要求，应适当增加蜂群数量（图2-7-1、图2-7-2）。

图2-7-1　授粉蜂场

图2-7-2　意大利蜂

3.蜜蜂出入场时间　在梨树开花10%之前傍晚蜜蜂入场；落花70%左右，蜜蜂出场，结束授粉。

4.蜂群摆放　采用梨园内单箱分散均匀摆放或10 ~ 20群为一组集中摆放。集中摆放时可采用单箱排列、多箱排列或U形排列，视场地面积和地形而定，可位于中央或田地一边。摆放时，巢门背风向阳。蜜蜂授粉距蜂箱半径应在150m以内（图2-7-3、图2-7-4）。

图2-7-3　蜂箱单独摆放

图2-7-4　蜂箱集中摆放

5.蜂群管理　梨树授粉多在3月下旬至4月初，气温较低，要加盖保温物，调整巢脾，维持箱内温度稳定，保证蜂群正常繁殖。梨树花粉多，要及时采收蜂蜜和花粉，防止蜜粉压子脾，提高蜜蜂访花的积极性。

6.诱导蜜蜂授粉　蜜蜂进场后，即梨树开花初期开始，每天用浸泡过梨花花瓣的糖浆饲喂蜂群，使蜂群尽快建立起采集梨花的条件反射，诱导蜜蜂为梨树进行授粉。

7.注意事项　梨授粉期间，保证蜂群具有干净充足的水源；蜜蜂授粉时，蜂场半径3km其他作物禁止施用农药。

四、绿色防控技术

在蜜蜂授粉区推广保护蜜蜂的绿色植保措施，根据各生育期病虫发生特点，重点应用农业防治、生物防治、生态控制、物理防治、高效低毒农药等技术措施，通过优化用药时间、药剂种类、施药方法等技术措施实现全程绿色防控和科学安全用药，保护蜜蜂、人畜及果品安全，降低梨树病虫危害损失。

（一）休眠期降病虫基数技术模式

上年12月上旬至3月初，采取“合理修剪+清洁梨园+伤口保护+刮老翘皮+树干涂白”技术模式，重点防治梨树腐烂病、干腐病、枝干轮纹病，消灭土中、树皮缝隙中越冬害虫和残体上病菌。

1.合理修剪　依据不同品种、不同树形、不同栽培密度及不同管理水平，采用不同的修剪手法，对梨树进行科学合理的修剪，力求做到树势平衡，全园通风透光，立体结果。

2.清洁梨园　结合修剪，清理病残枝、落叶、落果，带出园外并集中销毁，同时把上年秋季绑缚在树干基部的诱虫带解下并集中烧毁，降低梨园病虫基数。

3.保护伤口　对直径超过1cm的枝条剪口和锯口涂保护剂，预防病害、虫害和冻害。常用的保护剂有：白乳胶漆、防水漆、石灰乳、甲基硫菌灵糊剂等（图2-7-5）。

图2-7-5　保护伤口

4.刮老翘皮　对成龄大树在早春2月将粗老翘皮刮除，忌刮得过深，伤及木质部，刮下的老皮要集中烧毁或深埋。刮后可涂70%甲基硫菌灵可湿性粉剂30倍、或5%菌毒清水剂100倍液。

5.树干涂白　早春对梨树树干涂白。涂白剂的配方：水10份，生石灰3份，石硫合剂原液0.5份，食盐0.5份，油脂少许。先化开石灰，倒入油脂充分搅拌，再加水拌成石灰乳，最后放入石硫合剂和盐。

（二）萌芽至开花前梨树病虫预防技术模式

3月初至3月下旬，采取“果园生草+刮治病斑+灯光诱杀+全园喷药”的技术模式，降低早春梨园病虫基数。

1.果园生草　在梨树行间种植白三叶、扁茎黄芪、紫花苜蓿、繁缕等草种。播种时将地整平、耙细，将种子按行浅播土中，播种的深度不超过5cm，草长到30cm高时及时进行刈割，留茬5 ~ 10cm，刈割部分覆盖在梨树树盘

（图2-7-6）。

2.预防枝干及根部病害 刮治腐烂病、干腐病。仔细检查腐烂病斑，刮净病斑烂部，刮深达木质部，两侧刮除病斑边缘0.5～1cm宽的好组织、上下刮除病斑边缘2～3cm宽的好组织，防病菌潜伏。病疤两侧边缘刮成立茬，上下边缘刮成斜面，然后涂药。选用3%甲基硫菌灵糊剂3.75g～4.5g/m^2，或噻霉酮、抑霉唑进行涂抹，7天后再涂一次，待药液晾干后用塑料布（或报纸等）进行包扎，促进伤口愈合（图2-7-7）。

图2-7-6 果园生草

图2-7-7 刮治树干

灌根防治根腐病。以根茎为中心，开挖3～5条放射沟，沟宽30～45cm，深50～70cm，长到树冠外围。药剂可用70%甲基硫菌灵可湿性粉剂1 000倍液。

3.灯光诱杀害虫 在梨园安装频振式杀虫灯，诱杀金龟子、卷叶蛾、食心虫、毒蛾等害虫成虫，减少落卵。频振杀虫灯悬挂高度为梨树高度的2/3处，接虫口离地面1.5～2m，灯管功率15W的单灯控制半径120m。注意及时用毛刷清理灯上的虫垢，袋内虫体深埋或作饲料用（图2-7-8）。

图2-7-8 灯光诱杀

4.清园喷药 全园于芽膨大期细致喷一次石硫合剂5°Bé或40%二氯异氰尿酸钠800～1 000倍、45%代森铵水剂150～200倍液，树体的任意部位包括树主干、树枝，老翘皮充分着药，树体均匀充分着药。黑星病发生严重梨园，选用37%苯醚甲环唑水分散粒剂15 000～20 000倍、12.5%烯唑醇乳油2 000倍液喷雾预防；梨木虱、梨二叉蚜、梨黄粉蚜危害严重的梨园，选择0.3%苦参碱水剂或0.5%藜芦碱可溶性液剂500倍液等生物农药，并加1 000倍洗洁精进行防治。其他梨园根据病虫发生实际，参照附录二有针对性选择1～2种杀虫剂和1～2种杀菌剂，以二次稀释法按规定浓度配置好药液，全树细致喷雾。

（三）花期保护蜜蜂预防病虫技术模式

3月底至4月上中旬，按技术要求释放授粉蜜蜂，园区半径3km内禁用农药，禁止悬挂黄板等诱杀装置。梨树谢花，蜜蜂出场后，梨园采取“安装性诱捕装置、黏虫板、悬挂糖醋液瓶、释放捕食螨进行理化诱控+人工捕捉，摘除虫梢等物理措施+科学用药”的技术模式，防控腐烂病、干腐病、黑星病、梨木虱、梨茎蜂、绿盲蝽、金龟子、叶螨等多种病虫。

1.涂抹防治腐烂病、干腐病　对腐烂病、干腐病发生严重的梨园，选择3%甲基硫菌灵糊剂3.75～4.5g/m²，涂抹病疤。

2.黄板诱杀梨茎蜂　蜜蜂出场后，在树体中部向阳处悬挂黄色诱虫板，每亩悬挂规格为20cm×25cm或25cm×30cm的黄板40～60张，诱杀梨茎蜂、蚜虫。4月底及时收回集中处理（图2-7-9）。

图2-7-9　黄板诱杀

3.糖醋液诱杀害虫　梨树冠内挂糖醋液诱杀金龟子、梨小食心虫等多种害虫。糖醋液的配方：糖1份，醋3份，酒0.5份，水10份，对好后装瓶，挂树上，每天收虫添液，10～15天更换1次。

4.人工捕捉金龟子　利用金龟子的假死性，早晨或傍晚先在树盘下铺一块塑料布，再摇动树枝，迅速将振落在塑料布上的金龟子收集处理。

5.释放捕食螨　叶螨开始活动时，释放胡瓜钝绥螨等捕食螨防治害螨。将捕食螨缓释袋固定在主干树杈处。一般1袋/株，捕食螨数量>1 500头/袋。

6.摘除虫梢及病梢　结合花期管理，摘除梨茎蜂危害的虫梢和梨黑星病病梢，带出田外集中烧毁或深埋（图2-7-10）。

7.性信息素防治　选购梨小食心虫性诱剂诱芯和诱捕器。每亩放置诱捕装置4～6个，悬挂高度为1.5m，诱芯每月更换1次。或使用梨小食心虫缓释性信息素迷向丝干扰梨小食心虫交配，般每亩放置30～50条，迷向丝绑梨树中上部枝条上，根据迷向丝持效期，在必要时进行再次使用（图2-7-11）。

图2-7-10 摘除虫梢、病梢

图2-7-11 性信息素防治

8.药剂防治 落花70%～80%后，选用双甲脒，或吡蚜酮，或螺虫乙酯加苦参碱，防治梨木虱，兼治梨茎蜂、黑星病。或根据梨园病虫发生实际，按表2-7-2、表2-7-3、表2-7-4有针对性选择1～2种杀虫剂和1～2种杀菌剂，以二次稀释法按规定浓度配置好药液，全树细致喷雾。注意不同作用机理药剂轮换使用，延缓抗性产生。

（四）幼果期

4月下旬至5月中旬，采取"理化诱控+套袋前药剂预防+果实套袋"的技术模式，防治梨黑星病、轮纹病、梨木虱、梨小食心虫、梨茎蜂、梨星毛虫、介壳虫。

1.人工防治 及时进行疏花疏果，同时捏杀介壳虫雌体和蛾类幼虫。摘除病虫叶、病虫梢，集中烧毁或深埋，减少病虫源。摘除黑星病稍病等病菌侵染和害虫危害的枝、梢、叶等，带出园外烧毁或深埋。

2.套袋前喷药预防

防治对象：梨木虱、梨茎蜂、黄粉蚜、梨小食心虫、梨星毛虫、梨象甲、绿盲蝽、叶螨、梨实蜂、茶翅蝽、梨黑星病、梨黑斑病、轮纹病。

药剂选择及喷施：根据梨园病虫发生情况，按表2-7-2、表2-7-3、表2-7-4有针对性地选择1～2种杀虫剂和1～2种杀菌剂，以二次稀释法，按规定浓度配置好药液，全园喷雾预防2次。第1次用药时间掌握在梨树落花后7～10天，第2次为梨果套袋前。药剂首选生物农药，病虫害发生较重时，选择对果面安全的优质低毒、高效农药（杀虫剂不含有机磷成分）。注意合理轮换作用机理不同药剂，延缓抗性产生。农药剂型为水分散粒剂、悬浮剂等水基化剂型以保护果面，降低污染。

3.果实套袋 果实套袋在盛花后30～45天内完成，选用优质防虫果袋，套袋时将果实袋绑在近果胎处的果柄上，使梨幼果悬空在袋内，以防袋纸摩擦果面出现锈斑。果实套袋要与喷药预防密切配合，套袋前要根据病虫害的发生情况喷打1～2次药，待喷药干后立即进行。

（五）套袋后至果实膨大期

5月下旬至8月中旬，采取"性诱、糖醋液诱杀+梨园除草+科学用药"的技术模式防治梨木虱、梨小食心虫、梨黄粉蚜、梨大食心虫、梨象甲、梨网蝽、叶螨、黑星病、黑斑病、炭疽病等枝干部、叶部病虫害。

1. 性诱剂或糖醋液诱杀　选择性诱剂或糖醋液诱杀梨小食心虫、桃小食心虫成虫。

2. 及时刈割除草　7、8月份，降雨频繁，杂草生长旺盛。对生草梨园，当草长到30cm高时及时进行刈割；对未生草的梨园，杂草较多时及时除草压肥，减轻病害的传播蔓延，提高梨园有机质含量。

3. 喷、涂药液防治枝干病害　梨树落皮层初形成期，采用吡唑醚菌酯，或辛菌胺醋酸盐，或噻霉酮，或甲基硫菌灵，喷、涂腐烂病病株枝干，防治枝干病害。

4. 喷药防治叶部病虫　果实膨大期是梨黑星病暴发期，也是轮纹病、黑斑病、炭疽病和褐斑病等病害的流行期，要以防为主，防治结合。雨前喷保护性杀菌剂，雨后喷内吸性杀菌剂。此期，梨木虱、梨大食心虫、梨小食心虫、梨黄粉蚜、梨网蝽等害虫也进入危害高峰期，要注意加强防治。

6月中旬喷施1 ： 2.5 ： 200倍式波尔多液或碱式硫酸铜防治梨树黑星病、黑斑病、轮纹病等多种病害。注意：选晴天喷药，喷药后3天无雨。7月上、中旬喷施多抗霉素防治梨黑斑病、轮纹病。7月上旬、8月上旬分别喷施Bt乳剂加上97%矿物油防治食心虫和叶螨等。介壳虫重发梨园，在若虫出壳后固定前喷施22.4%螺虫乙酯进行防治。

（六）果实成熟期

8月下旬至9月上旬，采取“秋施基肥+地面覆草+捆绑诱虫带+物理防控措施”的技术模式。

1. 秋施基肥、地面覆草　做好秋施基肥与地面覆草工作，以增强树体抗腐烂病、根腐病能力。

2. 捆绑诱虫带　在害虫越冬之前，将诱虫带在梨树主干第一分枝下10 ～ 20cm处缠绕1周，用绳子或胶带进行绑扎固定，诱杀梨小食心虫、叶螨、卷叶蛾、毒蛾、刺蛾等越冬害虫（图2-7-12）。

3. 药剂防治　临近采收，喷药时尤其注意喷施不污染果面、毒性小、残留量低的农药。药剂选择结合病虫发生情况，参照表2-7-2、表2-7-3、表2-7-4进行。

图2-7-12　捆绑诱虫带

（七）果实采收期

9月中下旬至10月下旬，通过药剂科学施用，预防枝干、果实病虫。

1. 药剂注射防治天牛　全园检查主干、主枝，如发现天牛危害，用针管注射50%敌敌畏乳油50倍至危害洞内，再用棉花沾上药液堵住虫孔。

2. 药剂防治　果实采收后，用螺虫乙酯、吡蚜酮等防治梨木虱等害虫，并加上铲除性杀菌剂，减少越冬病虫源。

（八）落叶期

10月上旬至11月下旬，采取“清洁果园+深翻土壤+枝干涂白+浇封冻水”的技术模式，提高树体抗逆性，降低越冬病虫基数。

1.清洁梨园 落叶后及时清除果园内枯枝落叶、病僵果、残存的套袋、杂草及“剪”、“刮”下的粗老翘皮等一切可能为病虫害提供越冬场所的物品彻底清理出果园，并集中烧毁或深埋。

2.解除诱虫草把 落叶后解除树干束草把，及时烧毁或深埋。

3.捕杀蜷象 利用蜷象喜欢潜伏背风向阳的墙缝、砖缝和房檐等处越冬的习性，可在秋季于果园背风向阳房舍、高墙处悬挂麻袋或牛皮纸袋等诱杀。

4.浇封冻水 11月下旬，上冻前浇封冻水，不仅利于梨树安全越冬，而且还利于肥料的腐烂熟化，增强树体抗病虫能力。

5.枝干涂白 初冬落叶后，进行树干涂白，用生石灰、石硫合剂、食盐、清水按照6 ∶ 1 ∶ 1 ∶ 10比例制成涂白剂，涂抹树干和主枝基部，预防冻害。

五、效益分析

1.经济效益显著 梨树蜜蜂授粉与绿色防控增产技术的集成应用，取得了增产、提质和节本的显著经济效益。增产增收方面：山西盐湖示范区，2014年和2015年连续两年测产显示，示范区梨果单重增加45 ~ 50g，亩均增产350 ~ 400kg，以地头价每千克3元折算，亩增产增收1 050 ~ 1 200元。提质增收方面：各地试验示范表明，通过蜜蜂授粉，梨果果型周正、着色均匀、果肉饱满、畸形果率显著下降。山西2015年在花期气温低不利于梨果发育的情况下，示范区梨畸形果率为4.2%，比对照下降3.9个百分点。同时由于蜜蜂授粉果实经过正常受精发育而成，有效提高果实可溶性固形物含量，降低酸度，提高糖度，从而改善果实口感风味。由于品质好，示范区生产的梨，每千克单价较常规生产区的梨售价提高0.4元，亩均增收1 500元左右。节本增收方面：蜜蜂授粉区梨树授粉投入明显减少。山西盐湖梨树生产区调查，采用人工授粉平均亩需人工作业费350 ~ 450元之间，亩花粉购置费用450 ~ 550元之间，即人工授粉每亩需投入800 ~ 1 000元。而采用蜜蜂授粉，1箱蜜蜂租赁需费为100元，平均3亩地放置1箱蜂，即蜜蜂授粉区每亩地授粉费用为34元。采用蜜蜂授粉费用仅为人工授粉费用的1/20 ~ 1/30。

2.生态效益突出 梨树蜜蜂授粉与绿色防控增产技术示范区，果园病虫危害轻。以性诱剂、频振式杀虫灯诱集害虫高峰决定防治虫害适期，防治效果好，有效地减少了用药次数和用药量，有利于保护蜜蜂授粉，降低果品农药残留，还可以改善果实和种子品质。保护利用了天敌。示范区天敌瓢虫、食蚜蝇、草蛉、寄生蜂、猎蝽等数量明显增加，对田间虫害发生危害起到一定的控制作用。同时使梨园环境得到明显改善。

3.社会效益明显 通过开展梨树蜜蜂授粉与绿色防控，有效解决了授粉期间用工荒的问题，减轻了劳动强度，降低了梨树授粉投入，提高了当地绿色防控的意识，为进一步提高农民收入，开拓了一条新的途径。

执笔人：张东霞、吕继康、贺春娟

梨蜜蜂授粉与绿色防控技术集成模式

<table>
<tr><td>月</td><td>12</td><td>1</td><td>2</td><td colspan="2">3</td><td>3</td><td colspan="2">4</td><td>4</td><td colspan="2">5</td><td>5</td><td>6</td><td>7</td><td colspan="2">8</td><td>8</td><td>9</td><td>9</td><td>10</td><td>10</td><td>11月</td></tr>
<tr><td>旬</td><td></td><td></td><td></td><td>上</td><td>中</td><td>下</td><td>上</td><td>中</td><td>下</td><td>上</td><td>中</td><td>下</td><td></td><td></td><td>上</td><td>中</td><td>下</td><td>上</td><td>中</td><td>中</td><td>下</td><td></td></tr>
<tr><td>生育时期</td><td colspan="3">休眠期</td><td colspan="2">萌芽至开花前</td><td colspan="3">花期</td><td colspan="3">幼果期</td><td colspan="5">套袋后至果实膨大期</td><td colspan="2">果实成熟期</td><td colspan="2">果实采收期</td><td colspan="2">落叶期</td></tr>
<tr><td>主控对象</td><td colspan="3">梨树腐烂病、干腐病、枝干轮纹病</td><td colspan="5">腐烂病、干腐病、黑星病、梨木虱、梨茎蜂、绿盲蝽、金龟子、叶螨</td><td colspan="3">梨黑星病、轮纹病、梨木虱、梨小食心虫、梨茎蜂、梨星毛虫、介壳虫</td><td colspan="11">梨木虱、梨小食心虫、梨黄粉蚜、梨大食心虫、梨象甲、梨网蝽、叶螨、黑星病、黑斑病、炭疽病</td></tr>
<tr><td>防治措施</td><td colspan="3">合理修剪+清洁梨园+伤口保护+刮老翘皮+树干涂白</td><td colspan="2">果园生草+刮治病斑+灯光诱杀+全园喷药</td><td colspan="3">安装性诱捕装置、黏虫板、悬挂糖醋液瓶、释放捕食螨进行理化诱控+人工捕捉，摘除虫梢等物理措施+科学用药</td><td colspan="3">理化诱控+套袋前药剂预防+果实套袋</td><td colspan="5">性诱、糖醋液诱杀+梨园除草+科学用药</td><td colspan="2">秋施基肥+地面覆草+捆绑诱虫带+物理防控措施</td><td colspan="2">科学用药</td><td colspan="2">清洁果园+深翻土壤+枝干涂白+浇封冻水</td></tr>
<tr><td>备注</td><td colspan="22">1.合理修剪。依据不同品种、不同树形、不同栽培密度及不同管理水平，采用不同的修剪手法，对梨树进行科学合理的修剪，力求做到树势平衡，全园通风透光，立体结果。
2.保护伤口。对直径超过1cm的枝条剪口和锯口涂保护剂，预防病害、虫害和冻害。常用的保护剂有：白乳胶漆、防水漆、石灰乳、甲基硫菌灵糊剂等。
3.树干涂白。早春对梨树树干涂白。涂白剂的配方：水10份，生石灰3份，石硫合剂原液0.5份，食盐0.5份，油脂少许。先化开石灰，倒入油脂充分搅拌，再加水拌成石灰乳，最后放入石硫合剂和盐。
4.果园生草。在梨树行间种植白三叶、扁茎黄芪、紫花苜蓿、繁缕等草种。播种时将地整平、耙细，将种子按行浅播土中，播种的深度不超过5cm，草长到30cm高时及时进行刈割，留茬5 ~ 10cm，刈割部分覆盖在梨树树盘。
5.灯光诱杀害虫。在梨园安装频振式杀虫灯，诱杀金龟子、卷叶蛾、食心虫、毒蛾等害虫成虫，减少落卵。频振杀虫灯悬挂高度为梨树高度的2/3处，接虫口离地面1.5 ~ 2m，灯管功率15W的单灯控制半径120m。注意及时用毛刷清理灯上的虫垢，袋内虫体深埋或作饲料用。
6.黄板诱杀。蜜蜂出场后，在树体中部向阳处悬挂黄色诱虫板，每亩悬挂规格为20cm × 25cm或25cm × 30cm的黄板40 ~ 60张，诱杀梨茎蜂、蚜虫。4月底及时收回集中处理。
7.糖醋液诱杀害虫。梨树冠内挂糖醋液诱杀金龟子、梨小食心虫等多种害虫。糖醋液的配方：糖1份，醋3份，酒0.5份，水10份，对好后装瓶，挂树上，每天收虫添液，10 ~ 15天更换1次。
8.释放捕食螨。叶螨开始活动时，释放胡瓜钝绥螨防治害螨。将捕食螨缓释袋固定在主干树杈处。一般1袋/株，捕食螨数量>1 500头/袋。
9.性信息素防治。选购梨小食心虫性诱剂诱芯和诱捕器。每亩放置诱捕装置4 ~ 6个，悬挂高度为1.5m，诱芯每月更换1次。或使用梨小食心虫缓释性信息素迷向丝干扰梨小食心虫交配，般每亩放置30 ~ 50条，迷向丝绑梨树中上部枝条上，50天后再用1次。
10.果实套袋。果实套袋在盛花后30 ~ 45天内完成，选用优质防虫果袋，套袋时将果实袋绑在近果胎处的果柄上，使梨幼果悬空在袋内，以防袋纸摩擦果面出现锈斑。果实套袋要与喷药预防密切配合，套袋前要根据病虫害的发生情况喷打1 ~ 2次药，待喷药干后立即进行。</td></tr>
</table>

（续）

月	12	1	2	3		3	4		4	5		5	6	7	8		8	9	9	10	10	11月
旬				上	中	下	上	中	下	上	中	下			上	中	下	上	中	中	下	
适用范围	适用于果园集中连片，授粉树配置合理，水利条件良好，果农素质高，管理到位，绿色防控基础好区域，最小规模100亩。																					
经济效益	通过梨树蜜蜂授粉与病虫绿色防控技术的集成应用，梨树增产、提质和节本效果显著。梨果单重增加45 ~ 50g/个，亩均增产350 ~ 400kg，通过蜜蜂授粉，梨果果型周正、着色均匀、果肉饱满、畸形果率显著下降，同时果实经过正常受精发育而成，梨果口感好，风味佳。每千克单价较常规生产区的梨售价提高0.4元，另外蜜蜂授粉区梨树授粉投入明显减少，蜜蜂授粉费用仅为人工授粉费用的1/20 ~ 1/30。经测算，通过增产、提质、节本，亩增收3 000 ~ 4 000元																					

第八章
柑橘蜜蜂授粉与绿色防控技术集成

一、概述

柑橘为芸香科（Rutaceae），柑橘亚科（*Subfamily Aurantioideae*）果树。栽培上重要的有：柑橘属（*Citrus* L.），金柑属（*Fortunella* Swing），枳属（*Poncirus* Raf.）。柑橘在世界上主要分布在美洲、亚洲、非洲和欧洲。我国柑橘主要在南方的湖南、江西、四川、福建、浙江、广西、湖北、广东和重庆。这九个省（自治区、直辖市）产量占全国的95%以上。湖北省宜昌市有2 000多年的柑橘栽培历史。由于三峡特殊的河谷气候，能够适应多种柑橘品种生长，几乎世界上所有柑橘品种在宜昌都能种植，宜昌被称为世界柑橘的种质资源库。现在规模种植的柑橘品种鲜果从9月早熟蜜柑上市，至第二年5月夏橙上市，鲜果应市期长达9个月。中国工程院院士、世界柑橘学会主席、华中农业大学教授邓秀新说："中国柑橘看湖北，湖北柑橘看宜昌"。

秭归县地处长江三峡库区，是国家首批命名的"中国脐橙之乡"。至2014年，种植柑橘1.7万hm^2，年产量31.28万t，年产值8.5亿元。早、中、晚熟品类比例为2 ∶ 4 ∶ 4。主栽品种为纽荷尔和红肉脐橙（图2-8-1）。

图2-8-1　秭归脐橙基地

二、作物特性

脐橙是芸香科柑橘属甜橙种的一个亚种，别名抱子橘，拉丁学名 *Citrus sinensis* Osbeck。

脐橙为完全花，花器由花梗、萼片、花瓣、花丝、花药、花粉、柱头、花柱、子房和蜜盘构成。花朵较大，蜡白色，萼片深绿色，呈杯状形，紧贴在花冠基部，萼片先端呈5裂状；花瓣5裂；雄蕊15 ~ 30个。脐橙花量大，但花粉败育，坐果率较低，不到1%。脐橙开花受气候的影响严重，遇低温花期推迟、延长；遇高温花期提早、缩短；遇异常高温会使花器官萎蔫，甚至死亡。脐橙花期可分为现蕾期、开花期。开花期又按开花量分为初花期、盛花期和谢花期，一般全树5%的花量开放时称初花期，25%～ 75%时称盛花期，95%以上的花瓣脱落时称谢花期（表2-8-1）。

脐橙坐果率高低与上年产量、当前花量、树体营养有关，花量中等、花质好、树体营养充分，坐果率高，产量也高。

通过放蜂辅助授粉，不但能将大量脐橙花蜜采集给人类，同时可提高坐果率。

表2–8–1　纽荷尔脐橙各物候期时间表

生育期	发芽期	春梢期	现蕾期	盛花期	生长落果期
时间	2/中、下	2/下至4/上	3/上、中	4/上、中	4/下至7/上、中
生育期	夏梢抽生期	秋梢抽生期	果实成熟期	花芽分化期	
时间	5/中至7/下	8/上、中	11/中、下	9月至翌年2月	

三、蜜蜂授粉技术

1.蜜蜂品种及数量选择　选用意大利蜜蜂。意大利蜜蜂（简称意蜂）是西方蜜蜂的一个品种。

意蜂广泛饲养于长江中下游、华北、西北和东北的大部分地区。它采集花蜜和花粉能力强，适合给开花集中、花量大的柑橘授粉采蜜。产育力强，育虫节率平缓，早春蜂王开始产卵后，其产卵量受气候、蜜源等自然条件的影响不大，即使在炎热的盛夏和气温较低的晚秋，也能保持较大面积的育虫区。分蜂性弱，易维持大群。

一般1箱蜂群势应在8脾以上，授粉覆盖10亩。

2.蜜蜂出、入场时间　柑橘开花5%之前入场，花末期（柑橘花谢90%）出场。

3.蜂群管理

（1）蜂箱摆放。蜂群不能摆放在行人来往较多的地方，摆放设计要便于管理。选择背风、向阳、较为平坦的空地作为蜂群摆放点。根据果园周边的地势把蜂箱摆放为四方形、圆形、一字形、工字形、品字形，充分利用树荫或者空拉遮阳网，避免太阳直射（图2-8-2 ～图2-8-5）。

（2）喂水。夏季工蜂需要采水散热，水源缺乏的地方应在巢门前放置饲水器，保证工蜂有足够的清洁水。饲水器要经常检查，饲水要及时补充或更换。

4.用药注意事项

柑橘园若必须施药，应选用对蜜蜂毒性低或无毒的生物农药；或在蜜蜂入场前10天或蜂场撤离后喷施农药。蜜蜂授粉时，蜂场半径3km内其他作物上禁止施药。

图2-8-2 秭归县水田坝乡王家桥村授粉隔离树

图2-8-3 蜜蜂在橘园中采蜜

图2-8-4 秭归县水田坝乡王功庆放蜂点

图2-8-5 秭归县郭家坝镇烟灯堡村放蜂点

四、绿色防控技术

（一）柑橘主要病虫害

柑橘病虫种类多，主要害虫有：全爪螨、锈瘿螨、柑橘大实蝇、桃蛀螟、橘蚜、柑橘粉虱、黑刺粉虱等；其次有：矢尖蚧、红蜡蚧、黑蚱蝉、柑橘潜叶蛾、鸟嘴壶夜蛾、稻绿蝽象、刺缘蝽象、枸橘蝽象、八点广翅蜡蝉、白蛾蜡蝉、蓟马、卷叶蛾类、橘花蕾蛆、凤蝶类、柑橘小实蝇、吹绵蚧、天牛类、吉丁虫类。主要病害有：煤烟病、砂皮病、炭疽病、脂点黄斑病等；生理性病害有裂果、日灼、脐黄、脐黑、油斑病和缺素等；储存期病害有青霉病、绿霉病、褐腐病等。

柑橘园主要防治对象有：红黄蜘蛛、柑橘大实蝇、桃蛀螟、柑橘粉虱类、蚧壳虫类；煤烟病、树脂病、炭疽病、脂点黄斑病、油斑病。

1.柑橘红蜘蛛 柑橘全爪螨［*Panonychus citri*（McGregor）］又称柑橘红蜘蛛，属蛛形纲，蜱螨亚纲，前气门目，叶螨科，是柑橘上危害非常严重的害螨。以成螨、若螨、幼螨群集在柑橘叶片、嫩枝和果实上刺吸汁液。被害叶片呈现许多灰白色小斑点，严重时全叶灰白色，造成大量落叶和枯梢，影响树势和产量。猖獗发生时，果实表面布满灰白色失绿斑点，全果苍白，影响产量（图2-8-6）。

2. 柑橘大实蝇（*Bactrocera minax*）

（1）形态特征。成虫体长10～13mm，翅展约21mm，全体呈淡黄褐色。复眼金绿色。胸部背面具6对鬃，中央有深茶色的倒“Y”形斑纹，两旁各有一条宽直斑纹。中胸背面中央有一条黑色纵纹，从基部直达腹端，腹部第3节近前缘有一条较宽的黑色横纹，纵横纹相交成“十”字形（图2-8-7）。

（2）发生特点与习性。柑橘大实蝇主要危害橙、柚、橘、柑等寄主植物，以雌蝇成虫产卵于柑橘果实内皮层以内，在外皮层留下乳突状产卵痕。卵孵化后幼虫潜入果瓤内取食危害果肉，造成果肉腐烂变质，严重被害果似丝瓜瓤子。被害果未熟先黄或未熟先落。若被害果内虫少，果实不出现提前脱落现象，但果瓤腐烂，失去食用和商品价值。成熟期仍未落地蛆果，老熟幼虫会蛀孔落地，橙树上偶尔会见到具脱果孔的果实。受害果园一般减产20%～30%，严重的减产50%～60%（图2-8-8、图2-8-9）。

（3）生活习性。柑橘大实蝇在湖北1年发生1代，以蛹在土壤中越冬，越冬蛹5月上旬至6月上旬羽化为成虫。羽化盛期在5月中下旬，最早为4月下旬，最迟为6月上中旬。成虫田间活动期为5月中旬至8月上旬，产卵期为5月下旬至7月下旬，6月中旬至7月中旬交尾产卵盛期。成虫常以昆虫蜜露为食，对蜜、酒和红糖液趋性较强。卵期约1个月。幼虫最早在9月底老熟脱果（蜜柑类），10月中下旬为入土化蛹盛期。极少数孵化迟的幼虫，能随果实在果内越冬，至翌年春1～2月老熟脱果（夏橙）。

图2-8-6 柑橘红蜘蛛

图2-8-7 柑橘大实蝇雄成虫形态及特征

图2-8-8 大实蝇危害果

图2-8-9 大实蝇产卵痕（危害状）

图2-8-10　锈螨成虫、若虫 和卵

3.锈瘿螨　又称锈螨（*Phyllocoptruta oleivora*）。

（1）形态特征。分卵、幼螨、若螨和成螨4个阶段。雌成螨体长0.1～0.2mm，形似胡萝卜，前端宽大。初期淡黄色，后变橙黄色。卵圆球形，灰白色，透明，表面光滑。幼螨初孵时乳白色半透明，蜕皮后为若螨，为淡黄色，形似成螨（图2-8-10）。

（2）发生特点与习性。以成螨在腋芽和卷叶中越冬。一年发生18代左右。夏季完成1代仅需10天。4月开始迁移至新梢，5月上果为害，8～9月为害最为严重，9～10月气温降低，又转移到上部和外部果实及秋梢叶片上为害。 在果实上为害时，先在果蒂周围。再蔓延到背阴部乃至全果。高温干旱，有利于发生，发生的适温是25～30℃以上，相对湿度60%～80%。 繁殖速度快，短期内即可能猖獗成灾。成螨和若螨均喜荫畏光，在果实下面、叶背主脉两侧、树冠内侧及阴暗部位，虫口较多（图2-8-11）。

图2-8-11　锈壁虱及其危害状（曾泉摄）

4.桃蛀螟　桃蛀螟（*Conogethes punctiferalis*），属鳞翅目螟蛾科昆虫。

（1）形态特征。成虫体长12mm，翅展22～25mm，黄至橙黄色，体、翅表面具许多黑斑点似豹纹：胸背有7个；腹背第1和第3～6节各有3个横列，第7节只有1个，第2、第8节无黑点，前翅25～28个，后翅15～16个；雄虫第9节末端黑色，雌虫不明显。卵椭圆形，长0.6mm，宽0.4mm，表面粗糙布细微圆点，初乳白渐变橘黄、红褐色。幼虫体长22mm，体色多变，有淡褐、浅灰、浅灰蓝、暗红等色，腹面多为淡绿色。头暗褐，前胸盾片褐色，臀板灰褐，各体节毛片明显，灰褐至黑褐色，背面的毛片较大，第1～8腹节气门以上各具6个，成2横列，前4后2。气门椭圆形，围气门片黑褐色突起。腹足趾钩不规则的3序环（图2-8-12）。

图2-8-12 桃蛀螟成虫

（2）*发生特点与习性*。桃蛀螟是一种多食性害虫，以幼虫危害桃、梨、杏、李、石榴、葡萄、板栗、枇杷、向日葵和玉米等作物。桃蛀螟成虫产卵于脐橙脐部缝隙里，幼虫孵化后取食脐部次生心皮，造成脐部皮层干枯坏死，并排泄粪便于脐部表皮外。受害果易脱落。据观察，桃蛀螟在秭归县一年发生4代，以老熟幼虫在落果内、树干裂缝、土缝中以及玉米、向日葵等秸秆中化蛹越冬，次年4月中下旬开始羽化。危害脐橙主要为第2代、3代、4代幼虫。以第3代幼虫发生危害最重。果园附近有桃树、玉米、板栗等粮、果混植区发生严重。品种间受害差异大，开脐品种受害重于闭脐品种。20世纪80年代初期，在秭归县未见桃蛀螟危害柑橘的现象。在“柑兴桃亡”的产业结构调整下，桃蛀螟在90年代初期开始危害柑橘，90年代末危害率为3%～5%，2000—2008年危害率10.2%，危害损失达0.78万t；2008—2015年，虫果率略有下降，为5.2%～7.5%。近几年在宜昌柑橘产区，桃蛀螟呈现发生范围扩大局部危害加重的趋势（图2-8-13、图2-8-14）。

图2-8-13 桃蛀螟危害果外观

图2-8-14 桃蛀螟受害果解剖图

5.柑橘炭疽病

(1)*病害症状*。叶片上慢性型病斑常发生于叶的边缘和尖端，圆形或不规则形，黄褐色，正背面散生黑色小点，略作同心圆排列；急性型病斑初期似开水烫伤的小斑，其后迅速扩展成水渍状大斑，有时病斑上还产生朱红色黏质小液点。病情扩展迅速，病叶病果严重脱落（图2-8-15、图2-8-16）。

图2-8-15　柑橘炭疽病病

图2-8-16　急性炭疽病病叶

(2)*发病规律*。病菌以附着孢在寄主各部位的表面及病残体上越冬。尤在高温多雨季节危害特别严重。一般春梢发病少，夏秋梢发病多。新生的幼嫩枝叶或受冻的枝条，过熟和有伤口的果实易感病。

6.柑橘裂果病　本病是水分供应不均匀引起的一种生理病害，特别是久旱骤雨之后，早熟薄皮品种易裂果。果实纵裂开口，瓤瓣亦相应破裂，露出汁胞，裂果黄化、脱落或感染病菌腐烂脱落。裂果除与雨水供应密切相关外，还与树体中磷、钾、钙、硼含量有关。裂果一般发生在8～10月。裂果严重年份损失可达30%以上。

（二）柑橘病虫害绿色防控技术模式

根据示范区柑橘园主要病虫为1病3虫，即柑橘生理性落叶落果、柑橘红蜘蛛、柑橘大实蝇、柑橘粉虱。示范区内实施“一刷二捡三喷四挂”的绿色防控措施。“一刷”：即结合冬季清园，对示范区柑橘树主干进行刷白。“二捡”：即及时捡除果园病虫果和生理落果，降低果园病虫基数和再浸染源。“三喷”：即在盛花期喷施云薹素内酯保花保果剂；在果实膨大期和新梢抽发期，喷施螯合氨基酸叶面肥；在病虫害及缺素症重发期，喷施高效低毒低残留生物农药，控制果园病虫害猖獗。“四挂”：即3月对单叶蜘蛛量高于2头的柑橘树释放钝绥螨进行防治；10月挂杀虫灯，约30亩一盏，诱杀果园趋光性害虫桃蛀螟、吸果夜蛾、潜叶蛾等；5～6月挂黄板，诱杀锈壁虱、白粉虱、蚜虫、蚧壳虫类等微体害虫；6月上旬挂果瑞特食物诱剂诱杀大实蝇；8～10月挂糖醋液诱杀瓶诱杀桃蛀螟、吸果夜蛾、蟑象、蜡蝉等趋化性害虫。

生草覆盖：果园内套种紫云英，不仅有利柑橘固氮作用，而且有利于蜜蜂补充食物，同时也有利于捕食螨栖息繁殖。

1.冬季清园降低病虫基数技术模式　民间有歌谣曰：冬季一把火，胜过无数药；冬季翻一翻，病虫无处钻；冬季扫一扫，病虫自然少；冬季刷一刷，病虫不用杀。把冬季清园的重要意义表述的非常清楚。冬季清园百利而无一害，事半功倍。

（1）残渣清理。柑橘采果后，结合冬季修剪，剪除病虫枝、干枯枝、密生枝等，清除园中及园四周杂草、落叶落果，并将残渣集中烧毁。焚烧时要注意防火，严防引起火灾。

（2）浅土层翻耕。将地表下3～5cm土壤翻耕到地表面，使土中越冬虫蛹充分暴露，使其冻死或被鸟食鸡啄。

（3）药剂清园。果园打扫净后，可选用以下任何一种药剂进行喷雾。清园药剂可选：1°Bé石硫合剂或45%晶体石硫合剂60～80倍液；或松脂合剂8～10倍液；或99%绿颖矿物油（不能与任何含石硫合剂的硫黄产品混合使用，并注意阅读标签说明）150倍液。喷雾时要兼顾树上和地面，兼顾园内和四周。

（4）生石灰刷白。配制方法。①5kg生石灰+0.25kg硫黄粉+0.1kg食盐+0.2kg动物油+50kg水配成糊状，搅拌均匀涂于树干与主枝上；②2.5kg生石灰+45%石硫合剂结晶0.8kg+0.1kg食盐+0.1kg动物油+25kg水，搅拌均匀，刷白。施用量：涂后以“稀不下流，干不黏合成团”为宜，生石灰一定要溶化，避免吸水放热烧伤树干（图2-8-17）。

图2-8-17 冬季柑橘园树主干刷白橙树

2.萌芽至开花期柑橘病虫防治技术模式 早春季节，柑橘主要害虫是红、黄螨。

根据2014—2015年田间调查情况，春夏两季，单叶平均虫卵量15头/叶，严重果园面积约占5%，平均单叶虫卵里150头/叶，最高单叶虫卵量650头/叶。

红蜘蛛、黄蜘蛛虫量过大，拟释放捕食螨的果园，必须进行释放前防治，压低害螨基数。防治药剂可选用3～4°Bé的石硫合剂或40%晶体石硫合剂100～120倍或硫悬浮剂120～180倍液进行喷雾。

对示范区单叶蜘蛛量高于2头的柑橘树释放钝绥螨1.1万袋，每株1袋，能有效控制害螨危害，持效期达一个月。因捕食螨的释放应用，春秋季平均单叶虫卵量5～8头/叶，盛夏7～9月高温季节，叶螨类无需药剂防治。

3.柑橘病虫全程绿色防控技术模式

（1）农业防治。一是确保果园厢沟、腰沟、围沟畅通，做到旱能灌溉涝能排渍；二是在春夏秋梢抽发期，实行控梢、抹梢、放梢措施，即于春秋梢抽生期，抹除早抽梢和晚抽梢，在集中放梢阶段，喷施叶面肥和农药，使枝梢抽发整齐且生长快，减少病虫害在嫩枝嫩叶上的危害；三是配方施肥，实施肥水一体化技术；四是采果后及时实施修剪，确保果园通风透光渗雨；五是及时剪除树体上病虫枝，及时捡拾地面落叶落果，病虫枝叶以火焚烧，病虫果以厚型塑料膜闷杀。

（2）生物防治技术。一是错开天敌繁殖期用药，保护橙园中自然生长的天敌；二是于春季释放人工饲养的捕食螨，实现以螨治螨。

（3）诱杀防治。在病虫害盛发期间，通过悬挂杀虫灯、黄色诱杀板和食物诱杀瓶来诱杀害虫，从而达到减少农药使用的目的。

①杀虫灯诱杀技术：30 ~ 50亩挂一盏杀虫灯，诱杀蟾象、潜叶蛾、卷叶蛾、金龟子、吸果夜蛾等趋光性害虫。4月上旬亮灯，10月下旬停灯。关键技术：一是灯的布局要合理，靠近林木的柑橘园，杀虫灯尽量安装在果园外围；二是灯的高度要适宜，比果树略高即可，岗地柑橘园以最高点为宜；三是灯架必须固定牢固，防治刮风摇晃；四是要及时清除灯箱内昆虫，避免腐蚀收虫袋和灯箱（图2-8-18）。

②黄板诱杀技术：每亩橙园悬挂20cm×25cm的黄板20张，诱杀蚜虫、黑刺粉虱、柑橘粉虱等微小害虫。悬挂高度以高出树体20 ~ 30cm为宜。5月中旬收蜂后开始挂板，避免蜜蜂受到伤害（图2-8-19）。

图2-8-18　柑橘园悬挂立体式太阳能杀虫灯

图2-8-19　黄板诱杀

③食物诱杀瓶悬挂技术：6月上旬后，每亩橙园悬挂果瑞特等食物诱杀瓶20个，每瓶盛诱剂20～30mL，7～10天更换1次诱剂，连续换药3次，此期间以诱杀大实蝇为主。吸果夜蛾重的果园，悬挂时间为8月下旬至10月中旬。食物诱剂以自制的糖醋液效果最好，配制方法为：1kg红糖兑水15kg，加热至红糖全部溶解，冷却后加入90%敌百虫晶体30g，再加食醋和白酒各30mL。诱杀瓶可以购买专用瓶亦可用饮料瓶、矿泉水瓶手工自制。自制方法如下：在离瓶底5～6cm的地方横行剪开5cm断口，再沿断口的左右两端向上剪5～6cm，剪除25～36cm^{2}的开口。然后将一端连着的塑料片向上翻卷至垂直状，用以避雨。瓶体水平位置位于树冠半径外围1/3处，悬挂高度为株高的2/3处（图2-8-20、图2-8-21）。

图2-8-20 自制食物诱杀瓶

图2-8-21 橘园悬挂的自制食物诱杀瓶

4.生草覆盖 在3～4月份铲除果园恶性杂草，保留良性杂草，种植百喜草、藿香蓟等绿肥，以增强防旱保温能力，改善果园小气候，为柑橘生长提供良好的生态环境；为捕食螨等多种天敌提供栖息地和补充食物，减少病虫害发生。在释放捕食螨前全园割草一次，在释放捕食螨后如果杂草长得太高，适当割草，但严禁化学除草剂除草（图2-8-22、图2-8-23）。

图2-8-22 柑橘园人工种草

图2-8-23　柑橘园自留草

5. 化学防治　当病虫种群数量大，急需迅速控制危害，选择针对性强的高效低毒农药，迅速控制为害。化学防治不纳入示范区统一规定措施。

执笔人：郑　军、易继平、周国珍、胡光灿、黄传宏

柑橘蜜蜂授粉与绿色防控技术集成模式

生育期	发芽、春梢期	现蕾期	盛花期	生理落果期	夏梢抽生期	秋梢抽生期	果实膨大至成熟期	越冬期
时间	2/中至4/上	3/上、中	4/上、中	4/下至7/上、中	5/中至7/下	8/上、中	8～9月，11/中、下	12月至翌年2月
主要病虫	疮痂病、蚜虫等	红蜘蛛、疮痂病、花蕾蛆、蚜虫等		红蜘蛛、疮痂病、黑刺粉虱、矢尖蚧等	大实蝇、锈壁虱、炭疽病、黑刺粉虱、介壳虫等	吸果夜蛾、锈壁虱、红蜘蛛、潜叶蛾、炭疽病、桃蛀螟等	吸果夜蛾、桃蛀螟、大实蝇等	越冬病虫、防冻
防治措施	预防疮痂病病	放蜂区挂捕食螨防治红蜘蛛，或用尼索朗防治，黄板诱杀黑刺粉虱成虫，喷药预防疮痂病		高效低毒低残留农药防治	诱杀大实蝇成虫，药剂防治病虫	灯光诱杀吸果夜蛾	灯光诱杀吸果夜蛾。大实蝇虫果捡拾及处理	冬季清园，防冻
备注	**冬季清园：**可选：1°Bé石硫合剂，或45%晶体石硫合剂，或松脂合剂，或99%绿颖矿物油清园。喷雾时要兼顾树上和地面，兼顾园内和园四周。 **生石灰刷白：**配制方法：5kg生石灰+0.25kg硫黄粉+0.1kg食盐+0.2kg动物油+50kg水，配成糊状，搅拌均匀，涂于树干与主枝上；或2.5kg生石灰+45%石硫合剂结晶0.8kg+0.1kg食盐+0.1kg动物油+25kg水，搅拌均匀，刷白。施用量：涂后以“稀不下流，干不黏合成团”为宜，生石灰一定要溶化，避免吸水放热烧伤树干。 **柑橘害螨防治**。在4月中旬始，挂捕食螨防治红蜘蛛；或在柑橘开花前使用哒螨酮、或尼索朗、或胶体硫、或晶体石硫合剂、或机油乳剂防治；开花后还可选用螨克（双甲脒）、或克螨特防治。 **大实蝇防治**。①成虫诱杀。选用加敌百虫的糖醋液诱杀。或是蛋白饵剂诱杀。②10月开始。捡拾落果，用专用塑料袋就地闷杀。 **病害防治**。春梢开始萌发时，喷药预防疮痂病病。合理配方施肥，促进橘树健壮生长，提高抗炭疽病等病害的能力								

第九章
蜜柚蜜蜂授粉与绿色防控增产技术

一、概述

蜜柚是一种芸香科的水果，喜欢生长在温暖潮湿的地方，主产于我国南方。除中国之外，世界上还有许多国家种植蜜柚，美国、古巴、南非、巴西、阿根廷以及日本都是蜜柚的主要产地。

我国目前蜜柚的栽培品种较多，有100多个品种，比较有名的有福建平和县的琯溪蜜柚，江西赣州的南康甜柚、吉安的井冈蜜柚，广东梅县沙田柚，广西容县沙田柚等。但由于蜜柚有自花不育倾向，自花结实率不高，一般不到2%，需要辅以人工授粉或采用蜜蜂授粉等方法来提高坐果率、增加单果重、增进果实品质。蜜柚也是病虫害多发和重发的一种果树，需要采用绿色防控措施进行防治，才能够确保授粉蜜蜂的安全（图2-9-1、图2-9-2）。

图2-9-1 江西省吉安市青原区蜜柚蜜蜂授粉与绿色防控示范区（青原区植保站拍摄）

图2-9-2 江西省吉安市青原区蜜柚蜜蜂授粉与绿色防控示范区远景
（黄向阳摄于青原区富滩镇丹村井冈蜜柚果园）

目前采用的绿色防控技术措施主要有农业防治、生物防治和物理防治三大类。

二、作物特性

蜜柚［Citrus maxima（Burm）Merr］属芸香科果树，是我国生产有特殊风味柚子蜜的著名蜜源作物。我国广东、广西、福建、江西、湖南、湖北、浙江、四川等省都有种植。

蜜柚花为总状花序，有时兼有腋生单花；花瓣4～5片，白色；雄蕊25～35枚，有时部分雄蕊不育。蜜柚花期为4～5月，单花花期为7～10天左右。

三、蜜蜂授粉技术

1.蜜蜂特性 我国能够为蜜柚授粉的蜂种有意大利蜜蜂、中华蜜蜂、熊蜂等多个蜂种，其中中华蜜蜂和意大利蜂养殖较多，为蜜柚授粉的最佳蜂种。中华蜜蜂，行动敏捷、嗅觉灵敏，善于利用零星蜜粉源；个体耐寒性强，抗螨性强；采集时早出晚归，出勤时间比意蜂长，适于山区和丘陵饲养。意大利蜜蜂，性情温驯，体格强壮，活力强；产卵能力强，群势较中蜂强，分蜂性弱，能维持大群；对大宗蜜源采集力强，泌蜡造脾力强；定向力差，易迷巢，盗性强；产浆力强、护脾和清巢力强，抗巢虫，抗蜂螨及幼虫病能力弱；适于追花夺蜜，突击利用南北四季蜜源（图2-9-3、图2-9-4）。

2.授粉技术

（1）选择合适的蜂种。根据蜜柚的生长特性、物候条件、蜂种特性及蜂源情况，选择中华蜜蜂作为授粉蜂种。

（2）蜜蜂进场时间。根据当地蜜柚花期，在4月上中旬进入场地。

（3）合理配置蜂群规模和密度。各地应根据当地蜜柚的种植密度，合理布局放蜂点，一般按5亩配置一个4脾以上的授粉蜂群。

（4）蜂群摆放。授粉蜜蜂进入场地后，如果蜜柚面积不大，蜂群可布置在果园的任何一边；如果面积在500亩以上，则应将蜂群布置在地块的中央，减少蜜蜂飞行半径。授粉蜂群一般以10～20群为一组，分组摆放，巢门背风向阳，并使相邻组的蜜蜂采集范围相互重叠（图2-9-5、图2-9-6）。

（5）防止蜜蜂中毒。若蜜柚发生病虫必须施药，应在蜜蜂入场前10天或蜂场撤离后喷施农药，或选用对蜜蜂安全的药剂。在蜜蜂授粉区要加强有关蜜蜂授粉对蜜柚增产意义的宣传，提高农民保护蜜蜂的意识，禁止在蜂场周围喷洒高毒农药，特别在蜜柚花期应禁用对蜜蜂有毒的农药。

图2-9-3　蜜蜂进入蜜柚园（青原区植保站拍摄）

图2-9-4　查看蜂群群势（青原区植保站拍摄）

图2-9-5　20个蜂箱集中摆放
（青原区植保站拍摄）

图2-9-6　示范园外放置的中华蜜蜂蜂群
（青原区植保站拍摄）

3.蜂群养护

（1）冬季蜂群管理。一是防冻保温。对于冬季气温偏低的地区，须对蜂箱加盖保温物（稻草或棉被）进行防冻保暖，做好遮阴、遮光、防雨、御寒等工作，保证蜜蜂正常繁殖与越冬。二是充足喂食。要通过人工喂食花粉、蔗糖等，补充蜜蜂营养，为采蜜贮备力量。

（2）早春蜂群管理。蜜蜂越冬之后会进行2～3次排泄飞行，在外界气温达到8℃以上、晴暖无风时，取下蜂箱保温物，让阳光直射蜂箱，促使蜂群出巢飞行，排泄后注意加盖保温物；注意检查蜂群状况，及时补充饲料，防治蜂螨；培养健壮蜂王和蜂群，适时奖励饲喂，刺激蜂王产卵，调整巢脾，强群补弱群，保持蜂多于脾，保证蜂箱内子脾的数量与质量，维持箱内温度稳定，保证蜂群能够正常繁殖；为蜜蜂提供干净的水源，并适当补充食盐水，以满足幼虫、幼蜂生长发育需要。

（3）采蜜期蜂群管理。一是奖励饲喂。初花期适当奖励饲喂促进蜂群授粉积极性；二是更换劣质蜂王。在采蜜前的休整期，正是淘汰老、弱、病、残蜂王，培养优质蜂王的最佳时机。为增强蜂群活力，要通过更换劣质蜂王，增强群势，为采蜜打好“队伍”基础。三是合理取蜜。盛花期合理取蜜，每次取蜜应在白天大量进蜜之前进行，注意留足巢内饲料。中华蜜蜂在蜜柚授粉采蜜期间，往往群势不强，采蜜量不足，可以不取蜜（图2-9-7、图2-9-8）。

图2-9-7　蜜蜂蜂王（黄向阳摄于青原区井冈蜜柚示范园）

图2-9-8　蜂群势检查（黄向阳摄于青原区井冈蜜柚示范园）

（4）合理搬迁。蜜柚流蜜后期，要将蜂群运至附近的蜜源场地。

四、绿色防控技术

蜜柚的主要病虫害有黄龙病、溃疡病、疮痂病、炭疽病、红蜘蛛、锈壁虱、介壳虫、木虱、蚜虫、花蕾蛆、金龟子、凤蝶等。

1.蜜柚黄龙病绿色防控技术　黄龙病又称黄梢病，是柚类的毁灭性病害，是国内外植物检疫对象。黄龙病由柑橘木虱传播，感病植株树势衰退，产量极低，果实品质变劣，甚至整株枯死。

（1）严格实行检疫制度。严禁病区的接穗和苗木调入新区或无病区。

（2）做好木虱防治工作。通过抹芽控梢，促梢抽发整齐，每次嫩梢抽发期要喷药保护。可选

25%吡蚜酮可湿性粉剂1 000 ～ 1 500倍液，25%扑虱灵可湿性粉剂1 000 ～ 1 500倍液等。

（3）及时挖除病树。黄龙病以春梢老熟后的5月份和秋梢老熟后的9 ～ 10月份最易鉴别，这两个时期应进行全园逐株检查，一旦发现病株立即挖除。挖除病树前应先喷上述药剂将木虱杀死，以防带病木虱飞离，传播给其他健树。

2.蜜柚溃疡病绿色防控技术 溃疡病是细菌性病害，是国内外植物检疫对象。此病危害叶片，新梢和幼果，发生严重时导致落叶、落果和枯枝，直至影响当年产量和降低品质及商品价值。

（1）严格实行植物检疫制度。培育无病毒苗木是控制该病传播，预防病菌蔓延的主要措施。

（2）减少病源。在夏秋梢前及冬季清园时，集中摘除病叶，剪除病枝病果，集中烧毁，尤其是定植1 ～ 2年幼树，反复彻底清除病斑是最经济有效的防治措施。

（3）抹芽控梢。秋季统一放梢前，先抹除零星抽发的新梢，并在潜叶蛾低峰期统一放梢，以减少病菌从伤口侵入的机会，降低发病率。

（4）药剂防治。在病菌最易侵入的嫩梢期、幼果期及大风大雨后。在春梢、夏梢、秋梢刚萌发，或谢花后10、30、50天各喷1次药剂，可选用72%农用链霉素水剂600 ～ 1 000倍液、或20%噻唑锌300 ～ 500倍液、或77%可杀得粉剂600 ～ 800倍液、或3%金核霉素水剂300倍液。

3.蜜柚疮痂病绿色防控技术 疮痂病是真菌真菌型病害。此病主要为害新梢和幼果，严重时会导致果实畸形，进而导致减产。

（1）剪除病梢病叶，减少菌源。冬季和早春结合修剪，剪除病枝病叶，春梢发病后也及时剪除病梢。

（2）药剂防治。以防治幼果疮痂病为重点，于花谢2/3时喷药，发病条件特别有利时可在半个月后再喷一次。可选用药剂品种，37%苯醚甲环唑水分散粒剂3 000 ～ 4 000倍液、或75%肟菌戊唑醇水分散粒剂4 000 ～ 6 000倍液、或75%百菌清可湿性粉剂800 ～ 1 000倍液、或80%代森锰锌可湿性粉剂400 ～ 600倍液。

4.蜜柚炭疽病绿色防控技术 本病是苗圃、柚园及果实贮藏的主要病害，危害嫩叶、嫩梢和果实，引起落叶、枯枝、落果及贮藏期果实腐烂。

（1）加强肥水管理，增强树势，提高树体抗病能力。加强肥水管理，增施农家肥和适当的钾肥，防止偏施氮肥、积水和受干旱，培养健壮树势，提高树体抗病能力。

（2）搞好冬季清园，消灭越冬病源菌。合理修剪、剪除病枝病果，清除地面落叶、落果并集中烧毁，可减少病源菌。

（3）药剂防治。苗圃地或嫩梢期在夏季暴雨后的晴天最易发病，应密切注意，发现病情立即喷药，每隔5 ～ 7天喷1次，连续喷2 ～ 3次。成年柚树于新梢修剪前后，幼果期及果实膨大期各喷一次。药剂可选用70%丙森锌可湿性粉剂600 ～ 800倍液、或25%嘧菌酯悬浮剂800 ～ 1 000倍液、或80%代森锰锌可湿性粉剂400 ～ 600倍液、或20%咪鲜胺可湿性粉剂1 000 ～ 1 500倍液等。

5.红蜘蛛 红蜘蛛在我国蜜柚产区发生普遍的虫害。它以口器刺入叶片、绿色嫩枝及果实表皮吸取汁液。

（1）做好冬季清园，以减少越冬虫口。冬季喷1°Bé石硫合剂，或10 ～ 15倍松脂合剂，或1%机油乳剂100 ～ 150倍液。

（2）以螨治螨技术。4月上旬始，人工释放巴氏钝绥螨等捕食螨，一树挂1袋，1年1次，每袋捕食螨数量300头以上。

（3）柚园行间种植藿香蓟、紫苏等捕食螨中间食料，加速天敌繁殖，控制红蜘蛛发生。

（4）药剂防治。可选用5%尼索朗乳油2 000 ～ 3 000倍液（主要杀卵）、或24%螺螨酯悬浮剂3 000 ～ 4 000倍液、或20%哒螨灵乳油1 500 ～ 2 000倍液。

6.蜜柚蚜虫绿色防控技术 为害柚树的蚜虫主要有橘蚜和橘二叉蚜。

（1）农业防治。结合修剪，剪除被害枝及有虫卵枝，或在嫩梢期进行摘心或抹芽，以减少害虫食料，控制虫口，压低虫口基数。

（2）保护利用天敌。蚜虫天敌主要有瓢虫、草蛉、食蚜蝇、寄生蜂、寄生菌等。田间天敌多时，少用药或不用药，利用天敌抑制蚜虫的发生。

（3）色板诱蚜。3 ～ 10月，利用蚜虫成虫的趋黄性，在每棵蜜柚树上挂放1块黄色黏板诱杀蚜虫成虫，以降低果园的虫源。

（4）药剂防治。可选用1.5%苦参碱水剂2 000 ～ 3 000倍液、或20%啶虫脒水剂5 000 ～ 8 000倍液。

7.蜜柚凤蝶绿色防控技术 凤蝶以幼虫取食蜜柚芽和叶，初龄食成缺刻或孔洞，稍大常将叶片吃光，只残留叶柄，苗木和幼树受害较重。

（1）人工除虫。冬季清除越冬蛹。在新梢期人工摘除卵和捕杀幼虫。

（2）杀虫灯诱杀。4 ～ 10月，每30亩果园挂1盏频振式杀虫灯，诱杀凤蝶等鳞翅目成虫和金龟子等鞘翅目成虫。

（3）药剂防治。 可选用20%除虫脲悬浮剂1 500 ～ 2 000倍液、或亩用16 000IU/mg苏云金杆菌150 ～ 250g进行防治，应掌握在幼虫三龄前喷药。

五、技术集成

1.蜜柚春梢萌发，花芽分化期（2 ～ 3月） 主要病虫害有炭疽病、溃疡病、红蜘蛛、蚜虫等。

绿色防控技术模式：加强栽培管理+色板诱蚜+生物防治（以螨治螨）+科学使用化学农药

蜜蜂管理与授粉技术模式：蜜柚开花之前（4月上旬之前）重点是做好蜂群采蜜前的准备工作，主要技术模式包括选择适合当地的蜜蜂品种（中华蜜蜂）+冬季和早春的蜂群管理（防冻保温+充足喂食+防病除虫等）+奖励饲喂+更换劣质蜂王+培养健壮蜂群等。

2.蜜柚花蕾期和幼果期（4月） 主要病虫害有疮痂病、红蜘蛛、蚜虫、花蕾蛆、黑刺粉虱等。

绿色防控模式：色板诱蚜+生物防治（以螨治螨）+杀虫灯诱杀+翻盖地膜（阻止花蕾蛆成虫上树）+科学使用化学农药。

蜜蜂管理与授粉技术模式：双王夹箱饲养增强群势+加强防病除虫+保持蜂群活力+合理取蜜+迁地放蜂

注意事项：此阶段蜜蜂进入蜜柚园采蜜，因此蜜柚花期病虫害防治用药选择尤为关键。蜜柚园以及周边作物禁用对蜜蜂造成毒害的农药，若需施药，必须选择生物农药或对蜜蜂无毒害的农药，且用药时间与放蜂时间要错开。

3.蜜柚落果期、定果期、果实膨大期（5～10月） 主要病虫害有溃疡病、炭疽病、疮痂病、红蜘蛛、介壳虫、金龟子、天牛、凤蝶、蚜虫等。

绿色防控模式：色板诱蚜+生物防治（以螨治螨）+杀虫灯诱杀（金龟子、天牛等）+科学使用化学农药。

4.果实成熟期（11月） 主要病虫害有吸果夜蛾等。

绿色防控模式：杀虫灯诱杀+糖醋液诱杀（吸果夜蛾等）。

5.冬季管理（12月至翌年1月） 及时清理园地、剪除枯枝病枝、铲除杂草、扫除落叶、树干涂白等（图2-9-9～图2-9-13）。

图2-9-9　无蜂大棚（黄向阳摄于青原区井冈蜜柚示范园）

图2-9-10　蜜蜂给蜜柚授粉采蜜（黄向阳摄于青原区井冈蜜柚示范园）

图2-9-11　黄板诱蚜（黄向阳摄于青原区井冈蜜柚示范园）

图2-9-12 频振式杀虫灯诱杀鳞翅目、鞘翅目成虫
（黄向阳摄于青原区井冈蜜柚示范园）

图2-9-13 以螨治螨，释放巴氏钝绥螨
（青原区植保站拍摄）

六、效益分析

通过蜜蜂授粉与绿色防控技术集成，蜜蜂授粉示范区内蜜柚产量得到较大的提升。以江西省吉安市青原区蜜柚蜜蜂授粉示范区为例，示范结果表明，青原区蜜柚示范区大面积蜜蜂授粉示范区实收亩产2 021千克，较自然无蜂对照区亩产1 578千克增加443千克，增幅26.8%，蜜柚价格按7元／千克计算，亩增产值3 101元。扣除每亩租蜂费20元、农药成本350元、打药人工费250元、绿色防控成本230元，较非示范区每亩新增纯收益2 251元。经济效益十分显著（图2-9-14、图2-9-15）。

图2-9-14 硕果累累（青原区植保站拍摄）

图2-9-15 称重测产（青原区植保站拍摄）

新增纯效益=新增产量×价格－投入成本（租蜂费用、农药成本、打药人工费、绿色防控成本）。

执笔人：钟 玲、黄向阳、刘初生、杨庭广、范劲松、熊贻义、梁章登

蜜柚蜜蜂授粉与绿色防控增产技术模式

时间	1月	2月至3月	4月	5月	6月至7月	8月	9月	10月	11月	12月
生育期	休眠期	春梢期 现蕾期	初花期 终花期	落果期 定果期	夏梢期 果实膨大期	秋梢期 果实膨大期	秋梢期 果实糖分积累	果实成熟期 采收期	采收期 树势恢复期	树势恢复期
主控对象	越冬的各种病、虫、蚧、螨等	炭疽病、溃疡病、红蜘蛛、蚜虫等	疮痂病、红蜘蛛、蚜虫、花蕾蛆、黑刺粉虱等	溃疡病、炭疽病、疮痂病、红蜘蛛、木虱、锈壁虱、介壳虫、金龟子、天牛、凤蝶、蚜虫等					吸果夜蛾	越冬的各种病、虫、蚧、螨等
防治措施	清洁果园+枝干涂白	生物防治+生态调控+物理诱杀+药剂防治1	蜜蜂授粉+物理诱杀	健身栽培+物理诱杀+生物防治+药剂防治2			物理诱杀+药剂防治3		物理诱杀+糖醋液诱杀	清洁果园+枝干涂白
备注	**清洁果园：**利用冬闲，清理园地，剪除枯枝、病枝，适当短剪徒长衰弱枝，铲除杂草，扫净落叶、烂果。 **枝干涂白：**按生石灰10份、20° Bé的石硫合剂2份、食盐2份、清水20份比例调制涂白剂，用排刷涂抹树干涂白高度60～80cm，防冻并消灭越冬病虫害。 **物理诱杀：**①果树开花前，按照30亩1台灯的间距，稍高于果树顶部安装好杀虫灯。于蜜柚花期或新梢旺盛生长期晚间开灯诱杀食花、食叶害虫。及时清理诱到的害虫并集中杀死深埋处理。②色板诱蚜，每棵蜜柚挂1张黄色黏板诱蚜，过30天换一次黄板。 **生态调控：**3月中旬，柚园四周种植藿香蓟、紫苏等捕食螨中间食料，加速天敌繁殖，控制红蜘蛛发生。 **生物防治：**主要是以螨治螨，人工释放巴氏钝绥螨防治柑橘红蜘蛛，从4月上旬始，一树挂1袋捕食螨，1年1次，每袋捕食螨数量300头以上。 **药剂防治1：**一是用农用链霉素防治溃疡病，咪鲜胺防治炭疽病。二是用尼索朗防治红蜘蛛，吡蚜酮防治蚜虫、黑刺粉虱。三是树下撒施辛硫磷颗粒剂防治蛴螬、花蕾蛆等地下害虫。 **蜜蜂授粉：**蜜柚开花5%～10%时组织蜜蜂入场，中蜂或意蜂按每3亩放1箱，蜂群势8脾以上，授粉蜂群以50～100箱为一组，巢门背风向阳，单箱或多箱成圆形或U形排列，均匀摆放在果园。此期果园不用药。落花后蜜蜂离场。 **健身栽培：**①配置授粉树，提高坐果率。主栽沙田柚品种要按主栽品种与授粉树的10～15：1比例配置授粉树；②利用蜜蜂进行传粉，授粉保果；③适时灌溉，防止裂果保果；④喷施植物生长调节剂、喷肥保果。 **药剂防治2：**一是用代森锰锌或苯醚甲环唑防治疮痂病，噻唑锌防治溃疡病。二是用螺螨酯或哒螨酮防治红蜘蛛、锈壁虱，啶虫脒防治蚜虫，噻虫嗪防治木虱、介壳虫。 **糖醋液诱杀：**视果实采收时间，按糖：醋：果酒：水=1.5：1：1：10的比例配制糖醋液，配制好糖醋液，盛入小的塑料盆中，每盆400～500mL，悬挂于树下阴荫处，每亩15～20处，悬挂时多数接近地面处，少数悬挂于距地面1m和1.5m处。每日捞出诱到的成虫杀死或深埋，定期补充诱杀液，使其始终保持原浓度。 **药剂防治3：**一是用唑醚•代森联防治疮痂病、炭疽病。二是用螺螨酯或哒螨酮防治红蜘蛛、锈壁虱。选用的防治药剂可参照指南中推荐的药剂进行轮换使用，以延缓蜜柚病虫害的抗药性产生，同时严格按照安全间隔期施药。 **注意事项：**①表中所列绿色防控技术应根据病虫监测预报，科学选用、集成。②药剂组合选用的杀菌剂、杀虫杀螨剂按各自标签推荐用量，严格遵守《农药安全合理使用准则》，注意不同作用机理的药剂轮换使用										

第十章
樱桃蜜蜂授粉与绿色防控增产技术集成

一、概述

大樱桃为樱桃属植物，其花雌雄同体，但自花结实率极低或自花不结实，异花授粉有利于提高坐果率和果实品质。现代大樱桃产业的规模化生产、集中区域种植造成了一定区域内授粉昆虫数量相对不足，不能满足作物自然授粉的需要。蜜蜂是授粉昆虫的主力军，利用蜜蜂给樱桃授粉较自然授粉可提高坐果率，增加产量，改善果品品质；樱桃病虫害绿色防控技术是保障樱桃生产、果品质量和生态环境安全的一项重要措施，二者目标一致，其有机结合和集成应用，将对减少化学农药用量、促进农民增收、维护生态平衡具有重要的意义。结合近年来植保部门在樱桃全生育期蜜蜂授粉和病虫害绿色防控技术的集成与应用实践，总结形成了樱桃蜜蜂授粉与主要病虫害绿色防控技术集成应用技术规程。一定程度上提高了果品的产量和品质。

二、作物特性

大樱桃在我国北方开花期一般在3月下旬至4月上旬，整个花期约10天，温度越高花期越短。通常将大樱挑的萌芽开花期分为6个阶段：①花芽膨大期：全树有25%的花芽开始膨大，鳞片差开。②露红期：鳞片裂开，花蕾顶部露出。③露瓣期：花萼裂开，露出花瓣。④初花期：全树有5%～25%的花开放。⑤盛花期：全树有25%～75%的花开放。⑥落花期：全树有50%以上花的花瓣脱落。

大樱桃开花期对温度比较敏感，当日平均气温达10℃左右时，花芽开始萌动，当日平均气温达15℃左右时，开始开花。一般大树和弱树花期较早，幼旺树花期稍晚。同一棵树，花束状果枝和短果枝上的花先开，中长果枝的花稍迟。同一朵花通常开3天，其中开花第一天授粉坐果率最高，第二天次之，第三天最低。

地域、品种、授粉期的温度、湿度、栽培管理水平都是影响大樱桃有效授粉期和授粉质量的因素。气候正常条件下，大樱桃的有效授粉期为开花后1～4天。开花期对温度最敏感，温度的高低会影响花粉的萌发和花粉管的生长速度，从而降低坐果率。花期若遇高于25℃的高温，会大大降低胚的生活力，并缩短柱头有效接受花粉的时间；低于5℃的低温天气，会造成花粉不能成熟，花药受冻甚至坏死，导致受精不良，严重影响坐果。大樱桃开花期空气相对湿度50%～60%、土壤相对湿度60%～80%最适宜。空气湿度过低，开花不整齐，柱头干燥，不利于受精过程进行，湿度过高，影响花粉的散开和授粉，易诱发病害。花期前后的不良天气如大风、大雾、降温、连阴雨天气、空气污染等均不利于授粉昆虫的活动，也不利于大樱桃的授粉受精。

大樱桃绝大多数品种都有花粉，但自花结实率极低或自花不结实，没有外源花粉的单一品种几乎没有商品栽培价值，必须足量、合理配置相应的授粉树。授粉品种配置的原则是与主栽品种亲和性好，花期相遇，同时还要考虑相互授粉能力和互补授粉。一般主栽品种和授粉品种的比例为3 ：2，授粉品种2个以上为宜。主栽品种与授粉树可按5 ：1配置，株行距3m×4m，以点状或行状均匀分布。若授粉品种配置不当或数量不足，可采取插挂花枝、高接授粉品种，以满足授粉需要。

三、蜜蜂授粉技术

蜜蜂特殊的形态构造使得其更易于收集花粉，从而保证了花粉的群体数量。同时，蜜蜂在与植物长期的协同进化过程中，具备了自动识别健康花朵和成熟花粉的能力。蜜蜂在田间的一个飞行过程中，至少需要在几十朵甚至上百朵花上采集花蜜或花粉，因而极易在花柱头生活力最强的时候将足量异花花粉传到雌蕊的柱头上，产生花粉萌发的群体效应，从而保证了樱桃花在最佳时间完成授粉，促进了受精的进程。因此，大樱桃开花期采用蜜蜂进行授粉，能显著提高坐果率和结实率，从而提高商品果率。

1. 可用蜂种　适宜樱桃授粉的蜜蜂品种有中华蜜蜂、意大利蜜蜂、壁蜂、熊蜂等。中华蜜蜂是我国特有蜂种，适应环境能力强，抗寒耐热，气温低于7℃仍能大量出勤，非常适应秋季或早春低温、早晚温差大的气候环境，能利用零星蜜源植物，日采集时间较长，每一次出巢采粉具有相对专一性，适宜于设施果树的授粉，是我国一种授粉性能优良的蜂种。

意大利蜜蜂是我国养蜂业的主要蜂种，也是主要授粉品种，繁殖力高，群势大，喙长，采集花粉能力强，性情温顺，易于管理，善于利用大宗蜜源。

壁蜂具有耐低温、早春访花频率高、采集速度快、不需人工饲喂和便于管理的特点，以角额壁蜂和凹唇壁蜂应用最多。壁蜂一天中8～18时为活动期，以11时到15时最为活跃，平均每天访花4 000朵以上，访花无方向性，有效授粉范围为60m。

熊蜂虫体大，寿命长，浑身绒毛，便于携带大量花粉；适应环境能力强，对低温、低光密度适应能力强，气温高于8℃即飞翔访花，蜜蜂不出巢的阴冷天气，熊蜂照常出巢采集授粉；飞行速度快，活动频繁，访花勤，具有旺盛的采集力，因而多用于设施大樱桃花期授粉。

2. 授粉技术　果树开花前按要求确定果园放蜂点，平整土地。注意观察樱桃开花期，于樱桃初花期（开花5%～10%时）组织蜜蜂入场（图2-10-1、图2-10-2）。

中蜂或意蜂按每2亩放1箱，蜂群势8脾以上，授粉蜂群以50～100箱为一组，均匀摆放。摆放时，巢门背风向阳，单箱排列、多箱排列、圆形或U形排列，可视场地面积和地形，位于中央或田地一边。蜂场与授粉田间距离小于100m。

图2-10-1 蜜蜂授粉

图2-10-2 正在授粉的蜜蜂

壁蜂授粉果园则应多点设巢，每个巢箱间隔80m最好。一般每亩放1 ~ 2个巢箱，每箱200 ~ 300管（只），箱底距地面50cm左右。箱口应朝东南方向，宜放在缺株或行间，要求巢前开阔，山地果园应放在向阳避风处。箱下的支棍上涂上废机油防止蚂蚁、蜘蛛侵害。巢箱附近要挖水坑保持泥浆供壁蜂用。

设施大樱桃可采用熊蜂授粉，在温室作物开花前2 ~ 3天，傍晚时将蜂群放入温室，第二天早晨打开蜂箱巢门，让熊蜂试飞、适应环境。一般500 ~ 700m^2的普通日光温室，根据树龄大小和开花多少，每个温室配置2 ~ 3群的标准授粉蜂群（约60只工蜂/群），均匀置于温室中。对于大型连栋温室，则按一个标准授粉蜂群承担500m^2的面积配置。蜂箱常挂在温室后墙上，巢门朝南，蜂箱高度与树冠中心高度基本保持一致，确保作物叶面没有遮挡到蜂箱的盖子。温室通风口用尼龙纱网封住，防止熊蜂飞出。

3.蜂群养护 樱桃花期气温较低且变化幅度大，应在蜂箱盖上加盖草帘等加强保温，提高蜜蜂出勤率。放蜂期间，通常在蜂箱前面约1m处放置一个水盘，盘内放置一些草秆或小树枝等漂浮物，供蜜蜂取食时攀附，以防蜜蜂溺水；每隔2天换水1次，保证蜂群具有干净充足的水源。注意及时采收蜂蜜和花粉，提高蜜蜂访花的积极性。樱桃花期蜜蜂授粉时，蜂场3km范围内其他作物禁止施药。放蜂时间一般持续10 ~ 15天，樱桃落花后蜂群离场。

四、绿色防控技术

樱桃树周年要历经萌芽、开花前后、坐果期、果实膨大期、成熟期、花芽形成期、新梢生长期、营养贮藏期、落叶休眠期等几个关键生育期，整个生育期发生的主要病虫害20多种，其中病害有细菌性穿孔病、根癌病、干腐病、流胶病等，害虫主要有介壳虫类、叶螨类、金龟子类、卷叶蛾类、天牛类、黄刺蛾、梨网蝽、梨小食心虫等。综合考虑病虫发生情况、果树生育期生长需要和防控目标，树立“科学植保、绿色植保”理念，坚持“技术集成、减量控害、提质增效、确保安全”的原则，组装、集成有效的“农业健身栽培、生物生态调控、免疫诱抗提高、部分害虫诱杀和科学药剂组合”等五大绿色防控技术。

1.农业健身栽培 通过科学肥水管理、合理负载、整形修剪、清洁田园等农业栽培管理措施，培养健壮树势。均衡施肥，秋季全园施足基肥，最好以农家肥为主，果树萌芽期，根施氮肥为主，磷肥为辅；春夏季追施速效化肥。根据树龄、树势、土壤营养等条件，合理修剪，规范整理树形。果树休眠期清除病虫残枝，刮除老翘皮并集中烧毁，树干涂白，清洁田园，深翻土壤等，压低病虫基数（图2-10-3、图2-10-4）。

图2-10-3 科学修剪、清洁果园

图2-10-4 果园生草

2.生物生态调控 利用果园自然天敌或释放人工培育的天敌，捕食害虫。果树行间种植三叶草等绿肥作物，涵养自然天敌，调节果园生态小气候，创造利于作物生长而不利于害虫发生的温湿度条件，利用和发挥自然天敌的控害作用。

3.免疫诱抗激活 樱桃树开花前、坐果期和果实膨大期，喷施氨基寡糖素或赤·吲乙·芸薹等免疫诱抗剂等，激活树体免疫力，提高树体抗逆性，达到花前防冻保花、花后保果，促进生长，减控病虫发生程度，改善品质，增加产量。

4.部分害虫诱杀 果园安装杀虫灯，悬挂性诱捕器等，诱杀金龟甲类、卷叶蛾类等鞘翅目和鳞翅目害虫，保护花、叶。果实成熟期，配制糖醋液，树下悬挂诱盆，诱杀果蝇（图2-10-5）。

图2-10-5 悬挂性诱捕器

5.科学药剂组合 根据樱桃不同生育期的病虫害发生情况和危害特点，确定关键生育期的主要病虫防控对象，综合考虑药剂作用特性、气候条件、蜜蜂安全性等因素，优先使用生物农药，对症选择杀菌剂、杀虫杀螨剂，科学组合，混配施用。樱桃树开花前10 ～ 15天选用对蜜蜂低毒的化学药剂，禁止使用对蜜蜂高毒的杀虫剂，开花—落花期禁止施用农药，樱桃坐果后转入绿色控技术管理。一般的化学药剂中，生物药剂多对蜜蜂为低毒，常用杀菌剂大多数对蜜蜂中、低毒，但氟硅唑对蜜蜂高毒。杀虫剂中阿维菌素、甲氨基阿维菌素苯甲酸盐、氯氟氢菊酯、甲氰菊酯、新烟碱类如吡虫啉、噻虫嗪等对蜜蜂剧毒或高毒。

五、技术集成

从樱桃整个生态系统出发，根据病虫害防控需要，选用、集成农业防治、生物防治、物理诱控、生态调控与科学用药等有效的绿色防控单项技术措施，重点通过优化用药时间、药剂种类、施药方法等技术措施实现全程综合防控和科学安全用药，达到减少化学农药用量，降低病虫害危害损失，保护蜜蜂种群、保持生态平衡和生物多样性调控能力，确保樱桃生产和质量安全。

大樱桃树从萌芽到落叶要历经：2月中旬至3月初（萌芽前）、3月中下旬樱桃萌芽期、4月上中旬樱桃开花期、4月下旬至5月上旬樱桃果实膨大期、5月中旬至6月初樱桃成熟期、6月上旬花芽形成期、6月中旬至8月份新梢旺盛生长期、9月至10份新梢缓慢生长期、11月上中旬营养贮备期、11月下旬至2月中旬（休眠期）等关键时期。各个生育期的生长需要不同，病虫害发生种类、程度不同，相应的病虫害防治目标、采用的防治技术等管理措施也不同，实际应用中应把握如下四原则。

一是树立“科学植保”理念，优化策略。掌握病虫害发生危害规律，把科学防控的理念贯穿于病虫害管理的全过程、各环节，综合考虑区域生态特点、关键生育期主要病虫种类和发生规律、气象和环境条件等，明确不同生育期防控目标，综合单项技术的适用性、局限性、多项技术的组合和配套应用等多因素，优化“预防为主、综合防治、突出主控，技术配套”的防治策略。

二是树立“绿色植保”理念，综合防控。樱桃病虫害绿色防控是“科学植保”和“绿色植保”技术的全面体现，既不是“灯、板、带”，也不是单一的药剂防治，选用、集成技术时要坚持以人为本，注重农业健身栽培是基础，保护生物多样性和减少环境污染，着力促进防控措施由依赖单一化学药剂防治向绿色防控和综合防治转变，以全生育期不同阶段的防控目标为重点，集成优化、配套应用作物健康栽培、生态调控、害虫诱杀、生物防治、免疫诱抗、药剂防治等多种技术形成全生育期技术体系。

三是做好病虫动态监测，科学决策。根据病虫发生具体情况，明确关键生育期的主要防控目标和兼防对象，结合病虫防治指标、天敌数量、气象条件等，做出决策，明确采取的具体防治技术组合、是否用药防治、对症药剂组合及其最佳施药时期、施药次数等。

四是提高科学用药技术，减量增效。药剂防治作为当前绿色防控其中一项重要措施，关键是要从科学药剂品种组合和施药技术两方面实现减量增效，提质降本。要综合考虑药剂对蜜蜂的安全性、药剂的性质、作用方式、持效期、安全合理使用准则等，结合病虫害发生危害规律，形成药剂组合，采用高效安全的施药器械和技术，科学把握施药液量，注重雾滴细化、药液雾化效果，最大程度提高农药有效利用率，真正提高防效，减少用量。

樱桃全生育期主要防控对象及防治措施如下：

1.萌芽—开花前（2月中旬至3月中旬） 主要防治越冬的各种病、虫、蚧、螨，如根癌病、根茎腐烂病、金龟子、卷叶蛾类、桑白蚧、梨园蚧、害螨等，压低病虫基数，减轻生长期防治压力；同时要预防早春霜冻，保花保果（图2-10-6、图2-10-7）。

图2-10-6 梨园蚧危害树干

图2-10-7 金龟甲危害樱桃花

（1）农业健身栽培。休眠期未进行施肥或修剪的，及时进行施肥和花前修剪；于樱桃树液流动前进行修剪，及时疏除过密枝条和病虫枝条，用钢刷刷破树上介壳虫虫体，刮除老翘皮并集中烧毁或深埋。

（2）生态调控。3月中下旬，果园行间种植三叶草等绿肥作物，为瓢虫、草蛉等自然天敌提供良好的栖息环境，发挥天敌生态控害作用。

（3）物理诱杀。开花前果园安装杀虫灯，按照20亩1台灯的间距，杀虫灯稍高于果树顶部安装好。

（4）药剂防治。树液流动后至萌芽前，一是地面防治，预防根部病害，用50%多菌灵300倍液灌根；上年蛴螬、大灰象甲成虫危害重的，树下撒施3%辛硫磷颗粒剂后，浅刨树盘10 ~ 15cm。二是树上喷雾，萌芽期喷布3 ~ 5° Bé石硫合剂或辛菌胺醋酸盐一次；开花前10 ~ 15天，优先选用对蜜蜂安全性高的生物药剂如苦参碱等，尽量选用对蜜蜂低毒、持效期短的药剂组合治疗性杀菌剂+触杀性杀虫剂+免疫诱导剂，如甲基托布津+毒死蜱+氨基寡糖素。上年樱桃叶螨发生重的果园，再加入螨卵和成螨兼杀的杀螨剂如喹螨醚等，按照各自推荐用量配制好药液，最后加入免疫诱抗剂预防冻害，选用的药剂按推荐用量混合均匀后全树细致喷雾。药剂中还可加入适量硼肥，以提高花期坐果率。

2. 开花期（3月底至4月上旬）

（1）蜜蜂授粉。按照蜜蜂授粉技术要求，释放授粉蜜蜂，开展花期授粉，此期果园不用药。

（2）物理诱杀。按杀虫灯使用要求，开灯诱杀食花金龟甲、卷叶蛾类等鞘翅目、鳞翅目成虫，降低害虫田间落卵量，减少后期防治用药。及时清理诱到的害虫并集中深埋处理。

3. 谢花后至果实膨大期（4月中旬至5月上旬） 此期会出现不同程度的生理落果，谢花后1 ~ 2周是各种越冬病虫出蛰盛期，此后迅速进入危害初盛期，主要针对穿孔病、流胶病、蚜虫、卷叶蛾类、食心虫、叶螨、梨网蝽等（图2-10-8）。

（1）农业措施。针对营养不足或土壤干旱引致的生理落果，加强管理，对症采取措施，喷施钾肥等补充营养，适时适度浇水，不宜大水漫灌。

图2-10-8 穿孔病

（2）生物防治。悬挂性诱捕器。果园外围悬挂苹小卷叶蛾、梨小食心虫性诱捕器，棋盘式布局，每相邻诱捕器间间隔15 ~ 20m，每亩每种5 ~ 6个，悬挂于树冠外中部，距地面高度约1.5m。及时更换诱捕器里黏板，每月更换一次性诱芯。

（3）药剂防治。根据病虫监测预报，适时按照常规绿色防控技术措施，优先采用生物药剂，对症选用高效、低毒、低残留、持效期较短的药剂组合，进行防治1次。可选用保护性杀菌剂+杀虫剂+各种螨态兼顾的杀螨剂+免疫诱抗剂品种组合，全树叶面喷雾，如代森锰锌或苯醚甲环唑+高效氯氰菊酯或啶虫脒；或丙森锌+吡虫啉等。近果实收获期选用药剂要注意药剂持效期和安全间隔期。喷雾时可加入钙剂，预防裂果。

4.果实成熟期（5月下旬至6月初） 此期一般不进行药剂防治。多雨年份注意防治果蝇。

（1）农业措施。控制土壤水分，不能忽干忽湿，防止裂果。喷施钾肥、摘叶、铺设反光膜等措施促进果实成熟着色。及时清除果园内外的杂草、垃圾。

（2）诱杀果蝇。视果实采收时间，采取悬挂诱盆、树上喷雾、地面喷雾等方法诱杀果蝇。

诱盆法：按糖：醋：果酒：水=1.5 ：1 ：1 ：10的比例配制糖醋液，配制好糖醋液，盛入小的塑料盆中，每盆400 ~ 500mL，悬挂于树下阴荫处，每亩15 ~ 20处，悬挂时多数接近地面处，少数悬挂于距地面1m和1.5m处。每日捞出诱到的成虫杀死或深埋，定期补充诱杀液，使其始终保持原浓度。

树上喷施：3%的糖醋液中可加入微量苦参碱1 000倍液，重点喷施每株树的内膛部分，诱杀果蝇。

地面喷施：10%氯氰菊酯乳油2 000 ~ 4 000倍液进行地面喷雾，压低果蝇虫口基数，减少发生量。

5. 采果后至落叶前（6月中下旬至10月） 果树依次进入花芽分化期、新梢旺盛生长期、根系吸收高峰期及新梢缓慢生长期，各种病虫进入发生盛期，主要防治对象为叶斑病、穿孔病、蚜虫、蚧壳虫、梨小食心虫、卷叶蛾类、毒蛾类、叶螨类、天牛类、叶蝉等。此期重点是科学施用基肥，防治病虫保叶，促进花芽分化，贮藏养分强壮树势。

（1）农业健身栽培。大樱桃萌芽开花过程中所需养分主要来自前一年的贮存养分，因此，要抓好秋施基肥，为花芽形成和贮藏营养打好基础。采果后夏施追肥占全年肥料的20% ~ 30% ；秋施基肥按斤果斤肥的原则，以有机肥为主，施肥量占全年肥料总量的70%。采果后及时夏剪、摘心，疏除过密辅养枝、部分过旺枝。熟化土壤，做好排水工作，避免施肥或耕作伤根及地下虫害危害根系。彻底清除园内外苗圃杂草等越冬病虫场所。6 ~ 7月份天牛成虫发生期人工捕杀。对流胶病可用刀将病部干胶和老翘皮刮除，并用刀划几道达木质部，将胶液挤出后涂抹菌毒清或辛菌胺50 ~ 100倍液。

（2）害虫诱杀。根据病虫监测情况，及时开灯诱杀金龟甲等食叶害虫。及时清理死虫。

（3）药剂防治。根据降雨情况和病虫发生情况，决定用药次数和时间，对症选用高效、低毒、低残留药剂品种组合。对叶部病害，树上喷雾，杀菌剂有代森锌、代森锰锌、多菌灵、甲基托布津、苯醚甲环唑、异菌脲、农用链霉素等，杀虫杀螨剂有灭幼脲、毒死蜱、氟氯氰菊酯、扫螨净、阿维菌素等，如氟氯氰菊酯+甲基托布津+磷酸二氢钾，或苯醚甲环唑+阿维菌素等。多雨季节也可单喷一次等量式波尔多液（1 ∶ 1 ∶ 200）。根茎腐病扒根晾晒、用5° Bé石硫合剂灌根。注意轮换用药。

6.休眠期（11月至翌年2月中旬）　主要防治越冬的病、虫、蚧、螨卵，如红蜘蛛、桑白蚧等，压低各种越冬病虫害基数。

（1）农业措施。结合修剪，剪除病虫枝，保护剪锯口；彻底清扫果园中的枯枝落叶、病残枝、杂草；刮除粗老翘皮，介壳虫重发果园用硬毛刷刷破树体上的介壳虫越冬雌虫；修剪、清扫的枝条枯枝落叶全部集中带出园外集中销毁或深埋。深翻树盘，浇封冻水。

（2）树体涂白。按生石灰100kg、硫黄粉1kg、食盐2kg、动植物油0.1kg、水20升比例调制涂白剂，用排刷涂抹树干和大枝。

六、效益分析

樱桃花期蜜蜂授粉与病虫害绿色防控技术的集成示范应用效果显著，较之常规防治区表现出坐果率高，幼果发育好，畸形果率低，主要病虫危害得到有效控制，二者的集成应用，规范了樱桃生产技术，促进了农民增收，符合现代果业对高效、优质、生态和可持续发展的要求，可进一步在樱桃主产区进行示范应用。

1.蜜蜂授粉效果显著　示范调查结果表明，蜜蜂授粉示范区坐果率高，幼果发育好，畸形果率低。樱桃盛花后四周调查结果表明，大田樱桃蜜蜂授粉区较常规授粉区的平均坐果率高出15个百分点以上，畸形果率降低15个百分点，蜜蜂授粉区坐果率明显优于常规授粉区和对照区。

2.有效控制了病虫危害　通过绿色防控措施的应用，病虫得到有效控制，树体抗性增强。梨园蚧通过树体刷除后喷药防治，效果达到90%以上；流胶病无新发病斑，穿孔病、叶斑病虽有发生，但病叶率在2.6%～5.5%，基本不造成为害；梨小蛀梢率不足1%，常规防治园3%～5%；果实成熟期果蝇防效显著，示范园零星发生，常规防治区为害率达25%～32%。

3.减量增产效果明显　在做好病虫监测的基础上，通过科学合理用药，示范区内用药次数减少1～2次，减少化学农药用量15%～20%。大田樱桃蜜蜂授粉区较常规授粉区平均商品果率高出5个百分点。示范区较农民常规防治区平均亩产增加5%以上，亩纯收益增加3 000元以上，达到了减量、提质、增效的效果。

4.果实品质得到改善　樱桃成熟期果实取样进行品质测定，结果表明，蜜蜂授粉核心示范区较常规防治区果实的硬度、可溶性固形物含量、维生素C、总糖、糖酸比都有一定程度的提高，果实风味、品质明显得到改善。

执笔人：王亚红、惠隽雄、王　静

樱桃蜜蜂授粉与绿色防控增产技术集成模式

时间	11月中旬至2月中旬	2月下旬至3月初	3月中下旬	4月上旬	4月下旬至5月上旬	5月中旬至6月初	6月上中旬	6月下旬至8月底	9月上旬至10月下旬	11月上中旬
生育期	休眠期	萌芽前	萌芽期	开花期	果实膨大期	果实成熟期	花芽形成期	新梢旺盛生长期	根系吸收高峰期及新梢缓慢生长期	营养贮藏期
主控对象	越冬的各种病、虫、蚧、螨，如根癌病、根颈腐烂病、金龟子、卷叶蛾类、桑白蚧、梨园蚧、害螨等		出蛰的各种病、虫、蚧、螨，预防霜冻保花	金龟子、大灰象甲、花腐病	穿孔病、流胶病、蚜虫、卷叶蛾类、食心虫、叶螨、梨网蝽等	果蝇	流胶病、叶斑病、穿孔病、蚜虫、介壳虫、梨小食心虫、卷叶蛾类、毒蛾类、叶螨类、天牛类、叶蝉等病虫害发生盛期。此期重点是科学施用基肥，防治病虫保叶，促进花芽分化，贮藏养分强壮树势			
防治措施	清洁果园+枝干涂白		生态调控+物理诱杀+药剂防治1	蜜蜂授粉+物理诱杀	健身栽培1+生物防治+药剂防治2	糖醋液诱杀+地面防治	健身栽培2+物理诱杀+药剂防治3			
备注	**清洁果园：**结合整形修剪，剪除病虫枝，保护剪锯口；彻底清扫果园中的枯枝落叶、病残枝、杂草；刮除粗老翘皮，介壳虫重发果园用硬毛刷刷破树体上的介壳虫越冬雌虫，修剪、清扫的枝条枯枝落叶全部集中带出园外集中销毁或深埋。深翻树盘，浇封冻水。 **枝干涂白：**按生石灰100kg、硫黄粉1kg、食盐2kg、动植物油0.1kg、水20L比例调制涂白剂，用排刷涂抹树干和大枝，防冻并消灭潜伏的越冬病虫害。 **物理诱杀：**果树开花前，按照20亩1台灯的间距，稍高于果树顶部安装好杀虫灯。于樱桃花期或新梢旺盛生长期晚间开灯诱杀食花、食叶害虫。及时清理诱到的害虫并集中深埋处理。 **生态调控：**3月中下旬，果园行间种植三叶草等绿肥作物。 **药剂防治1：**树液流动后至萌芽前，一是地面防治，多菌灵灌根，预防根部病害；上年蛴螬、大灰象甲成虫危害重的，树下撒施辛硫磷颗粒剂后，浅刨树盘10～15cm。二是树上喷雾，萌芽期喷布3～5°Bé石硫合剂或辛菌胺醋酸盐一次；开花前10～15天，优先选用对蜜蜂安全性高的生物药剂如苦参碱等，尽量选用对蜜蜂低毒、持效期短的药剂组合治疗性杀菌剂＋触杀性杀虫剂＋免疫诱导剂，上年樱桃叶螨发生重的果园，再加入螨卵和成螨兼杀的杀螨剂如喹螨醚等，按照各自推荐用量配制好药液，最后加入免疫诱抗剂预防冻害，选用的药剂按推荐用量混合均匀后全树细致喷雾。 **蜜蜂授粉：**樱桃开花5%～10%时组织蜜蜂入场，中蜂或意蜂按每2亩放1箱，蜂群势8脾以上，授粉蜂群以50～100箱为一组，巢门背风向阳，单箱或多箱成圆形或U形排列，均匀摆放在果园。此期果园不用药。落花后蜜蜂离场。 **健身栽培1：**针对营养不足或土壤干旱引致的生理落果，对症采取措施，树上喷施钾肥补充营养，适时适度浇水。 **生物防治：**果园外围悬挂苹小卷叶蛾、梨小食心虫性诱捕器，棋盘式布局，每相邻诱捕器间间隔15～20m，每亩每种5～6个，悬挂于树冠外中部，距地面高度约1.5m。及时更换诱捕器里黏板，每月更换一次性诱芯。 **药剂防治2：**根据病虫监测预报，优先采用生物药剂，对症选用高效、低毒、低残留、持效期较短的药剂组合。可选用保护性杀菌剂＋杀虫剂＋各种螨态兼顾的杀螨剂+免疫诱抗剂品种组合，全树叶面喷雾，如代森锰锌或苯醚甲环唑＋高效氯氰菊酯或啶虫脒；或丙森锌＋吡虫啉等。近果实收获期选用药剂要注意药剂持效期和安全间隔期。喷雾时可加入钙剂，预防裂果。 **糖醋液诱杀：**视果实采收时间，按糖：醋：果酒：水=1.5：1：1：10的比例配制糖醋液，配制好糖醋液，盛入小的塑料盆中，每盆400～500mL，悬挂于树下阴荫处，每亩15～20处，悬挂时多数接近地面处，少数悬挂于距地面1m和1.5m处。每日捞出诱到的成虫杀死或深埋，定期补充诱杀液，使其始终保持原浓度。										

（续）

时间	11月中旬至2月中旬	2月下旬至3月初	3月中下旬	4月上旬	4月下旬至5月上旬	5月中旬至6月初	6月上中旬	6月下旬至8月底	9月上旬至10月下旬	11月上中旬
备注	**地面防治：**地面喷施10%氯氰菊酯乳油2 000 ～ 4 000倍液，压低果蝇虫口基数。 **健身栽培**2：采果后夏施追肥占全年肥料的20%～30%；秋施基肥按斤果斤肥的原则，以有机肥为主，施肥量占全年肥料总量的70%。采果后及时夏剪、摘心，疏除过密辅养枝、部分过旺枝。熟化土壤，做好排水工作，避免施肥或耕作伤根及地下虫害危害根系。彻底清除园内外苗圃杂草等越冬病虫场所。6 ～ 7月份天牛成虫发生期人工捕杀。对流胶病可用刀将病部干胶和老翘皮刮除，并用刀划几道达木质部，将胶液挤出后涂抹菌毒清或辛菌胺50 ～ 100倍液。 **药剂防治**3：根据降雨情况和病虫发生情况，决定用药次数和时间，对症选用高效、低毒、低残留药剂品种组合。对叶部病害，树上喷雾，杀菌剂有代森锌、代森锰锌、多菌灵、甲基托布津、苯醚甲环唑、异菌脲、农用链霉素等，杀虫杀螨剂有灭幼脲、毒死蜱、氟氯氰菊酯、扫螨净、阿维菌素等，如氟氯氰菊酯+甲基托布津+磷酸二氢钾，或苯醚甲环唑+阿维菌素等。多雨季节也可单喷一次等量式波尔多液（1 ∶ 1 ∶ 200）。根茎腐病扒根晾晒、用5° Bé石硫合剂灌根。 **注意事项：**①表中所列绿色防控技术应根据病虫监测预报，科学选用、集成。②药剂组合选用的杀菌剂、杀虫杀螨剂按各自标签推荐用量，严格遵守《农药安全合理使用准则》，注意不同作用机理的药剂轮换使用									

第十一章
大枣蜜蜂授粉与绿色防控技术

一、概述

枣是我国果树栽培中历史最久的品种之一，也是我国特有的经济栽培树种。在我国种植区域主要集中在新疆、山东、山西、河南、河北、陕西等省（自治区）。枣树具有适应性强，结果早，收益快，寿命长，易管理等优点，且抗寒耐旱，耐瘠薄。枣果营养丰富，滋补作用强，商品价值高。枣又是重要的蜜源植物，枣花蜜深受人民群众的喜爱，因此枣树开花期间蜜蜂进场采蜜在我国具有悠久的历史，但多以采枣花蜜为目的，蜜蜂授粉并没有得到重视。据文献报道，蜜蜂授粉后枣产量可增加10%～30%，但目前我国有组织、成规模的开展枣树蜜蜂授粉与病虫害绿色防控的面积仍然较小，尚处于起步阶段。

二、作物特性

枣花是典型的虫媒花，也是同一朵花内包含雄蕊和雌蕊的双性化。枣花花朵小，由花柄、花托、萼片、花瓣、雄蕊和雌蕊组成。花柄是连接花和茎的柄状结构。花托位于花柄的顶端。萼片5枚。花瓣5枚。雄蕊多个，由花丝、花药组成。雌蕊由柱头、花柱、子房组成，子房合生，花柱、柱头分离，柱头两半裂。蜜盘肥大，是重要的蜜源植物，其花蜜丰富、香味浓。枣花花器结构因树种不同而异，有研究表明，枣花多为雌雄同株的两性花，多数枣品种能单性结实和自花结实，有部分枣品种自交不亲和，必须异化授粉才能结实。枣一般5月中旬开始开花，花期时间长达50～60天，可持续到6月底至7月初。

三、蜜蜂授粉技术

枣中度依赖蜜蜂授粉，东方蜜蜂和西方蜜蜂均可作为枣的授粉蜂种，其中以西方蜜蜂的意大利蜜蜂为主要蜂种。当枣树开花5%～10%时蜂群入场。每2～3亩放一个群势在10脾以上工蜂的授粉蜂群，蜂群要求脾上有卵、幼虫和蜂蛹，蜂王能正常产卵。建议将蜂群4～5群为一组，间隔200m左右均匀分散放置（图2-11-1～图2-11-3）。

图2-11-1 枣园蜜蜂授粉

图2-11-2 蜜蜂群势检查

蜂群入场初期，每天要用浸泡过枣花的糖浆饲喂蜂群。每群每次喂100 ～ 150g，第一次饲喂在晚上进行，第二天早晨蜜蜂出巢前再补喂一次，以后每天早晨喂一次，直到蜜蜂正常出巢进行授粉活动。

放蜂期间，要有干净充足的水源给蜜蜂喂水，喂水器要放在离蜂箱门不远处，喂水器内放漂浮物以防蜜蜂淹死。注意及时采收蜂蜜和花粉，提高蜜蜂访花的积极性。蜜蜂入场前10天和蜜蜂授粉期间蜂场半径3km其他作物禁止施药。

图2-11-3 强群蜂脾

四、绿色防控技术

枣树病虫害种类多，分布广，危害重，是造成枣树产量低，质量差的重要原因。我国枣树病虫害主要包括绿盲蝽、桃小食心虫、食芽象甲、红蜘蛛、枣尺蠖、枣黏虫、枣锈病、枣裂果病等。

1.绿盲蝽 绿盲蝽在枣树上以成、若虫为害幼芽、嫩叶、花蕾、花及果实。被害叶片先出现枯死小点，进而变成不规则的小洞，俗称“破叶疯”，受害花蕾停止发育而枯落，严重时几乎无花开放，造成绝产绝收。幼果被害时，受害部位出现黄斑，后来变为褐色或黑色斑，枣果萎缩，大量脱落。随着枣果不断膨大，受害部位果肉组织僵硬、坏死、畸形，有的向内凹陷成“亚腰”型，有的向外隆起形成小疱，开裂，直至枣果成熟（图2-11-4）。

绿盲蝽一般每年发生4代，少数5代。以卵在枣芽鳞、粗皮、裂缝、翘皮下或其他被害植物中越冬。翌年3、4月间，平均气温10℃以上时开始孵化。1代若虫在枣树发芽前主要为害杂草，枣树发芽后若虫即开始上树为害幼芽及嫩叶。5月上旬枣树展叶期为危害盛期。第2代至第4代危害盛期分别在6月上旬、7月中旬和8月中旬出现。成虫寿命为30 ～ 35天。9月下旬至10月下旬，最后一代成虫在树上产卵越冬。成虫飞翔能力强，白天潜伏，不易发现。在清晨和夜间爬到芽上取食危害。卵在相对湿度65%以上时，才能大量孵化。气温为20 ～ 30℃，相对湿度为80%～ 90%的高湿条件，最适宜该虫的发生危害，高温低湿的气候条件不利该虫发生危害。绿盲蝽的防治必须根据当地的气候条件加强虫情预测预报，采取综合防治措施。

图2-11-4 绿盲蝽为害状

（1）农业防治。清除越冬寄主和场所：结合冬春果树修剪，剪除绿盲蝽越冬卵所在的枯死残桩，3月中旬前，刮除树干及枝杈处的粗皮，并带离果园集中处理；合理作物布局：尽量避免与棉花、牧草等夏季主要寄主邻作或间作。

（2）物理隔离。绿盲蝽若虫无翅，只能爬行，并且白天下树，晚上才爬上树，因此，4月上旬，在距离地面20cm高的树干（葡萄树不适用）缠绕一圈3 ～ 5cm胶带，在胶带上涂上黏虫胶，可黏捕沿树干上下爬行的盲蝽个体。

（3）诱杀防治。利用绿盲蝽性诱剂诱杀，每亩悬挂2 ～ 4个诱捕器。挂置在果树中部枝条外围树荫处，诱捕器底端高于地面1.5m。在诱捕器中央放置盲蝽性诱芯，诱芯1个月更换1次，7天清理1次诱捕器；利用杀虫灯诱杀绿盲蝽成虫，从4月中旬开始，每30 ～ 40亩放置1台频振式杀虫灯，灯管下端离地面1.5m。注意：每年更换新灯管；枣树开花后，蜜蜂授粉期间禁止开灯。

（4）释放寄生蜂。在各代盲蝽卵孵化高峰期，释放红颈常室茧蜂，按盲蝽若虫与寄生蜂成虫50 ：1的比例释放，每公顷30 ～ 45个释放点，均匀释放。放蜂时，用牙签将纸蜂袋别在果树中部叶片背面的主叶脉上，距离地面1.5m。间隔5 ~ 7天第二次释放，连续释放2 ~ 3次。释放期间注意避免使用对寄生蜂有影响的药剂，以免影响防治效果（图2-11-5）。

图2-11-5 释放寄生蜂

（5）药剂防治。4月初，果树萌芽前，喷施1次3 ~ 5° Bé石硫合剂。4月初至5月中旬，每次雨后第二天，喷药防治1次。枣树开花期停止喷药。枣树花谢后可依据枣园虫量发生情况对3 ~ 5代绿盲蝽进行防治。9月，越冬代成虫回迁高峰期时，连续喷药防治2次。

防治药剂可选用0.3%苦参碱水剂800倍液、或0.5%藜芦碱1 000倍液、或10%烯啶虫胺水剂2 000 ~ 3 000倍液，或每亩用70%吡虫啉水分散粒剂20 ~ 30g、20%啶虫脒可湿性粉剂60 ~ 200g、或5%丁烯氟虫腈乳油10 ~ 15mL、或10%联苯菊酯乳油30 ~ 40mL等喷雾防治。注意不同类别药剂交替或混合使用，以延缓抗性产生。枣每亩喷雾用水量200 ~ 400kg。药液中添加0.1%农用有机硅助剂，可以减少50%的用水量。选用机动弥雾机由果园四周向中心喷雾。当盲蝽中等偏重及以上程度发生时，需连续用药2次、间隔1周。成虫发生期，应统一防治。施药时间以上午10:00之前或下午16:00之后为宜，防止发生中毒事故。果树花期蜜蜂入场授粉前10天停止喷药，直至蜜蜂离场。水果采收期前20天需停止用药。

2.桃小食心虫 桃小食心虫又名桃蛀果蛾、枣蛆等。主要以幼虫钻蛀到果实中取食为害。在河北、河南、山东、山西、陕西等大部分枣产区每年发生2代，以老熟幼虫在树干附近土中吐丝做扁圆形茧越冬。翌年6月气温上升到20℃左右，土壤含水量达10%左右时，越冬幼虫开始出土，在土块、石块、草根下吐丝做纺锤形茧化蛹，每次雨后形成出土高峰。成虫多将卵产在枣叶背面和果实上。第一代幼虫蛀果期在7月（为青果期），多从果实顶部蛀入，蛀孔处留一褐色小点，并稍凹陷；幼虫蛀入果心，在枣核周围蛀食果肉，边吃边排泄，核周围都是虫粪，虫果外形无明显变化（图2-11-6）。后期虫枣出现片红，并稍凹陷皱缩，老幼虫多从此处蛀一侧孔脱出，有的虫枣皱缩脱落。第二代幼虫为害枣果多在8 ~ 9月，此期枣果已接近成熟，在树上不易区别，采收时部分幼虫尚未脱出。蛀入孔一般是个小褐点，果形不变。核周围约1 ~ 3mm处果肉被食空，装满虫粪，即所谓“豆沙馅”。该虫成虫无趋光性、趋化性、但趋异性较强，因此利用桃小食心虫性诱剂诱蛾效果好。根据以上生物学特性，在做好虫情测报的前提下，应采取以下综合防治技术。

图2-11-6 桃小食心虫及为害状

（1）农业防治。春季对树干周围半径100cm以内的地面覆盖地膜，或5月底前在树干周围半径50cm范围内堆高约20cm左右的土堆，并拍打结实，能阻止越冬幼虫出土、化蛹和成虫羽化；7月下旬以后及时拣拾落果，集中处理，消灭脱果幼虫；晚秋幼虫脱果入土做茧越冬后，把距枣树干约80cm，深16cm的表土铲起撒于田间，并把贴于根颈上的虫茧一起铲下，使虫茧暴露于地表，经过冬春的风吹冷冻而死亡。

（2）性诱防治。利用桃小食心虫性诱剂进行防治，每亩设置诱捕器6 ~ 10个。

（3）药剂防治。当桃小食心虫性诱捕器诱到第一头雄蛾时，正值越冬幼虫出土盛期，可在树干周围100cm范围内或全园撒施由25% 1605微胶囊或25%辛硫磷胶囊0.5kg，加5倍水和300倍细土混制成的毒土进行防治或用50%辛硫磷乳油200倍液喷洒地表，施后轻轻耙耱。当诱蛾高峰出现1周左右，为树上喷洒的最佳时期，一般年份的7月中下旬和8月中下旬，当一、二代成虫发生盛期分别喷洒20%速灭杀丁2 000倍液，或灭幼脲3号1 500倍液等，具有较好的防治效果。

3.食芽象甲 食芽象甲，又名枣飞象、枣芽象甲、枣飞象、枣灰象等，主要分布于河南、河北、陕西、山西、甘肃、辽宁等省枣区，是专食幼芽和幼叶的鞘翅目害虫。该虫发生严重时能将嫩芽全部吃光，长时间不能正常萌发，俗称“迷芽”，造成二次发芽，大量消耗树体营养，导致枣树开花结果推迟，枣果小，成熟度低，质量较差。幼叶展开后，成虫继而食害嫩叶，将叶片咬成半圆形或锯齿形缺刻（图2-11-7）。一年发生1代，以幼虫在土内越冬，4月上中旬枣树萌芽时，成虫出土群集食害枣芽。成虫有假死性，卵多产于脱落性枝痕缝隙、枣股、翘皮、叶面等处，幼虫孵化后落地入土，在土中越冬，越冬长达10个月左右。根据以上生物学特性，防治此虫主要采用以下几种措施。

（1）农业防治。在成虫羽化期，早晨趁露水未干时，敲击枣树，一般击树2 ~ 3次，利用该虫假死性，人工捕杀或毒杀落地成虫。

（2）物理防治。3月中下旬成虫羽化出土前，在树干基部距地面30 ~ 50cm处缠一塑料胶带，带宽8 ~ 9cm，接头处搭接3cm，紧贴树干不留空隙。这样可阻止雌蛾爬上树体交尾产卵，在每日早晨捉蛾。5月下旬，在老熟幼虫将要下树入土时，在树干上涂一圈20cm宽的废机油，可起到阻杀下树入土老熟幼虫的作用。

（3）药剂防治。

土壤处理：春季成虫出土前，在树干基部半径为1m范围内浇灌50%辛硫磷150 ～ 200倍液，进行地面封闭，喷药后浅翻土壤，以防光解。也可在树干周围挖5cm左右深的环状浅沟，在沟内撒西维因药粉，毒杀出土的成虫。

树冠喷药：在成虫发生盛期（4月中下旬），采用50%辛硫磷1 000倍、或40%水胺硫磷1 000 ～ 1 500倍树冠喷雾，均有较好防效。

图2-11-7 食芽象甲及枣树为害状

4.枣红蜘蛛 枣红蜘蛛又称朱砂叶螨、棉红蜘蛛，各枣区均有发生。枣红蜘蛛以成螨和若螨集中在叶芽和叶片背面刺吸汁液为害，被害植株初期叶片出现失绿的小斑点，后逐渐扩大成片，严重时叶片呈枯黄色，提前落叶、落果，引起大量减产和果实品质下降（图2-11-8）。北方地区每年发生12 ～ 15代，南方各枣区每年发生18 ～ 20代。以雌成螨和若螨在树皮裂缝、杂草根际和土缝隙中越冬。翌年3月中下旬至4月中旬，枣树萌芽时出蛰为害活动。该虫除两性生殖外，还有孤雌生殖习性。6 ～ 8月份时该虫发生高峰期，气温高于35℃时，停止繁殖。强降雨对其繁殖有抑制作用。10月中下旬，开始越冬。

图2-11-8 枣红蜘蛛

（1）农业防治。冬春季刮树皮、铲除杂草、清除落叶，结合施肥一并深埋，并仔细进行树干培土拍实，消灭越冬雌虫和若虫。

（2）物理防治。在枣树发芽期（约4月中

旬），用无毒不干黏虫胶在树干中涂一闭合黏胶环，环宽约1cm，2个月左右再涂一次，即可阻止枣红蜘蛛向树上转移为害，效果可达95%以上。

（3）生物防治。①释放捕食螨。在叶螨处于内膛集中阶段时，傍晚或阴天将装有捕食螨的包装袋用图钉钉在每棵枣树的第一枝干与主干分叉处背阴面，每株一袋。挂后1个月内枣园不使用杀螨剂，选用对捕食螨影响较小的杀虫剂、杀菌剂。②保护利用天敌。田间红蜘蛛的天敌种类很多，如中华草蛉、食螨瓢虫和捕食螨类等，其中优以中华草蛉种群数量较多，对枣红蜘蛛的捕食量较大，保护和增加天敌数量可增强其对枣红蜘蛛种群的控制作用。

（4）药剂防治。发芽前夕树体喷洒3 ~ 5° Bé石硫合剂，或2 000倍阿维柴油乳剂，最大限度地消灭越冬虫源。若螨发生盛期，树冠喷洒0.3%苦参碱水剂1 500 ~ 2 000倍液，或0.5%藜芦碱粉剂800 ~ 1 000倍液，或20%哒螨灵乳油2 000倍液、或28.3%噻螨特乳油2 000倍液，或10%浏阳霉素乳油1 000倍液1 ~ 2次。喷药应注意避开枣树开花期，开花前10天应停止喷药，注意轮换用药。

5.枣尺蠖 枣尺蠖又称枣步曲、弓腰虫。以幼虫危害幼芽、幼叶、花蕾，并且吐丝缠绕，阻碍树叶伸展，严重时可将树叶全部吃光，同时还大量危害苹果、梨、桃及土豆、辣椒等农作物（图2-11-9）。枣尺蠖一年发生一代，以蛹在枣树根颈周围的表层土壤中越冬，翌年3月中下旬开始羽化，成虫雌雄异型，无翅雌蛾爬行上树，傍晚和有翅雄蛾于树干上交尾，当天即可产卵于枝顶分叉处或皮缝里，枣芽萌动时，幼虫开始孵化危害枣芽，4月下旬到5月上旬为盛期，5月下旬吃花，花被吃光后会造成颗粒无收。老龄幼虫食量大，抗药性极强。

图2-11-9 枣尺蠖

利用枣尺蠖雌蛾无翅，只能爬行上树又无法通过光滑物，幼龄幼虫虽能通过光滑物，但易被黏着物黏住的特点，可采取“一绑、二堆、三挖、四撒、五涂”的方法进行防治。一绑：即在紧贴树干基部距地面5 ~ 10cm处绑一条8 ~ 10cm的塑料带，接口用塑料胶黏合或用小鞋钉钉紧，使雌蛾不能上树；二堆：即在塑料带下，堆筑圆锥形土堆，土堆表面要拍实，光滑，上缘要埋住塑料带1.5cm，使塑料带更加牢固，无缝可入；三挖：即在土堆周围挖宽深各10cm的小沟，沟壁直而光滑，使爬不上的雌蛾集中跌落在沟里；以上三道防线要求在惊蛰前完成。成虫出土后再进行第四、五道防线，即四撒：春分成虫出土后，在小沟内和土堆上撒施10%辛拌磷粉或2.5%的敌百虫粉或35%的甲基硫环磷毒土（药土比例为1 ： 10），以杀死小沟内和土堆上的雌蛾；五涂：即少数产在土块石块缝隙下的卵粒，约于枣芽萌动期开始孵化上树危害，在幼虫上树前，要在塑料带上缘1.5cm处涂一圈黏杀幼虫的药膏（药膏用黄油10份，机油5份，有触杀作用的杀虫剂如50%马拉硫磷1份混匀制成）。

6.枣黏虫 枣黏虫又称枣镰翅小卷蛾、枣小芽蛾，我国各枣区均有发生。以幼虫食害枣芽、枣花、枣叶，并蛀食枣果，导致枣花枯死、枣果脱落，发生较重时会引起严重减产。为害叶片时，常吐丝将枣果或叶片缀在一起缠卷成团和小包，藏身于其中，将叶片吃成缺刻和孔洞；为害花时，咬断花柄，食害花蕾，使花变黑、枯萎；为害果时，幼果被啃食成坑洼状，被害果发红脱落或与枝叶黏在一起不脱落。该虫一年发生三代，以蛹在枣树主干、主枝基部的粗皮裂缝树洞中及根际表土内越冬。第一代幼虫主要为害枣芽，第二代幼虫主要为害花蕾和幼果，第三代幼虫主要为害枣叶和着色枣果。成虫白天潜伏在枣树叶背或树下作物杂草中，黎明和傍晚活动，雌雄性引诱能力极强，对黑光灯趋性强，但趋化性差。因此采用性诱剂进行测报和防治效果极佳。根据其生物学特性，可采用以下综合防治措施。

（1）农业防治。冬季或早春彻底刮树皮并用黄泥堵树洞，可消灭越冬蛹80%以上，基本控制一、二代幼虫的危害。秋季于8月中下旬在树干或主枝基部进行束草诱集，冬季或早春取下束草和贴在树皮上的越冬蛹，集中烧毁处理。

（2）物理防治。利用枣黏虫性诱剂，于第二和三代枣黏虫成虫发生期，一亩挂一个诱捕器，可消灭大量雄蛾。

（3）生物防治。在枣黏虫第二、三代落卵盛期每株枣树释放赤眼蜂3 000 ~ 5 000头，卵寄生率可达75%左右。幼虫发生期树冠喷施青虫菌、杀螟杆菌等微生物农药200倍液，防治效果达70% ~ 90%。

（4）药剂防治。若虫口密度特别大的情况下，可在枣树嫩梢长到大约3cm时（即第一代幼虫孵化盛期）是药剂防治的关键期。选用2.5%溴氰菊酯乳油4 000倍液，或90%敌百虫1 000倍液等药剂喷雾，可有效控制为害。

7.枣锈病　枣锈病是枣树的重要叶片病害，有时也侵害果实。叶片发病初期，在叶背散生淡绿色小点，后渐变成淡灰褐色，最后病斑变黄褐色，产生突起的夏孢子堆。病斑表皮破裂时，散出黄粉状的夏孢子（图2-11-10）。危害严重时，8 ~ 9月份全树落叶，树势衰弱，严重降低枣果的产量和品质。枣锈病菌主要以夏孢子在病落叶中越冬，成为第二年的初侵染源。有时，也能以菌丝在芽中越冬。第二年6月下旬至7月上旬，降雨多、温度适宜时，越冬的夏孢子即开始萌芽侵入叶片。7月中下旬开始发黄，8月中下旬开始大量落叶。多雨高湿是枣锈病发生流行的重要条件。根据枣锈病上述发生及危害特点，防治时应采取以下几项措施：

图2-11-10　枣锈病

（1）压低菌源。枣树越冬休眠期间，彻底扫除病落叶，集中深埋或烧毁，消灭越源。

（2）合理修剪。疏除过密枝条，改善树冠内的通风透光条件。做好雨季排水工作。枣粮间作地内，近树冠处宜选种豆类等矮秆作物，保证树冠通风透光良好。

（3）药剂防治。应以夏季雨季早晚、降雨频率和空气温度等气候因素决定喷药时期。北方枣区一般在7月上中旬临近发病前开始喷药，相隔20天左右，连喷2次1 ：2 ：300倍式波尔多液，或12.5%烯唑醇可湿性粉剂3 000倍液，或25%戊唑醇水乳剂4 000倍液即可控制危害。干旱年份的6 ~ 8月，除水浇地外，可不必喷药。

图2-11-11　枣裂果病

8.枣裂果病　该病是一种生理性病害，在枣果接近成熟时，遇阴雨天大面积发生（图2-11-11）。防治方法：①合理修剪，注意通风，提高透光率，减少发病。②从果实膨大期开始喷3 000mg/kg的氯化钙水溶液，以后每隔10 ~ 20天喷一次，直到采收，或从果实膨大期开始喷氨基酸钙800 ~ 1 000倍液。

五、技术集成

在蜜蜂授粉区示范推广保护蜜蜂的病虫害绿色防控措施，重点应用农业防治、生物防治、生态控制、物理防治、高效低毒农药等技术措施，通过优化用药时间、药剂种类、施药方法等技术措施，实现全程绿色防控和科学安全用药，降低农作物病虫害危害损失，保护蜜蜂种群和生物多样性。枣树主要病虫包括绿盲蝽、红蜘蛛、食心虫、食芽象甲等。全生育期病虫害绿色防控技术如下：

1.休眠期　冬季或早春刮树上的老皮、翘皮，铲除枣园附近的杂草、枯枝落叶，集中烧毁或深埋，可减少越冬虫卵。枣园采收后打好封园药，可减少相当部分产卵害虫。

2.萌芽—开花前　主要防治一代绿盲蝽、食芽象甲、枣红蜘蛛、枣尺蠖及多种土壤中越冬的害虫。

（1）树干绑黏虫带。3月初用20cm宽的塑料膜缠绕树干中下部一周，防止枣尺蠖雌虫上树交配；3月下旬在薄膜上涂一圈黏杀害虫的药膏（药膏用黄油10份、机油5份、有触杀作用的杀虫剂如50%马拉硫磷1份混匀制成），将塑料膜上部向下翻卷或用黏虫胶在树干中部缠绕一周，可将向枣树转移的绿盲蝽若虫、食芽象甲、枣红蜘蛛、枣尺蠖或其他上树为害的害虫杀死（图2-11-12）。

（2）农业措施。桃小食心虫发生较重的枣园，春季在树干周围半径100cm以内的地面覆盖地膜。食芽象甲发生较重的枣园，4月上中旬在成虫羽化期，早晨趁露水未干时，敲击枣树，一般击树2 ~ 3次，利用该虫假死性，人工捕杀或毒杀落地成虫。

（3）释放寄生蜂。在盲蝽卵孵化高峰期，释放红颈室茧蜂，按盲蝽若虫与寄生蜂成虫50:1的比例释放，每公顷30 ~ 45个释放点，均匀释放。放蜂时，用牙签将纸蜂袋别在果树中部叶片背面的主叶脉上，距离地面1.5m。间隔5 ~ 7天第二次释放，连续释放2 ~ 3次。释放期间注意避免使用对寄生蜂有影响的药剂，以免影响防治效果。

（4）药剂防治。4月中旬喷洒生物农药苦参碱1 000倍液或印楝素2 000倍液，7天后重喷一次，控制一代绿盲蝽的危害。食芽象甲发生严重的可在春季4月上旬成虫出土前进行土壤处理，在树干基部半径为1m范围内浇灌50%辛硫磷150 ~ 200倍液，进行地面封闭，喷药后浅翻土壤，以防光解，也可在树干周围挖5cm左右深的环状浅沟，在沟内撒西维因药粉，毒杀出土的成虫。

注意开花前10天，严禁使用吡虫啉、噻虫嗪、阿维菌素、戊唑醇、敌敌畏、氰戊菊酯等对蜜蜂高毒的杀虫杀菌剂。

图2-11-12 树干绑黏虫带

3.开花期 按蜜蜂授粉技术要求释放授粉蜜蜂。注意园区半径3km内禁用农药，确保蜜蜂安全（图2-11-13）。

图2-11-13 枣树开花期

4.开花后一果实膨大期 主要防治红蜘蛛、食心虫、枣锈病等。

(1) 农业措施。合理追肥，提高树势，增加产量。合理修剪，注意通风，提高透光率，减少病害发生。

(2) 悬挂频振式杀虫灯。每30～50亩挂1台，诱杀食心虫、金龟子等枣树害虫，开灯时间可延至9月上旬。

(3) 释放捕食螨。释放前2周，采用哒螨灵等选择性药剂，全园细致喷雾一次，压低害螨基数。在叶螨处于内膛集中阶段时，傍晚或阴天将装有捕食螨的包装袋用图钉钉在示范园每棵枣树的第一枝干与主干分叉处背阴面，每株一袋。挂后1个月内枣园不使用杀螨剂，选用对捕食螨影响较小的杀虫剂、杀菌剂（图2-11-14）。

(4) 性诱剂诱杀。在桃小食心虫成虫发生期，利用桃小食心虫性诱剂进行诱杀防治，每亩设置诱捕器6～10个（图2-11-15）。

图2-11-14 释放捕食螨

图2-11-15 性诱剂诱杀

(5) 一喷多效。喷洒印楝素+杀菌剂+叶面肥+微补盖力/聚能钙/氨基酸钙，达到治虫、防病、营养与补钙的多重作用。此期可根据病虫种类合理选用高效低毒的生物或化学农药，如：嘧菌酯、戊唑醇、烯唑醇、苦参碱、藜芦碱、阿维菌素、哒螨灵等。

5.白熟期 主要补充营养和防治烂果、裂果等。

防控措施：从果实膨大期开始，喷杀菌剂+营养液（如3 000mg/kg的氯化钙水溶液，或800～1 000倍氨基酸钙液等），10～15天一次，直至采收前20天。

六、效益分析

2015年，在河南省和山西省开展了枣蜜蜂授粉与病虫害绿色防控技术集成应用示范。结果表明，示范区不仅提高了产量，改善了果实品质，而且大幅度减少了化学农药使用次数和使用量，保护利用了自然天敌，明显改善了农田生态，产生了显著的经济、生态与社会效益。以河南省示范区调查数据为例：

1.经济效益

（1）*产量与品质分析*。9月上旬在蜜蜂授粉与病虫害绿色防控集成示范区枣果完全着色成熟后，选取距蜂箱距离不等的枣树，将树上所有的鲜枣全部摘下称重，计算平均亩产量。实测结果表明，蜜蜂授粉与病虫害绿色防控集成示范区平均亩产量686.27kg，平均比2 000m外的常规对照区增产110.8kg，增产率19.3%。同时，随机选取100个果实，测量其直径，计算其单果重，并测定果实硬度和糖度，结果表明，示范区的果实硬度、糖度分别比常规对照区增加0.59×10^5Pa和1.7个百分点，说明示范区大枣果实的品质比常规对照区明显提升。但果实直径、单果重则分别低于常规对照区0.13cm和1.47g/果，说明示范区在坐果率比常规对照区显著提高33.9%的情况下，枣果实的个头比常规对照区有所下降。

（2）*病虫害防控投入情况*。2015年，河南省灵宝市大枣蜜蜂授粉与病虫害绿色防控集成示范区共施药6次，全程病虫害绿色防控平均每亩投入人工与防控物资共360元，而常规授粉区共喷施农药9次，平均每亩投入人工和化学农药395元。因此，示范区实施病虫害绿色防控较常规对照区每亩节省防治成本35元。

（3）*收入情况*。2015年，河南省灵宝市大枣蜜蜂授粉与病虫害绿色防控集成示范区平均亩产量686.27kg，较常规对照区增产110.8kg，均按当年鲜枣售价每斤2元计算，则蜜蜂授粉与病虫害绿色防控示范区平均比对照区亩增收入443.2元。

2.生态效益 由于大枣蜜蜂授粉与病虫害绿色防控集成示范区实施了多项病虫害绿色防控措施，2015年河南省大枣蜜蜂授粉与病虫害绿色防控示范区平均比对照区化学农药防治次数减少了3次，化学农药使用量降低30%，同时保护利用了自然天敌，减少了环境污染，使农田生态得到了明显改善。

3.社会效益 由于减少了农药使用量，大枣果品质量明显提高，果品中农药残留量降低，保障了食品安全。提高了示范区果农科技素质，带动了周边枣树病虫害防治水平提升。同时，枣树开花季节，严禁打药，有组织的引进蜂农，保证了蜜蜂的安全，在帮助枣树授粉时最大限度的生产枣花蜜，延长了产业链，不仅增加了枣农的收入，还带来了旅游及相关产业的发展，社会效益也十分显著。

执笔人：赵文新、闫克峰、孔令华

大枣蜜蜂授粉与绿色防控技术模式

时间	10月下旬至翌年3月下旬	4月上中旬至5月上旬	5月中旬至6月中旬	6月下旬至8月中旬	8月下旬至10月上中旬
生育期	休眠期	萌芽期	开花期	幼果—果实膨大期	果实白熟期
主控对象	越冬的各种病、虫、螨，如食芽象甲、枣红蜘蛛、枣步曲、枣黏虫、枣锈病等	一代绿盲蝽、食芽象甲、枣红蜘蛛、枣步曲、桃小食心虫及多种土壤中越冬的害虫		枣红蜘蛛、桃小食心虫、枣步曲、绿盲蝽、枣锈病等	烂果、裂果等
防治措施	农业措施2+施足基肥+树干绑黏虫带	树干绑黏虫带+农业措施3+药剂防治1	蜜蜂授粉	农业措施1+灯光诱杀+释放捕食螨+性诱剂诱杀+药剂防治2	药剂防治3
备注	**农业措施：**①合理追肥，提高树势，增强抗病虫能力。②结合整形修剪，剪除病虫枝，保护剪锯口；彻底清扫果园中的枯枝落叶、病残枝、杂草；刮除树上的老皮、翘皮，铲除枣园附近的杂草、枯枝落叶，集中烧毁或深埋，可减少越冬虫卵。③桃小食心虫发生较重的枣园，春季在树干周围半径100cm以内的地面覆盖地膜。食芽象甲发生较重的枣园，4月上中旬在成虫羽化期，早晨趁露水未干时，敲击枣树，一般击树2～3次，利用该虫假死性，人工捕杀或毒杀落地成虫。 **树干绑黏虫带：**3月初用20cm宽的塑料膜缠绕树干中下部一周，防止枣步曲雌虫上树交配，3月下旬在薄膜上涂一圈黏杀害虫的药膏（药膏用黄油10份、机油5份、有触杀作用的杀虫剂如50%马拉硫磷1份混匀制成），将塑料膜上部向下翻卷或用黏虫胶在树干中部缠绕一周，可将向枣树转移的绿盲蝽若虫、食芽象甲、枣红蜘蛛、枣步曲或其他上树为害的害虫杀死。 **灯光诱杀：**4月中旬开始，每30～50亩悬挂1台频振式杀虫灯，诱杀食心虫、金龟子、枣黏虫、绿盲蝽等枣树害虫，开灯时间可延至9月上旬。注意：枣树开花期（即，蜜蜂授粉期）禁止开灯。 **性诱剂诱杀：**在桃小食心虫成虫发生期，利用桃小食心虫性诱剂进行诱杀，每亩设置诱捕器6～10个。 **释放捕食螨：**在叶螨处于内膛集中阶段时，傍晚或阴天将装有捕食螨的包装袋用图钉钉在示范园每棵枣树的第一枝干与主干分叉处背阴面，每株一袋。挂后1个月内枣园不使用杀螨剂，选用对捕食螨影响较小的杀虫剂、杀菌剂；在枣黏虫第二、三代落卵盛期每株枣树释放赤眼蜂3 000～5 000头，卵寄生蜂可达75%左右。 **蜜蜂授粉：**当枣树开花5%～10%时蜂群入场。每2～3亩放一个群势在10脾以上工蜂的授粉蜂群，蜂群要求脾上有卵、幼虫和蜂蛹，蜂王能正常产卵。建议将蜂群4～5群为一组，间隔200m左右均匀分散放置。蜂群入场初期，每天要用浸泡过枣花的糖浆饲喂蜂群。每群每次喂100～150g，第一次饲喂在晚上进行，第二天早晨蜜蜂出巢前再补喂一次，以后每天早晨喂一次，直到蜜蜂正常出巢进行授粉活动。放蜂期间，要有干净充足的水源给蜜蜂喂水，喂水器要放在离蜂箱门不远处，喂水器内放漂浮物以防蜜蜂淹死。注意及时采收蜂蜜和花粉，提高蜜蜂访花的积极性。蜜蜂入场前10天和蜜蜂授粉期间蜂场半径3km其他作物禁止施药。 **药剂防治：**①萌芽—开花前：喷洒生物农药苦参碱1 000倍液或印楝素2 000倍液，7天后重喷一次，控制一代绿盲蝽的危害。食芽象甲发生严重的可在春季4月上旬成虫出土前进行土壤处理，在树干基部半径为1m范围内浇灌50%辛硫磷150～200倍液，进行地面封闭，喷药后浅翻土壤，以防光解，也可在树干周围挖5cm左右深的环状浅沟，在沟内撒西维因药粉，毒杀出土的成虫。②开花后—果实膨大期：可根据病虫发生种类，选用高效低毒的生物或化学农药如印楝素等+杀菌剂+叶面肥+微补盖力/聚能钙/氨基酸钙，达到治虫、防病、营养与补钙的多重作用。③白熟期：喷杀菌剂+营养液（如3 000mg/kg的氯化钙水溶液，或800～1 000倍氨基酸钙液等），10～15天一次，用于补充营养和防治烂果、裂果等。 **注意事项：**①表中所列绿色防控技术应根据病虫监测预报，科学选用、集成。②药剂组合选用的杀菌剂、杀虫杀螨剂按各自标签推荐用量，严格遵守《农药安全合理使用准则》，注意不同作用机理的药剂轮换使用。③枣树开花前10天，严禁使用吡虫啉、噻虫嗪、阿维菌素、戊唑醇、敌敌畏、氰戊菊酯等对蜜蜂高毒的杀虫杀菌剂				

第十二章
草莓蜜蜂授粉与绿色防控技术

一、概述

我国是草莓生产大国，栽培区域广泛，南自海南省、北至黑龙江、东起上海市、西到新疆乌鲁木齐的广大区域均有大面积草莓的栽培。草莓因生产周期短、适于保护地栽培、经济效益高等特点，已成为我国种植业中兴起的特色产业。尤其是随着加入WTO以后，进出口贸易的加强和人们生活水平的提高，草莓产业发展迅速。例如依托北京市的发展，在北京市昌平区兴寿地区形成了以草莓采摘为主导的特色产业，规模化、集约化种植面积不断增加，科技现代化种植水平不断提高。2012年有着“草莓奥运会”美誉的世界草莓大会在北京市昌平区举办，彰显出我国草莓产业的蓬勃发展。1985年我国草莓的种植面积只有0.33万hm^2，仅占世界草莓产量的1.67%，1995年发展到3.67万hm^2，2000年已达到4.67万hm^2，草莓年产量约60万t，居世界第二位。2012年我国草莓种植面积已达到10.05万亩，产量达到276.1万t，分别占世界草莓种植面积的29.6%和总产量的38.0%，种植面积和产量均位居世界第一，成为世界草莓第一大生产国（图2-12-1～图2-12-3）。

图2-12-1　草　莓

早在20世纪80年代，日本、美国等国家在草莓种植上已普遍使用蜜蜂授粉，而我国草莓产业发展较晚，早期草莓种植技术落后，主要依靠自花或人工授粉。80年代在深圳有利用蜜蜂为草莓授粉的应用实例，但使用较少，未见文字报道。1989年，北京市农林科学院养蜂研究室王宝龙在草莓上开展了蜜蜂授粉和自花授粉的对比试验，明确了蜜蜂授粉对草莓增产和品质提升的效果。进入20世纪90年代，我国草莓产业快速发展，保护地草莓种植由于其高效益在河北、辽宁、浙江等地发展迅速，种植者在草莓蜜蜂授粉实例中得到效益后，应用积极性高，技术开始推广。由于生产水平的落后，初期我国与设施草莓蜜蜂授粉配套的绿色防控技术发展缓慢，应用蜜蜂授粉的主要措施是喷洒农药后将蜂箱搬出，农药不合理的使用对草莓蜜蜂授粉造成一定阻碍。随着绿色防控技术在我国大面积的推广应用，与草莓蜜蜂授粉相配套的全程绿色防控技术逐渐完善。技术体系的形成为草莓蜜蜂授粉提供技术保障，同时也为草莓产品的质量安全提供保障。

图2-12-2 日光温室地栽草莓

图2-12-3 无土栽培草莓

二、作物特性

草莓（*Fragaria ananassa* Duch）为蔷薇科、草莓属多年生草本植物。草莓花为聚伞花序，由花柄、花托、萼片、花瓣、雌蕊群和雄蕊群组成。花柄是连接花和茎的柄状结构。花托位于花柄的顶端，呈圆锥形，其上着生萼片、花瓣、雄蕊、雌蕊。萼片5枚，卵形，同时还有副萼片5枚。花瓣多为5枚，有时可达7 ~ 8枚，白色，近圆形。雄蕊多为5的倍数，一般有20 ~ 35枚，雄蕊由花药和花丝组成。雌蕊离生，由柱头、花柱和子房组成，螺旋状整齐排列在凸起的花托上（图2-12-4）。草莓果实由众多离生雌蕊和花托共同发育形成，柔软多汁，属浆果。

图2-12-4 草莓的花

草莓促成栽培：指冬季低温时期，采用不同形式的设施和设备，人工创造适合的温度和光照条件，促进花芽分化，防止休眠并在冬季能生长发育、开花结果，使草莓提早成熟上市的一种栽培方法。设施草莓栽培是促成栽培的一种。

设施草莓一般在8月底到9月中上旬定植，11月进入花期，南方地区11月下旬、北方地区

12月中下旬第一茬果开始采收，一直生长到第二年的4 ～ 5月。

第1时期：匍匐茎抽生期（4 ～ 6月）：早发、多发子苗的关键时期。

第2时期：控苗壮苗期（7 ～ 8月）：控苗、壮苗，促进花芽分化。

第3时期：定植缓苗期（8月下旬至9月下旬）：促顶花芽分化。

第4时期：花蕾初期（10月上旬～下旬）：促腋花芽分化。

第5时期：扣棚保温（10月上旬～下旬）：北方早于南方，促现蕾开花，促花器发育。

第6时期：结果收获（11月中旬至翌年5月）：湖北、四川等南方地区11月中下旬即可采收；北京、河北等北方地区一般在12月中下旬开始采收。

地温达到1 ～ 2℃时，草莓根系开始生长，10 ～ 15℃是根系生长的最适温度。气温达到5℃时，植株地上部开始生长，最适温度15 ～ 25℃，气温高于30℃，光合作用和植株生长受到抑制。花芽分化适宜温度为8 ～ 13℃，低于5℃或高于17℃时停止花芽分化。开花期气温应在10 ～ 30℃范围内，适宜温度为25 ～ 30℃，这个温度也是花粉发育的最适温度。温度高于40℃，花粉发育不良，影响受精过程，易产生畸形果。温度低于−2℃，柱头丧失授粉能力。结果期适宜温度白天为20 ～ 25℃，夜间为10℃左右。开花结果期最低气温不应低于5℃，温度较高时能促进果实着色和成熟，但果个较小，温度较低时能促进果实膨大，但着色不良。花期适宜空气湿度应在40%～ 60%，低湿度既利于开花授粉，也利于防止病害。

三、蜜蜂授粉技术

草莓花为双性花，同一朵花内包括雄蕊和雌蕊。自交亲和，同朵花即可完成授粉结实。保护地栽培草莓棚室内空气流动弱，不利风媒传粉。开花期处于秋冬季节，气温较低，自花授粉果实畸形率高、单果重小、产量低。通过蜜蜂辅助授粉能显著增加坐果率和单果重，降低畸形果率，提高10%～ 40%产量，改善品质。

蜜蜂经过几千万年的进化，其特殊的形态学结构和生物学特征特别适合采集和传播花粉。生产上通常在保护地内释放蜜蜂为草莓授粉。适宜授粉的蜂种包括意大利蜜蜂、中华蜜蜂等。意大利蜜蜂是目前我国饲养的主要蜜蜂品种，该蜂种在保护地环境下性情温驯、能保持安静，蜂群产育力强，分蜂性弱，对高温环境适应能力强，对花粉的采集量大，在授粉应用中表现良好，是目前我国设施草莓授粉应用最多的蜂种。中华蜜蜂是中国独有的蜜蜂品种，虽然在授粉中表现较好，但在蜂群繁殖及群势维持等方面较意大利蜜蜂差，种群数量相对较少。我国南方地区气候较适宜中华蜜蜂的繁育，因此其在草莓授粉中的应用也主要集中在四川、云南等省份（图2-12-5）。

图2-12-5　蜜蜂为草莓授粉

蜜蜂一般在15℃以上才出巢访花，北方保护地促成栽培草莓约在11月下旬开始开花，12月至翌年2月期间正处于冬季，如遇连续阴天或雨雪天气棚室内气温较低，会出现蜜蜂不访花、授粉不良的现象。这种情况下，可以使用熊蜂为草莓授粉。

熊蜂属于膜翅目蜜蜂总科熊蜂属，个体粗壮，有较长的吻，采集力旺盛，能为无花蜜植物、深花冠植物、有特殊气味的植物授粉。熊蜂相比蜜蜂有以下优点：①耐寒性强，对低温适应力强，即使在蜜蜂不出巢的阴冷天气仍可出巢采集，熊蜂6℃就能出巢，8 ~ 10℃就能采集授粉，熊蜂最适宜的授粉温度为15 ~ 25℃。②趋光性差，熊蜂不会像蜜蜂一样在进入棚室后撞击棚壁，对低光密度适应力强，弱光下也能飞行活动。③耐湿性强，在湿度较大的温室内也能适应，适宜湿度范围为50% ~ 90%。④信息系统不发达，熊蜂的进化程度处于独居蜂和蜜蜂之间，不会像蜜蜂那样相互传递信息，能专心在棚室内采集花粉，对有限空间的适应性强。⑤工作效率高，熊蜂的日活动时间和采集时间都长于蜜蜂，访花频率高。但是使用熊蜂授粉也存在两个问题：第一，授粉时间短。一箱熊蜂的使用时间在40天左右，而设施草莓花期持续5 ~ 6个月的时间，一箱蜂无法满足整个授粉期的需要，会增加授粉成本。第二，由于蜂群数量小（每箱蜂在50只左右），一旦受到环境、农药使用等因素影响会使熊蜂数量急剧下降，蜂群的繁育和维持出现问题，影响正常的授粉（图2-12-6）。

图2-12-6 熊 蜂

释放蜜蜂前要为棚室安装防虫网，防止蜜蜂飞出棚室。防虫网网孔15目以上即可阻挡蜜蜂飞出。蜂群要在草莓开花前3 ~ 5天入场。放蜂量为每亩1箱，蜂群群势4脾以上，个体数量在7 000 ~ 8 000只。北方保护地促成栽培草莓花期长达6个月，一只采蜜期蜜蜂的寿命为30天左右，因此放蜂后应定期检查蜂群数量。如果发现数量不达标，应及时补充，可以补充已经有幼蜂孵出的子脾，也可以直接补充幼蜂或成年工蜂。授粉蜂群内应保持有大量幼虫和子脾，这样采集蜂会大量出巢采集花粉饲喂幼虫，从而增加授粉次数。

蜂箱要放在距离地面30 ~ 50cm的位置，防止蜂箱受潮。据中国农业科学研究院蜜蜂研究所试验，蜂箱放置在棚室靠东边中间的位置，巢门向西时蜜蜂访花密度显著高于其他蜂箱放置方式。冬季气温较低时注意保温，蜂箱上加盖毛毡等保温物，调整巢脾，强群补弱群，保持蜂多于脾，维持箱内温度稳定，保证蜂群能够正常繁殖。初花期适当奖励饲喂提高蜜蜂授粉的积极性。蜂巢内始终保持充足的蜂蜜和适量花粉，促进蜂群繁殖。草莓授粉期间，保证蜂群具有干净充足的水源（图2-12-7、图2-12-8）。

蜜蜂适宜访花的温度为15 ~ 30℃，早晨和阴天不访花。蜜蜂具有趋光性，刚移入棚室的蜜蜂由于对周围环境不适应，会出现部分蜜蜂撞棚死亡的现象。对环境适应后，蜜蜂撞棚现象会有所好转。

子脾占80%

子脾占20%

图2-12-7

蜜蜂对多数农药十分敏感，大部分杀虫剂对蜜蜂都有毒性，其中50%以上是高毒、剧毒，低毒的只有13%左右；大部分杀菌剂对蜜蜂都是中低毒的，在蜜蜂授粉期间可以使用，但戊唑醇等药剂的部分剂型为剧毒，不能使用。除草剂对蜜蜂大部分为低毒药剂。开花前用药要选择残效期短的农药，并设安全隔离期。花期病虫防治优先使用生物防治，如释放捕食螨防治叶螨，用药优先选择对蜜蜂毒性较低或残效期较短的农药。喷施农药时应于施药前一天晚上关闭巢门，蜂箱搬到棚外或缓冲间。等药效失去后，再将授粉蜂群搬回棚室。

图2-12-8　蜜蜂蜂箱

四、绿色防控技术

（一）草莓主要病虫害

1. 草莓白粉病[*Sphaerotheca aphanis* (Wallr.) Braun]　主要危害叶片和果实，严重时也可危害匍匐茎、叶柄、花萼、果梗。发病初期在叶面上长出薄薄的白色菌丝层，随着病情发展形成白色粉状物，叶缘向上卷起焦枯，果实染病幼果不能膨大，果面覆有一层白色粉状物。叶柄、花萼、匍匐茎染病亦在表面形成粉状物。新叶发病率要高于老叶，叶片背部易发病。病菌在寒冷地区以闭囊壳、菌丝体随病残体越冬，也可在保护地内越冬；在温暖地区多以菌丝或分生孢子在寄主上越冬，成为翌年初侵染源。草莓白粉病主要依靠种苗等繁殖材料进行中远距离传播，分生孢子或子囊孢子通过气流或雨水传播到寄主叶片上，适宜侵染的温度在15 ～ 25℃，相对湿度75%～ 98%，生长期高温高湿或高温、高湿交替出现易发生（图2-12-9）。

2. 草莓灰霉病[*Botrytis cinerea* Pers] 主要危害花器和果实，也可侵染叶片和果柄，一般从花器到果实蔓延。表现为果实近基部萼片侵染后变为红褐色，花瓣侵染后变为粉红色，并逐渐从萼片和花瓣侵染果实，初期果实表面水浸状，逐渐变褐腐烂，在潮湿条件下，果实表面形成灰白色霉层。叶片侵染形成V字形或近圆形的坏死斑。病菌以菌丝体、分生孢子、菌核在土壤或病残组织上越冬，条件适宜时菌丝体或菌核直接产生分生孢子，通过气流、浇水和农事活动进行传播。病原菌主要通过叶片伤口、开败的花器、坏死组织侵染，随后形成分生孢子再侵染。温度在20 ~ 25℃，湿度90%以上时适宜发病。草莓开花、坐果、果实成熟期需要充足的水分，此时棚内灌水量大，连续阴天是诱发并加重灰霉病的关键因素（图2-12-10）。

图2-12-9 草莓白粉病

图2-12-10 草莓灰霉病

3. 草莓根腐病 草莓根腐病按照根部被害症状可分为草莓根腐病，全根腐烂状型；草莓冠根腐病，被害草莓根部呈白色腐烂状，又称草莓白根腐；草莓红中柱根腐病，被害根部中心变为红褐色，由内至外发病；草莓黑根腐，由外向内黑褐色腐烂。草莓根腐病一般表现为植株生长不良，根系短小腐烂，地上部弱小或整株枯死。草莓根腐病是由多种病原菌和土壤环境相互作用而导致的一类根部病害的总称。此病可由*Rhizoctonia solani*、*Fusarium* spp.、*Pythium* sp.、*Pestalotiopsis* sp.、*Phytophth orafragariae*、*Idriella lunata*、*Rosellinia necatrix* Prill、*Macrophomina phaseolina*、*Armillaria mellea*等病原菌引起，病原真菌的孢子、孢子囊在植株病残体和土壤中越冬，在无寄主条件下仍可在土壤中长期存活。例如镰刀菌在土壤中可存活3年以上。病原菌在重茬田中连年积累，当植株根系生长不良时大量侵染，引起发病。重茬土壤、湿度过大，根系生长不良发生重（图2-12-11）。

图2-12-11 草莓根腐病

4.草莓蛇眼病 [*Ramulariatulasnei*（*R.fragariae* Peck）] 又名草莓白斑病、叶斑病，主要危害叶片，多从下部老叶开始发病，侵染初期形成圆形紫红色小斑，以后中央转变为灰白至褐色，周围紫褐色，呈蛇眼状。严重时病斑融合成大斑，叶片枯死。此病由半知菌亚门柱隔孢属杜拉柱隔孢 *Ramulariatulasnei*（*R.fragariae* Peck）侵染所致。有性世代为子囊菌亚门腔菌属草莓蛇眼小球壳菌 *Mycosphaerellafragariae*（Tul）Lindau。病菌以菌丝体、分生孢子或者菌核、子囊壳越冬，翌年春季产生分生孢子随气流传播进行初侵染，发病后在病部产生分生孢子进行再侵染，病苗和表层土上的菌核是主要传播体。病菌喜潮湿环境，最适温度在18 ～ 22℃，低于7℃或高于23℃不利于发病。重茬、排水不良地块、植株生长衰弱容易发生此病害（图2-12-12）。

图2-12-12　草莓蛇眼病

5.草莓褐斑病[（*Phomopsis obscurans*（Ellis & Everh）B. Sutton] 主要危害叶片，多从叶缘或叶边开始侵染，初形成紫褐色小斑，后逐渐扩展为圆形、椭圆至不定型的病斑，病斑中部退为黄褐色，边缘紫褐色，斑面轮纹明显或不明显，其上密生黑褐色小粒点。后期病斑可扩展至1/4 ～ 1/2大小，使病叶枯萎死亡。病原菌为昏暗拟茎点霉[（*Phomopsis obscurans*（Ellis & Everh）B. Sutton]。病菌以菌丝体和分生孢子器在病叶组织内或随病残体在土壤中越冬。越冬病菌产生分生孢子进行初侵染，借浇水、农事操作等传播。随后在病部产生分子孢子进行多次再侵染，扩散蔓延（图2-12-13）。

图2-12-13　草莓褐斑病

6.草莓炭疽病（*Colletotrichum fragariae* Brooks） 主要发生在育苗期（匍匐茎抽生期）和定植初期。其主要危害匍匐茎、叶柄、叶片、托叶、花瓣、花萼和果实。其受害症状可分为局部病斑和全株萎蔫两种类型。局部病斑在匍匐茎上最易发生，叶片、叶柄也可常见，表现为初期在茎叶上形成3 ～ 7mm的黑色纺锤形或椭圆形溃疡斑，病斑稍凹陷，当匍匐茎和叶柄上的病斑扩展成为环形圈时，病斑以上部分萎蔫枯死，湿度高时病部可见肉红色黏质孢子堆。萎蔫型症状主要发生在感病品种上，发病轻时植株部分叶片失水下垂，傍晚或连阴天时可恢复，随着病情加重，导致全株死亡。心叶不矮化和黄化（与黄萎病区别），根茎部横切后可发现自外向内发生褐变，而维管束未变色，拔起植株，细根新鲜，主根基部与茎交界处部分发黑。浆果受害出现近圆形褐色斑，软腐并凹陷，湿度大时也可长出肉红色黏质孢子堆。此病由半知菌亚门毛盘孢属草莓炭疽病菌病菌 *Colletotrichum fragariae* Brooks侵染所致，其有性阶段为子囊菌亚门小丛壳属的 *Glomerella fragariae*。病菌以分生孢子在土壤中的病叶、匍匐茎等病残体上越冬，并成为初侵染源，借助浇水、农事活动等进行传播。该病侵染的最适宜温度为28 ~ 32℃，相对湿度在90%以上，是典型的高温高湿型病害。育苗期遇连阴雨，草莓重茬田、病残叶多、氮肥过量、植株幼嫩及通风透光差的苗田发病严重，可造成绝产（图2-12-14）。

图2-12-14 草莓炭疽病

7. 草莓病毒病 草莓病毒病可在局部和全株发生，叶片表现为斑驳、花叶，新叶展开不充分，叶片小无光泽，皱缩扭曲，病株矮化、生长不良，坐果少，畸形果多。草莓病毒病可有多种病毒单独或者复合侵染引起，我国主要有草莓皱缩病毒（SCV）、草莓斑驳病毒（SMV）、草莓镶脉病毒（SVBV）、草莓轻型黄边病毒（SMYEV）等4种。草莓病毒病主要是在种苗上越冬，通过蚜虫进行传播。

8. 草莓芽枯病 草莓芽枯病（*Rhizoctonia solani* Kuhn），属半知菌亚门的丝核菌，有性阶段为担子菌亚门，薄膜革菌属（*Pellicularia filamentosa*）。

图2-12-15 草莓芽枯病

症状：又称草莓立枯病，覆膜后的前期和移栽成活后容易发生。主要侵染幼芽、花蕾及新生幼叶，引起苗期立枯，成龄的叶、茎、果柄也可以感染此病，引起成株期茎叶腐败，影响叶片的光合作用。感病后的芽及幼叶逐渐枯萎，开始只是青枯，后慢慢呈现黑褐色，叶片完全没有生机，托叶、叶柄基部染病后产生黑褐色病变，不久便会枯死。主要通过种苗、病土传染，发病适温为22 ~ 25℃，棚室长期封闭，高温、高湿，植株种植过深，密度过大，以及连作，都有利于此病的发生（图2-12-15）。

9. 草莓二斑叶螨（*Tetranychus urticae* Koch）**和朱砂叶螨**（*Tetranychus cinnabarinus*） 幼螨、若螨和成螨在叶背吸食汁液，致叶片出现褪绿黄白色斑点，严重时变苍灰色，呈现焦枯状，植株萎蔫，叶背面可见结网。首先点片发生，再向周围植株扩散。一般先危害下部叶片后上部叶片，主要靠爬行、农事操作、种苗传播。华北地区以滞育雌成虫在杂草、枯枝落叶、土缝或树皮中越冬，北方温室可周年发生。早春气温达10℃以上，越冬成螨开始大量繁殖，生长发育最适温度为29 ~ 31℃，相对湿度35% ~ 55%。3 ~ 6月进入高发期，高温低湿有利于发生，夏季少雨容易爆发成灾（图2-12-16）。

10. 草莓桃蚜[*Myzus persicae*（Sulzer）] 草莓抽蕾始花期大量危害，群聚花序和嫩叶、嫩心和幼嫩蕾上繁殖取食，刺吸汁液，造成嫩芽萎缩，嫩叶皱缩卷曲、畸形，叶片不能正常展开，并可传播病毒，造成严重危害。以卵态在桃树枝梢中越冬或在保护地中越冬，4 ~ 5月迁飞到露地危害，北方温室可周年发生，一年可繁殖10余代。种群能增长的温度范围为5 ~ 29℃。在16 ~ 24℃范围内，数量增长最快。夏季雨量大，对蚜虫有机械冲刷作用。如9月上旬出现暴雨，能直接抑制蚜量上升，压低虫口的基数，使蚜量高峰推迟，蚜量显著减少。

图2-12-16 叶螨结网

（二）草莓授粉期病虫防控技术

设施草莓花期需要蜜蜂为其授粉，以保证草莓的产量和品质。而蜜蜂对农药非常敏感，为保护蜜蜂安全，保障草莓正常的授粉工作，在草莓花期一定要科学的防控病虫害，应用替代农药的绿色防控技术，尽量减少农药的使用。草莓授粉期可应用的病虫防控技术包括天敌防治，色斑监测、诱杀，防虫网、遮阳网双网覆盖，消毒池防病，电热硫黄熏蒸，农业及生态调控和科学施药技术。

1. 天敌防治技术 天敌昆虫是一类寄生或捕食其他昆虫的昆虫。它们长期在农田、林区和牧场中控制着害虫的发展和蔓延。利用天敌昆虫防治害虫是一项特殊的防治方法，可以减少环境污染，维持生态平衡。在草莓上利用拟长毛钝绥螨、智利小植绥螨防治红蜘蛛、二斑叶螨等害螨。在红蜘蛛发生初期，种群密度按照益害比1 ： 30或≤2头/叶时释放捕食螨。棚内叶螨呈点片状发生时，通常在棚口或通道处的植株上叶螨密度大于棚室内侧的植株，这种情况下，可用重点株撒施法进行防治，按照捕食螨：叶螨为1 ： 10进行释放，其他发生不严重的区域可少放或不放。释放捕食螨后要持续观察效果，严重植株可在1 ~ 2周后再补充释放1次。能较好控制红蜘蛛的为害，并兼治粉虱和蓟马等害虫。

2. 色板监测、诱杀技术 该技术是根据害虫对不同颜色的色板具有趋性将害虫诱捕杀灭的非药剂防治技术。通过悬挂色板对草莓蚜虫、蓟马等害虫进行监测预报，指导生产防治，并兼有一定防治效果。有翅蚜虫、温室白粉虱、烟粉虱、蓟马对黄色板或蓝色板具有趋性，温室白粉虱、烟粉虱、有翅蚜虫等害虫的成虫对橙黄、金黄、中黄色趋性最强；棕榈蓟马、花蓟马、西花蓟马等对金黄色板和荧光蓝色板具有较强趋性。于害虫发生前期按15 ~ 20块/亩在草莓生长点上方5 ~ 15cm竖直悬挂30cm × 40cm的色板。农户大面积应用时可选用金黄色、荧光蓝色塑料板或自制色板外套透明塑料膜后再涂黏虫胶、机油或色拉油，定期更换较经济实用（图2-12-17）。

图2-12-17 色板诱杀技术

3. 防虫网防虫技术 防虫网是一种用来防治害虫的网状织物，形似窗纱，最大的用途就是有效阻止常见害虫进入大棚内，减少虫害。通过在草莓棚室风口处覆盖40目防虫网，构建人工隔离屏障将害虫拒之网外，从而切断害虫（成虫）传播、繁殖途径。可有效控制各类害虫，如甜菜夜蛾、斜纹夜蛾、蚜虫等（图2-12-18）。

4. 遮阳网防病增产技术 遮阳网又叫遮光网，是一种最新型的保护覆盖材料，具有抗拉力强、耐老化、耐腐蚀、耐辐射、轻便等特点。夏季覆盖可起到遮光、挡雨、保湿、降温的作用。遮阳网主要应用在夏季，北方多用于草莓育苗和夏秋草莓生产，主要作用是防烈日照射、降低棚室温度，保护草莓缓苗和正常生长；防暴雨冲击、防高温诱发病毒病等（图2-12-19）。

图2-12-18 防虫网防虫技术

图2-12-19 遮阳网防病增产技术

5. 消毒池防病虫技术 推荐在棚室入口处放置浸有消毒液的托盘、海绵垫或地垫，对进出棚室的操作人员或参观人员鞋底面消毒处理，避免由人为进出棚室传播草莓根结线虫病、枯萎病、根腐病、炭疽病等土传病害。有条件的基地棚室操作间配置工作服、工作鞋，进出棚室更换工作服，防止农事操作时人为携带病原菌、害虫、虫卵在不同棚室间传播。

6.硫黄熏蒸技术 硫黄熏蒸技术作为一项绿色防控技术用于设施草莓白粉病的防治，具有操作简便，省工省时的优点。升华的硫黄粒子能均匀分布在靶标正反面，提高防治效果，同时能够减少化学农药用量和施药用水量。生产中一般使用电热硫黄熏蒸器将固态硫黄升华为硫黄粒子，分散沉积到一定范围空间内，起到杀菌作用。硫黄对人畜低毒，对蜜蜂几乎无毒，是有机食品生产中允许使用的植物保护产品。硫黄熏蒸器使用注意以下5点。①数量每亩5 ~ 8个。研究表明熏蒸器有效熏蒸距离为6 ~ 8m，覆盖范围约为60 ~ 100m^2，田间使用时熏蒸器间距可设为12 ~ 16m。②高度距地面1.5m。熏蒸器在这个高度时硫黄粒子在水平靶标背面的沉积密度相对较高，有利于作用于靶标作物叶片背面的病原菌。熏蒸器不能距棚膜太近，以免棚膜受损。③位置距后墙3 ~ 4m。受重力影响，距离熏蒸器1 ~ 3m处沉积的硫黄粒子多，随距离增大，沉积的粒子密度变小。棚室南北跨度一般为8m，因此将熏蒸器放在中间位置将有利于硫黄粒子的扩散。④熏蒸时间为晚上6 ~ 10点。选择这个时间段熏蒸既对人员安全又能实现全棚密闭，还可以避开中午气温较高时段以免对作物造成药害。熏蒸结束后，保持棚室密闭5小时以上，再进行通风换气。预防熏蒸2 ~ 3天一次，治疗时连续熏蒸7天。⑤每次用硫黄20 ~ 40g。硫黄投放量不要超过钵体的2/3，以免沸腾溢出（图2-12-20）。

图2-12-20 硫黄熏蒸技术

7.农业及生态调控技术 设施草莓棚上午要及时放风去湿，调节棚室内温湿度，通过生态调控控制病虫害发生。利用高畦栽培，膜下滴灌等农业技术，减少大水漫灌、沟灌、畦灌等生产方式，节约农业用水，降低棚室内湿度，减轻灰霉病等病害发生，抑制杂草生长，减少除草剂使用。另外覆膜可提高地温，改善土壤结构，促进根系生长，增加作物产量。生产中及时清除带有病虫的叶片、果实等病残组织，带到棚室外深埋或者进行无害化处理，减少病虫源数量。

8.科学施药技术 当设施草莓花期病虫发生危害严重，使用替代农药技术无法控制时，需要使用药剂进行喷雾或熏蒸防治。这时应选择对蜜蜂无毒、低毒或者持效期短的药剂，并且施药时应将蜂箱移出棚室。一般杀菌剂对蜜蜂的毒性低，用药后2 ~ 3天即可将蜂箱放回棚室中，但氟硅唑、丙环唑等对蜜蜂表现为高毒。杀虫剂对蜜蜂大部分表现为高毒，使用时一定要注意，应选择吡蚜酮、苦参碱等对蜜蜂低毒药剂，并且过药效以后才能将蜂箱搬回棚室。吡虫啉、噻虫嗪等持效期长、对蜜蜂高毒的杀虫剂在花期严禁使用。另外使用药剂防治时一定要注意药剂安全间隔期，不能提前采摘上市。

（三）草莓蜜蜂授粉其他配套绿控技术

为保障草莓的蜜蜂授粉，应尽量从源头控制病虫害，避免和减少花期病虫害的发生，减少草莓花期农药的使用量。在生产中我们可应用的绿控技术包括全园清洁、选用抗耐病品种、种苗处理、土壤和棚室消毒、病残体无害化处理等。

1.全园清洁技术 定植前对整个草莓园区进行全面清洁，包括清除杂草、植株残体，集中回收废弃物等。生产期随时摘除病叶、病果，减少病源，带棚室外集中妥善处理，防止病害扩散传播。收集的病残体需进行无害化处理，减少生产环境中病虫来源。

2.选用抗耐病品种技术 根据当地病虫害发生的特点，因地制宜选用优良抗病品种。如甜查理抗病性较强，对白粉病、炭疽病等都有抗性。

3.种苗处理技术 利用组织培养法获得草莓无病毒种苗，可防止草莓病毒病的传播和蔓延。购买种苗时要仔细检查种苗是否带有叶螨、炭疽病、枯萎病等重要病虫，选择无病虫的优质种苗，避免将病虫带入生产棚室中。草莓种苗出棚前使用藜芦碱、枯草芽孢杆菌等进行喷雾，预防红蜘蛛、白粉病、灰霉病等气传病虫，使用寡雄腐霉、芽孢杆菌蘸根预防土传病害，最大程度的确保种苗无病虫。园区所用种子、苗木和其他繁殖材料，必须具备植物检疫证书或产地检疫合格证书。

4.投入品控制技术 到正规厂家购买有机肥、农药等投入品，确保产品符合相应质量标准。有机肥应充分腐熟，携带产品质量检验合格证，不应含有超标的农药、重金属残留。农药不应含有登记有效成分以外的其他非法添加成分，生物农药不应含有其他化学农药成分。

5.土壤消毒技术 随着设施草莓种植年限增加，土壤中根结线虫、枯萎病菌、立枯病菌、炭疽病菌等多种土传有害生物数量逐年增加。因此在种植下茬前，特别是连茬种植草莓时要对土壤进行消毒。土壤消毒包括高温闷棚、药剂熏蒸等。

（1）*高温闷棚*。7 ~ 8月，草莓设施空茬期，深翻土壤30 ~ 40cm，每亩加入碎玉米秸秆1 000kg、生鸡粪或生牛粪4m^3，与土壤翻耕均匀，浇透水后，地表覆透明塑料膜，四周压实，视天气情况密闭闷棚20 ~ 45天，杀灭土壤和棚室表面的病原菌。

（2）*土壤药剂熏蒸*。可使用棉隆、辣根素生物熏蒸剂进行熏蒸。

辣根素生物熏蒸：定植前7 ~ 10天，在整好地的土壤表面铺好滴灌管，密闭覆盖好地膜，调节土壤湿度60% ~ 70%（湿度以手捏成团，1m高处掉地能散开为标准），采用生物熏蒸剂20%辣根素水乳剂5L/亩，通过施肥灌随水将辣根素液均匀滴入土壤深层，密闭熏蒸5天后揭膜散气3 ~ 5天后定植菜苗（图2-12-21）。

图2-12-21 辣根素生物熏蒸土壤

棉隆熏蒸：深翻土壤（约30cm），调节土壤湿度60% ~ 70%，将棉隆按照30kg/亩，撒入土壤中，再用旋耕机再次打均匀。用无透膜（不透气）或0.04mm以上的塑料膜进行覆盖。覆膜后，根据温度高低，密封消毒12 ~ 20天，最少不得少于12天。熏蒸结束后揭去地膜，按照同一深度（30cm）进行松土，透气一周以上，确保充分透气，保证无残留药害后才可种植。

6.棚室消毒技术 草莓白粉病、灰霉病等初始菌源以本棚室为主。草莓定植前选用相应药剂或臭氧等对棚室表面、棚膜、墙壁、立柱、土壤表面等进行表面灭菌，减少棚室中病虫源数量，降低后期病虫的发生。棚室表面消毒可采用高温闷棚，辣根素生物熏蒸，臭氧熏蒸、化学药剂熏蒸等。

（1）*高温闷棚*。参照土壤高温闷棚方法。

（2）*生物熏蒸*。选择生物熏蒸剂20%辣根素水乳剂1 L/亩采用低量对空喷雾，或采用自控常温烟雾施药套机自控施药，或20%辣根素水乳剂1 ~ 2L/亩借助滴灌系统通过施肥罐随水直接将辣根素均匀滴在土壤表面，施药后密闭棚室3 ~ 5天，或60%辣根素复合生物熏蒸剂300mL/亩熏蒸24小时（图2-12-22）。

图2-12-22 辣根素常温烟雾施药棚室熏蒸消毒

（3）*臭氧熏蒸*。利用自控臭氧消毒常温烟雾施药套机自动释放臭氧，在棚室内密闭熏蒸2 ~ 3小时，臭氧浓度保持在15mg/kg以上。由于臭氧在高温下易分解，臭氧棚室消毒宜选择在清晨或傍晚进行，处理前棚室内最好喷水增湿，提高臭氧消毒效果。

(4) *药剂熏蒸*。使用硫黄粉500g/亩、80%敌敌畏乳油500g/亩，分别拌适量锯末后分别摆放点烟后密闭熏蒸24小时。

7.高效精准施药技术

(1) *精准施药*。为避免随意配对农药造成农药的浪费和污染，应配备配制精准施药系列配套量具，包括5 ~ 10mL一次性注射器、不同规格量杯、10L水（药液）箱和0.1 ~ 10g固体量具，药勺、清洁刷、胶皮手套、施药服等。具有度量精准、方便、不易损坏和丢失，带有配兑各种浓度药液所需药、水量的速查卡和精准施药顺口溜等，便于农民掌握技术要点和基本常识（图2-12-23）。

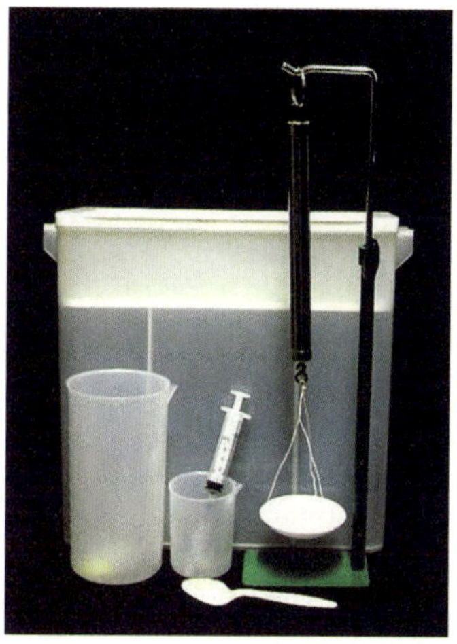

图2-12-23 精准施药量具

(2) *高效施药*。我国传统的背负式手压喷雾器农药利用率低，劳动强度大，费工费时。常温烟雾施药技术，较常规施药节省农药20% ~ 40%，亩施药液2 ~ 4L，较常规施药节水20 ~ 30倍，不增加空气湿度。具有施药均匀、扩散性能好、药剂附着沉积率高优点，特别适合棚室内高架封行和密闭匍匐作物病虫防治。常温烟雾施药机将药液变成烟雾时不损失农药有效成分，不受农药剂型限制，水剂、油剂、乳剂、可湿性粉剂等常用剂型均可，效率高，省工、省力、也可显著减少农药对环境的污染。另外，高效施药机械还包括热力烟雾机、静电喷雾器等。

五、技术集成

（一）北京蜜蜂授粉与绿色防控技术体系集成模式

在释放天敌昆虫以虫治虫、应用生物农药以菌治菌的技术基础上，优化集成了4类18项蜜蜂授粉配套绿控技术，形成以生物农药、天敌昆虫等非化学防治为核心的蜜蜂授粉和绿色防控技术体系。该技术体系以源头控制、预防为主、综合防治为理念，以无病虫育苗，产前棚室消毒，产中天敌释放、物理阻隔、理化诱控、生物农药防控，产后病残体无害化处理等为主要绿色防控手段，经基地应用，在保障授粉蜜蜂安全的情况下分别实现了有机、绿色、无公害生产（表2-12-1）。

表2-12-1 北京蜜蜂授粉绿色防控技术体系的集成

项 目	内 容
1. 全园清洁	对整个草莓园区进行全面清洁，包括清除杂草、植株残体，集中回收废弃物等
2. 培育无病虫苗	因地制宜的选择抗病优良品种，有条件地区可使用草莓脱毒苗，避免幼苗携带病毒；目前草莓种苗多为购买，一定要注意购买种苗时要仔细检查种苗是否带有叶螨、炭疽病等重要病虫，选择无病虫的优质种苗，避免将病虫带入生产棚室中 草莓种苗定植前使用藜芦碱、枯草芽孢杆菌等进行喷雾，预防红蜘蛛、白粉病、灰霉病等气传病虫，使用寡雄腐霉、芽孢杆菌蘸根预防土传病虫，最大程度的确保种苗无病虫
3. 定植前棚室表面消毒	定植前棚室采用太阳能高温闷棚20 ~ 45天，或臭氧15mg/kg以上密闭熏蒸2 ~ 3小时，或使用硫黄500g/亩、10%异丙威烟剂400g/亩复合密闭熏蒸24小时，或60%辣根素复合生物熏蒸剂300mL/亩熏蒸24小时

（续）

项　目	内　容
4.定植前棚室土壤消毒	有根结线虫草莓棚室使用棉隆或辣根素进行土壤消毒；有炭疽病、根腐病等土传病害的草莓棚室使用石灰氮或辣根素等药剂进行土壤消毒
5.病害防治	有机肥要彻底腐熟，防止带入病虫；门口加消毒池，减少土传病虫带入；采用膜下滴灌，降湿度控病害；及时清除病残体，减少病虫源数量；病害易发期，寡雄腐霉15g/亩喷雾2～3次，预防病害发生；白粉病预防：电热硫黄熏蒸每次3～4小时，每周2～3次，治疗：连续熏蒸一周；病害发生严重时，使用腐霉利烟剂或百菌清烟剂化学农药防治1～2次，使用农药时将蜜蜂搬出温室，时间2～5天，根据农药的持效期
6.虫害防治	定植前在通风口挂设40目防虫网阻隔蚜虫进入；结合定苗、绑架和打杈管理，随时清除带有叶螨、蚜虫的老叶；悬挂黄板和蓝板对蚜虫、蓟马等害虫进行监测；在叶螨发生初期释放捕食螨进行防治，种群密度按照益害比（1：30）～（1：10），或≤2头/叶时释放捕食螨。药剂防治宜在虫口密度较低时进行，蚜虫、叶螨使用99%绿颖矿物油1L/亩喷雾防治，3～4天一次，连续2～3次；虫害发生严重时，使用吡蚜酮、苦参碱等对蜜蜂低毒或可以快速分解的化学农药喷雾防治1～2次，花期严禁使用吡虫啉、噻虫嗪等对蜜蜂高毒持效期长的农药。使用农药时将蜜蜂搬出温室，时间3～7天，根据不同农药的持效期确定
7.残体无害化处理	收获后，将植株集中到棚室外选择平整向阳的地方用废旧棚膜覆盖，四周用土压实，进行高温堆沤杀灭残存病虫。有条件的园区可采用移动式臭氧农业垃圾处理装置就地快速除害处理，实现资源就地利用

（二）湖北蜜蜂授粉绿色防控技术体系集成

见表2-12-2。

表2-12-2　湖北蜜蜂授粉绿色防控技术体系集成

项　目	内　容
大棚草莓定植前的预防措施	换地轮作：前茬应为瓜类、豆类、水稻等为宜，种过马铃薯、花生、茄科类等作物。连续种2～3年的地块，应种几年其他作物，再种草莓，可以避免土壤中有害物质的累积、土传病害的传播等。 土壤消毒。精细整地，浇水保持土壤湿度，每亩用98%棉隆微粒剂20～30kg，进行沟施或撒施，旋耕机旋耕均匀，盖膜密封20天以上，揭开膜敞气15天后进行定植。 草莓苗浸根处理。定植时，使用寡雄腐霉2 000倍液浸根，或浇定根水，或用45%溴菌腈·五氯硝基苯可湿性粉剂对草莓苗进行浸根处理。 开花前病害预防。定植后35天内，喷药预防3次。推荐药剂：80%波尔多液、咪鲜胺 、精甲霜灵、代森锰锌等。最后一次必须加防治白粉病的醚菌酯、乙嘧酚等药剂
草莓盖棚后病虫害防治措施	草莓盖棚后主要以病害为主，病虫害有炭疽病、芽枯病、灰霉病、根腐病、白粉病等。 熏蒸防治：定期对棚室进行硫黄熏蒸，熏蒸时应将蜂箱搬出棚外，待放风1～3天后再将蜂箱搬入棚室内； 生物防治：寡雄腐霉可湿性粉剂，属广谱性生物杀菌剂，以菌治菌。防治草莓白粉病、灰霉病、芽枯病、炭疽病等。 化学防治：防治芽枯病用10%多氧霉素可湿性粉剂、噁霉灵等。防治灰霉病用常用药剂有3%多抗霉素水剂，40%嘧霉胺悬浮剂。 虫害防治：蚜虫、红蜘蛛可用蚜螨净、阿维菌素等农药喷雾防治。防治时将蜂箱搬出棚外，待安全期后再将蜂箱搬入棚室内 注意事项：花期尽量不要使用药，除3%多抗霉素水剂可以用。大棚草莓对药剂非常的敏感，各种药剂要按低限浓度使用。注意轮换交替用药

六、效益分析

2013—2015年北京市植物保护站在北京草莓主要种植区——昌平区兴寿镇开展草莓蜜蜂授粉与配套绿色防控技术体系的试验示范和推广工作。通过项目的实施，示范区化学农药用量显著减少，草莓蜜蜂授粉得到有效保障，草莓质量安全水平提升。以兴寿镇鸿程美林间草莓种植园为例，对蜜蜂授粉与配套绿色防控技术体系的实施效果进行分析。

2013—2014年，在鸿程美林间基地推广该体系后，硫黄熏蒸技术、防虫网阻隔技术、色板监控诱杀技术、太阳能杀虫灯诱杀技术、精准施药技术、生物农药防治等绿色防控技术使用率明显提升，化学农药用量减少了65%，草莓蜜蜂授粉在基地内顺利实施（表2-12-3）。

表2-12-3　鸿程美林间基地实施效果调查

种类	2012—2013年	2013—2014年	减少或增加
化学农药	320kg	110kg	减少65%
生物农药	2 625kg	2 842kg	增加8.28%
天敌	130袋	130袋	0
色板	2 600块	5 800块	增加123%
防虫网	7 800m^2	17 600m^2	增加125%
硫黄熏蒸器	100个	260个	增加160%
精准量具	0	30	—
太阳能杀虫灯	0	4	—

2014—2015年继续在鸿程美林间基地推进草莓的蜜蜂授粉和配套绿色防控技术体系的实施工作，并对实施效果进行全面评价。到2015年，鸿程美林间基地草莓土壤消毒、防虫网阻隔、色板监控诱杀、硫黄熏蒸、天敌防治、生物农药防治等绿控技术的覆盖率达到100%，一茬草莓农药使用次数减少5 ~ 6次。草莓蜜蜂授粉与自花授粉试验调查结果显示，自花授粉和蜜蜂授粉每亩产量分别为1 024.1kg和1 431.8kg。蜜蜂授粉与自花授粉相比，每亩产量增加407.7kg，产量增加约40.0%，畸形果率降低20%以上。

北京市昌平区蜜蜂授粉技术已大面积的普及覆盖，示范区和非示范区同样使用蜜蜂授粉，示范区使用配套绿色防控体系，非示范区为常规种植。统计结果显示，示范区配套绿色防控技术的投入每亩比非示范区增加了480元，但示范区在草莓生长期农药用量减少，用药成本降低550元，因此示范区总生产成本比非示范区减少70元。示范区和非示范区草莓产量相差不大，但蜜蜂授粉和配套绿控技术的实施有效保障了示范区草莓质量，示范区美林间草莓种植基地销售价格比农户销售价格每千克高5元左右，经济效益每亩增加7 510元。蜜蜂授粉和绿色防控增产技术推广获得项目区基地和农民的一致认可，技术推广速度加快。

执笔人：孙　海、王晓青、周国珍、罗汉钢

草莓蜜蜂授粉与绿色防控技术模式（北方）

时间	6～8月	8月下旬至9月中上旬	9月中下旬	10月上旬～下旬	11月	12月下旬至翌年5月
生育期	空棚期	定植期	花芽分化期	现蕾期	开花期	果实成熟期+开花期
主控对象	棚室土壤中的各种病、虫。如土壤中的炭疽病菌、根腐病菌、根结线虫、叶螨虫卵等	种苗携带的炭疽病菌、根腐病菌、白粉病菌、叶螨等	白粉病、蛇眼病、蚜虫、叶螨等	白粉病、蚜虫、叶螨等		白粉病、灰霉病、叶螨等
防治措施	清洁棚室+土壤消毒	种苗处理：蘸根+喷雾预防	物理阻隔+色板诱杀+药剂防治1+生物防治+硫黄熏蒸	蜜蜂授粉+生物防治+硫黄熏蒸+药剂防治2		生物防治+硫黄熏蒸
备注	**清洁棚室：**清除棚室和园区中的枯枝落叶、病残体、杂草，全部集中带出园外集中销毁或深埋。 **土壤消毒：**20%辣根素水乳剂4～6 L/亩膜下滴灌，或石灰氮50～80kg/亩+麦秸、稻草或未腐熟有机物1 000kg高温闷棚，或98%棉隆微粒剂20～30kg/亩撒施后旋耕。石灰氮主要防治土壤病害，棉隆主要防治根结线虫，辣根素对病害和线虫均有较好的防治效果。 **种苗蘸根：**寡雄腐霉500～1 000倍液，或25%咪酰胺乳油2 000～3 000倍液蘸根，防治炭疽病、根腐病等。 **种苗喷雾预防：**种苗使用藜芦碱300倍液，或1.8%阿维菌素乳油2 000～3 000倍液喷雾防治草莓叶螨，使用50%醚菌酯可湿性粉剂2 000～3 000倍液，或41.7%氟吡菌酰胺悬浮剂3 000～4 000倍液或其他保护性杀菌剂喷雾预防白粉病。 **物理阻隔：**在通风口挂设40目防虫网阻隔蚜虫、菜青虫等害虫进入。 **色板诱杀：**每亩悬挂15～20块黄板监测诱杀蚜虫等小型害虫。 **蜜蜂授粉：**草莓开花后组织蜜蜂入场，意蜂1箱/亩，蜂群势6 000只以上，蜂箱放在棚室东侧，巢门口朝西。 **硫黄熏蒸：**预防白粉病电热硫黄熏蒸每次3～4小时，每周2～3次，治疗：连续熏蒸一周。 **生物防治：**在叶螨发生初期释放捕食螨进行防治，种群密度按照益害比（1∶30）～（1∶10），或叶螨≤2头/叶时释放捕食螨。 **药剂防治1：**根据病虫监测预报，优先采用生物药剂，对症选用高效、低毒、低残留、持效期较短的药剂组合。可选用保护性杀菌剂+杀虫剂+各种螨态兼顾的杀螨剂+免疫诱抗剂品种组合，如用醚菌酯、阿维菌素、氨基寡糖素喷雾。 **药剂防治2：**草莓进入花期后为保护蜜蜂授粉，应选择对蜜蜂安全或者低毒、持效期短的药剂进行病虫害的防治。如苦参碱、藜芦碱、吡蚜酮、矿物油、枯草芽孢杆菌等进行防治，严禁使用吡虫啉、噻虫嗪等对蜜蜂高毒、持效期长的农药。使用药剂防治时应将蜂箱搬出棚室，过安全间隔时间后再将蜂箱搬入。 **注意事项：**①表中所列绿色防控技术应根据病虫监测预报，科学选用、集成。②药剂组合选用的杀菌剂、杀虫杀螨剂按各自标签推荐用量，严格遵守《农药安全合理使用准则》，注意不同作用机理的药剂轮换使用。						

草莓蜜蜂授粉与绿色防控技术模式（南方）

生育期	育苗期	定植期	扣棚始期	花蕾始期	结果始期	结果盛期	采收期
时间	4/上、中至8/中	8/下至9/中	10/下至11/上	10/中、下	11/下至12/上	3～4月	11/下至翌年5月
主要病虫	白粉病、炭疽病、轮斑病、蚜虫、蓟马、红蜘蛛、斜纹夜蛾	炭疽病、蛇眼病	芽枯病、炭疽病。授粉蜜蜂开始进棚	炭疽病、芽枯病、黄萎病	白粉病、灰霉病、炭疽病等、蚜虫、红蜘蛛等	灰霉病、炭疽病等。授粉蜜蜂离棚	白粉病、灰霉病、炭疽病等
防治措施	选用高效低毒低残留农药防治。防治白粉病选用：醚菌酯，硝苯菌酯；防治炭疽病、轮斑病选用：吡唑醚菌酯、咪鲜胺、啶酰菌胺。防治蚜虫选用苦参碱、吡蚜酮等，防治斜纹夜蛾选用Bt，防治红蜘蛛选用达螨酮等	（1）定植无病无虫健康种苗。采购的种苗经过严格检查，是无病健康壮苗； （2）土壤消毒。利用土壤高温消毒，在夏季通过地面覆膜，产生高温，从而杀灭土壤中的病原菌、虫卵和杂草；或用石灰氮消毒处理。 （3）硫黄熏蒸。定期对棚室进行硫黄熏蒸，熏蒸时应将蜂箱搬出棚外，待放风1～3天后再将蜂箱搬入棚室内； （4）摘除老叶。第一次在扣棚前，第二次在盖地膜后，第三次在第一次果实采收高峰后。减轻病害发生。 （5）防治病害选用广谱性生物杀菌剂寡雄腐霉。防治炭疽病、轮斑病、蛇眼病：枯草芽孢杆菌；防治土传病害黄萎病、枯萎病：海洋多黏芽孢杆菌、生物菌肥（含枯草芽孢杆菌）；防治灰霉病：木霉菌；防治白粉病：硫黄熏蒸； （6）防治蚜虫。苦参碱水剂，防治红蜘蛛，挂捕食螨。 （7）当病害发生严重时，可选用高效低毒低残留农药：防治白粉病：醚菌酯，硝苯菌酯；防治灰霉病：腐霉利、嘧霉胺，露娜森；防治炭疽病：吡唑醚菌酯、咪鲜胺、啶酰菌胺。 （8）蜜蜂授粉。10月下旬开始进棚，3月下旬开始离棚。蜂群群势4足框蜂以上，并饲喂白砂糖水和花粉。注意保温					

第十三章 番茄熊蜂授粉与绿色防控技术

一、概述

番茄是我国广泛种植的茄科蔬菜，在露地栽培条件下不需要进行人工授粉。但在保护地栽培条件下，由于温室环境密闭，通风较差，无外界昆虫授粉，而且温湿度变化比较大，对植物授粉产生很大影响，不进行人工传粉授粉，容易造成番茄授粉不良，引起番茄坐果率下降或果实生长发育不良，形成畸形果，产量和品质受到影响。所以保护地栽培的番茄需要进行人工授粉，以提高产量品质（图2-13-1）。

图2-13-1 番茄果

随着生产水平的不断提高，设施番茄病虫绿色防控体系日臻完善，从产前生产环境整体清洁、培育无病虫壮苗、棚室表面消毒、土壤消毒，到产中的优化栽培管理、双网覆盖、黄板诱杀、昆虫天敌的应用、配合生物或化学药剂综合防控，再到产后的蔬菜带病虫残体无害化处理。全程对病虫害实施绿色防控技术，使病虫害从源头得到有效控治，使设施番茄病虫不发生或发生很晚、很轻，不用或少量使用化学农药，大大提高了设施内的生态环境，给熊蜂提供了适生环境。相信在不久的将来，利用熊蜂授粉提高作物产量和质量，必将成为我国绿色食品生产和现代化设施农业发展中的一项重要措施。

二、作物特性

番茄（*Lycopersicon esculentum* Mill.）属茄科作物，雌雄同花，属自花授粉作物。不分泌花蜜，具有特殊的味道，是喜温性的茄果类蔬菜，适合在月平均温度为20 ～ 25℃的季节生长发育，最适昼温为20 ～ 28℃，夜温为15 ~ 18℃。开花期对于温度的反应比较敏感，以昼温20 ~ 30℃、夜温15 ~ 20℃为最适宜，低于15℃或高于30℃，都不利于花器正常发育，易造成落花。

三、蜜蜂授粉技术

设施番茄适宜授粉蜂种为熊蜂。主要有小峰熊蜂、密林熊蜂、红光熊蜂、明亮熊蜂和欧洲熊蜂等（图2-13-2）。

图2-13-2 熊蜂授粉（王玉波提供）

放置时间：熊蜂适应温室环境能力较强，在温室作物开花前1 ~ 2天放入即可。时间应选择在傍晚时将蜂群放入温室，第二天早晨打开巢门。

释放数量：对于面积为500 ~ 700m^2的普通日光温室，1群熊蜂（60只工蜂/群）即可满足授粉需要；对于大型连栋温室，则按一个标准授粉群承担1 000m^2的面积配置。

放置位置：如果一个温室内放置1群蜂，蜂箱应放置在温室中部；如果一个温室内放置2群或2群以上熊蜂，则将蜂群均匀置于温室中；蜂箱应放在作物垄间的支架上。支架高度30cm左右。

蜂群饲喂：为花期较长且花粉较少的作物授粉时，需要饲喂花粉和糖水。饲喂糖水时，通常在蜂箱前面约1m的地方放置一个碟子，里面放置50%的糖水少许，每隔2天更换1次；同时在碟子内放置一些草秆或小树枝，供熊蜂取食攀附。

及时更换蜂群：一群蜂的授粉寿命为45天左右。为长花期作物授粉时应及时更换蜂群，保证授粉正常进行。

蜂群的检查：蜂群活动正常与否，可以通过观察进出巢门的熊蜂数量来判断。在晴天的9：00 ~ 11：00，如果在20分钟内有8只以上的熊蜂进出蜂箱，则表明这群熊蜂处于正常的状态。对于不正常的蜂群应及时更换。

隔离：用宽约1.5m左右的尼龙纱网封住温室通风口和棚室出入口，防止熊蜂飞出温室冻伤或丢失。

控制温度：熊蜂授粉时，温室温度一般控制在15 ~ 25℃。

作物管理：放入蜂群前，对温室作物病虫害进行一次详细的检查，必要时采取适当的防治措施，随后保持良好的通风，去除室内的有害气体。在植物开花前，不能使用残留期较长的农药如敌敌畏、乐果等。在植物开花期间，要避免使用毒性较强的杀虫剂如吡虫啉、毒死蜱等。如果必须施药，应尽量选用生物农药或低毒农药。施药时一般应将蜂群移入缓冲间以避免农药对蜂群的危害，如在施用百菌清等杀菌剂时，或夜晚采用硫黄熏蒸防治作物灰霉病和烂根病等病害时，将蜂群移入缓冲间隔离一天，然后再原位放回。利用熊蜂为设施茄果类授粉时，不宜再喷洒2，4-D和赤霉素等植物生长调节剂。

四、绿色防控技术

设施番茄主要病虫害：灰霉病、早疫病、晚疫病、青枯病、叶斑病、根结线虫、粉虱类害虫、蚜虫、斑潜蝇等。在病虫害防控中应优先采用农业措施、生态调控、生物防治、物理防治、生物农药等措施，对病虫害进行绿色防控。

1.农业措施

（1）选择抗病品种，培育壮苗。选用抗病优良品种是番茄生产中最经济有效的方法，可结合当地病虫害发生情况、不同生产方式和市场需求因地制宜选用。如抗番茄黄化曲叶病毒病品种、抗根结线虫病品种、耐低温弱光品种、硬质番茄品种等。

（2）轮作换茬，增施腐熟有机肥。每3 ～ 5年与非茄果类蔬菜轮作换茬一次，可有效防治土传病害的发生如番茄青枯病、根结线虫病等。同时还可以改善土壤肥力状况，充分合理利用土壤中的营养。增施有机肥可有效的改善土壤的通透性，增加土壤有机质。

（3）改传统大水漫灌方式为膜下滴灌或暗灌，降低棚室内湿度，减少病害发生。采用滴灌或膜下暗灌方式与大水漫灌棚相比相对湿度降低15%以上，有效地降低了棚室内的湿度，使病害不发生或晚轻发生（图2-13-3）。

图2-13-3　棚室滴灌

（4）保护地（温室）土壤消毒技术。夏季休闲期（7、8月份），先清除棚内上茬植株枯枝、叶、果、根及杂草，结合整地，把农家肥施入土内，足水浇灌，使田间最大持水量达到60%，用地膜覆盖，密闭温室顶膜，连续15 ～ 20天密闭闷棚。可使土壤温度升至55 ～ 70℃，有效杀死土壤中的各种病菌、害虫、线虫等有害生物，同时还可改良土壤。

（5）棚室闷棚防治技术。可在早春或晚秋夜温不低于15℃时，白天关棚温度能达到35℃以上时进行，关闭棚室通风口，使棚内温度保持在28℃以上的时间越长越好，当室内温度低于

25 ～ 28℃时开棚降温降湿，避开病虫适宜温度区，可有效延迟病害的发生期，减轻病害发生。

2.生物防治技术

（1）丽蚜小蜂防治烟粉虱。保护地栽培易发生烟粉虱为害作物。作物定植后，对作物植株上的烟粉虱进行监测，田间每株平均在2头以下时悬挂蜂卡，可有效控制危害。注意蜂卡一定要在棚室内均匀的挂放，每株的烟粉虱密度越低防治效果越好（图2-13-4）。

图2-13-4 丽蚜小蜂防治烟粉虱

（2）食蚜瘿蚊、异色瓢虫防治蚜虫。在蚜虫初发期，释放食蚜瘿蚊，每亩一盒（50头/盒）；异色瓢虫释放要根据蚜虫发生量进行确定，一般瓢蚜比例为1 ：（30 ～ 60）。

（3）Bt防治鳞翅目害虫。对鳞翅目害虫有较强的杀灭作用，具有很强的胃毒作用。可用于防治烟青虫、斜纹夜蛾、菜青虫、棉铃虫、玉米螟、食心虫等。使用适期：产卵盛期至二龄幼虫期前。

3.诱杀技术

（1）昆虫性信息素诱杀法。利用昆虫性诱芯，对害虫雄性成虫进行诱杀，干扰交配降低成虫虫口密度，从而减少害虫的危害。

（2）灯光诱杀技术。利用昆虫的趋光性特点进行诱杀，有效降低虫口基数，控制害虫种群数量，是重要的物理诱控技术。单灯控制面积30 ～ 50亩，控制半径为90 ～ 100m。

（3）色板诱杀技术。利用昆虫的趋色性制作各类有色黏虫板，在害虫发生前诱捕部分个体监测虫情，在防治适期诱杀害虫。生产上普遍应用的有黄板诱杀蚜虫、粉虱类；蓝板诱杀蓟马、部分寄生蝇、种蝇等（图2-13-5）。

图2-13-5 黄板诱杀技术

4.物理驱避技术

（1）防虫网阻隔技术。在害虫发生前先覆盖防虫网，再栽培蔬菜可减少农药的使用次数和使用量。可免除甜菜夜蛾、烟青虫、斜纹夜蛾、菜青虫、小菜蛾、棉铃虫、玉米螟等20多种主要害虫的危害。还可阻隔传毒的蚜虫、烟粉虱、蓟马、美洲斑潜蝇等，这些传毒昆虫可传播数十种病毒病，设置防虫网可达到防虫兼控病毒病的效果（图2-13-6）。

（2）银灰膜避害控害技术。利用蚜虫、烟粉虱对银灰色有较强的忌避性，在田间挂银灰塑料条或用银灰色地膜覆盖蔬菜来驱避害虫，同时预防病毒病。

5.生物药剂防治 推广使用植物源、矿物源、生物农药等新型农药，适用于绿色生产或有机生产。如核型多角体蛋白防治甜菜夜蛾；苦参碱具有杀虫活性、杀菌活性、调节生长等多种功能，对菜青虫防效好；宁南霉素防治白粉病、烟草花叶病防效好；枯草芽孢杆菌对枯萎病、蜡质芽孢杆菌对青枯病有一定防效；申嗪霉素具有治病增产双重功效，对枯萎病、蔓枯病、根腐病、疫病等真菌性病害有效。

图2-13-6 防虫网阻隔技术

五、技术集成

1.培育无病虫苗 因地制宜的选择抗病优良品种，如抗番茄黄化曲叶病毒病可选用浙粉702、硬粉8号；抗根结线虫病可选用仙客系列品种如仙客6号等。在育苗前用药剂进行苗棚表面和土壤消毒，表面消毒可用臭氧熏蒸2～3小时，或采用复合生物熏蒸剂熏蒸消毒；土壤消毒可选用20%辣根素水乳剂、噁霉灵等药剂喷洒苗床或者使用多菌灵拌土；用50目防虫网搭建育苗网室，在温室出入口用50目防虫网覆盖，设置缓冲防虫网室，防止蚜虫、粉虱进入。

2.定植前

（1）棚室消毒。夏季（7、8月份）可采用高温闷棚消毒；或定植前采用10%世高水分散粒剂1 000倍液和5%阿维菌素水乳剂3 000倍液均匀喷洒棚室土壤、墙壁、棚膜、缓冲间（耳房），也可采用20%辣根素水乳剂常温烟雾施药，或50%复合生物熏蒸剂、硫黄熏蒸消毒或臭氧熏蒸2～3小时，对棚室进行消毒。降低病源菌和虫害基数（图2-13-7）。

图2-13-7 棚室消毒

(2) 土壤消毒。夏季可采用浇水后白地扣膜进行土壤高温消毒；或定植前7～10天通过滴管系统随水滴管20%辣根素水乳剂5～6L/亩，密闭熏蒸处理或者使用石灰氮进行土壤消毒。防治根结线虫可使用噻唑膦、棉隆等药剂处理土壤。

(3) 施用彻底腐熟的有机肥，防治带入病虫；采用滴灌或膜下暗灌，降湿度控病害；门口加消毒池，减少土传病虫害带入；在通风口和入棚口设置40～50目防虫网，物理阻隔害虫迁入。

3.洁净苗定植 定植无病虫健康种苗。采购的种苗要严格检查，确保是无病无虫健康壮苗。

4.生长期

(1) 缓苗后喷施预防性杀菌剂，预防病害。可选用寡雄腐霉15g/亩喷雾预防；防治灰霉病使用腐霉利或百菌清烟剂熏蒸1～2次；防治晚疫病可选用0.5%小檗碱400～500倍液或80亿芽孢/mL枯草芽孢杆菌200倍液或72%霜脲锰锌可湿性粉剂600～800倍液喷雾；防治叶霉病可选用50%复合生物熏蒸剂熏蒸，或40%氟硅唑（福星）乳油4 000倍液，或10%苯醚甲环唑（世高）水分散粒剂1 500倍液喷雾；溃疡病可选用新植霉素、农用链霉素4 000～5 000倍液喷雾和浇根。

(2) 悬挂黄板。大小30cm×40cm，每亩20～25块，悬挂高度保持在不高出番茄生长点10cm为宜，均匀悬挂于棚室内，诱杀有翅蚜、烟粉虱、斑潜蝇成虫。

(3) 释放天敌。在害虫发生初期，通过释放丽蚜小蜂、异色瓢虫、小花蝽、食蚜瘿蚊等防治蚜虫、烟粉虱、蓟马等害虫。

(4) 虫害防治。害虫数量上升较快，丽蚜小蜂等难以控制时，可采用药剂防治。蚜虫、烟粉虱、斑潜蝇可选用20%辣根素水乳剂1L/亩常温烟雾施药，或5%阿维菌素水乳剂2 500～3 000倍液，或矿物油进行喷雾防治。防治潜叶蝇应注意在幼虫发生初期，即叶片上虫道刚刚出现时进行。防治棉铃虫宜在低龄期进行，坐果以后需在清晨或傍晚害虫活动时期施药，可选用5%阿维菌素水乳剂2 000～2 500倍液喷雾。或选用啶虫脒、高效氯氰菊酯等持效期较短的药物防治。

图2-13-8 激素蘸花空心果

(5) 释放熊蜂。初花期利用熊蜂进行授粉。释放量为每500～700m^2 1群熊蜂（60只工蜂/群）。注意在用药物防治时最好将蜂箱搬出棚室，待药物持效期过后再放回棚室内。熊蜂授粉果与激素蘸花果对比见图2-13-8、图2-13-9。

图2-13-9 熊蜂授粉果

5.收获后期 清洁棚室，农事操作过程中，将老化的植株叶片、带病虫残体、病株等带出棚室处理。

收获后，将植株集中到棚室外选择平整向阳的地方用塑料棚膜覆盖，四周用土压实，进行高温堆沤杀灭残存病虫。有条件的园区可采用移动式臭氧农业垃圾处理装置就地快速处理（图2-13-10）。

图2-13-10 病残体密闭高温堆沤（郑建秋提供）

六、效益分析

1.产量因素评价 在示范区选择4个棚室，其中熊蜂授粉与绿色防控示范区测定3个，对照区1个。对照区为使用常规2，4-D丁酯蘸花处理，病虫防治由农民自主防控。调查产量、单株坐果数、单果重、畸形果率等（表2-13-1）。

表2-13-1

作物	处理	亩株数（株）	平均单株坐果数（个）	平均单果重（g）	畸形果率（%）	亩产量（kg）
	授粉区					
	对照区					

$$畸形果率 = \frac{畸形果数}{调查总果数} \times 100\%$$

2.品质评价 测定熊蜂授粉与绿色防控集成示范区与对照区内番茄果实可溶性固形物、可溶性糖含量、可滴定酸含量、果实维生素C含量等，同时分析农药残留（表2-13-2）。

表2-13-2

作物	处理	可溶性糖%	可滴定酸（以柠檬酸计%）	可溶性固形物%	维生素C（mg/kg）	还原糖（g/100g）	风味（糖酸比）
	授粉区						
	对照区						

3.效益评价 调查计算熊蜂授粉与绿色防控集成示范区和对照区农药、人工等投入成本、总产量、产品销售价格、总体效益和效益增减比等（表2-13-3、表2-13-4）。

表2-13-3

作物	处理	产量（kg/亩）	销售价格（元/kg）	毛收入（元/亩）	示范区比对照区毛收入增加（元/亩）
	授粉区				
	对照区				

表2-13-4

作物	处理	人工投入（工/亩）	人工投入（元/亩）	绿控资本与人工合计（元/亩）	亩用药成本（元）	总投入成本（元）	备注
	授粉区						
	对照区						

$$总体效益 = 毛收入 - 总投入成本$$

$$总体效益增减比 = \frac{授粉区总体效益 - 对照区总体效益}{对照区总体效益} \times 100\%$$

4.综合效益分析 采用熊蜂授粉与病虫绿色防控集成技术，使温室番茄产量和质量明显提高，质量100%符合国家农产品安全标准，天敌种类和数量明显多于常规防治区，经济效益、生态效益均较为显著。

（1）*经济效益显著*。采用绿色防控技术对病虫害防控效果明显，可降低用药量，减少用药次数，省工、省时。采用熊蜂授粉可提高番茄的单果重、降低畸形果率、果实饱满充盈口感好，测试可溶性固形物、维生素C、总糖等各项指标均有不同程度的提高，番茄的产量和品质得到提高。销售价格比激素蘸花果实也略高，总体经济效益突出。

（2）*生态效益明显*。生产过程中，产前、产中、产后一系列绿色防控措施的应用，从根本上改变农民滥用农药的习惯，减少农药使用量，杜绝高毒、高残留农药的使用。整个生长期内用药3次，且以生物农药为主，以高效低毒低残留化学农药为辅，与常规防治棚相比，减少化学农药使用量50%以上。

（3）*社会效益深远*。通过绿色防控与熊蜂授粉集成应用，使示范区农民实实在在享受到了实惠，减轻了劳动强度，增加了收入，受到了农户的欢迎，为绿色防控技术的推广普及奠定了基础，提供了依据。同时为社会提供了安全、质优的放心蔬菜。

执笔人：王　静、范婧芳、赵国芳

番茄熊蜂授粉与绿色防控技术模式

生育期	播种前	育苗期	定植前	生长期			收获后期
				缓苗期	开花期	结果期	
防控对象		猝倒病、立枯病、病毒病、烟粉虱、蚜虫、夜蛾科害虫	灰霉病、早疫病、晚疫病、叶霉病、烟粉虱、蚜虫、蝇类、根结线虫等	灰霉病、早疫病、晚疫病、叶霉病、溃疡病病毒病、烟粉虱、蚜虫、潜叶蝇	烟粉虱、蚜虫、灰霉病、早疫病、晚疫病、叶霉病		
绿色防治措施	选择抗病优良品种、种子消毒处理	育苗棚表面和土壤消毒、在温室出入口用50目防虫网覆盖、黄板	夏季（7、8月份）高温闷棚消毒、土壤消毒、腐熟有机肥、滴灌或膜下暗灌、门口加消毒池	黄板、防虫网、寡雄腐霉、小檗碱、复合生物熏蒸剂、新植霉素、农用链霉素等生物农药	初花期释放熊蜂。天敌（丽蚜小蜂、异色瓢虫、小花蝽、食蚜瘿蚊）、生物农药、高效低毒低残化学农药		清洁棚室，将老化的植株带出棚室处理；收获后，将植株集中到棚室外进行高温堆沤杀灭残存病虫或采用移动式臭氧农业垃圾处理装置就地快速处理
备注	**棚室消毒：**夏季（7、8月份）可采用高温闷棚消毒；或定植前采用10%苯醚甲环唑（世高）水分散粒剂1 000倍液和5%阿维菌素水乳剂3 000倍液均匀喷洒棚室土壤、墙壁、棚膜、缓冲间（耳房），也可采用20%辣根素水乳剂常温烟雾施药，或50%复合生物熏蒸剂、硫黄熏蒸消毒或臭氧熏蒸2～3小时，对棚室进行消毒。降低病源菌和虫害基数。 **土壤消毒：**夏季可采用浇水后白地扣膜进行土壤高温消毒；或定植前7～10天通过滴管系统随水滴管20%辣根素水乳剂5～6L/亩，密闭熏蒸处理或者使用石灰氮进行土壤消毒。防治根结线虫可使用噻唑膦、棉隆等药剂处理土壤。 **黄板诱杀：**大小30cm×40cm，每亩20～25块，悬挂高度保持在不高出番茄生长点10cm为宜，均匀悬挂于棚室内，诱杀有翅蚜、烟粉虱、斑潜蝇成虫。 **释放天敌：**在害虫发生初期，通过释放丽蚜小蜂、异色瓢虫、小花蝽、食蚜瘿蚊等防治蚜虫、烟粉虱、蓟马等害虫。 **虫害防治：**害虫数量上升较快，丽蚜小蜂等难以控制时，可采用药剂防治。蚜虫、烟粉虱、斑潜蝇可选用20%辣根素水乳剂1L/亩常温烟雾施药，或5%阿维菌素水乳剂2 500～3 000倍液，或矿物油进行喷雾防治。防治棉铃虫宜在低龄期进行，坐果以后需在清晨或傍晚害虫活动时期施药，可选用5%阿维菌素水乳剂2 000～2 500倍液喷雾。或选用啶虫脒、高效氯氰菊酯等持效期较短的药物防治。 **熊蜂授粉：**初花期利用熊蜂进行授粉。释放量为每500～700m^2 1群熊蜂（60只工蜂/群）。注意在用药物防治时最好将蜂箱搬出棚室，待药物持效期过后再放回棚室内。						
适用范围	适用于设施栽培番茄，包括冷棚和日光温室。茬口包括春茬栽培、秋茬栽培、冬季一大茬。棚室面积不少于0.8亩						
经济效益	采用熊蜂授粉与病虫绿色防控集成技术可以大大降低棚室的病虫害发生程度，与农民自防区比较，整个生育期内可减少病虫害防治3次以上，节省化学农药用量50%以上。增产率达10%左右，单果重增加14%～30%，畸形果率降低6%～12%，节省人工8～10个，同时提高了果实品质，果品固形物含量、总糖、维生素C等各项指标均有提高						

第十四章
甜瓜蜜蜂授粉与绿色防控技术

一、概述

甜瓜在我国广泛栽培于温带至热带地区，品种很多，华北、西北产的香甜味浓，潮湿地区产的水分多味较淡。甜瓜的大田栽培主要分布在内蒙古、新疆等地，近年来随着产业结构调整，设施栽培以高投入、高效益的特点，成为农户多元增收的主要来源之一。甜瓜设施栽培在我国江苏、广西、闽南、海南、新疆等地均有较大规模。设施甜瓜虽然收益提高，但在种植过程中仍存在很多难题，其中难题之一是无法实现昆虫等传粉媒介自然授粉，未解决授粉坐果问题。目前生产上采用人工授粉或喷（涂）植物生长调节剂促进坐果，但使用生长素、激素一是导致农产品质量存在严重的安全隐患，形成农业增产新的痼疾。二是随着农民工大量流向城市，农村劳动力日趋紧张，劳动力成本不断上涨，人工授粉用工难、人工费用高。因此，甜瓜授粉问题，已成为影响甜瓜产业持续发展的重要因素。

我国是世界养蜂大国，蜂群数量和蜂产品产量多，但养蜂收入受天气和技术的制约很不稳定，现代农业的兴起与人工授粉费用的逐年增高以及民众对安全果品的迫切需求，有效促进了蜜蜂授粉产业的有序发展。目前，蜜蜂授粉除在大田作物上广泛应用外，在草莓、黄瓜、辣椒、番茄、西瓜等设施农业农作物中也已成功应用。甜瓜蜜蜂授粉产业已经在新疆、海南、内蒙古等地悄然兴起。通过蜜蜂授粉与绿色防控技术有机结合，提高农民对蜜蜂授粉增产技术和保护蜜蜂的认识，在甜瓜上应用蜜蜂授粉与绿色植保集成技术，实现“蜜蜂授粉架金桥，养蜂农业双丰收”的目标，意义重大。

二、作物特性

甜瓜（*Cucumis melo*）是葫芦科黄瓜属一年生蔓性草本植物。哈密瓜等都属于甜瓜。叶心脏形或掌形。花单性，雌雄同株，为虫媒花，无自花结实习性。雄花：数朵簇生于叶腋；花梗纤细，长0.5～2cm，被柔毛；花萼筒狭钟形，密被白色长柔毛，长6～8mm，裂片近钻形，直立或开展，比筒部短；花冠黄色，长2cm，裂片卵状长圆形，急尖；雄蕊3，花丝极短，药室折曲，药隔顶端引长；退化雌蕊长约1mm。雌花：单生，花梗粗糙，被柔毛；子房长椭圆形，密被长柔毛和长糙硬毛，花柱长1 ~ 2mm，柱头靠合，长约2mm。甜瓜属于喜光喜温作物，较耐干旱，有一定的抗盐碱能力。且发芽要求较高的温度，最适宜温度28 ~ 30℃，最低不低于15℃，最高不超过40℃；花芽分化期以白天30℃，夜间20℃最易形成雌花，夜间温度超过25℃，花芽分化推迟，节位高且减少；开花坐果最适宜温度为25 ~ 30℃；果实发育期最适宜温度为18 ~ 30℃，夜间温度过高对果实发育影响明显（图2-14-1）。

雄花

雌花

图2-14-1 甜瓜花

三、蜜蜂授粉技术

（一）甜瓜设施栽培蜜蜂授粉技术

1.蜂种 可选用熊蜂、意大利蜜蜂和中华蜜蜂授粉，以当地优势蜜蜂种群最佳，熊蜂耐低温性强，中华蜜蜂较耐高温（图2-14-2）。

熊蜂

意大利蜜蜂

中华蜜蜂

图2-14-2 蜂 种

2.授粉蜂群 授粉标准群由1只蜂王、3脾蜂组成，蜂箱内保持有充足的蜂蜜和适量的花粉，以维护蜂群正常繁殖。授粉蜂群要提前预防病虫害，保证授粉蜂群健康。

3.蜂箱 使用授粉专用蜂箱（图2-14-3）。

图2-14-3 授粉专用蜂箱

4.蜂群数量配置 对于大型连栋大棚，按一个标准授粉群承担1 000m^2（约1.5亩）的面积配置。一般500 ~ 700m^{2}温室1箱蜂。

5.授粉蜂群管理

（1）*蜂群进棚时间*。由于甜瓜授粉花期很短，蜂群应在雌花开10%以上，放入大棚。应选择傍晚时将蜂群放入大棚，并打开蜂箱巢门（图2-14-4、图2-14-5）。

（2）*授粉蜂群摆放*。根据大棚面积，蜂群应均匀放置于大棚中，蜂群离最远的甜瓜距离不超过

图2-14-4 授粉蜂群摆放

图2-14-5 蜜蜂授粉

100m；蜂箱应放在垄间的支架上，支架高度20cm，巢门方向应与甜瓜栽培方向一致。

(3) *蜂群诱导*。为保障授粉效果，需对蜂群进行授粉诱导。摘雄花浸泡4小时以上，按糖水比为1 ：1，配制诱导糖浆，进棚当晚饲喂1次。

(4) *蜂群降温措施*。南方设施大棚内白天温度较高，应在蜂箱上套专用隔热箱或通过喷水等方式，使箱内温度保持相对稳定，保证蜂群能够正常繁殖、授粉等活动。

(5) *蜂群饲喂措施*。大棚内作物因面积和数量的限制，花朵泌蜜不能满足蜂群正常发育，为保障授粉效果，授粉期间需对蜂群进行饲喂。喂糖饲料，在巢内饲喂糖水比为1 ：1的糖浆，每10天饲喂1次；喂花粉，蜜蜂每隔7天喂一次，直至大棚授粉结束为止。喂水，蜂箱前约1m的地方放置一个碟子，每2天换一次干净水，在碟子里面放置一些草秆或小树枝等，供蜜蜂攀附，以防蜜蜂溺水死亡。

(6) *蜂群调脾*。每隔7 ~ 10天对蜂群进行一次检查，调整子脾，蜂箱内保持有充足的蜜蜂和适量的子脾，以保证蜂群授粉效果。

设施大棚管理：蜜蜂授粉时，大棚温度一般控制在15 ~ 35℃，而且中午前后需要通风降温，保持良好的通风，也可去除棚内农药的气味，可通过洒水等措施维持蜜蜂的正常活动。

（二）甜瓜大田栽培蜜蜂授粉技术

1.蜜蜂品种 意大利蜜蜂、卡尔巴阡蜂、卡尼鄂拉蜂等西方蜜蜂品种。

2.蜂需求量 按每2亩放1箱，蜂群势8脾以上，授粉蜂群以10 ~ 20群为一组。

3.入场时间 开花10%前入场。

4.蜂群摆放 均匀摆放，巢门背风向阳，蜂场与授粉田间距离小于100m，蜂群摆放可位于中央或田地一边。

5.提供清洁水源 授粉期间保证蜂群具有干净充足的水源。

6.注意事项 授粉期间操作时，避免强烈震动或敲击蜂箱，防止蜜蜂蜇人。蜜蜂对酒精、香水、肥皂等气味较敏感，色彩鲜艳的衣服也可引发蜜蜂的攻击行为，授粉期间应予以避免。

四、绿色防控技术

（一）甜瓜设施栽培绿色防控技术

设施甜瓜主要病虫害种类有：根结线虫、蔓枯病、枯萎病、蓟马、白粉虱、红蜘蛛（图2-14-6）。

1.农业措施

(1) 前茬收获后，及时清除田间病残体，发现病株及时拔除烧毁。

(2) 种植前深耕晒田减少病虫基数，对棚室棚膜壁、骨架等进行消毒，减少菌量。

(3) 选用无病无虫健康种苗（图2-14-7）。

(4) 设施甜瓜套种芹菜等趋避粉虱。

2.理化诱控措施 应在蜜蜂授粉后采用此项措施。

黄（蓝）色板诱杀利用蚜虫、粉虱等成虫对黄色有较强趋性，蓟马、种蝇等对蓝色趋性强的特性，用黄（蓝）色板进行诱杀。一般采用规格为30cm×40cm 的黄（蓝）色诱虫板，按每亩悬挂20片左右，呈棋盘式均匀悬挂于大棚内。悬挂高度超过植株15 ~ 20cm处，根据植株高度及时调整悬挂高度。

根结线虫

蓟马

红蜘蛛

白粉虱

图2-14-6 设施甜瓜主要害虫

晒田

种植健康的种苗（移栽后）

图2-14-7 农业措施

3.生物措施 在蜜蜂授粉期间可同时开展。

白粉虱：低密度发生时，释放生物天敌丽蚜小蜂，当虫口密度在0.5头/株时，释放密度保持15头/株，分3次释放。将丽蚜小蜂蜂卡均匀悬挂在枝杈上即可。可选用生物制剂，蜡蚧轮枝菌50g兑水15kg喷施。

根结线虫：氨基酸水溶肥300倍+复合微生物菌剂300倍灌根；2.0亿/mL枯草芽孢杆菌300倍灌根或2亿活孢子/g淡紫拟青霉颗粒剂2 ~ 3kg/亩穴施。

枯萎病：5%氨基寡糖素或超敏蛋白等灌根提高免疫力，氨基酸水溶肥与复合微生物菌剂各300倍灌根。

提高免疫力：遇到低温前用5%氨基寡糖素水剂1 000倍液喷雾。

4.化学防治措施 化学防治措施一般在蜜蜂授粉完成后进行。

使用化学农药应符合GB 4285、GB/T 8321的要求。选用高效、低毒、低残留的化学农药，注意交替使用农药，合理混用。严格控制农药安全间隔期。

在蜂入场前7 ~ 10天选择对蜜蜂安全的药剂进行预防，在防治病虫过程中，尽量减少化学农药的使用量和次数，保障蜜蜂安全授粉，把好药剂防治“三关”，即防治适期与次数、对路药剂和施药技术三个关键环节。

一般选择在傍晚蜜蜂不外出活动时间施药，也可将棚内巢门关闭，安全期过后再打开。

蓟马可选择60g/L乙基多杀菌素悬浮剂+20%啶虫脒可湿性粉剂或20%啶虫脒可湿性粉剂1 250倍+5.7%甲氨基阿维菌素苯甲酸盐水分散粒剂3 000倍等喷雾防治。

粉虱可选用20%啶虫脒可湿性粉剂1 000倍喷雾或22%氟啶虫胺腈悬浮剂3 000倍等防治。

根结线虫除了微生物菌进行防治，还可选用5.5%阿维·噻唑膦颗粒剂2.5 ~ 3kg/亩穴施。

病虫害突发应急处置：蜜蜂对大部分农药都敏感，花期应严禁喷施吡虫啉、噻虫嗪、阿维菌素等对蜜蜂高毒杀虫剂。如果发生蜜蜂农药中毒，立即将蜂群撤出大棚。

（二）甜瓜大田栽培绿色防控技术

1.物理防治措施

（1）*灯光诱杀*。每50亩一盏灯，灯间距离180 ~ 200m，离地面高度1.5 ~ 1.8m，呈棋盘式分布。

（2）*黄板诱蚜*。每亩悬挂20片左右，并均匀分布。悬挂高度超过瓜类植株15 ~ 20cm处。

2.生物防治措施 针对甜瓜易发生的细菌性果斑病、霜霉病、蔓枯病、炭疽病、枯萎病、白粉病、蚜虫等病虫，分别采用下述对蜜蜂低毒的生物农药进行防治。

（1）甜瓜细菌性果斑病采用硫酸链霉素、多抗霉素等。

（2）防治瓜类枯萎病选择枯草芽孢杆菌等生物制剂。

3.化学农药使用要求 蜜蜂入场前10天至蜂场撤离期间禁止喷施对蜜蜂有毒的化学农药。蜜蜂授粉时，蜂场半径3km其他作物均禁止施药。

五、技术集成

（一）甜瓜设施栽培技术集成

根据甜瓜种植面积，确定蜜蜂授粉和绿色防控计划，播种前对土壤进行消毒处理，播种时，签订授粉合同，准备育王繁育授粉蜂群，蔓期，用微生物菌剂、枯草芽孢杆菌等生物药剂灌根，悬挂黄（蓝）板、释放生物天敌等措施，控制虫口密度，授粉前5 ~ 7天，选择对高效低毒化学农药，进行病虫害防治，及时整枝，确保开花集中。授粉蜜蜂按授粉蜂群标准要求，调入授粉专用蜂箱，提前运到，以便及时进棚授粉。蜜蜂授粉期间，禁止使用任何化学农药，保障蜜蜂安全，及时给授粉蜜蜂喂水，并对授粉蜂群进行有效管理，加紧理蔓，避免植株疯长，以免影响授粉效果。授粉结束后，待傍晚蜜蜂回巢后，关门将蜂群撤出。及时疏果，根据果实生长情况，加强水肥管理，保障营养供给，采用综合绿色防控技术，保障病虫害防治效果。

（二）甜瓜大田栽培技术集成

甜瓜大田栽培技术集成：抗病品种+种子消毒+控水防病和整枝打叉的农艺措施+灯光诱杀、黄（蓝）板诱蚜的物理防治措施+生物源农药和生防菌的生物防治措施+蜜蜂授粉技术。

1.播种前　做好选用抗病品种、种子消毒处理等播前准备工作。在甜瓜种植地块增施有机肥，播种前全部采取温汤浸种，即用55℃的温水浸种5 ～ 10分钟，而后用1 000倍液的农用链霉素进行浸种1小时。

2.授粉前　在蜜蜂入场前7天选择喷施乙基多杀霉素、查皂素、氯虫苯甲酰胺等对蜜蜂安全的杀虫剂防治蚜虫，选用72%链霉素等防治细菌性果斑病，枯草芽孢杆菌防治枯萎病等病害。悬挂黄（蓝）板诱杀蚜虫、白粉虱、蓟马等，每亩20块，悬挂高度高于作物15cm，棋盘式分布。

3.授粉结束后　采取整枝打杈、控水防病的农艺措施。整枝打杈要及时，减少伤口，尽量在晴天进行。在整枝前后各喷施一次72%农用硫酸链霉素可湿性粉剂2 000倍液预防传病。同时通过平畦覆膜水后种植、开沟起垄种植、滴灌技术等控水防病技术措施，减少病虫危害。

六、效益分析

（一）甜瓜设施栽培效益评价

以2015年海南蜜蜂授粉与绿色防控示范试验结果为例：

1.产量　见表2-14-1。

表2-14-1　授粉区与对照区产量表

单位：kg

处　理	授粉区亩产量	激素对照区亩产量	授粉区平均亩增产量	增产率（%）
重复1	1 824.09	1 852.93	−28.84	−1.55
重复2	1 743.85	1 800.90	−57.05	−3.16
重复3	1 726.39	1 656.59	69.80	4.21
平均	1 764.78	1 770.14	−5.36	−0.30

$$增产率计算方法：增产率（\%）=\frac{授粉区亩产量-常规对照区亩产量}{常规对照区亩产量}\times 100\%$$

2.外观性状　见表2-14-2。

表2-14-2 蜜蜂授粉作物表观品质性状表

处 理		果型						果实		种子	
	平均（个/亩）	最大单果重（g）	最小单果重（g）	平均单果重（g）	单果横径（cm）	单果纵径（cm）	纵径：横径	种腔	果肉	单果种子数（粒）	千粒重（g）
授粉区	1 200	1 879.2	1 040.3	1 470.65	12.92	17.75	1.373 8	5.51	3.88	656.33	32.75
对照区	1 200	2 020.4	987.4	1 475.12	12.94	18.20	1.406 5	5.41	4.02	636.58	12.91
平均差		−141.2	52.9	−4.47	−0.02	−0.45	−0.032 7	0.1	0.14	19.75	19.84
统计分析				Aa/ Aa	Aa/ Aa	Aa/ Aa	Aa/ Aa	Aa/ Aa	Aa/ Aa	Aa/ Aa	Aa/Bb

以每株留瓜1个为例（订单农业），选取30个瓜进行果重、纵径、横径、种腔、果肉、单果种子数、千粒重称量，采用SPSS19软件，进行DUNCAN比较。

3.品质 见表2-14-3。

表2-14-3 蜜蜂授粉甜瓜品质检测结果表

处 理	可溶性糖（g/100g）	可滴定酸（以柠檬酸计%）	可溶性固形物Brix	维生素C（mg/kg）	还原糖（g/100g）
授粉区	12.628	1.93	10.827 3	11.5	5.116
对照区	11.940	2.23	10.035	7.9	4.920
提高百分比（%）	5.76	−13.45	7.89	45.56	3.98

选取30个瓜进行品质检测边糖含量提高了18.42%、固酸比提高24.50%，维生素C含量提高了45.56%，10大芳香物质含量总积分面积比提高30.52%。

4.蜜蜂授粉增收节支情况统计表 见表2-14-4、表2-14-5。

表2-14-4 蜜蜂授粉甜瓜增收情况统计表

处 理	产量（斤/亩）	销售价格（元/斤）	毛收入（元/亩）	示范区比农民毛收入增加（元/亩）
授粉区	3 529.56	4.5	15 883.82	3 492.04
对照区	3 540.28	3.5	12 390.98	

产量=每个瓜的平均重量×亩平均瓜数

表2-14-5　授粉区与对照区成本核算表

处　理	人工投入（工/亩）	人工投入（元/亩）	绿控资本与人工合计（元/亩）	亩用药成本（元）	总投入成本（元/亩）	备注
授粉区	22	2 860	4 010	850	8 320	不计设施大棚投入
对照区	25	3 250	4 230	980	8 760	不计设施大棚投入

人工投入=大棚用工数量×用工时间/亩数，工价根据当地实地调查平均价，130元/天。亩用药成本核算包含杀虫剂、杀菌剂和杀根结线虫及消毒剂等。

（二）甜瓜大田栽培效益评价

见表2-14-6。

表2-14-6　甜瓜示范区不同处理间产量、品质测定对比表

项　　目	自然授粉区	蜜蜂授粉区	空白对照区	自然授粉比空白对照增加（%）	蜜蜂授粉比空白对照增加（%）	蜜蜂授粉比自然授粉增加（%）
小区种植株数（株）	14	14	14	—	—	—
坐果数（株）	13	14	13	—	—	—
畸形果数（株）	2	1	2	—	—	—
单果重（g）	1 560	1 800	1 550	0.6	16.1	15.4
小区内产量（斤）	43.7	50.4	43.4	0.7	16.1	15.3
折合亩产量（斤）	3 642	4 202	3 618	0.7	16.1	15.4
含糖量（%）	14.3	15.3	12.4	15.3	23.4	7.5
脯氨酸含量（μg/g）	93	104	92	1.1	13.0	11.8
维生素C含量（mg/50g）	3 805	4 125	3 750	1.5	10.0	8.4

以内蒙古巴彦淖尔市杭锦后旗示范区为例：收获后分别对自然授粉区、蜜蜂授粉处理区、空白对照的甜瓜进行产量和品质测定，主要包括坐果率、畸形率、单果重、亩产量等，品质指标主要包括含糖量、脯氨酸含量、维生素C含量等。通过对各小区记录的数据分析，蜜蜂授粉区内甜瓜坐果率可达98%，其产量较自然授粉区增产15.4%，较无授粉区增产16.1%，增产效果明显。含糖量、脯氨酸含量、维生素C含量均高于空白对照区和自然授粉区，品质提升显著。

（三）效益分析

1.经济效益

（1）蜜蜂授粉示范区。

投入：每亩种子投入160元+化肥、地膜200元+租赁蜜蜂100元+绿色防控投入60元+人工投

入80元=600元/亩。

产出：每亩产出商品瓜4 202斤。

毛收入：按市场价每斤1.5元计算，4 202斤 ×1.5元/斤=6 303元/亩。

净收入：6 303元－ 600元=5 703元。

（2）自然授粉示范区。

投入：每亩种子投入160元+化肥、地膜200元+农药投入200元 +人工投入140元=700元/亩。

产出：每亩产出商品瓜3 642斤。

毛收入：3 642斤 ×1.5元/斤=5 463元/亩。

净收入：5 463元－ 700元=4 763元。

通过在甜瓜上开展该项技术集成应用，蜜蜂授粉示范区与自然授粉示范区相比，平均每亩增产560斤，亩增收840元，取得了明显的经济效益。

2.社会效益 一是充分挖掘了农作物增产潜力，降低了农业生产成本。二是促进了农产品质量安全。三是促进了养蜂业健康持续发展。

3.生态效益 通过开展绿色防控技术集成与示范应用，有效地减少了农药的使用量和使用次数，提高了农药的使用率，减少了农药对土壤、水源的污染，为昆虫授粉创造了良好的农业生态环境，保障了农业生产安全和产品质量安全。

执笔人：张曼丽、高景林、杨立国

甜瓜蜜蜂授粉与绿色防控技术模式

时间	4月上中旬	4月中下旬	5月上中旬	6月上中旬	7月上旬
生育期	播种前	播种期	苗期	开花期	成熟期
主控对象	果斑病		猝倒病、立枯病	蚜虫、白粉虱、蓟马以及细菌性果斑病、枯萎病	
防治措施	选用抗（耐）病品种+种子消毒		生物源农药+生防菌的生物防治	蜜蜂授粉技术、灯光诱杀、黄（蓝）板诱蚜	控水防病和整枝打叉的农艺措施
备注	**种子消毒：**在甜瓜种植地块增施有机肥，播种前全部采取温汤浸种，即用55℃的温水浸种5 ～ 10分钟，而后用1 000倍液的农用链霉素进行浸种1小时。 **生物源农药+生防菌的生物防治：**选用72%链霉素等防治细菌性果斑病，嗯霉灵枯草、芽孢杆菌防治立枯病、猝倒病。 **蜜蜂授粉技术：**开花10%之前入场，按1箱/2亩，蜂群势8脾以上，授粉蜂群以10 ～ 20群为一组。单箱排列、多箱排列、圆形或U型排列巢门背风向阳摆放。授粉期间禁止使用烟碱类、阿维菌素等对蜜蜂不安全的化学药剂。 **灯光诱杀、黄（蓝）板诱蚜：**每50亩一盏灯，灯间距离180 ～ 200m，离地面高度1.5 ～ 1.8m，呈棋盘式分布。黄板每亩20块，悬挂高度高于植株15 ～ 20cm。 **控水防病和整枝打杈的农艺措施：**整枝打杈要及时，减少伤口，尽量在晴天进行。在整枝前后各喷施一次72%农用硫酸链霉素可湿性粉剂2 000倍液预防传病。同时通过平畦覆膜水后种植、开沟起垄种植、滴灌技术等控水防病技术措施，减少病虫危害					

附录

附录一　相关政策文件

1.农业部关于加快蜜蜂授粉技术推广促进养蜂业持续健康发展的意见（农牧发〔2010〕5号）

各省、自治区、直辖市及计划单列市农业（农牧、畜牧兽医）厅（局、委、办），新疆生产建设兵团农业局、黑龙江农垦总局：

我国是世界养蜂大国，蜂群数量和蜂产品产量多年来一直稳居世界首位。养蜂业发展对于满足蜂产品市场需求、促进农民增收、提高农作物产量和维护生态平衡做出了重要贡献。但我国养蜂业可持续发展的根基还不稳固，标准化规模生产水平不高，组织化程度很低，一些蜂农的合法权益得不到保障，特别是蜜蜂授粉促进农作物增产观念还没有深入人心，养蜂对农作物增产应有的功效远未发挥，与世界养蜂业发达国家尚有较大的差距。为深入贯彻落实科学发展观，进一步转变养蜂业发展方式，着力强化蜜蜂授粉的产业功能，夯实产业发展基础，提高综合效益，保障蜂产品质量安全，推动养蜂业持续健康发展，提出如下意见：

一、深刻认识养蜂业的重要地位和作用

养蜂业是现代农业的重要组成部分，是维持生态平衡不可缺少的链环，是一项利国利民的事业。发展养蜂业，不仅能够提供大量营养丰富、滋补保健的蜂产品，增加农民收入，促进人民身体健康，而且对提高农作物产量、改善产品品质和维护生态平衡具有十分重要的作用。

（一）发展养蜂业是促进农作物增产的重要手段。实践证明，利用蜜蜂授粉可使水稻增产5%，棉花增产12%，油菜增产18%，部分果蔬作物产量成倍增长，同时还能有效提高农产品的品质，并将大幅减少化学坐果激素的使用。蜜蜂授粉是一项很好的农业增产提质措施，每年我国蜜蜂授粉促进农作物增产产值超过500亿元。按蜜蜂为水果、设施蔬菜授粉率提高到30%测算，全国新增经济效益可达160多亿元，蜜蜂为农作物授粉增产的潜力很大。

（二）发展养蜂业是增加农民收入的有效途径。2008年全国蜂群数量820万群，蜂蜜产量超过40万t，养蜂业总产值达40多亿元。发展养蜂不与种植业争地、争肥、争水，也不与养殖业争饲料，具有投资小、见效快、用工省、无污染、回报率高的特点，按照一个家庭蜂场饲养100群蜂，正常年份每群蜂纯收入300元计算，每户养蜂年收益可达3万元，带动农民增收效果显著。充分挖掘养蜂业的自身优势，推进标准化、规模化饲养，有助于促进农民持续增收。

（三）发展养蜂业是满足蜂产品市场需求的重要保障。2008年全国人均蜂产品消费量仅0.3kg，部分城市居民和大多数农村居民基本上还没有消费蜂产品。随着人民生活水平的提高和对蜂产品保健功效认识的不断加深，蜂产品消费量将持续增长，对蜂产品质量安全要求也越来越高。只有推动养蜂业持续健康发展，加大政策扶持和生产监管力度，才能稳步增加蜂产品产量，丰富蜂产品花色品种，提升蜂产品质量安全水平，满足日益增长的市场消费需求。

（四）发展养蜂业是保护生态环境的重要举措。蜜蜂授粉对于保护植物的多样性和改善生态环境有着不可替代的重要作用。世界上已知有16万种由昆虫授粉的显花植物，其中依靠蜜蜂授粉的占85%。蜜蜂授粉能够帮助植物顺利繁育，增加种籽数量和活力，从而修复植被，改善生态环境。受经济发展和自然环境变化的影响，自然界中野生授粉昆虫数量大量减少，蜜蜂授粉对保护生态环境的重要作用更加凸显。

二、明确促进养蜂业发展的指导思想、原则和目标

（一）指导思想

全面贯彻落实科学发展观，坚持发展养蜂生产和推进农作物授粉并举，加快推动蜜蜂授粉产业发展；以市场为导向，加强扶持，着力改善养蜂业发展的内外部环境；转变养蜂业生产方式，大力推进养蜂业标准化、规模化、优质化和产业化建设，稳步提高蜂产品质量安全水平，积极促进农业增效和农民增收，努力实现养蜂业持续稳定健康发展。

（二）基本原则

坚持统筹协调，统筹国内、国际两个市场，推动发展养蜂生产和促进农业增产、保护生态的良性互动，强化养蜂为农作物授粉增产的功能。坚持市场导向，充分发挥市场机制配制资源的基础性作用；加大政策扶持，强化行业发展的指导与管理，健全相关法规与标准，营造养蜂业发展良好的外部环境。坚持质量至上，推广先进适用饲养技术，严格兽药等投入品使用监督管理，落实各环节的质量责任制度，提高蜂产品质量安全水平。

（三）发展目标

到2015年，全国养蜂数量达到1 000万群，全国蜂产品产量达到50万t；蜜蜂为农作物授粉增产的配套技术得到普及，形成一批专业化的授粉蜂场，初步实现蜜蜂授粉产业化；生产方式转变取得显著进展，规模化养蜂场（户）和专业合作组织饲养比重由目前的不足40%提高到70%，生产设施化和蜂产品质量安全水平大幅提高，产业化加快发展，养蜂业可持续发展能力进一步增强。

三、普及推广蜜蜂授粉促进农作物增产技术

（一）强化蜜蜂授粉的科学研究。支持开展授粉蜜蜂饲养管理技术、蜂种培育、病虫害防治、授粉机具等方面的研究。加大蜜蜂授粉的生态效应评价和对农作物增产的机理研究力度，挖掘对主要粮食和经济作物的增产潜力。

（二）大力推广普及蜜蜂授粉技术。选择油菜、棉花、苹果、向日葵、草莓、西瓜、柑橘、枣等蜜蜂授粉增产提质作用明显的农作物品种，推广蜜蜂授粉技术。加强蜜蜂授粉技术的集成与示范，在蜜蜂授粉主要区域，将蜜蜂授粉技术列入农技推广示范的主推技术，加快普及应用步伐。建设一批蜜蜂授粉示范基地，普及授粉蜜蜂饲养技术，探索建立蜜蜂有偿授粉机制。

（三）加快普及绿色植保技术。制定并实施农作物花期农药使用规范，最大限度地减少蜜蜂农药中毒现象的发生。在蜜蜂放养区域特别是授粉关键季节，改进传统的农作物病虫害防控方式，尽量避免花期喷施农药，加大生物防治、生态控制、安全用药等绿色植保技术的推广普及力度，通过

对农药的减量替代和使用控制，减轻其对蜜蜂的伤害。

（四）加大蜜蜂授粉技术的宣传。大力宣传蜜蜂授粉对农作物增产和促进生态农业发展的意义与作用，大力宣传各地推行蜜蜂授粉的成功经验和典型事例，使蜜蜂授粉技术的经济和生态效益为社会所认同，营造推广蜜蜂授粉技术的良好社会氛围。

四、推动蜂产品生产健康发展

（一）优化养蜂业区域布局。要根据区域蜜源植物、蜜蜂饲养、蜂产品加工等条件，明确区域功能定位，充分发挥资源优势、形成各具特色的养蜂业发展区域。东中部地区要利用资金、技术优势，加大科研推广力度，建立一批蜂产品标准化生产基地和优质蜂产品出口生产基地。西部地区要充分发挥蜜源植物丰富的区位优势，增加蜜蜂饲养数量，提高规模化水平，发展特色蜂产品。

（二）完善蜜蜂良种繁育体系。通过畜禽良种工程等项目，加大蜜蜂良种繁育体系的建设的扶持力度，建设蜜蜂育种中心和一批蜜蜂资源场、种蜂场、基因库，满足蜜蜂资源保护以及生产发展的需要。保护和利用好中华蜜蜂资源，严格蜜蜂资源进出口管理。加强省级以上蜜蜂遗传资源保护区、保种场的管理，禁止外来蜂场进入放蜂。加快蜂种种质监督检验测试站建设，强化种蜂质量检测能力。建设蜜蜂良种数据库和信息交流平台，收集、分析、发布全国优良蜂种信息，鼓励推广优良种蜂。

（三）转变养蜂生产方式。制定推广蜜蜂饲养管理相关标准，积极推广规模化、养强群，生产成熟蜜的先进技术。支持建设一批规模化成熟蜜、蜂王浆等优质蜂产品的生产示范基地，建立养蜂日志，健全养殖档案，规范兽药等投入品的使用，实行质量可追溯体系，提高蜂产品质量安全水平。积极推行定地结合小转地放蜂。引导转地放蜂蜂场科学利用蜜源场地，蜂场之间保持适当的距离。鼓励企业、行业协会（学会）、科研院所和大专院校加大养蜂生产技术推广力度，重点对基地、蜂农合作社、大型养蜂场生产人员的培训。

（四）做好蜜蜂疫病防控。强化蜜蜂疫病防控工作，做到种蜂无主要疫病，从源头上提高蜜蜂健康水平。研制推广一批安全有效、低残留的抗菌类蜂用兽药。进一步加强蜂用兽药生产、销售、使用等管理。严禁在蜜蜂巢础生产过程中添加任何药物。研究推广蜂病现场快速诊断技术，提高蜜蜂疾病的诊断准确率。规范蜜蜂检疫行为。强化蜂场日常卫生和蜂群保健，加强蜜蜂蜂螨、白垩病、孢子虫病等危害严重疫病的防控。

（五）构建质量检测和标准体系。继续加强部级和区域蜂产品质量监督检验测试中心建设，完善质量检测体系运行机制，提高检测能力。鼓励加工企业和合作组织加强蜂产品质量检测能力建设。开展蜂产品质量安全监控与风险评估，实施例行检测、应急检测和风险评估，及时把握我国蜂产品质量安全现状。修订蜜蜂饲养、蜂病防治、蜂产品生产、蜂产品质量与检测、蜜蜂授粉等标准，建立健全蜂业标准体系。

五、加强对养蜂业发展的组织领导

（一）强化对养蜂业发展的指导和管理。各级农牧部门要把促进养蜂业生产发展列入重要的议事日程，制定养蜂业发展规划，健全工作机制，认真组织实施。要加强行业监管，充实养蜂管理人员队伍，重点养蜂区域要有专门人员负责（其他地区要有兼职人员负责），做到层层有人抓、有制度管、有经费推，及时处理养蜂业发展中遇到的突出问题。要密切关注养蜂业发展过程中出现的新情况、新问题，及时采取应对措施，推进养蜂业持续健康发展。

（二）切实保护蜂农的合法权益。指导和培育养蜂专业合作组织，充分发挥其开展饲养管理技术培训、推进产销衔接、维护蜂农合法权益、加强行业自律等方面的重要作用。逐步推行蜂产品优质优价，完善企业与养殖者的利益联结机制。在转地放蜂集中地区，会同有关部门，妥善解决治安、收费、蜂产品销售、蜜蜂农药中毒、人蜂安全等问题，切实保护蜂农的权益。积极支持建立养蜂业风险救助金制度，不断增强蜂农抵御风险灾害能力。

（三）加强多部门协调配合。养蜂业的发展需要多部门加强配合、形成合力。坚持蜂产品生产与农作物授粉相结合，大力推广蜜蜂饲养技术、授粉技术，加大蜜源植物的保护和利用力度。各级农业、畜牧兽医等相关部门要密切配合、通力合作，发挥各自优势和作用，联合科研院所、大专院校、行业协会（学会）和企业等方面力量，共同促进养蜂业持续健康发展。

二〇一〇年二月二十六日

2. 农业部办公厅关于印发《蜜蜂授粉技术规程（试行）》的通知（农办牧〔2010〕8号）

各省、自治区、直辖市及计划单列市农业（农牧、畜牧兽医）厅（局、委、办），新疆生产建设兵团农业局、黑龙江农垦总局：

使用蜜蜂为农作物授粉技术是一项行之有效的农业增产提质措施。为进一步推广蜜蜂授粉技术，转变养蜂业生产方式，提高农作物产量和品质，农业部组织制定了《蜜蜂授粉技术规程（试行）》。现印发给你们，请各地结合生产实际，参照执行，并及时向农业部畜牧业司和种植业司反馈执行过程中遇到的实际问题。

附件：蜜蜂授粉技术规程（试行）

二〇一〇年二月二十一日

附件

蜜蜂授粉技术规程（试行）

蜜蜂是开花植物的主要授粉昆虫。蜜蜂授粉是指以蜜蜂为媒介传播花粉，使植物实现授粉受精的过程。蜜蜂授粉技术是农业生产的重要配套措施之一。本规程规定了有关授粉蜂群的准备、大田作物授粉技术和设施作物授粉技术的操作程序和管理要求等。

1 授粉蜂群的准备

1.1 蜂种

1.1.1 蜜蜂

主要为意大利蜜蜂和中华蜜蜂，适合为果树、蔬菜、油料、瓜类、牧草等植物授粉。

1.1.2 熊蜂

主要有小峰熊蜂、密林熊蜂、红光熊蜂、明亮熊蜂和欧洲熊蜂等，适合为茄果类蔬菜、瓜类和果树类等设施作物授粉。

1.1.3 切叶蜂

主要有苜蓿切叶蜂，适合为苜蓿等牧草类作物授粉。

1.1.4 壁蜂

主要有凹唇壁蜂等，适合为早春果树授粉。

1.2 蜂群获得

1.2.1 租赁

种植园（户）与养蜂场（或授粉公司）签订授粉租赁合同，租赁蜂群进行授粉活动。租赁合同中应明确付款方式、授粉蜂群的数量和质量、蜂群进场时间、种植园（户）的饲喂方法和用药管理等事项，以维护双方权益。

1.2.2 购买

种植园（户）购买蜂群自行授粉时，应挑选性情温顺、采集力强、蜂王健壮、无白垩病、蜂螨和爬蜂等病症的强群。

1.3 运输

运输蜂群时，要注意如下事项：

①汽车等运输工具清洁无农药污染；

②蜂群饲料充足，长距离运蜂在装车前2小时，每个蜂群加1张水脾；

③固定巢脾及蜂箱，防止运输过程中挤压蜜蜂；

④调整好巢门方向（关门运蜂方式巢门朝前，开门运蜂方式巢门横向朝外）；

⑤合理安排运蜂时间，开巢门运蜂，应在傍晚蜜蜂归巢后进行启运；关巢门运蜂，装车后立即起运。运蜂车应在夜晚行驶，宜在第2天中午前到达，并及时卸下蜂群。长途运输第2天不能到达时，应在上午10点以前把蜂车停在阴凉处，停车（或卸车）放蜂，傍晚再继续运输。

2 大田作物蜜蜂授粉技术

2.1 蜂群配置

2.1.1 进场时间

根据不同植物的流蜜情况，具体决定蜂群进场时间。对于荔枝、龙眼、向日葵、荞麦、油菜等蜜粉丰富的植物，可提前2天把蜜蜂运到场地；对于梨树等泌蜜量少的植物，应等植株开花25%左右时再把蜂群运到场地；对于紫花苜蓿，可在开花10%左右时运进一半的授粉蜂群，7天后再运进另一半；桃、杏、甜樱桃等花期较短的植物则应在初花期就把蜂群送到授粉场地。

2.1.2 蜂群数量

蜂群数量取决于蜂群的群势、授粉作物的面积与布局、植株花朵数量和长势等。一个15框蜂的蜜蜂强群可承担连片分布的授粉作物的面积如下：油菜3 ~ 6亩、荞麦6 ~ 9亩、向日葵10 ~ 15亩、棉花10 ~ 15亩、紫云英3 ~ 5亩、苕子3 ~ 5亩、牧草类6 ~ 8亩、瓜果蔬菜类7 ~ 10亩、果树类5 ~ 6亩。在早春时，因蜂群正处于繁殖阶段，群势相对较弱，每群蜂所能承担授粉的面积相对较小，应适当增加授粉蜂群数量。

2.1.3 蜂群摆放

授粉蜜蜂进入场地后，蜂群摆放应遵循如下原则：如果授粉作物面积不大，蜂群可布置在田地的任何一边；如果面积在700亩以上，或地块长度达2千米以上，则应将蜂群布置在地块的中央，减少蜜蜂飞行半径。授粉蜂群一般以10 ～ 20群为一组，分组摆放，并使相邻组的蜜蜂采集范围相互重叠。

2.2 蜂群管理

2.2.1 早春保温

早春气温低，蜂群群势弱，放蜂地应选在避风向阳处，采取蜂多于脾和增加保温物的方法来加强保温。

2.2.2 保持强群

给早春油菜、梨、苹果等植物授粉时，要组织强群，以便在较低温度下可以正常开展授粉活动。

2.2.3 及时采收花粉

对花粉丰富的植物，应及时采收花粉，提高蜜蜂访花的积极性。

2.2.4 蜂群饲喂

蜜蜂授粉期间主要饲喂花粉、糖浆和水，饲喂种类和数量应视授粉作物蜜粉的情况而定。对于油菜、芝麻、柑橘、荔枝、龙眼、荞麦、向日葵、棉花、西瓜、杏、梨、苹果、枇杷、山楂以及牧草等蜜粉较为丰富的作物，在蜜蜂授粉期间，保证干净的饮水供应即可；对于枣树等少数缺粉的作物，应饲喂花粉，以补充蛋白质饲料；对玉米、水稻等有粉无蜜的作物，则应适当饲喂糖浆（糖水比约为2 ∶ 1）。

2.2.5 训练蜜蜂积极授粉

针对蜜蜂不爱采访某种作物的习性，或为加强蜜蜂对某种授粉作物采集的专一性，在初花期至花末期，每天用浸泡过该种作物花瓣的糖浆饲喂蜂群。花香糖浆的制法：先在沸水中溶入相等重量的白糖，待糖浆冷却到20 ～ 25℃时，倒入预先放有该种作物花瓣的容器里，密封浸渍4小时，然后进行饲喂，每群每次喂100 ～ 150g。第一次饲喂宜在晚上进行，第二天早晨蜜蜂出巢前，再补喂一次，以后每天早晨喂一次。也可在糖浆中加入该种作物香精喂蜂，以刺激蜜蜂采集。

2.3 作物管理

2.3.1 用药注意事项

在植物开花前，种植（园）户不得使用氧化乐果、敌敌畏等剧毒、残留期较长的农药；在开花期，授粉作物及其周边同期开花的其他作物均应严禁施药。若必须施药，应尽量选用生物农药或低毒农药。

2.3.2 开花前期管理

对作物进行常规的水肥管理，清除所有与农药有关的物品，待药味散尽后再运蜂进场。授粉作物不进行去雄处理。

2.3.3 合理配置授粉果树

利用蜜蜂为果树授粉时，对于自花授粉能力较差的品种，应间隔均匀地栽培一些供粉植株。对于盛果期的单一品种果园，可将授粉品种果树的花粉放在蜂巢门口，通过蜜蜂的身体接触将花粉带到植物花朵上，起到异花授粉的作用。

2.3.4 授粉后管理

经蜜蜂授粉后，应根据需要及时对作物进行疏花疏果、施肥浇水，提高产品产量和品质。

3 设施作物蜜蜂授粉技术

3.1 蜂群组织

3.1.1 蜜蜂蜂群组织

在秋末，通过培育蜂王，将大蜂群扩繁成1只蜂王、3脾蜂的授粉标准群，蜂箱内保持充足的蜂蜜和适量的花粉，以保证蜂群繁殖。授粉蜂群要提前预防病虫害，保证授粉蜂群无病。对于制种作物，在蜂群进入温室之前，应先隔离蜂群2～3天，让蜜蜂清除体上的外来花粉，避免引起作物杂交。

3.1.2 熊蜂蜂群组织

授粉植物开花前，在温度为29℃左右的饲养室把熊蜂蜂群繁育成有40只左右工蜂且拥有大量卵、虫、蛹的授粉蜂群，并转入20℃左右的饲养室继续饲养；在放入温室前3天，将熊蜂群移入15℃左右的低温饲养室饲养，同时，在巢箱内加适当适量的脱脂棉或碎纸屑进行保温。在熊蜂移入温室前，蜂箱内保持充足的花粉和糖水。

3.2 蜂群配置

3.2.1 蜜蜂配置

3.2.1.1 时间

对于设施瓜果蔬菜类花期较长的作物，在初花期将蜂群放入即可；对于设施果树类花期很短的作物，应在开花前5天左右将蜂群放入温室。应选择傍晚时将蜂群放入温室，第二天天亮前打开巢门，让蜜蜂试飞，排泄，适应环境。同时补喂花粉和糖浆，刺激蜂王产卵，提高授粉蜜蜂的积极性。

3.2.1.2 数量

为设施瓜果蔬菜类授粉，对于面积为500～700m^2的普通日光温室，一个标准授粉群（3脾蜂/群）即可满足授粉需要；对于面积较小的温室，则应适当减少蜜蜂数量；对于大型连栋温室，则按一个标准授粉群承担600m^2的面积配置。

为设施果树类授粉，对于面积为500～700m^2的普通日光温室，根据树龄大小和开花多少，每个温室配置2～3个标准授粉群。对于大型连栋温室，则按一个标准授粉群承担300m^2的面积配置。

3.2.1.3 摆放

如果一个温室内放置1群蜂，蜂箱应放置在温室中部；如果一个温室内放置2群或2群以上蜜蜂，则将蜂群均匀置于温室中；蜂箱应放在作物垄间的支架上，支架高度20cm左右，巢门朝南朝北均可。

3.2.2 熊蜂配置

3.2.2.1 时间

熊蜂适应温室环境能力较强，在温室作物开花前1～2天放入即可。应在傍晚时将蜂群放入温室，第二天早晨打开巢门即可。

3.2.2.2 数量

为设施茄果类、瓜果类、草莓类等开花较少的作物授粉，对于500～700m^2的普通日光温室，1群熊蜂（60只工蜂/群）即可满足授粉需要；对于大型连栋温室，按照1群熊蜂承担1 000m^2的授粉面积配置。

为设施桃、杏、樱桃、梨等开花较多的果树授粉，对于面积为500 ～ 700m^{2}的普通日光温室，根据树龄大小和开花多少，每个温室配置2 ～ 3群的标准授粉群。对于大型连栋温室，则按一个标准授粉群承担500m^{2}的面积配置。

3.2.2.3　摆放

如果一个温室内放置1群蜂，蜂箱应放置在温室中部；如果一个温室内放置2群或2群以上蜜蜂，则将蜂群均匀置于温室中。为设施瓜果类、草莓类授粉，蜂箱放在作物垄间的支架上，支架高度30cm左右；为设施果树类授粉，常把蜂箱挂在温室后墙上，巢门朝南，蜂箱高度与树冠中心高度基本保持一致。

3.3　蜂群管理

3.3.1　蜜蜂管理

3.3.1.1　加强保温

温室内夜晚温度较低，蜜蜂结团，外部子脾常常受冻。为此，晚上应在副盖上加草帘等保温物，维持箱内温度相对稳定，保证蜂群能够正常繁殖。

3.3.1.2　喂水

温室内蜂群的喂水通常有两种，一是巢门喂水，采用喂水器进行喂水；二是在蜂箱前约1m的地方放置一个碟子，每隔2天换一次水，在碟子里面放置一些草秆或小树枝等，供蜜蜂攀附，以防蜜蜂溺水死亡。

3.3.1.3　喂糖浆

温室内大多数作物因面积和数量有限，花朵泌蜜不能满足蜂群正常发育，尤其为蜜腺不发达的草莓等授粉时，通常在巢内饲喂糖水比为2 ： 1的糖浆。

3.3.1.4　喂花粉

花粉是蜜蜂饲料中蛋白质、维生素和矿物质的唯一来源，对幼虫生长发育十分重要。通常采用喂花粉饼的办法饲喂蜂群。花粉饼的制法：选择无病、无污染、无霉变的蜂花粉，用粉碎机粉成细粉状；将蜂蜜加热至70℃趁热倒入盛有花粉的盆内（蜜粉比为3 ： 5），搅匀浸泡12小时，让花粉团散开。如果花粉来源不明，应采用高压或者微波灭菌的办法，对蜂花粉原料进行消毒灭菌，以防病菌带入蜂群。每隔7天左右喂一次，直至温室授粉结束为止。

3.3.1.5　调整蜂脾关系

温室特别是日光温室的昼夜温度、湿度变化大，容易使蜂具发生霉变而引发病虫害。在授粉后期，对于草莓等花期较长的作物，要及时将蜂箱内多余的巢脾取出，保持蜂多于脾、或者蜂脾相称的比例关系。

3.3.2　熊蜂管理

3.3.2.1　饲喂

为桃、杏等花期集中且花粉较多的果树授粉时，熊蜂一般不需要补充饲喂食物。为草莓等花期较长且花粉较少的作物授粉时，需要饲喂花粉和糖水。饲喂花粉的方法与蜜蜂相同。饲喂糖水时，通常在蜂箱前面约1m的地方放置一个碟子，里面放置50%的糖水少许，每隔2天更换1次；同时，在碟子内放置一些草秆或小树枝，供熊蜂取食时攀附。

3.3.2.2 移箱

为花期错开的果树授粉时，完成前一批果树授粉任务的熊蜂，可以继续为后一批开花的果树授粉。具体方法为：前一温室授粉结束时，在晚上熊蜂回巢后关闭巢门，然后将蜂箱移至新的温室，第二天早晨打开巢门即可。

3.3.2.3 及时更换蜂群

一群熊蜂的授粉寿命为45天左右。为长花期的作物如番茄、草莓等授粉时，应及时更换蜂群，保证授粉正常进行。

3.3.2.4 检查蜂群

蜂群活动正常与否，可以通过观察进出巢门的熊蜂数量来判断。在晴天的9：00 ～ 11：00，如果在20分钟内有8只以上的熊蜂进出蜂箱，则表明这群熊蜂处于正常的状态。对于不正常的蜂群应及时更换。

3.4 温室管理

3.4.1 隔离通风口

用宽约1.5m左右的尼龙纱网封住温室通风口，防止温室通风降温时蜜蜂或熊蜂飞出温室冻伤或丢失。

3.4.2 控温控湿

蜜蜂授粉时，温室温度一般控制在15 ～ 35℃ ；熊蜂授粉时，温室温度一般控制在15 ～ 25℃。

中午前后通风降温时，温室内相对湿度急剧下降。对于蜜蜂授粉的温室，可以通过洒水等措施保持温室内湿度在30%以上，以维持蜜蜂的正常活动。

3.4.3 作物管理

放入授粉蜂群前，对温室作物病虫害进行一次详细的检查，必要时采取适当的防治措施，随后保持良好的通风，去除室内的有害气体。

作物栽培采用常规的水肥管理，花朵不去雄。为温室果树授粉时，花期应在温室地面上铺上地膜，保持土壤温度和降低温室内湿度，有利于花粉的萌发和释放。

授粉结束后，根据作物生产需要调整温度、湿度，加强水肥管理和病虫害防治。果树视情况进行疏果。

3.4.4 用药注意事项

在植物开花前，不能使用残留期较长的农药如敌敌畏、乐果等。在植物开花期间，要避免使用毒性较强的杀虫剂如吡虫啉、毒死蜱等。如果必须施药，应尽量选用生物农药或低毒农药。施药时，一般应将蜂群移入缓冲间以避免农药对蜂群的危害，如在施用百菌清等杀菌剂时，或夜晚采用硫黄熏蒸防治作物灰霉病和烂根病等病害时，将蜂群移入缓冲间隔离一天，然后原位放回即可。利用熊蜂为设施茄果类授粉时，不宜再喷洒2，4-D和赤霉素等植物生长调节剂。

2010年3月10日

3. 蜜蜂授粉与绿色防控技术集成应用示范方案

3.1 农业部办公厅关于印发《2013年蜜蜂授粉与绿色防控增产技术集成应用示范方案》的通知（农办农〔2013〕75号）

有关省、自治区、直辖市农业（农牧）厅（委、局）：

保护利用蜜蜂授粉，推广病虫害绿色防控技术，对提高农作物产量，提升农产品质量安全水平，促进养蜂业和种植业持续健康发展意义重大。为贯彻落实中央领导的批示精神，我部决定2014年在部分地区率先启动蜜蜂授粉与绿色防控增产技术集成应用示范工作。现将《蜜蜂授粉与绿色防控增产技术集成应用示范方案》印发你们。请结合实际，细化制定具体实施方案，抓好示范任务落实，稳步推进示范工作。

有关示范工作进展情况，请及时告我部种植业管理司。

联系人：王建强

电话：010-59191835

E-mail：ppq@agri.gov.cn

农业部办公厅

2013年11月5日

蜜蜂授粉与绿色防控增产技术集成应用示范方案

养蜂业被誉为“农业腾飞之翼”、农业“月下红娘”。保护利用蜜蜂授粉，推广病虫害绿色防控技术，对提高农作物产量，提升农产品质量安全水平，促进养蜂业和种植业持续健康发展意义重大。为此，我部组织专家研究制定了《蜜蜂授粉与绿色防控增产技术集成应用示范方案》。

一、指导思想

充分发挥蜜蜂授粉酿蜜“月下老人”和人类“健康益友”的作用，贯彻“预防为主、综合防治”的植保方针。利用蜜蜂的生物学特性，强化蜜蜂授粉与绿色植保技术的协调配合，集中科技力量，加大扶持力度，突出重点、注重实效，在蜜蜂养殖和释放有基础的优势区域，选择适宜授粉作物，集成一批蜜蜂授粉与绿色防控配套技术，加大示范推广力度，促进养蜂业和种植业协调、持续、健康发展。

二、目标任务

2014年，以油菜、大豆、向日葵、苹果、梨、柑橘、草莓、番茄、瓜类、棉花等10种蜜源植物或虫媒授粉植物为主，建立20个示范基地，每个基地示范面积1 000 ～ 10 000亩。集成配套关键技术，形成10种作物蜜蜂授粉与绿色防控技术规程，促进大面积推广应用。

三、示范基地选择及区域布局

在油菜、大豆等作物集中连片种植区，选择有病虫害绿色防控基础、有蜂农放蜂作业或农民放蜂授粉习惯的地方，建立蜜蜂授粉与绿色防控增产技术集成示范基地20个。其中，油菜在安徽、江西、四川主产区各建立1个，每个基地示范面积1万亩；苹果在山西、山东、陕西主产区各建立1个，每个基地示范面积3 000亩；番茄在北京、河北、山东设施种植区各建立1个，每个基地示范面积1 000亩；向日葵在内蒙古、新疆主产区各建立1个，每个基地示范面积5 000亩；梨在山西、河南主产区各建立1个，每个基地示范面积3 000亩；柑橘在江西、湖北主产区各建立1个，每个基地示范面积3 000亩；草莓在北京、湖北设施种植区各建立1个，每个基地示范面积1 000亩；大豆、棉花、西甜瓜分别在黑龙江、新疆、内蒙古主产区各建1个，每个基地示范面积1万亩。

四、技术示范与优化集成

（一）蜜蜂授粉增产技术。针对不同地区、不同作物，选择适宜授粉蜂种（蜜蜂、熊蜂等），确定合理放蜂数量、时间及蜂群布局等技术指标，重点示范推广蜜蜂授粉田间应用、授粉蜜蜂靶标作物驯化、蜂群保护和快速转运等相关技术。同时，开展授粉区和对照区作物增产情况调查，明确蜜蜂授粉增产效果。

（二）病虫害绿色防控技术。针对不同地区、不同作物病虫发生情况和危害特点，优先推广应用生物防治、生态控制、物理防治等绿色防控技术措施。根据作物生长情况和蜜蜂授粉习性，科学制定病虫防控用药方案，指导农民合理选用对路的高效、低毒、低残留化学农药品种，适时安全施用，实现保护蜜蜂和防控病虫有机统一。

（三）集成配套技术规程。在试验示范基础上，将蜜蜂授粉技术与病虫绿色防控技术组装配套一体，形成不同作物蜜蜂授粉与绿色防控增产技术规程。

五、工作进度安排

（一）制定示范方案。2013年12月底前，各省选定示范基地；2014年1月31日前，组织制定并完成不同作物蜜蜂授粉与绿色防控增产技术集成应用示范实施方案，报我部种植业管理司和全国农业技术推广服务中心。

（二）启动示范工作。2014年2月，我部组织专家审核优化各地示范方案，培训示范基地项目负责人。各示范基地3月上旬完成农民培训任务，并启动示范工作（草莓、番茄等设施作物示范工作，可根据当地种植情况提前启动）。

（三）示范指导服务。2014年3月中旬～9月上旬，各示范基地所在农业部门组织养蜂和病虫防控技术人员，进村入户、深入田间地头，指导农民开展示范工作。

（四）工作总结评估。2014年10月31日前，各地完成示范工作总结，明确蜜蜂授粉增产效果，形成蜜蜂授粉与绿色防控增产技术规程。11月上旬，我部组织蜜蜂授粉、植物保护和农业经济等方面专家，科学评估示范效果，研讨确定来年工作方案。

六、相关工作要求

（一）加强组织领导。为确保示范工作落到实处，我部成立了种植业管理司、畜牧业司、全国农业技术推广服务中心、中国农科院蜜蜂研究所等单位牵头的示范工作协调小组。各示范省（区、市）农业主管部门也要成立相应的协调小组，加强组织领导，强化协调配合，确保示范工作按期有序推进。

（二）强化指导服务。每个示范基地要明确1名蜜蜂授粉技术指导专家和1名植保技术指导专家，通过举办专题技术培训、组织现场观摩、编印宣传挂图和技术手册等形式，普及蜂群快繁、蜜蜂授粉饲养管理、蜜蜂授粉增产技术，以及生物防治、农药安全使用等绿色技术，提高蜂农、农民蜜蜂保护利用意识和应用技能。

（三）加大扶持力度。充分利用农作物病虫害防治、粮棉油高产创建、园艺作物标准园创建以及蜜蜂产业发展等相关扶持政策措施，整合项目资金、物质供应、人才资源和技术力量，多渠道争取示范资金投入，加大扶持力度，确保蜜蜂授粉和绿色植保技术集成应用的各项措施落到实处。

3.2 农业部办公厅关于印发《2015年蜜蜂授粉与病虫害绿色防控技术集成示范方案》的通知（农办农〔2015〕6号）

有关省、自治区、直辖市农业（农牧）厅（委、局），全国农业技术推广服务中心，中国农业科学院植物保护研究所，中国农业科学院蜜蜂研究所：

为贯彻落实中央农村工作会议和全国农业工作会议精神，加快转变农业发展方式，促进农业提质增效，在总结经验的基础上，2015年继续开展蜜蜂授粉与病虫害绿色防控技术集成示范。现将《2015年蜜蜂授粉与病虫害绿色防控技术集成示范方案》印发你们，请结合当地实际，细化方案，明确责任，强化措施，狠抓落实，确保集成示范工作取得预期成效。

集成示范工作中的进展、成效及存在的问题，请及时反馈我部种植业管理司。

联系人：王建强

电 话：010-59191835

E-mail: ppq@agri.gov.cn

农业部办公厅

2015年2月16日

2015年蜜蜂授粉与病虫害绿色防控技术集成示范方案

保护利用蜜蜂授粉，推广病虫害绿色防控技术，对提高农作物产量，提升农产品质量安全水平，促进养蜂业和种植业持续健康发展意义重大。2015年，紧紧围绕“稳粮增收调结构，提质增效转方式”的工作主线，按照“探明效果、完善模式、增点扩面、稳步推进”的原则，继续开展蜜蜂授粉与病虫害绿色防控技术集成示范。特制定本方案。

一、指导思想

贯彻“预防为主、综合防治”的植保方针，强化蜜蜂授粉与病虫害绿色防控技术的有机结合，充分发挥绿色防控保护蜜蜂和蜜蜂授粉提高农产品产量和品质的作用。集中科技力量，加大扶持力度，在蜜蜂养殖释放有基础的优势区域，选择适宜授粉作物，集成示范一批蜜蜂授粉与绿色防控配套技术模式，探索建立多方合作、加速推广应用的工作机制。促进养蜂业和种植业协调、持续、健康发展。

二、目标任务

2015年，以油菜、向日葵、苹果、梨、柑橘、枣、樱桃、草莓、番茄、哈密瓜、水稻、大豆等12种蜜源植物或虫媒授粉植物为主，建立4个蜜蜂授粉与病虫害绿色防控技术集成应用整建制推进示范区、24个试验示范基地。每个整建制示范区，设施作物示范面积1万亩、大田作物5万亩；每个试验示范基地，设施作物示范面积1 000亩、大田作物3 000亩。集成12种作物蜜蜂授粉与绿色防控技术规程，初步形成油菜、向日葵、苹果、草莓、番茄等5种作物整体推进机制。

三、示范基地选择及区域布局

在12种作物集中连片种植区，选择病虫害绿色防控有基础、放蜂授粉有习惯或常年蜂农放蜂作业区，建立蜜蜂授粉与绿色防控整建制推进示范区和试验示范基地。

（一）整建制推进示范区。以油菜、向日葵、苹果、草莓和番茄5种作物为重点，设立4个示范区，开展整建制示范。其中，油菜、向日葵、苹果示范任务分别由安徽省、内蒙古自治区、山东省承担，示范面积各5万亩；草莓和番茄示范任务由北京市承担，示范面积共1万亩。

（二）试验示范基地。油菜、向日葵、苹果、梨、柑橘、枣、樱桃、草莓、番茄、哈密瓜、水稻、大豆等12种作物各设立2个试验示范基地，具体示范作物、示范基地布局、示范面积见附表1。

四、试验示范内容

（一）蜜蜂授粉增产技术。针对不同地区、不同作物，选择适宜授粉蜂种（蜜蜂、壁蜂、熊蜂等），确定合理放蜂数量、时间及蜂群布局等技术指标，研究授粉蜜蜂靶标作物驯化、蜜蜂繁殖和快速转运等相关技术。同时，开展授粉区和对照区作物增产、提质、增收情况调查，明确蜜蜂授粉效果。

（二）病虫害绿色防控技术。针对不同地区、不同作物病虫发生和危害特点，优先推广应用生物防治、生态控制、物理防治等绿色防控技术措施。根据作物生长情况和蜜蜂授粉习性，科学制定病虫防控用药方案，指导农民合理选择和科学使用高效低毒低残留农药，集成配套绿色防控技术，实现保护蜜蜂和防控病虫有机统一。

（三）集成配套技术规程。在试验示范基础上，将蜜蜂授粉技术与病虫害绿色防控技术组装配套，形成不同作物蜜蜂授粉与绿色防控技术规程。同时，探索建立大面积推广应用机制。

五、工作进度安排

（一）制定示范方案。2015年2月底前，各项目单位选定整建制示范区和试验示范基地，组织制定具体实施方案，报我部种植业管理司和全国农业技术推广服务中心。

（二）启动示范工作。2015年3月中旬前，我部组织专家审核优化各地实施方案，完成示范基地项目负责人和农民培训，启动试验示范工作。

（三）示范指导服务。2015年3月中旬至10月底，各示范区、试验示范基地所在农业部门组织养蜂和病虫防控技术人员，进村入户、深入田间地头，开展技术培训和指导。

（四）工作总结评估。每种试验示范作物收获后，及时报送试验示范结果，10月31日前，全面完成示范工作总结，明确蜜蜂授粉增产效果，形成蜜蜂授粉与绿色防控技术规程。11月中旬，我部组织专家评估示范效果。

六、相关工作要求

（一）加强组织领导。为确保示范工作落到实处，我部成立了由种植业管理司牵头的示范工作协调小组，建立专家分片包干指导制度（见附表2）。各示范省（区、市）也要加强组织协调，建立相关制度，确保示范工作按期有序推进。

（二）强化指导服务。每个示范基地要明确1名蜜蜂授粉技术指导专家和1名植保技术指导专家，通过举办专题技术培训、组织现场观摩、编印宣传挂图和技术手册等形式，普及蜜蜂授粉和病虫害绿色防控等技术，提高蜂农、农民保护利用蜜蜂意识和应用技能。

（三）加大扶持力度。充分利用重大农作物病虫防控、粮棉油高产创建、园艺作物标准园创建以及蜜蜂产业发展等相关扶持政策措施，整合项目资金、人力资源和技术力量，多渠道争取试验示范资金投入，加大扶持力度，确保蜜蜂授粉和病虫害绿色防控技术集成示范的各项措施落到实处。

（四）广泛宣传普及。采取中央媒体与地方媒体相联动，广播与视频相结合，报纸与网络相呼应，广泛宣传蜜蜂授粉与病虫害绿色防控技术增产、提质、增收作用和效果，普及绿色防控和保护利用蜜蜂知识，为试验示范和大面积推广应用创造良好氛围。

附表：1. 2015年蜜蜂授粉与病虫害绿色防控技术集成试验示范基地任务分配表

2. 蜜蜂授粉与病虫害绿色防控技术指导专家名单

附表1　2015年蜜蜂授粉与病虫害绿色防控技术集成试验示范基地任务分配表

作　物	省份及试验示范基地个数	每个基地示范面积（亩）
油菜	江西、四川各1个	3 000
向日葵	黑龙江、新疆各1个	3 000
苹果	山西、陕西各1个	3 000
梨	山西、河南各1个	3 000
柑橘	江西、湖北各1个	3 000
枣	山西、河南各1个	1 000
樱桃	河北、陕西各1个	1 000
草莓	湖北、四川各1个	1 000
番茄	河北、重庆各1个	1 000
哈密瓜	新疆、海南各1个	1 000
水稻	黑龙江共2个	3 000
大豆	黑龙江、内蒙古各1个	3 000

附表2 蜜蜂授粉与病虫害绿色防控技术指导专家名单

省 份	单位名称	姓 名	职 称
北京	北京市植物保护站	郑建秋	推广研究员
	北京蚕蜂管理站	刘进组	研究员
河北	河北省植保植检站	安沫平	研究员
	中国农业科学院蜜蜂研究所	黄家兴	助理研究员
山西	山西省植物保护植物检疫总站	张武云	高级农艺师
	山西省农科院园艺所	邵有全	研究员
内蒙古	内蒙古自治区植保植检站	郭玉峰	推广研究员
	内蒙古自治区经济作物工作站	尹成怀	高级农艺师
黑龙江	黑龙江省植检植保站	陈继光	研究员
	黑龙江省蚕蜂技术指导总站	王淑芬	推广研究员
安徽	安徽省植物保护总站	曹明坤	研究员
	安徽农业大学	余林生	教授
江西	江西省植保植检局	曾志明	推广研究员
	江西农业大学	曾志将	教授
山东	山东省植物保护总站	李明立	推广研究员
	山东农业大学	胥保华	教授
河南	河南省植物保护植物检疫站	程相国	研究员
	河南科技管理学院	张中印	副教授
湖北	湖北省植物保护总站	姜福元	推广研究员
	武汉葆春蜂产品公司	颜志立	高级农艺师
海南	海南省植保植检站	李 鹏	推广研究员
	中国热作院环植所	高景林	研究员
重庆	重庆市植物保护植物检疫站	刘祥贵	研究员
	重庆畜牧院蜂业研究所	戴荣国	副研究员
四川	四川省农业厅植物保护站	尹 勇	推广研究员
	四川省养蜂管理站	王顺海	副研究员
陕西	陕西省植物保护工作总站	范东晟	高级农艺师
	延安养蜂管理站	杨勤宏	副研究员
新疆	新疆自治区植物保护站	艾尼瓦尔•木沙	高级农艺师
	新疆自治区蜂业技术管理总站	刘世东	推广研究员

附录二 蜜蜂授粉区禁用农药列表

附表 2–1 禁用农药

药剂名称	农药类型	对蜜蜂毒性	禁止原因
吡虫啉	杀虫剂	高毒	内吸性，残效期长（欧盟蜜蜂禁止）
噻虫啉	杀虫剂	高毒	内吸性，残效期长（欧盟蜜蜂禁止）
噻虫嗪	杀虫剂	高剧毒	内吸性，残效期长（欧盟蜜蜂禁止）
噻虫胺	杀虫剂	高毒	内吸性，残效期长（欧盟蜜蜂禁止）
阿维菌素	杀虫剂	剧毒	对蜜蜂剧毒
滴滴涕	杀虫剂	有毒	高残留，全面禁止
六六六	杀虫剂	有毒	高残留，全面禁止
氟虫腈	杀虫剂	剧毒	对蜜蜂剧毒，水生禁止
二嗪磷	杀虫剂	剧毒	对蜜蜂剧毒
涕灭威	杀虫剂	高毒	蔬菜、果树、茶叶、中药材禁止
克百威	杀虫剂	高毒	蔬菜、果树、茶叶、中药材禁止
氧化乐果	杀虫剂	高毒	蔬菜、果树、茶叶、中药材禁止
乐果	杀虫剂	高毒	内吸性，残效期长
敌敌畏	杀虫剂	高毒	强熏蒸
杀螟硫磷	杀虫剂	高毒	残效期长
乙酰甲胺磷	杀虫剂	高毒	蔬菜、果树、茶叶、中药材禁止
倍硫磷	杀虫剂	高毒	蔬菜、果树、茶叶、中药材禁止
甲胺磷	杀虫剂	高毒	全面禁止
对硫磷	杀虫剂	高毒	全面禁止
甲基对硫磷	杀虫剂	高毒	全面禁止
久效磷	杀虫剂	高毒	全面禁止
磷铵	杀虫剂	高毒	全面禁止
甲拌磷（3911）	杀虫剂	高毒	全面禁止
甲基异柳磷	杀虫剂	高毒	蔬菜、果树、茶叶、中药材禁止
特丁硫磷	杀虫剂	高毒	蔬菜、果树、茶叶、中药材禁止
甲基硫环磷	杀虫剂	高毒	蔬菜、果树、茶叶、中药材禁止
治螟磷	杀虫剂	高毒	蔬菜、果树、茶叶、中药材禁止
内吸磷	杀虫剂	高毒	蔬菜、果树、茶叶、中药材禁止

（续）

药剂名称	农药类型	对蜜蜂毒性	禁止原因
灭线磷	杀虫剂	高毒	蔬菜、果树、茶叶、中药材禁止
硫环磷	杀虫剂	高毒	蔬菜、果树、茶叶、中药材禁止
蝇毒磷	杀虫剂	高毒	蔬菜、果树、茶叶、中药材禁止
地虫硫磷	杀虫剂	高毒	蔬菜、果树、茶叶、中药材禁止
氯唑磷	杀虫剂	高毒	蔬菜、果树、茶叶、中药材禁止
苯线磷	杀虫剂	高毒	蔬菜、果树、茶叶、中药材禁止
砷酸钙	杀虫剂	剧毒	高毒
S-氰戊菊酯	杀虫剂	高毒	高毒
杀虫脒	杀虫剂	高毒	致癌，禁止使用
戊唑醇	杀菌剂	剧毒	剧毒
汞制剂	杀菌剂	—	禁止使用
敌枯双	杀菌剂	—	致畸，禁止使用

附表2-2　安全间隔期慎用农药

药　剂	农药类型	对蜜蜂毒性	防治对象	登记作物
仲丁威	杀虫剂	中毒	飞虱、叶蝉、菜青虫	水稻、茶树、甘蓝
茚虫威	杀虫剂	中高毒	小菜蛾、甜菜夜蛾、菜青虫、稻纵卷叶螟、棉铃虫、茶小绿叶蝉	十字花科蔬菜、水稻、棉花、茶树
硫双威	杀虫剂	中毒	甜菜夜蛾、菜青虫、棉铃虫、小地老虎	甘蓝、棉花、十字花科蔬菜
混灭威	杀虫剂			水稻（稻飞虱、蓟马、叶蝉）
丁硫克百威	杀虫剂	高毒	蔗龟、蔗螟、蚜虫、稻飞虱、稻瘿蚊、稻蓟马、三化螟、蛴螬、锈壁虱、潜叶蛾等	甘蔗、棉花、水稻、苹果树、柑橘树、十字花科蔬菜、小麦
溴氰菊酯	杀虫剂	中高毒	桃小食心虫、梨小食心虫、棉铃虫、红铃虫、黏虫、小菜蛾、菜青虫、烟青虫、茶小绿叶蝉、潜叶蛾、蟑螂、玉米螟、大豆食心虫、蚜虫等	茶树、柑橘树、苹果树、梨树、小麦、叶菜类蔬菜、烟草、棉花、茶树、大豆、荔枝、玉米
联苯菊酯	杀虫剂	中高毒	茶小绿叶蝉、茶尺蠖、象甲、茶毛虫、粉虱、桃小食心虫、叶螨、潜叶蛾、棉铃虫、红铃虫	茶树、苹果树、柑橘树、番茄、黄瓜、棉花、小麦

（续）

药 剂	农药类型	对蜜蜂毒性	防治对象	登记作物
高效氯氟氰菊酯	杀虫剂	高毒	菜青虫、蚜虫、桃小食心虫、地老虎、棉铃虫、红铃虫、黏虫、甜菜夜蛾、小菜蛾、潜叶蛾、荔枝椿象、茶小绿叶蝉、茶尺蠖、烟青虫、大豆食心虫	十字花科蔬菜、苹果树、梨树、棉花（地老虎、红铃虫）、小麦、果菜、叶菜、柑橘树、荔枝树、茶树、烟草、大豆
高效氯氰菊酯	杀虫剂	高剧毒	红蜡蚧、潜叶蛾、桃小食心虫、茶尺蠖、茶小绿叶蝉、红铃虫、棉铃虫、棉蚜、螨、烟青虫、菜青虫、小菜蛾、菜蚜、蛴螬、梨木虱、二十八星瓢虫、蒂蛀虫、蝗虫	柑橘树、苹果树、茶树、棉花、烟草、十字花科蔬菜、梨树、马铃薯、草地、枸杞、荔枝树
甲氰菊酯	杀虫剂		红蜘蛛、桃小食心虫、潜叶蛾、棉铃虫、红铃虫、菜青虫、小菜蛾、茶尺蠖	苹果树、柑橘树、棉花、十字花科蔬菜、茶树
氟啶虫酰胺	杀虫剂	低毒	蚜虫	黄瓜、苹果、马铃薯
氟虫双酰胺	杀虫剂	低毒	甜菜夜蛾、小菜蛾、稻纵卷叶螟、二化螟	白菜、甘蓝、水稻
氯虫苯甲酰胺	杀虫剂	低毒	甜菜夜蛾、小菜蛾、斜纹夜蛾、稻纵卷叶螟、二化螟、大螟、三化螟、稻水象甲、小地老虎、蔗螟、玉米螟、金纹细蛾、桃小食心虫	甘蓝、花椰菜、水稻、甘蔗、玉米、苹果树
灭蝇胺	杀虫剂	中低毒	美洲斑潜蝇	菜豆、黄瓜、花卉
氟铃脲	杀虫剂	低毒	甜菜夜蛾、小菜蛾、棉铃虫	甘蓝、棉花
除虫脲	杀虫剂	低毒	锈壁虱、潜叶蛾、菜青虫、黏虫、金纹细蛾、松毛虫、美国白蛾、小菜蛾、茶尺蠖	柑橘树、小麦、苹果树、松树、十字花科蔬菜、茶树
氟虫脲	杀虫剂	低毒	红蜘蛛、潜叶蛾、锈壁虱、蝗虫	柑橘树、苹果树、草地
氟啶脲（抑太保）	杀虫剂	低毒	甜菜夜蛾、菜青虫、小菜蛾、斜纹夜蛾、潜叶蛾、红铃虫、棉铃虫、	柑橘树、棉花、十字花科蔬菜
丁醚脲	杀虫剂	中高毒	小菜蛾、茶小绿叶蝉、红蜘蛛、菜青虫	甘蓝、茶树、柑橘树、小白菜
三氯杀螨砜	杀虫剂	低毒	螨类	苹果树
三氯杀螨醇	杀螨剂	无毒	螨类	苹果树、柑橘树、棉花、不得在茶叶上使用
唑螨酯	杀螨剂	低毒	螨类	柑橘树、苹果树、啤酒花、棉花

（续）

药 剂	农药类型	对蜜蜂毒性	防治对象	登记作物
炔螨特	杀螨剂	低毒	螨类	苹果树、柑橘树、棉花
双甲脒	杀螨剂	低毒	红蜘蛛、介壳虫、梨木虱、	柑橘树、梨树、棉花、苹果树
哒螨灵	杀螨剂	低毒	红蜘蛛、黄蚜、黄条跳甲	柑橘树、苹果树、棉花、甘蓝
虫螨腈	杀虫剂	中高毒	小菜蛾、甜菜夜蛾、茶小绿叶蝉、斜纹夜蛾、朱砂叶螨、蓟马、金纹细蛾、美国白蛾	甘蓝、芥蓝、茶树、黄瓜、茄子、苹果、杨树
烯啶虫胺	杀虫剂	中高毒	蚜虫、稻飞虱、茶小绿叶蝉、烟粉虱、白粉虱	棉花、甘蓝、柑橘树、水稻、茶树、观赏菊花
啶虫脒	杀虫剂	中高毒	蚜虫、白粉虱、稻飞虱	黄瓜、柑橘树、小麦、苹果树、十字花科蔬菜、烟草、甘蓝、棉花、水稻
三唑磷	杀虫剂	高毒	二化螟、三化螟、稻水象甲、稻瘿蚊、红铃虫、草地螟、红蜘蛛、蚜虫	水稻、棉花、草地、柑橘树、小麦
毒死蜱	杀虫剂	高剧毒	蚜虫、蛴螬、稻纵卷叶螟、二化螟、稻飞虱、稻瘿蚊、棉铃虫、桃小食心虫、矢尖蚧、锈壁虱、金针虫、蝼蛄、蔗龟	苹果树、花生、玉米、水稻、棉花、柑橘树、苹果树、花生、甘蔗
辛硫磷	杀虫剂	中毒	蛴螬、棉铃虫、菜青虫、桃小食心虫、玉米螟、蔗龟、蔗螟、蝼蛄、金针虫、地老虎、稻纵卷叶螟、三化螟、烟青虫、蒜蛆、韭蛆、蚜虫、螨	花生、萝卜、棉花、十字花科蔬菜、甘蓝、萝卜、蔬菜、苹果树、玉米、甘蔗、小麦、油菜、水稻、烟草、大蒜、韭菜、林木、茶树、桑树
马拉硫磷	杀虫剂	中毒	稻飞虱、叶蝉、蓟马、蚜虫、黄条跳甲、盲蝽象、叶跳虫、蝗虫、黏虫、盲蝽、大豆食心虫、长白蚧、象甲	水稻、小麦、十字花科蔬菜、棉花、牧草、枣树、大豆、茶树
敌百虫	杀虫剂	中毒	菜青虫、二化螟、斜纹夜蛾、茶刺蛾、造桥虫、黏虫、卷叶蛾、烟青虫、茶尺蠖、松毛虫、荔枝蝽象	十字花科蔬菜、水稻、青菜、茶树、大豆、小麦、柑橘、烟草、茶树、林木、荔枝树
丙溴磷	杀虫剂	中高毒	棉铃虫、稻纵卷叶螟、二化螟、小菜蛾、红蜘蛛、斜纹夜蛾	棉花、水稻、甘蓝、十字花科蔬菜、苹果树
杀虫双	杀虫剂	有毒	二化螟、三化螟、潜叶蝇、稻纵卷叶螟、稻飞虱等多种害虫	水稻、小麦、玉米、蔬菜、果树、甘蔗

（续）

药　剂	农药类型	对蜜蜂毒性	防治对象	登记作物
杀虫单	杀虫剂	有毒	水稻螟虫、稻蓟马、小菜蛾、蚜虫	水稻、甘蓝
杀虫单铵	杀虫剂	低毒	鳞翅目	
杀螟丹	杀虫剂	中毒	水稻螟虫、蔗螟、茶小绿叶蝉、菜青虫、小菜蛾、潜叶蛾	水稻、甘蔗、茶树、十字花科蔬菜、柑橘树
噻嗪酮	杀虫剂	低毒	矢尖蚧、介壳虫、稻飞虱、茶小绿叶蝉	柑橘树、水稻、茶树
多杀菌素	杀虫剂	高毒	鳞翅目，双翅目	
乙基多杀菌素	杀虫剂	高毒	小菜蛾、甜菜夜蛾、蓟马、稻纵卷叶螟	甘蓝、茄子、水稻
苯丁锡	杀螨剂	低毒	螨类、锈壁虱	柑橘树、苹果树
螺螨酯		低毒	螨类	柑橘树、苹果树、棉花
除虫菊素	杀虫剂	高毒	蚜虫	十字花科蔬菜
藜芦碱	杀虫剂	有毒	棉铃虫、蚜虫、螨类、菜青虫	茶树、甘蓝、棉花、辣椒、茄子、枣树、柑橘树、草莓
烟碱	杀虫剂	中毒	蚜虫、介壳虫、菜青虫、美国白蛾、松毛虫	烟草、甘蓝、柑橘树、松树、林木
苦皮藤素	杀虫剂	有毒	菜青虫、尺蠖、甜菜夜蛾、斜纹夜蛾绿盲蝽、小卷叶蛾、稻纵卷叶螟	十字花科蔬菜、槐树、芹菜、葡萄、猕猴桃树、茶叶、豇豆、水稻
印楝素	杀虫剂	有毒	小菜蛾、菜青虫、茶小绿叶蝉、潜叶蛾、茶毛虫、蝗虫	茶树、十字花科蔬菜、柑橘树、草原（蝗虫）
鱼藤酮	杀虫剂	低毒	蚜虫	十字花科蔬菜
川楝素	杀虫剂	低毒	鳞翅目，同翅目，双翅目	
浏阳霉素	杀螨剂	低毒	螨类	
保幼激素	杀虫剂	低毒		

（续）

药 剂	农药类型	对蜜蜂毒性	防治对象	登记作物
灭幼脲（卡死克）	杀虫剂	低毒	金纹细蛾、菜青虫、松毛虫	苹果树、十字花科蔬菜、松树、马尾松
茶皂素	杀虫剂	低毒		
松脂酸钠	杀虫剂	低毒	介壳虫	柑橘树
乙蒜素	杀菌剂	中毒	多种病害	水稻（稻瘟病、烂秧病）、棉花（黄萎病、立枯病）、黄瓜（霜霉病、细菌性角斑病）、苹果树（叶斑病）、大豆（紫斑病）、油菜（霜霉病）、甘薯（黑斑病）
丙森锌	杀菌剂	中毒	多种病害	黄瓜、大白菜、葡萄（霜霉病）、马铃薯（早疫病）、甜椒、西瓜（疫病）、柑橘树（炭疽病）、水稻（胡麻斑病）、玉米（大斑病）、番茄（早疫病、晚疫病）、苹果树（斑点落叶病）
氟硅唑	杀菌剂	高毒	多种病害	苹果树（轮纹病）、黄瓜（黑星病、白粉病）、橡胶树、菜豆（白粉病）、梨树（黑星病、赤星病）、葡萄（炭疽病、白腐病、黑痘病）、番茄（叶霉病）
丙环唑	杀菌剂	中毒	多种病害	水稻（稻曲病、稻瘟病、纹枯病）、香蕉（叶斑病）、小麦（白粉病、纹枯病、锈病、根腐病）、人参（黑斑病）、苹果树、草坪（褐斑病）
精恶唑禾草灵	除草剂	中低毒	杂草	—

图书在版编目（CIP）数据

蜜蜂授粉和绿色防控技术集成理论与实践/赵中华，黄家兴，张礼生主编；农业部种植业管理司，全国农业技术推广服务中心组编．—北京：中国农业出版社，2016.9

ISBN 978-7-109-22170-3

Ⅰ．①蜜…　Ⅱ．①赵…②黄…③张…④农…⑤全…　Ⅲ．①蜜蜂授粉-无污染技术　Ⅳ．①Q944.43

中国版本图书馆CIP数据核字（2016）第231113号

中国农业出版社出版
（北京市朝阳区麦子店街18号楼）
（邮政编码 100125）
责任编辑　李文宾　王　凯

北京通州皇家印刷厂印刷　　新华书店北京发行所发行
2016年10月第1版　　2016年10月北京第1次印刷

开本：889mm×1194mm　1/16　　印张：19
字数：480千字　　印数：1～10 500册
定价：80.00元